海外中国研究丛书 —— 到中国之外发现中国

中国的亚洲内陆边疆

Inner Asian Frontiers of China

[美] 拉铁摩尔 著
唐晓峰 译

江苏人民出版社

图书在版编目(CIP)数据

中国的亚洲内陆边疆/[美]拉铁摩尔著;唐晓峰译.
－－南京:江苏人民出版社,2008.4(2025.3重印)
书名原文:Inner Asian Frontiers of China
(海外中国研究丛书/刘东主编)
ISBN 978－7－214－04215－6

Ⅰ.①中… Ⅱ.①拉… ②唐… Ⅲ.①边疆地区－概况－中国 Ⅳ.K92

中国版本图书馆CIP数据核字(2008)第042613号

Inner Asian Frontiers of China
Copyright ⓒ 1989 by Owen Lattimore
Published by arrangement with The American Geographical Society
Simplified Chinese translation copyright ⓒ 2005 by JSPPH
All rights reserved
江苏省版权局著作权合同登记 图字:10－2003－182号

书　　　名	中国的亚洲内陆边疆
著　　　者	[美]拉铁摩尔
译　　　者	唐晓峰
责 任 编 辑	康海源　张　欣
装 帧 设 计	陈　婕
责 任 监 制	王　娟
出 版 发 行	江苏人民出版社
地　　　址	南京市湖南路1号A楼,邮编:210009
照　　　排	江苏凤凰制版有限公司
印　　　刷	南京新洲印刷有限公司
开　　　本	652毫米×960毫米　1/16
印　　　张	28.5　插页4
字　　　数	370千字
版　　　次	2010年7月第2版
印　　　次	2025年3月第10次印刷
标 准 书 号	ISBN 978－7－214－04215－6
定　　　价	85.00元

(江苏人民出版社图书凡印装错误可向承印厂调换)

序"海外中国研究丛书"

中国曾经遗忘过世界,但世界却并未因此而遗忘中国。令人嗟讶的是,20世纪60年代以后,就在中国越来越闭锁的同时,世界各国的中国研究却得到了越来越富于成果的发展。而到了中国门户重开的今天,这种发展就把国内学界逼到了如此的窘境:我们不仅必须放眼海外去认识世界,还必须放眼海外来重新认识中国;不仅必须向国内读者迻译海外的西学,还必须向他们系统地介绍海外的中学。

这个系列不可避免地会加深我们150年以来一直怀有的危机感和失落感,因为单是它的学术水准也足以提醒我们,中国文明在现时代所面对的绝不再是某个粗蛮不文的、很快就将被自己同化的、马背上的战胜者,而是一个高度发展了的、必将对自己的根本价值取向大大触动的文明。可正因为这样,借别人的眼光去获得自知之明,又正是摆在我们面前的紧迫历史使命,因为只要不跳出自家的文化圈子去透过强烈的反差反观自身,中华文明就找不到进入其现代形态的入口。

　　当然,既是本着这样的目的,我们就不能只从各家学说中筛选那些我们可以或者乐于接受的东西,否则我们的"筛子"本身就可能使读者失去选择、挑剔和批判的广阔天地。我们的译介毕竟还只是初步的尝试,而我们所努力去做的,毕竟也只是和读者一起去反复思索这些奉献给大家的东西。

刘　东

目 录

译者的话 1
原序 1

第一部分 长城的历史地理 1

第一章 中国及其周边领土 3
历史上的大陆及海洋时代 4
陆权和海权对中国历史的影响 5
中国文明的西化 7
区域与人口 8
中国的边疆扩展 11
亚洲内陆边疆的历史问题 13

第二章 长城边疆的地域构成 16

第三章 黄土地区与中国社会的起源 21
中国文化发源于黄土地带 21
古代中国文化与黄土地带的土壤气候之关系 24
从黄土地带向外的早期发展 25
向北方发展的弱势 28
中国历史的形式 29
贸易、矿冶与官僚 31
中国历史的循环 33

19世纪——西方的侵入　34

第四章　蒙古草原与草原游牧社会的特征　39
　　黄河流域与蒙古地区早期文化的差异　40
　　草原游牧社会的兴起　42
　　草原社会兴起的功能解释　44
　　草原社会经济与中国本部情形的比较　47
　　草原历史的阶段特征　50
　　游牧经济的种类以及羊的重要性　52
　　财富与移动性　54
　　蒙古在成吉思汗统治下的统一与其后的崩溃　57
　　喇嘛教的再输入(16世纪)　59
　　喇嘛教与满人势力在蒙古的兴起(17与18世纪)　61
　　满人统治下的蒙古:固定疆界的建立　63
　　满人统治下的蒙古:贸易的增长及其影响　65
　　19世纪末期的蒙古　67
　　20世纪的蒙古　68

第五章　"满洲"的农田、森林和草原　72
　　"满洲"在历史上的分裂　72
　　东北南部与中国的关系　74
　　东北地区北部及东部的环境与经济条件　77
　　清朝始祖努尔哈赤　80
　　16世纪末东北地区的政治　83
　　东北边疆上汉族统治的衰微　86
　　努尔哈赤的功业及清朝的建立　88
　　清朝开国时的军事与政治组织　90
　　清朝初期汉人在"满洲"的影响　92
　　对草原及森林居民的影响　93
　　19世纪的"满洲"　95
　　铁路的影响　97
　　日本在与东北及中国内地关系中的地位　100

第六章　中亚的绿洲与沙漠　104
　　中亚的辽阔地带　104
　　绿洲地理及农业　106
　　从定居发展到游牧　109
　　中国与中亚之间的次级绿洲　113

汉族向中亚的渗透　116
　　行商路线与贸易　118
　　宗教对社会与政治的影响　121
　　新疆的回教　123
　　中亚的满族与回族　124
　　新疆的政治及经济状况(1911—1928)　128
　　中国边疆发展的高潮　132
　　苏联近期的影响　135

第七章　西藏高原　141
　　地理因素　141
　　西藏人的社会起源　144
　　西藏的农业与游牧业　145
　　早期西藏与中国内地的联系　148
　　西藏的政治统一　149
　　喇嘛教的政治作用　150
　　藏人对中国西部及新疆的占领(8世纪)　152
　　喇嘛教早期的支配地位　153
　　蒙古势力控制时期(1206—1700)　155
　　清朝统治下的达赖和班禅之地位　158
　　近代中英权益在西藏的冲突　160

第八章　过渡地带　163
　　边疆与边界的区别　163
　　印度西北边疆的情况及政策　166
　　亚洲内陆部落南侵的"贮存地"　169

第二部分　传说时代与早期历史时代　173

第九章　汉族与少数民族的区别　175
　　中国新石器文化的特征　176
　　新石器文化的两个区域　178
　　铜器文化的产生　180
　　"发明"铜器的社会及经济影响　183
　　汉人与少数民族的分化　189

第十章　农业的进化与游牧业的反复　192
　　现代学者与中国历史传统　192

古代传说中的"帝王" *194*

古代传说的地理证据 *197*

传说中的社会及文化证据 *201*

夏、商时期 *205*

周代 *210*

黄土高原及大平原居民的早期分化 *212*

文化发展与灌溉起源的关系 *214*

汉族第一次向东、西两方的横向扩展 *218*

南方——中国第二中心的兴起 *220*

中国文化向西方及西北方发展的障碍 *222*

游牧经济的起源 *223*

游牧与定居人口的关系 *225*

第三部分 列国时代 *231*

第十一章 北方与南方汉族的历史 *233*

周朝的主要列国 *233*

对少数民族侵周的传统观念的修正 *235*

是汉族发展而不是蛮族入侵 *238*

汉族扩张特征与环境的关系 *241*

汉族与少数民族冲突的两个时期 *243*

周代权力中心的变化 *245*

游牧经济与汉族社会及国家的兴起 *248*

周朝列国的发展 *250*

第十二章 古代中国的列国与帝国 *254*

中国与欧洲封建制度 *254*

走出封建制度 *257*

文官、宦官、士大夫 *259*

草原部落与封建制度的关系 *261*

战国(前453—前361) *263*

少数民族战争与长城的修建(前4世纪末) *266*

中国封建制度及城乡"细胞" *269*

孔子与封建制度的关系 *272*

秦与帝国制度的诞生 *275*

从封建制度到帝国秩序的转变 *277*

第十三章　中国历史上边疆形态的起源　280

边疆形态与过渡地区的关系　282

秦、赵、燕　284

秦的兴起　288

边疆地区本身的政治重要性　290

第四部分　帝国时代　293

第十四章　统一帝国与统一边疆——中国的长城　295

前帝国时代的长城　295

秦国的边疆特点　297

早期修筑长城的劳工的社会意义　298

秦国军事的过度发展　300

为何秦朝能统一边疆却国运不长　302

秦朝的灭亡及汉朝的建立(前206)　304

司马迁的边疆记载　307

匈奴与草原新式统治者的出现　308

从边缘游牧制度转变到完全游牧制度　310

边疆民族语言差异的推测　312

头曼的事业　316

冒顿的事业与草原新社会的兴起　318

第十五章　空间范围的意义——绿洲历史与长城历史　323

汉族向南发展与向亚洲内陆边疆发展的比较　323

固定边疆之不可能　325

中国与草原的政治成熟　327

西汉政策：防止边将变节　328

边疆管理的目标：保持边疆人口的中国规范　330

汉朝与匈奴　332

汉族向中亚渗透的开始　336

汉族向中亚发展的根本原因　337

汉族在草原边缘地位的困难　340

汉族在绿洲的地位　342

绿洲中的汉族及少数民族势力　344

边疆均势的消长　347

第十六章　边缘社会：征服与迁徙　350

中国社会与草原社会融合的失败　350

游牧社会的变异：机动性与战争　351

游牧民族统治的循环　356

匈奴历史：一个完整的游牧社会循环史的例证　358

后来的循环　360

第十七章　朝代及部落历史的循环　364

中国历史的周期性　364

冀朝鼎的朝代循环论　365

朝代循环的重复　368

起源于长城以外的王朝　370

草原边缘地带在朝代更替中的作用　371

中国与草原之缺乏统一　376

参考文献　379

索引　401

译后记　430

译者的话

欧文·拉铁摩尔（Owen Lattimore，1900—1989）是美国近现代著名的东方学家。他出生于美国，但不到一岁便被父母带到中国。父亲到中国教书，一教20来年。拉铁摩尔幼年在中国长大，12岁到欧洲上中学，8年后中学毕业，回到中国，在中国从事编辑、商务工作多年。拉铁摩尔在20世纪30年代去过延安，二战期间被罗斯福总统派作蒋介石的顾问。60年代末，拉铁摩尔成为蒙古人民共和国科学院第一位外籍院士。1972年拉铁摩尔又来到中国，受到周恩来总理的宴请。

拉铁摩尔早期在中国工作期间，曾到蒙古地区和中亚地区旅行、考察，借助学得当地民族语言的优势，对那里的环境、社会、人生均有直接深入的观察、接触、体验，获得了许多从书本中得不到的认识，逐渐形成了自己独到的见解。实地考察的认识，学术书籍的阅读，与当时一流西方汉学家的往来交流，构成拉铁摩尔学术发展的三个支柱。在此基础上，他陆续写出一批关于"满洲"、蒙古、中亚地区的学术著作，系统地表述了自己的思考成果，其中《中国的亚洲内陆边疆》一书为其代表作，影响最大。

在边疆概念中,拉铁摩尔并无中国传统史家"华夷之限""要服""荒服"的简单立场,而是将边疆地带看作具有独立意义的地理单元,其中的社会形态因此具有单独考察的价值。拉铁摩尔分析了中国古代边疆地带的总体布局,将其分作四个各具独立特征的部分,即东北地区、蒙古地区、新疆地区、西藏地区。

在对每个地区的研究中,拉铁摩尔将该地区的环境、社会、经济、政治等结为一个有机的整体,探究每一地区内部的机制特性,进而考察每一地区与中原的关系特征。拉铁摩尔认为地理环境是每个地区的自然基础,而这些边疆地带的环境又极具特色,它们是不容忽视的重要历史因素,社会活动必然受到环境特色的制约。在拉铁摩尔建构的理论框架中,特定环境中的经济活动是起始层面,然后展开社会的、政治的形态。显然,拉铁摩尔理论体系是社会生态学、历史地理学、历史学的结合体。

由于视角与理论构架的独特性,书中颇有创意见解,对于习惯于阅读中原王朝历史叙述体系的读者来说,拉铁摩尔的边疆地带研究是十分新颖并具有启发性的。他对于东北"边疆"的复杂性、草原社会与绿洲社会的区别,游牧社会的产生程序,西藏山地中的政治生态等问题的提出与解释,都很有参考价值。这些是中国历史研究的重要组成部分。

原　序

我计划写这样一本书是在10年以前,在后来的几年中曾试写初稿,内容主要是在中国长城以外地带旅行时所形成的想法。在进行轮廓构思时,我感到有必要再用几年时间来旅行、研究和读书。因此,现在所出版的这一本书是一个长期积累的结果。为了说明和解释本书的写作过程,有必要介绍我的一些经历。

1925年,那是我第一次到中国的内蒙古边疆。我与当地专做蒙古和新疆贸易的商人谈话后,决定向我当时服务的公司辞职,而进行亚洲内陆旅行。一年后,我和妻子开始了这次旅行,从中国经新疆到印度,其中有一部分是分开走的。由于受过去我在中国的职业的影响,我们当时所注意的只是商路与贸易。我们的行装极简单,大部分是书,我们沿途翻阅,读了斯坦因(Stein, Sir A)的《中国沙漠废墟记》、亨廷顿(Huntington, E.)的《亚洲的脉搏》、贾鲁瑟(Carruthers, D.)的《未知的蒙古》、玉尔(Yule, Sir H.)的《马可·波罗游记》、沙敖(Shaw, R.)的《南疆游记》、斯文·赫定(Hedin, S.)的《外喜马拉雅山》,以及其他书籍。我们逐渐对亚洲内陆的历史、地理及各民族的生活习性产生了兴趣。我们感到,某些问题的资料并不完全正确,在比较各家著作后更证明了这一点。

此外，专家们的意见也并不一致，因此尚待研究与发现的东西还有很多。

我们需要继续研究、学习更多的东西。回到美国后，得助于社会科学研究会的支持，我到哈佛大学人类学系做了八个月的研究。之后，在1929年，进一步得到美国地理学会的支持——写作这本书的酝酿由此开始——我们又到了中国"满洲"。我们花了将近一年的时间，从东北经过内蒙古到新疆，在中国整个长城边疆地带进行旅行和学习。

这些成为我研究中国边疆问题的大致的基础。不过，显然还有许多准备工作要做。首先是学中国文字，我虽然会说中国话，却不能自由阅读。我所读过的，有许多还不能完全理解。尽管我脑子里装满了民间故事和传说，但不知道这些充满历史事件的中国传说究竟有没有正史的根据。此外，我还想学蒙古文，因为直到那个时候为止，我们在蒙古的旅行完全是由中国商人和士兵陪伴的。

1930年，我们从"满洲"到北平，在那里住了好几年。最初是哈佛燕京学社给了我一个研究员的位子，其后两年则由格根罕姆（John Simon Guggenheim）纪念基金支持。1930年由英国皇家地理学会提供经费，我第一次尝试了纯蒙古式的蒙古地区旅行，只有一个蒙古人带路，所用的东西也完全是蒙古式的。自此之后，这样的旅行差不多每年有一次。

1933年我们回到美国。而那年冬天，我又被聘为《太平洋评论》杂志的编辑，并安排我用编辑杂志以外的时间，在太平洋协会国际秘书处的指导下，准备这本书的写作。在这儿，在协会秘书长卡特（E. C. Carter）的指导下工作，我和妻子度过了六年快乐时光。从本书自《太平洋评论》杂志中引用的章句之多，就可以看出我的编辑与研究工作之间的密切关系。1936—1937年的冬季，协会允许我在职到伦敦学俄文，从此又获得阅读许多关于亚洲内陆的书籍的机会。在那些年中，我们不仅可以用一半的时间住在北平，还得以经常到华北和内蒙古旅行。

最后，1937年底，在日本发动残酷的入侵中国的战争之后的六个月，我们又回到美国，本书的写作就是从这个时候开始的。书的前半部在修改后又根据太平洋关系研究所研究秘书荷兰德(W. L. Holland)的意见完全重写，所以本书也就成为该会国际研究丛书之一。后半部的完成则是我到约翰·霍普金斯大学佩奇国际关系学院之后，这完全得益于约翰·霍普金斯大学校长鲍曼博士(Dr. Isaiah Bowman)的支持，他给了我充分的时间，我在到校的第一年内便进行写作。鲍曼校长自1928年做美国地理学会会长时起，对我的工作即不断给予鼓励和支持。

以上所述，足以说明本书的写作经过以及正文与注释的关系。有一部分内容是先有旅行见闻，之后又参考各家著作而写成。有些部分则是先从读书受到启发，进而在旅行中更加留意去观察。有关亚洲内陆的研究，有多种文字的著作，完全精通这些文字是不可能的事情。有三种文字，我在开始工作时并不会，而不得不在工作中学习。因此，书中注释所列的资料不敢说完全，只能算例证，而大量参考文献都是我自己早先的作品。在本书写作的这几年中，我的思想和看法在发展变化，所以也应该在这本书中追溯一下以往的观点，那些观点有的已经改变，有的则做了修正。

我很幸运地受到朋友们的帮助，首先是我的妻子，除了操持各种事情，她还作出了不少牺牲，特别是最后这两年，她加倍、再加倍地工作。家父大卫·拉铁摩尔(David Lattimore)是达特茅斯大学历史学教授，对本书的初稿、定稿，以及写作过程中的某些章节，都提出过批评意见，把他40年研究中国文化及历史的心得提供给我。他是本书第一个，也是最后一个批评者。

当我最初进入中亚边疆，开始研究中国古代史，以求了解游牧历史的起源时，我有幸结识了住在北平的毕士博(C. W. Bishop)先生，并与他建立了多年的友谊。我颇为受益于他那广博而具有比较眼光的亚洲知识。我请他阅读原稿，他严谨而耐心的批评促使我的研究逐渐拓展到石器时代。

魏特夫(K. A. Wittfogol)也读过原稿，1936年我同他一起到山西山地及陕西黄土地带考察,并多有讨论。当一个新的问题出现,或是旧的问题有了新进展时,他总是提供许多看法和参考材料。他允许我利用他新近完成的《中国经济与社会史》一书的原始材料。但就本书所列出的引书和注释来说,还不能充分体现他和毕士博先生对我的帮助。

顾立雅(H. G. Creel)也读过书中引用他的意见最多的几章,但他的帮助并不限于此。当我对公元前2000年的古史陷入迷惑时,是他的《中国早期文化研究》给了我指南。

冀朝鼎的《中国历史上的基本经济区与水利事业的发展》一书,使我看到渠道灌溉、运河运输在中国历史上的重要性。他自己工作虽忙,却还能帮我校正全部中文引文,并给我提供许多新的资料。中国年轻的边疆史专家冯家升曾帮助我阅读中文材料,也给我提供过不少资料。

美国地理学会的赖特博士(John K. Wright)和沃德小姐(Mabel H. Ward)在编辑上给本书以许多校正,书中地图也是由该会的绘图师所绘。

把所有帮助过我的朋友全列出来,名单未免太长,但有一些人一定要提到。在中亚探险上有巨大贡献的巴瑞特(R. Lem. Barrett)夫妇,十年来不断给我和妻子的工作以鼓励、帮助和批评。我还应提到我的两位蒙古语教师布格吉锡克(Bughegesik)和贡波札布(Gombojab)。除此之外还有许多师友,包括中国人、蒙古人、美国人和欧洲人。其中陪我做纯蒙古式旅行的阿拉西(Arash)教我蒙古人的生活方式。几天前,在一封朋友的信中得知他去世的消息,随信还有一个小的礼物,是他去世前不久为我做的。跟我在"满洲"和新疆旅行的"摩西"李保舒(音)(Li Pao-shu),不但是我和妻子的忠实的朋友,也是我父亲和我儿子的好朋友。此外还有两位,苏得奔(Georg Soderbom)和乌本(Torgny Obeg),他们给我讲了许多书本上没有的蒙古边境的知识。

我和妻子四年的旅行和研究,多是靠各种奖学金和研究基金的支持。在工作将要结束的时候,我又得到一个类似的资助。今年年初,格林纳尔学院请我做罗斯菲尔德国际问题讲座,年终,西北大学又请我做哈里斯讲座,我演讲了本书的内容。这两个讲座促使我彻底整理本书的内容,并将我研究的结论,运用到检讨日本对华战争问题以及美国在面对自由强盛的中国时自身的利益问题。在这两个讲座中,我主要讲述的是本书前半部关于中国内地、蒙古、"满洲"和新疆的各章,以及最后一章。其他各章,包括上古史的研究内容,也曾涉及。借此机会,我将本书献给哈里斯基金会及罗斯菲尔德讲座的创办人,我希望它足以回答我被盛情邀请时所讨论过的那些问题。

欧文·拉铁摩尔
1939 年 11 月 20 日
于约翰·霍普金斯大学佩奇国际关系学院

第一部分

长城的历史地理

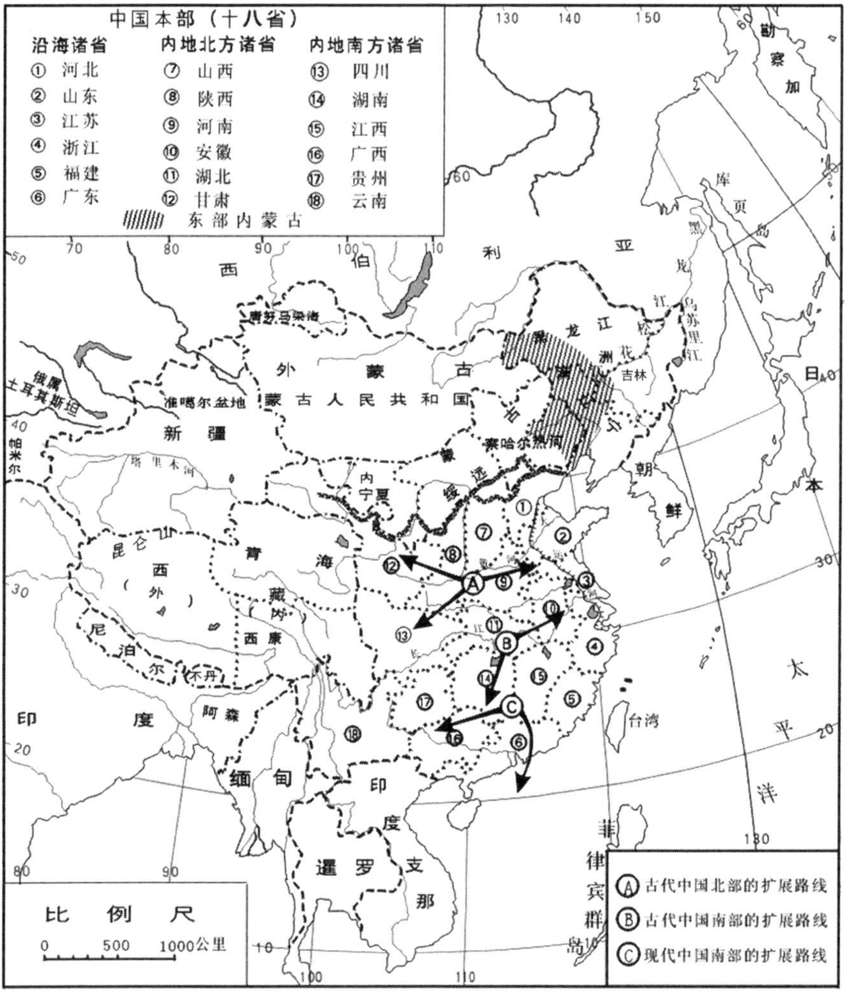

图一　中国内地及临近区域：早期扩展路线；中国本部十八省

第一章　中国及其周边领土

从太平洋到帕米尔高原,又从帕米尔高原南下,到达分隔中国与印度的高寒地带,在这个范围内所包括的是"满洲"、蒙古、新疆和西藏。这是亚洲中部的隔绝地域,世界上最神秘的边疆之一。这一边,限制了中国的地理及历史,正和那一边海洋的限制一样。有的时期,中国的大陆边界有着很清晰的分界线。若干世纪以来被认为是人类最伟大标志的长城,就是中国历史的这种象征。但是,在其他时期,中国的大陆边疆并没有像长城那样清晰的界线,而只有一些边疆地带,其南北的深度不同(在西藏是东西的阔度),深度不等地伸展到西伯利亚的原野及山林、中亚的深处以及西藏的荒凉高原。

虽然在这一片地区曾发生过若干历史上极其重要的征战与移民,但一般说来,它只是一个阻隔地带,时断时续地维持着中国与中东、近东和欧洲仅有的交通。虽然在中国的南海、印度洋、地中海、欧洲的大西洋及北冰洋之间有世界最大的一片陆地,其东部和西部的历史进步过程却不一样。直到我们今天,产生一个新时代的可能性才表现出来。现代历史中,中国或其他国家不再由于大陆或海洋的阻隔而孤立。新兴势力对旧历史的影响来自两个方面:一方面,中国的疆域和它的边疆地区都清晰地表现出来;另一方面,新的普遍力量超越了远东及世界其他各地的地理的、民族的及文化的孤立性。

历史上的大陆及海洋时代

在某种程度上,中国与其大陆边疆以及中国与世界其他各地关系的新表现,可以由世界史上交替出现的大陆及海洋时代来解释。从上古直到公元4世纪前,造就中华民族及其文化的重要事件,都发生在中国内陆。地处偏远的海上活动,在中国历史上很早便已出现,它们的重要性虽不能轻视,但很明显居于次要地位。这个特征的真实性不但表现在其人民的迁徙流动,而且表现在早期邦国的发展及经济制度与社会结构的进化,形成号称"世界中心"的强大国家。

在欧洲旧世界及近东与中东,历史的大陆模式占有决定地位。在大西洋沿岸、红海及印度洋,特别是地中海,其海洋活动比中国的沿海活动要多,对其人民及文化的影响也较深。但不论在东方或西方,人类社会中所产生的力量,其陆上的活动范围比海上要广,不过在陆地上并没有一个普遍适用的社会形态。

哥伦布时代对欧洲是一个革命的时代,对非洲和美洲也是一样。但是,仅仅认为16世纪之初,继大陆时代之后出现的海权时代使欧洲扩展到东方和西方,还是不够的。这个重要的历史现象有更深的渊源:以往的社会发展使它们达到了较高的水平,这种发展的一个表现就是其活动范围与力量的增加,揭开地理新页的是一个新的社会变革。新海权时代产生于西欧的原因,是与近代资本主义的发生、发展与胜利有连带关系的。西欧的社会进步造成了封建时代所未知的新潜力,达到这个阶段时,它产生了商业资本主义,产生了工业及金融资本主义的物质资源,而这些都可以在西欧本身的地理环境中取得。①

---

① 关于欧洲与中国的封建制之后社会变革的不同,参考本书第十二章。

新的社会力量很快与海权的发展建立了联系,原因之一是与它们相冲突的旧社会结构仍拥有旧陆权时代的权益。这种情况以及英国由海权产生的政治势力,掩盖了新海权与新的商业、工业及金融权益本无关系的事实。从政治上来看,这些新的权益以对陆上交通的控制为基础同以海上交通为基础是一样的。启动较早以及资源的累积使西欧成为这个新时代的中心,而英国为其控制,这种情况一直延续到20世纪。北美的成熟,以及原本落后的南美、非洲、俄国和亚洲也在迅速发展,它们甩开并取代西欧的中心地位,形成一个更广泛的世界平衡。

陆权和海权对中国历史的影响

把这个看法运用到中国历史上并不是难事,西方势力真正对中国发生影响是在哥伦布时代的初期。在那之前,中国的"外务"多半只限于其长城边境,海外的"外务"并不重要。直到最后一个汉族王朝——明代(1368—1644)时,天主教神父和葡萄牙及其他外国商人才开始进入中国。欧洲的火炮和炮术传入中国后,也曾短暂地阻止满人的侵入。① 海上势力首次向陆上势力争夺对中国的控制权时,并没完全成功,但是此时的欧洲贸易已经比马可·波罗与佩戈雷蒂的时代重要得多了。13世纪的马可·波罗被看作说谎者,佩戈雷蒂曾在14世纪讲述过中亚商路及其贸易种类。②

17世纪满人入关,逐步统一全国,是长城边疆上起伏不定的、自上古以来即对中国历史发生决定作用的潮流的最后一浪。到了19世纪,从海上涌进中国的势力已不可抗拒。过去满、蒙古、回各族作为根据地的

---

① 莫尔塞(Morse, H. B.)和麦克奈尔(McNair, H. F.):《远东国际关系》,1931年,第26页;翟理思(Giles, H. A.):《中国与满人》,1912年,第17—18页;郝爱礼(Hauer, E.):《皇清开国方略》,1926年,第140页。
② 玉尔:《马可·波罗游记》,高第(Cordier)编辑,卷Ⅰ,1921年,第54、115页;玉尔:《中国与外域》,卷Ⅲ,第137页及以下。

长城线以外的势力,似已消沉。长城外面大陆上的帝俄势力,在初期的波动——征服一个毫无生气的中亚,在外蒙古获取一个并不十分积极的权益,在黑龙江以北、乌苏里江以东获取渺无人烟的俄属远东州和在"满洲"惨败后,也偃旗息鼓。在整个远东地区,西欧及美洲的主要海权国家按照它们的意志发展其势力。

这个时期在1914—1918年的大战中达到最高峰,随后转入低落。英、美、日三国在一个不很轻松的海军均势中,不相上下。有如在欧美及日本脚下来了一个地震,苏联从帝俄的废墟中复兴而起,由于这一变化,太平洋和大西洋中间的大陆的重心,从莱茵河畔转移到了乌拉尔山麓。法西斯意大利和纳粹德国残酷地在多瑙河上强行发展,企图阻止这个转移的永久化。英国的政策,在惧怕意大利和日本危害其海上霸权和远东权益与不愿让德国取得欧洲均势的控制权之间动摇不定。但是,由于中国革命的发展,欧洲和亚洲间新的势力分配开始形成。

日本侵略中国"满洲"及征服整个中国的企图,在某种意义上,表现了海上势力与陆上势力的直接冲突。毫无疑义,那是一个使中国亚洲内陆边疆受海上势力支配的企图。在这一点上,我们可以说,19世纪中这一局面的出现,海约翰的朋友亨利·亚当斯所说的阻止帝俄活动,保护海上进入中国的"门户开放"政策,起到了相当大的作用。①

---

① 亚当斯:《亨利·亚当斯的教育》,1918年,第423、439页。参见拉铁摩尔:《门户开放还是长城拒防?》,1934年;《日本海军的陆权》,1934年;《陆地与海权对日本的影响》,1936年。

    a.《中国年鉴》,1935年,第1页。另一数字为约140万平方英里,参见 Warren H. 陈《中国人口估计》(1930年)中的区域统计表。

    b. 据《满洲发展报告第四》,1934年,第13页。

    c. 相当于150万平方公里,此整数见维克托罗夫(Viktorov)与加尔金(Khalkhin):《蒙古人民共和国》,1936年,第3页。(俄文)

    d. 相当于15万平方公里,此整数见卡博(Kabo, R.):《图瓦历史经济研究》,1934年,第1卷,第8页。在中国地图上,图瓦是外蒙古的一部分。这里所列外蒙古与图瓦的面积一共是63.8万平方英里,而在《中国年鉴》(1935年)第4页,曾世英先生列出的数字是62.2744万平方英里。(接下页)

中国文明的西化

但是,这种陆权和海权的概念最多只能用来分析强权政治,历史的真正根源还需要深入探讨。哥伦布的新时代已经陈旧,一个更新的时代正在开始。这个新时代是由前面的时代演化而成,而并非孤立地产生出来。演化的一半是摧毁,一半是改造其所要代替的东西,需要打倒旧的

---

e. 引自曾世英(见上)。而 Warren H. 陈在《中国人口估计》(1930 年)中为 307 218 平方英里。

f. 在《中国年鉴》(1935 年)上有两个数字,第 1 页上是 550 579 平方英里,第 4 页上是 633 802 平方英里(曾世英)。Warren H.陈的数字是 703 562 平方英里。

g. 据曾世英。Warren H. 陈的数字是 703 562 平方英里。(译注:此处拉铁摩尔所录 Warren H. 陈的数字可能有误。)

h. 据曾世英。Warren H. 陈的数字是 440 000 平方英里。

i. 估计数字从 3.5 亿到 5 亿,很不一致。Warren H. 陈的数字是 4.45 亿。

j. 据《满洲发展报告第五》1935 年第 151 页计算。估计蒙古与满洲的人口数字极为困难,我在《蒙古与满洲》一书中曾使用 200 万这个数字,遭到《人民论坛》(第 24 号,上海,1935年8月1日)上一篇文章的反对,该文援引长春(新京)1935 年 7 月 13 日的《人口》(Rengo)中日本人统计的数字,兴安的蒙古人"超过"470 000 人,满洲其他部分则为 113 258 人。在兴安的汉人有 604 601 人,多于蒙古人。我无法判断这些数字的准确性。蒙古牧人常常低报人口数字,以逃避税收,但满洲(包括兴安的大部)的大量农业蒙古人的人口登记情况与汉人类似。

k. 俄国人常用的数字是 60 万,见里什(A. Rish):《捍卫独立的蒙古人》(俄文),1935 年一书第 107 页。俄国人也有高数字,如 90 万,见前引《蒙古人民共和国》一书第 5 页。在《中国年鉴》(1935)"蒙古"一文中,我估计的数字是 80 万,在《满洲的蒙古人》一书中,我粗略估计的数字是 100 万。

l. 1914—1915 年的数字,见卡博:《图瓦历史经济研究》,第 65 页。其中至少 4 万为牧人,不到 2 万为林中百姓(狩猎人)。卡博还列出 12 000 俄国殖民者分布于 340 处,时为 1918 年。

m. 察哈尔 1 997 234 人,绥远 2 123 914 人(据 Warren H.陈)。关于宁夏,葛德石(Cressey, G. B.)在《中国的地理基础》,1934 年,第 55 页,援引中国邮政局估算的 1926 年的数字是 812 066,并说明此数字仅包括过去曾属于甘肃的那部分。我对内蒙古的这个部分的蒙古人口的十分粗略的估计,见《满洲的蒙古人》第 25 页。

n. Warren H.陈的数字是 2 567 640(中国 1928 年估算)。我认为,中国官方对非汉族人口的统计过于偏低。

o. 据《中国年鉴》(1935 年)第 1、2 页,中国的估算是 650 万(1910 年),这个数字是推测的,另外应包括西康地区,西康当时是四川的边区。

p. 这个数字完全是推测的。

既得权益,以建立新的权益。哥伦布时代的特征并不完全是海洋的,它一开始采取海洋形式,是对原有以大陆分布为基础的利益分配和权力结构的反动。同样,我们今天这个新时代之采取大陆形式,也是对由19世纪依赖海权建立的帝国的承袭下来的特权的反动。不过,这里最基本的条件不单是政治,而是这个新时代一切复杂潜力的综合作用。生硬的单纯的政治解释是站不住的。中国历史的下一章,将不限于苏联共产主义对日本帝国主义的地理发展的竞争,事实上,最重要的还是中国古老文明的西化。对一个能从苏联革命经验中取益的中国,其西方化,是日本的侵略方式还是欧美的放款政策比较有效呢?中国古代文明有多少将被破坏?在这个古代的基础上建立的近代结构又有多大的稳固性呢?

要回答这些问题,就得检讨这整个历史的地理条件,考察各个区域的差异。在这些区域中,原始社会对地理环境的关系也须加以考虑,由此认识各个区域中社会及政治发展过程的区别。这样,才能对中国及其长城边疆历史的各种势力的演进,做出正确的估计。

区域与人口

在估计中国长城以内及东北、蒙古、新疆等边疆地区的面积与人口的地理分配时,头一个问题是数字的不准确与不完全,可是我们仍可以从下表做一个比较的研究。

区域面积(单位:平方英里)

中国长城内各地(a)	1 532 795
"满洲"(b)	548 198
东北三省	348 038
热河	52 126

东内蒙古	148 034
外蒙古	
蒙古人民共和国(c)	580 000
唐努乌梁海(d)	58 000
内蒙古(察哈尔、绥远、宁夏)(e)	334 100
新疆(f)	600 000
西藏(g)	349 419
汉藏边界省(青海、西康)(h)	463 666

人口统计

中国长城内各地(i)	450 000 000	
"满洲"(j)	32 709 649	
东北三省	29 025 049	
(主要是汉人,但包括 657 430 朝鲜族人,未包括一些数目不清楚的蒙古人、日本人、俄罗斯人等外国人口)		
热河	2 606 472	
(主要是汉人,也包括一些蒙古人)		
东内蒙古	1 078 128	
(主要是蒙古人,也包括一些汉人)		
外蒙古		
蒙古人民共和国(k)	1 000 000	
唐努乌梁海(l)	60 000	(不包括俄罗斯人)
内蒙古(察哈尔、绥远、宁夏)(m)	5 000 000	(蒙古人与汉人)
新疆(n)	3 500 000	
(包括定居和游牧的中亚土耳其人、穆斯林汉人、汉人、蒙古人、满族和其他少数民族)		
西藏(o)	1 500 000	

汉藏边界省(青海、西康)(p)　　　　　3 000 000

12　　　根据上述数字,长城内各地即所谓"中国本部",包括清末时代之18省①,其面积约为150万平方英里,人口4亿—5亿,而长城以外各地及西藏,其面积为300万平方英里,人口约4 500万。换言之,其面积较长城内各地大1倍而人口只占其1/10,并且长城外各地人口的2/3仍为汉人(东三省一地约有3 000万人)。在这一广大地区内居住的不讲汉语、风俗各异的少数民族,其人口总数不过五六百万,只占中国总人口的1%略多一点。

13　　　这些数字所引起的历史问题很多。2000—2500年前的中国人口一定比较少,其后逐渐在黄河及长江流域繁衍,达到每平方英里30人的平均数(以150万平方英里及4亿5千万人计算)。实际情形,则可由一个长江下游稻作省区(浙江)的每平方英里554人②与黄河流域的小麦、小米、高粱及棉花省区(山西)的每平方英里183人的比较中看出来。③ 虽然这么多的人挤在一片和美国密西西比河以东面积相似的地区中,虽然他们可以由陆地直接到达一片比密西西比河以西还要大的地区,汉族却没有永久性地成功地移民于长城之外,这是为什么?

---

① 据魏特夫(《中国经济与社会》,1931年,第219页)的界定,云南、贵州、广西三省为"殖民"省,不是古代中国的核心区,从未完全出现汉人式的精耕农业以及在其基础上发展的社会秩序。汉人进入这些地区是在13世纪蒙古人占领中国前后。这三个省的面积大约30万平方英里,人口不超过3 400万或3 500万(据1935年《中国年鉴》)。在长江以南,还有一些地区在早期历史中不属于中国。1938—1939年《中国年鉴》列出如下非汉族人口的"部落":云南1 180万人口中有860万为非汉族,贵州700万人口中有430万为非汉族,广西1 330万人口中有447万为非汉族。另外,广东有50多万"土著",四川有75万非汉族人口。
② 这是浙江全省的平均数(见Warren H.陈前引书第3页)。江苏省的平均数字要高许多,达每平方英里813人,但我没有选江苏为例,因为江苏包含了上海、南京两座大城市。
③ 每平方英里183人是山西全省的平均数(见Warren H.陈前引书)。北方省份如河北每平方英里达583人,但它包含了北平与天津两大城市。山西的大部为人烟稀少的山地,183人已然是很高的平均值。可惜的是我们没有各类农耕区的人口数字。

中国的边疆扩展

就我们所知,汉族向蒙古及"满洲"的大规模移民颇有几次。东三省人口,自1910年的1 500万人①,激增至1931年日本侵占东北时的3 000万人。移民最盛的时候是在1927、1928、1929三年,每年到东三省去的人约逾100万。除去季节性移民(收获劳工及其他人)外,每年留居者逾60万。② 在这个数字中要注意的是,其移民方式不完全是中国历史的老方式,许多是近代修建铁路所促成的移民。

这儿我们可以用美国历史来做比较。在美国独立以前,向西发展已经成为美国生活的一个重要现象。独立以后,用以促进发展的放垦政策成为联邦及各州当局的要策。私人企业也参加到西进运动中去。欧洲的大量移民,对太平洋沿岸的迅速移民以及建立与大西洋的有机联系,也有相当影响。不过,即使没有这批移民,美国向西移民的运动也还是要进行,只是完成的速度较慢而已,其形成的社会也将与现在的一样。大西洋沿岸各殖民地在19世纪前已有工业革命的基础。19世纪中美国移民运动实际上是工业革命的成绩,而不是某一个移民风潮的结果。

根据这个比较,我们可以知道在中国历史上所应该研究的特殊问题。在西方工业化及其随之而来的政治运动在中国产生作用以前,在早期中国历史中,移民与征服(是政治势力而不一定是整个人口的移动)的方向显然是由北到南,由西到东。中国人口的繁殖,并没有造成人口压力使之向外发展,而永久占据东三省的森林、蒙古的草原和中亚的绿洲,则与19世纪美洲的森林及草原移民一样。

中国近代的移民运动与旧日人口及政治力量的移动路线,已显然不

---

① 据《中国年鉴》(1935)第1页。"满洲"人口可能未曾如1910年那样多。中国的估算竟包括了奉天(辽宁)这个人口最稠密的地区,其平均每家人口8.38人,而中国其余地区则只是5.5人。
② 《满洲发展报告第五》,1936年,第121页。

同。这种变化的最大原因是由海上侵入中国,并在沿海发展的欧美及日本的工业、贸易、金融、政治及军事活动和外来工业化的影响。不过当这种势力达到中国内地旧时的边疆(一半是由于其本身的推进力,一半是由于中国自身的接纳)时,它们的性质已经改变。在某种情况下,它们会摧毁或打击旧的中国组织及活动方式。但在另一些情况下,它们本身也受到当地中国及边疆环境的影响而变化。因此,边疆的西方势力与其他沿海各地的初始西方势力相比,只能称为次级势力。①

因此,如果我们不区分新势力与旧势力,就不能看到中国移民地区——从东三省到西藏——近代史的特征。新势力中最重要的是铁路及近代军备。每一条铁路对开发一个移民地区的重要性,随着经由该路而来的直接或间接的外来压力而有所不同。在1931年以前的东三省,日本势力以其直接统辖的"关东州"及"南满铁路"为根据地,以间接控制的方式,进入一个更大的势力范围中。此外还有一个过渡地带,其中近代的中国势力(铁路及银行等)与旧式的农垦活动并存。旧式的移民运动,在事实上,却因新铁路及新势力的进入而更见扩张。中国的新旧势力同时助长了日本势力的活动范围,但同时又与日本利益相竞争。日本在1931年侵占东三省,企图扩大其控制区域而加强各方面的活动,但是,它不能超越已经融合在中国社会中的新势力与未经西方改变的旧社会所产生的抵抗力。

再看日本侵略东三省以前的几年。当中国人大举向长城以北移民之时,新旧势力的相互作用非常复杂。在某些方面,这个前所未有的大规模移民,事实上仍是过去若干世纪中国与其东北关系中隐伏或显现的"自然"而"不可避免"的力量活动的结果。但是,这种不可避免的力量的活动范围,却显然因为新力量的加入而扩大。因为在过去若干世纪,中

---

① 拉铁摩尔:《中国与蛮族》,载《东方帝国》,1934年。同书附有地图,表示少数民族影响的时间与纵深程度。

国与东北发生相互作用时,中国的人口压力,政治、经济及军事力量,都没有能够完全控制东北地区,使它在其南端以外的地方也中国化。近代,汉人从辽河流域大量移民到北部的通古斯森林和西部的蒙古草原,则完全是古代中国所没有的铁路、新式军械、金融、工业及贸易活动的结果。

更往西去,多少世纪以来长城成为内蒙古的边界。在这个地区,近代历史的发展也反映着与东北地区相同的过程,不过不像东北那样明显,程度也没有那样深刻。原因是,在这个边疆上,铁路建设不如东北地区发达,而且其唯一的铁路是中国人自己修建的,没有直接的外国投资,外来势力及原有势力之间也较为和缓。再往西则完全没有铁路,显得更加陈旧。不过,这个地区的金融和工业发展虽慢,却也有若干公路、邮政、电信、新式教育和新式贸易势力进入。但就一般而言,在回教徒聚居的西北(宁夏及甘肃的一部分),在西藏,可以说中国的边疆关系仍近于唐代(618—907)的形势,而较远于20世纪的形势。

亚洲内陆边疆的历史问题

要想了解现在长城边疆所出现的各种显著的或潜在的发展,我们必须要回溯中国及其边地民族的古代史。在中国社会及边疆社会中,什么特征是主要的?什么特征是次要的?近代新的力量因素进入后,哪些特征被摧毁?哪些特征仍然存在?这些仍然存在的东西又必然经受什么样的改革与修正?还有,我们所谓的近代文明中,有什么特征是重要而不可缺少的?什么是次要或不必要的?在20世纪文明进入中国传统文明的时候,它的哪些内容被放弃了?现代文明通过什么东西树立了自己的优势?而即使在占得优势之后,又有什么东西仍需修正和改革?

我们必须解答这些问题,以便使我们对亚洲大陆形势现状的观察能够深入内部,抓住历史的真实过程。要解答这些问题,我们需要回到这

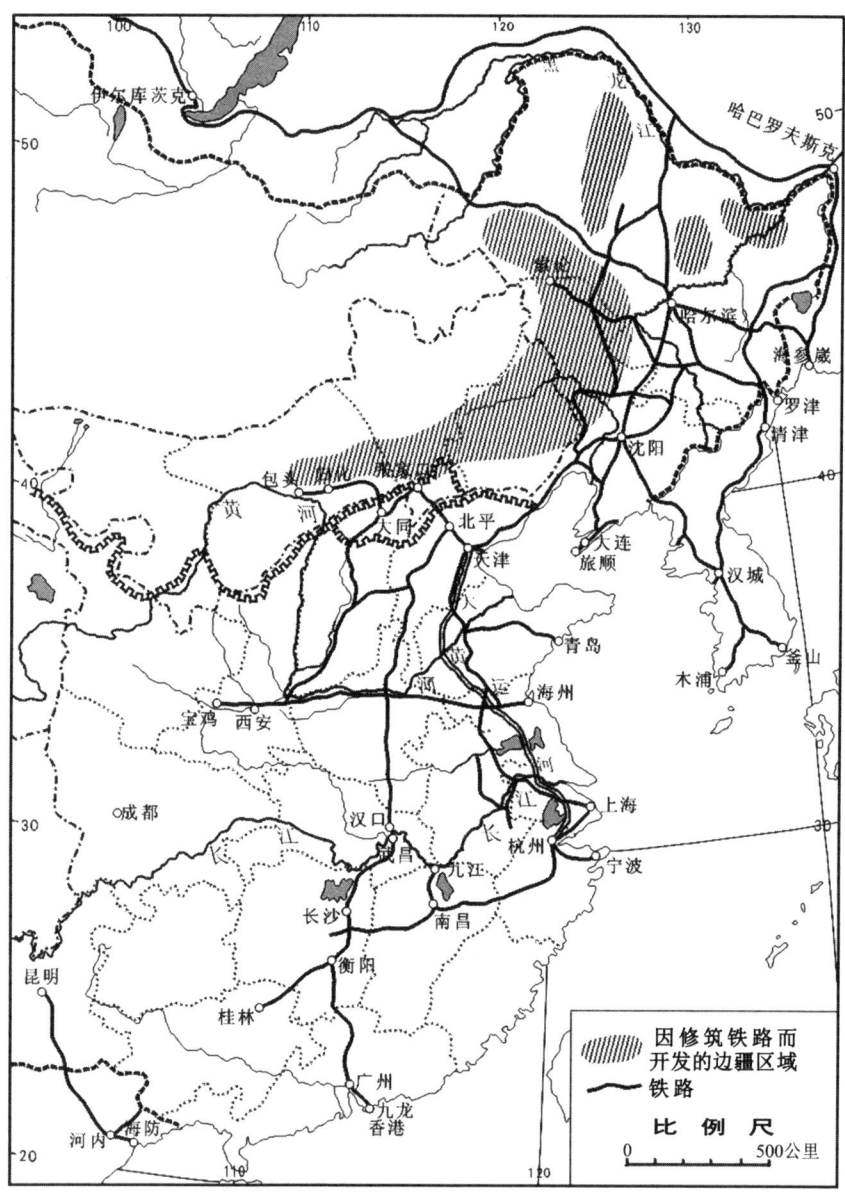

图二 中国、朝鲜及西伯利亚东南部：铁路及因修筑铁路而开发的边疆区域

些历史过程的源头,如果不能寻到其根源,分析它们的发展过程,就不能正确地说明现代史中成熟的中国及亚洲内陆社会的行为。在检讨这种行为中,我们会立即看到许多重叠的情况。因而,必须建立一个标准来衡量它们的重要性。

我们这一研究的目的,只是检讨历史的某些方面及较早的时代,来建立此后工作可以遵循和发展的原则。我认为主要的问题是:在长城以内中国各地所能见到的早期社会形态及历史过程是什么样子?它们在起源与发展时所经历的环境如何?同样,长城之外各地如"满洲"、蒙古、新疆、西藏等地的景观与环境特征是什么?它们的起源及后来社会的发展过程如何?中国与边疆各部及整个边疆在历史中的相互作用的方式是什么?

在这里,我不准备把对古代史的研究及其地域现象的分析扩展到公元220年(汉末)以后,虽然在必须交代其发展过程或从成熟的后期来解释原始的初期时,也要时常谈到晚期的历史。在公元220年的时候,中国及其长城边疆历史的特征已经形成了一种相互影响的确定模式,其后这个模式的发展逐渐丰富并典型化。但是准确地把握公元220年所形成的特征,就可以认识其后以及现在中国及边疆社会的历史根源和以后的发展。因此,我采取的研究方式和态度是,不把古代和今天分割开,从而既探寻历史的根源,也了解现代的发展。

第二章　长城边疆的地域构成

在讨论长城历史的起源以前,我要逐个地说明所要讨论的主要地区:中国内地、蒙古、"满洲"、新疆和西藏。我要设法说明每一个地区的形势、每一地区发展的社会形态以及人民的生活。我也要说明一些现代社会的古代历史和每一个社会中的人民现在及将来所面对的主要问题。我希望由此可以表现长城边疆各个地区间是如何不同,却又如何互相关联。我们的目的是提供几个基点,以便追溯过去,并提供一个视野,观察后来的发展。由此,也可以说明长城边疆各民族间的差异及相互作用而产生的影响,并表明连续意识在理解历史上的重要性。

表面上看,中国的长城线是世界的绝对边界之一。在它南边,从西藏到大海,许多河流汇入黄河及长江,就连那些不直接流入这些大河的沟渠也属于它们的水系范围。这里所有的水都归入大海。在长城以北的河流则多半是内陆河,它们或在河道中干涸,或流入没有出口的咸水湖沼,这里的水不流入海。① 在长城以内,有定期的雨水流到河里,气候

---

① 西拉木伦河(即辽河的上游)这样的边缘支流例外,它流向"满洲"。克鲁伦河,阿穆尔河(即黑龙江)上源水系的一部分,流向西伯利亚。而流向印度和缅甸的西藏河流属于独立的一系。关于"满洲"水文地理学和山志学、新疆、西藏,见格勒纳尔(Grenard, F.):《亚洲内陆》,《世界地理》,1929年,第8卷。

22

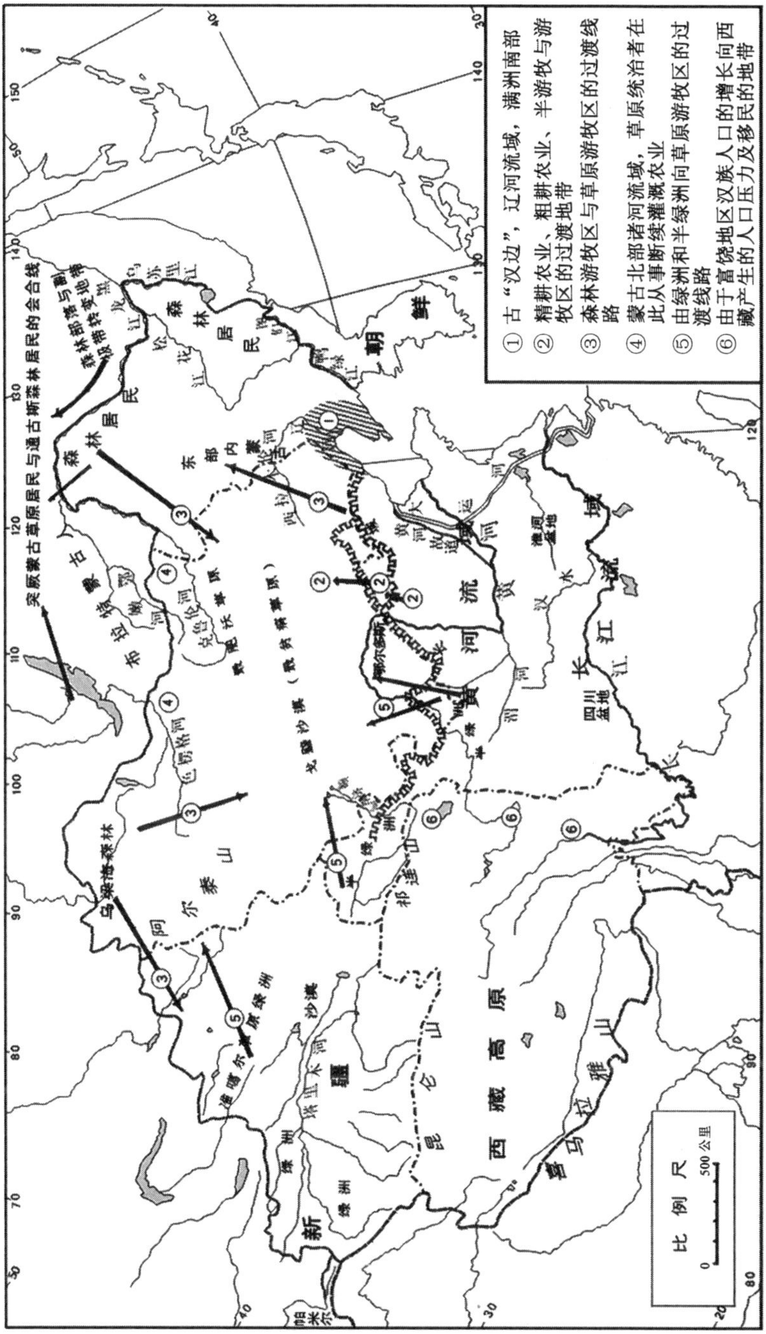

① 古"汉边"，辽河流域，满洲南部
② 精耕农业、粗耕农业、半游牧与游牧区的过渡地带
③ 森林游牧区与草原游牧区的过渡线路
④ 蒙古北部诸河流域，草原统治者在此从事断续灌溉农业
⑤ 由绿洲和半绿洲向草原游牧区的过渡线路
⑥ 由于富饶地区汉族人口的增长向西藏产生的人口压力及移民的地带
突厥蒙古草原居民与通古斯森林居民的会合线
森林部落与副游牧部落的转变地带
森林居民
朝鲜
蒙古
阿尔泰山
戈壁沙漠
西藏高原
昆仑山
喜马拉雅山
祁连山
长江
黄河
新疆
比例尺
500公里

图三　分隔不同环境的长城边疆

随着东南亚季风而转移。但是含雨气流从南到北时,这种关系则不明显。① 在草原的边缘雨就下来了,而在蒙古及中亚的内部有一个"独立"的气候,不属于中国或西伯利亚的气候系统。在蒙古及新疆北部比中央沙漠更高的地方有茂盛的草原,在山北还有受西伯利亚湿气影响而生长的森林。

长城以内农业发达,人口众多。长城以外则人口较少,居民稀疏。在某些地点水的供给充足,特别在一些山脉的边缘,不受缺雨的影响,形成类似长城以内那样发达的绿洲农业。但这些绿洲被沙漠或干旱的草地分隔。② 有几千英里的范围干脆没有农耕,人们不直接依赖地面的植物生活,而在人与植物之间建立起一种特别的关系。游牧生活的秘密是人对动物的管理:羊、骆驼、牛、马和吃植物的野生动物,人们就通过畜牧和猎取野生动物来取得他们的衣食,以羊毛毡为帐篷,以兽粪为燃料。

还有一些差异——包括种族、语言、宗教和政治组织——也可以依长城线来划分。例如,长城以内各地的方言虽然不同,但人们都说汉语。这里虽然还有些非汉族的小民族使用本族语言,但他们的势力很微弱,不能改变社会的结构,顶多影响其表现形式。他们多半是被汉族所同化的古代民族的孑遗,只是还没有汉化,不能与汉族对抗。但是长城以北的满语、蒙古语和中亚的突厥语(它们是互相关联的)却不是汉语的"方言",它们完全属于另外的语系。

在这些差别中可以看到一个很重要的影响:群体生活方式对个人的影响。生活方式的差异愈广,其种族、语言、宗教、政治及其他的区别也愈显明。事实上,一个在蒙古沙漠中骑骆驼的游牧人的体态、语言、信仰的宗教,都是由他是一个牧人而不是长江流域水田中耕作的农夫的事实而决定的。甚至"种族"(其最原始的差异是无法确定的)都是由饮食及

---

① 竺可桢在《华北的干旱》(1935)中说:"湿润的东南季风在南方吹向海岸,但在北方却顺海岸而行。"(第212页)
② 拉铁摩尔:《蒙古历史中的地理因素》,1938年。

其他日常生活方式来表现其差异。而各种"民族"的特征就更受社会因素的影响。"纯"血统的满族的脸型在最近30年已趋汉化,因为满人的小孩现在已经按照汉人的方法去养育。他们在幼时已不再被绑在摇篮里,睡在硬枕头上,造成扁头——过去被认为是满族的"典型"特征。①

　　长城也只是近似于一个绝对边界,它是环境分界线上社会影响的产物。环境的差异并不是在长城的每一地段都一样地明显,这也和历史上长城线时有变动的事实相符。公元前3世纪"建造"长城的秦始皇,只是把以前各国所造的长城连起来而已。因此,我们必须在历史发展的过程中,区别天然环境及加到这种环境上的社会作用。对中国长城地理的历史研究,需要确切了解环境对社会的影响,社会对环境的适应,以及各种不同社会在它们的环境范围中成熟、活动并发展,而且企图控制它的方式。

---

① 拉铁摩尔:《黄金部落》,1933年。

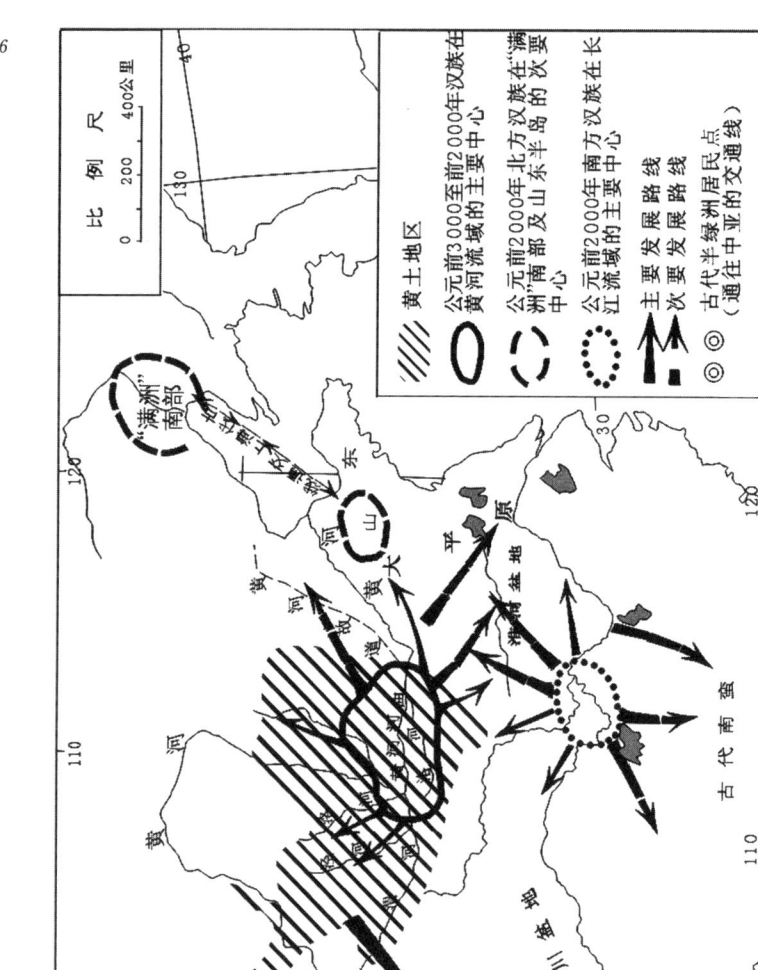

图四 公元前3000至前2000年汉族在南、北方的活动中心及发展线路

第三章　黄土地区与中国社会的起源

中国文化发源于黄土地带

　　研究中国上古史,最显著的一点就是其地理范围不大。中国历史并不起源于今日中国内散布的各点,再由这些据点发展合并成一个包括多源的共同文化。相反,中国历史的根源只在两个地区:一个是黄河流域中部的主要中心,一个是长江流域中部的次要中心①,后来,由这两个中心发展起来的文化互相接触影响,这样,就出现了是北方文化还是南方文化占优势的问题。最初是北方文化占优势,一部分原因是它在早期发展时有其内在的有利条件;另一部分原因是在历史因素的相互作用渐趋复杂时,它已经发展到必须在农业中国的历史及亚洲内陆的草原——包括其边缘的绿洲、山地和林区——的历史间求取平衡的地步。

　　但是,当各种势力的总和决定其发展的方向后,汉族的地理分布就显得并不均衡了。他们对南方的发展颇为积极。古代中国的南部,长江

---

① 毕士博:《中国南北的起源》,1934年;《中国文明的兴起》,1932年。

流域的中游、淮河流域及汉水流域下游,变成了中国中部。更南方的原始居民一部分一部分地被吸收同化,而形成新的中国的南部。在北方的发展,不但不均衡,而且不稳定地时断时续,时进时退。长城线就是这种变动的表现。分析这种不平衡发展的原因,就可以说明中国历史的形态以及造成这种形态的历史行为。

新石器时代的居民群落也许广泛散开在今日中国的各个地理及气候区域中。可是,新石器时代的历史却是静止的。它的社会组织不健全,知识与日常生活的改进和传播也极为缓慢和吃力。这个弱点,即使在其已经逐渐累积了生活知识,知道如何制造工具,如何学习别人的经验,逐渐提高了创造能力之后,仍然存在。由于这个弱点,在新石器时代末期所出现的人类历史的加速进步,从使用木器及石器进入到使用金属器,只有在某种环境下才能实现。

黄河下游时常泛滥并改变河道,形成了巨大的沼泽。这些沼泽地的排水、整理及筑堤,需要原始人类所不具备的有组织的社会力量。这个区域内也许有一些新石器时代的沼泽居民,以打猎、捕鱼及采食野生水果与谷类为生,但正如马伯乐所说①,这个地区不能成为原始中国民族的发源地。至于长江中游,不但有大量雨水造成的许多沼泽,还有茂盛的森林。只有很复杂的稻米生产灌溉技术才把长江中、下游开辟成有利的农业地区,容纳大量人口。② 若想假定在文化及社会发展的最初期就能有这种技术,就像是在第一步才刚迈出就要再迈第二步一样不可能。

所以,中国历史的主要中心是黄土地带。中国旧学者也都认为中国古代文化的中心是在黄河,其在今日的山陕地区从北向南流,再折而东,

---

① 马伯乐:《中国文明的起源》,1927 年;《古代中国》,1927 年。关于对马伯乐的理论的评论,见魏特夫:《中国经济与社会》,1931 年,第 40—41 页。
② 毕士博:《中国南北的起源》,第 316、319 页。

流入华北大平原。现代中国的著名学者如丁文江也有同样的看法。① 欧洲学者如李希霍芬②、理雅各③和较近的康拉迪④,都进一步认为中国文化的中心在陕西的渭河流域,或是在山西南部及其附近,位于大平原的边缘,但仍居于黄土地带的一角。

魏特夫提出了很明确的确定上古中国历史的地理区域的标准。典型的中国民族一定是在黄河弯曲地带的黄土地区获得其第一个重要的发展,原因不在于那里的土地最肥沃,而在于最容易耕作。黄土上面没有难以砍伐的茂盛森林,其土壤也可以被新石器时代的不健全的人类社会组织用原始的简陋工具所耕作。这些有利方面比起其他一些不利方面,要更加重要。那些不利方面包括黄土地区产的小米和小麦不如大冲积平原上的多,也不如中、南部的稻米收获大。⑤

在黄河向东转折的前后,有一些支流汇入。人们在这些河谷中可以取水,至少有一部分不受泛滥之害。在这类地区,可以由采集野生谷类的生活方式进步到最原始的耕作,虽然野生谷类还继续被食用。对鹿、野鸡及鹧鸪的捕捉可以转化为食物、服饰和骨器。老虎在今日仍可在陕北找到⑥,豹、野猪、鹿及无数的野鸡和鹧鸪也生存于陕西及山西。在这两个省的荒原上,生长着灌木及小树(没有厚黄土层覆盖基岩的地点除外),但没有大的森林,这是保存下来的一些上古中国的环境特点。

---

① 丁文江:《格朗教授的"中国文明"》,1931年,第268页。
② 李希霍芬认为中国人由中亚进入陕西。见其《中国》卷1,1877年,第340页。
③ 理雅各认为,中国人从远至黑海的地方迁徙到黄河中游。见其《中国经典》(序言作于1865年),卷3,第189页。
④ 康拉迪强调中国文化在本土的发展,见其《中国》,1910年,第482页。
⑤ 魏伏格提出埃及文化并非起源于尼罗河三角洲最富庶的地区,而在其上游的孟菲斯地区。索尔(Sauer)在他的美国农业起源一文中,特别重视可以用少数而且简陋的农具耕种的土地的重要性,并且说美国印第安人最初耕种的是比较贫瘠的土地,因为它们易于耕种。他相信黄土上一定有森林,只是后来被原始居民破坏了,但丁文江认为中国黄土高原具有半草原的性质。
⑥ 斯诺(Snow, E.):《西行漫记》,1938年,第390页。

古代中国文化与黄土地带的土壤气候之关系

这个地区的土壤与气候特征对于中国文化的起源有特殊的影响。深厚的黄土层没有石头,可以用最原始的工具来耕作,土壤的垂直节理可以允许在黄土崖边建造冬暖夏凉的窑洞。① 地势优越的窑洞至今还用来躲避盗匪,其在原始时代躲避敌人的作用应当更大。

黄土的大量孔隙使它能够迅速地吸收水分,然后又从地下吸升到表土来供养植物的根。黄土地区的天然植被是草,河谷中有一些灌木和小树。黄土的堆积也很慢,在增加厚度时,野草能在一层一层的表土上生长。旧表土被覆盖的时候,旧有的草根也随之腐烂,这可以增加土壤的孔隙并由化学作用转变成肥料。当雨水或河水浸到黄土层中又回升到表面上来时,它带来溶解的天然肥料。因此,只要有充分的水分,黄土地的肥沃性不必施肥就可以保存。②

这个特征在讨论到气候问题时尤为重要。在整个农业中国,黄土地区的雨量变动最大。这个地区的旱季,不至于旱得使一切植物都枯死。因此,在刚开始农作的时候,大半还是依赖狩猎及采集野生果蔬为生的原始民族,不至于被迫他迁。相反,他们可以在有河水的地方把水引到其粗耕的狭小田亩中去。黄土的疏松土质是很容易耕作的,我们没有理由不相信,小规模的灌溉事业,如从河流某一点开渠引水到几百米以外的田地上去,可以在新石器时代实现,尽管这种假定还没有办法证实。现在陕西及山西的许多小渠道虽然都是用铁制工具开挖的,但如果用骨、木或石器来开挖,也并不困难。

---

① 现代的窑洞是在黄土断壁上横挖,而原始的办法是在黄土地面从上向下纵挖。见前引毕士博书第301页。
② 对中国黄土的早期重要研究,见李希霍芬《中国》一书。魏特夫强调黄土较之其他土壤在农业上的重要性,见前引书,第23—61页。关于技术性的讨论,见巴伯(Barbour, G. B.):《中国北方黄土的新近考察》,1935年。

第一个从事这种工作的社会,不论其如何原始,总带有进化的倾向,这种倾向形成了与同一地区中其他原始社会的差异,并影响到后来整个社会发展的途径——避免什么趋势,选择什么趋势,最后形成成熟的形态。这个最初的差异非常重要。早期汉族和他们所接触的其他民族在人种学上的问题这里先不作讨论。如果能够确知汉民族是由两个或三个,或更多的民族融合起来的,这固然是件有意思的事。但这个问题不是绝对重要的,因为在这一时期的历史中,主要的问题不是血管中的血液,而是生活的方式及其变异性——它在原地域中的发展和在较大地域中的适应能力。

　　从地质、地理及气候各方所得的结论都集中在一点,如果不能控制水,农业就不能稳固,就不能供养众多人口,也不能使他们摆脱靠狩猎及采集来补助生活的状况。最初简陋的取水灌田工作,可以由一个人和他的妻子完成。而较大规模的控制土壤和水的工作,就只有群力才能完成。人们协力挖掘更大的渠道,修筑约束洪水的堤坝,这种原始时代的共同劳动大概是基于公有制度。

　　原始土地所有权不论是什么形式——家庭、氏族或是公有——土地利用的进步使共同劳动不可避免。因此,在原有地域范围内社会组织的领导者,不论其为酋长、氏族会议、王或是国家,都可以通过共同劳动来更直接、更有效地实现其权力,这比通过土地所有权的控制还要有效。如果一个人或一个团体能够决定要多少人到一个地点去取得新的土地和水,那么,这个人或团体就掌握了统治这个社会的实权。

从黄土地带向外的早期发展

　　向外发展多半不是由陆路而是沿河道的。修筑堤坝的技术与挖渠的技术并没有根本的差别。因此,能够集中大量人力并指挥其行动,就可以向华北大平原迁移。这是在研究半神话的夏代(约前2000年)始祖,也是第一位大规模从事水利工作的君主大禹的传说时所须注意的一点。关于大禹的一切传说我们已做过研究,以确定其地点、人物和时代,我们也关注他的传说关系到中国的什么地方,是否还包含许多其他传说,以及其是否代表一个真正的历史时代。不过,讨论的最重要一点是:这个传说表明,中国人在从原始的农业技术进入较为广大地域的农业发展的时代时,必须有一个"历史",因而一个英雄就出现了,许多传说也都附在他的名下。①

当他们向大平原发展的时候,中国人发现黄河的下游是一个可怕对手。黄河在陕西高原及山西山地之间由北向南直流之后,转而向平原倾吐大量的河水。在经过黄土地区的时候,它挟着大量泥沙,在河身突然东转之后,水流在平原上变缓,泥沙逐渐沉淀,河床亦渐增高。上游不平衡雨量的结果,使有些年头的水流远远超过其平时或平均流量,在逐年沉淀淤积之后发生这种现象,河水便很容易冲决两岸,泛滥于四周的大平原,造成广大的沼泽,并且时常改变河道。在这种情况下,只有在中国的原始社会已经成熟到能够大规模地从事筑堤及排水工程后,才能在此建立永久性的农业。

当这件事成功之后,便没有东西能够阻止大平原成为"中国"之一部。在人种学上,原来住在大平原上的湖沼民族,也许和山西、陕西的早期民族相同,或者相异。② 由于环境的不同,最初他们还不能接受中国人的早期农业方式,但是到中国的方式能够大面积推行的时候,湖沼民族和他们的土地,就逐渐归并到日见发展的中国文化中,而成为中华民族之一部。

---

① 关于禹的传说,可参考李希霍芬前引书第277—364页。另可参考赫尔曼等人的研究,见斯文赫定《南部西藏》一书第8卷,1921年。近年来,关于禹的年代和意义,也有许多中国学者讨论,著名者如顾颉刚及其同事们。关于对整个问题的评述,可参考魏特夫的《中国经济与社会史》,1940年。关于顾颉刚,可参考恒慕义(Hummel, A. W.)翻译的顾颉刚《古史辨自序》,1931年。

② 关于早期历史中与中国交往的少数民族问题,可参考傅斯年《夷夏东西说》(中文),1936年。

这种转化同样可以由一条通路从陕西到达长江上游的四川盆地,也可以从另一条通路到达长江中游的平原、长江下游及江南少数民族所居的野莽。我们可以认为,中国中部(当时的南部,现在的华南,在当时只是辽远的、野蛮的林莽)稻米种植的起源是有别于北部的小米及小麦的种植的。北部环境上的优良条件显然能使人们优先进步到较大规模的经济经营、社会组织及政治统一。一些北部的方法——长江流域的人可以学习却不能发明的方法——也许在汉族把长江流域在政治上与北部联合在一起之前就到了南部。这种传播也许是由小股好胜的北方人到南方自立为王而带过去的①,他们带去了较高的技术能力,却在社会与政治上与老家隔绝。

显然,南部长时期是一个独立的文化中心。在一个时期内,北方、南方的社会与政治发展能力都可以组建大的社会并长时期发展,这时还说不清谁是主要的,谁是次要的。我相信,是北部草原边疆所形成的若干特征最终决定着这个问题。② 这一段中国历史将在后面讨论。

无论如何,中国历史的北流与南流终于汇合,其结果是一个包括多种活动的农业社会,在众多地域差异中有一个共同的特征:各地都有相当进步的农业。魏特夫在研究了相当材料之后,指出了一般欧洲学者的错误认识。他们以为南部的农业是精耕,而北部是粗放农业。在精耕的程度上,南方的稻田和北方的小米、豆、麦田当然不一样,然而在大体上它们还是相同的。北部的农业经济的细作,是尽社会组织之所能。在不能用渠道引水灌田的北方,有很多水井,所有的井水汇总起来,支持着广泛的农业活动,而其精耕的程度有如田园农业。③

即使在北方的山地和不能灌溉的黄土高原上,"旱田"也属于那些构成经济中心、影响社会结构、决定土地权的精耕农业的外围部分。同时

---

① 见毕士博前引书,第 318、320 页。
② 拉铁摩尔:《中国长城的起源》,1937 年。
③ 魏特夫:《中国经济与社会》,第 189—223 页。

它又是一切有组织行为的目标,如同一种对其他社会及经济的发展的拖累。北方和南方一样,问题的中心是耕最好的土地,把多数的人集中在生产力最高的土地上,种植多种作物以便充分利用土地与人力。

这样在南、北两方都形成了农业景观,其标志是大型的、筑有围墙的城市。离这些集中地点越远,人口和耕地也就越急剧地减少。① 精耕土地的边缘是粗耕区,过了粗耕地区后就没有什么有意义的农业活动了。用农业之外的方法去利用山地的努力,较之中心地区精耕农业的成熟发展,实在是不可同日而语的。

向北方发展的弱势

在中国北方的草原边缘,却完全是另一种情况。在长城线以北的亚洲,地理的变化比气候的变化还要迅速,那儿没有足供灌溉的河流。虽然在内蒙古的大部地区可以农耕,但是耕作必须从精耕改为粗耕,并更倾向于"混合农业",即在相当程度上依赖牲畜。在现代,这种形式正在大规模地推行,移民运动也正在推进,但这是因为铁路完全改变了古代那种社会与经济条件的均衡。从中国历史的起源开始,直到19世纪末,无论是移民或是对草原民族之同化,都没有这样具有决定作用的发展。中国人曾经屡次越过长城,却是时行时止地犹豫不决。同样,草原民族也屡次侵入中国,然而他们也不可能在长城以南永久地建立草原经济和游牧社会。

比较这种北方的差异及限制与南方的不限定的发展②,可以看出在中国本部历史进步的过程中,究竟谁最重要。简而言之,关键似乎是:中国的每一个主要地区都可以支持一个进步的文明。我们知道,第一个主

---

① 索普:《中国土壤地理》,1938年,第430—432页。
② 拉铁摩尔前引书。关于南部"满洲"与长城以外其他地区的差别,见《蒙古历史中的地理因素》与《中国与蛮族》。

要发展的地区并不是最肥沃的,而是对文明初期发展阻力最小,并对最简陋的灌溉制度也能给以丰厚回报的地区。最初即出现的精耕倾向在持续发展。中国人所扩张的各种地区,虽然地理与气候各不相同,其中有些地区比原来的黄河河曲地带还要肥沃,但对建立在灌溉基础上的精耕制度的反响很好,有些也许在不同的社会及经济制度下也能同样发展。这个特殊的中国方式是第一个获得充分发展的趋势,因此,它在此后的历史中也容易趋于一致化,而不是多元化。

只有在北方,显著的差异取代了一致化的趋向。因为原始的汉族已从事农耕,他们不可能一面向日趋复杂的精耕农业前进,而又同时接受粗放农业及混合经济制度。① 事实上,北方有一种完全不同的现象,即草原的游牧经济。由此产生了一个永恒的矛盾,使在历史上掌握长城边疆的民族和国家——无论是汉族或其他民族——不得不做出一个决定,是选择精耕的农业经济,还是选择粗放的游牧经济。历史上屡次出现试图调和二者的社会或国家,但没有一次能够成功。

中国历史的形式

这里,我们可以大略谈谈中国历史的形式,不过我们所谈暂不包括早期的母系社会制度、封建制度,或是成熟期的统一帝国的组织及活动。

在中国的景观中,最好的土地是灌溉的田地。而建立并维持灌溉制度所必需的水利工程,要想完全由私人完成是不可能的,无论他是怎样一个富有的地主②,水利工程必定要由国家经营。这样,国家从事这类活动的能力,就比土地所有权更进一步地成为政治力量的基础。国家也要有大量的存粮,因为田赋的一部分是征收实物。这种存粮需要有一个社

---

① 拉铁摩尔:《中国长城的起源》。
② 毕士博:《中国文明的兴起及其地理因素》,第 627 页。关于在精耕农业中强制劳力的重要性,见魏特夫:《中国经济与社会》,1931 年;《中国经济史的基础与舞台》,1935 年。

会中心,一个便于保护的中心——城池。这就造成了每一区域的结构单元,即都有一个城池和足够的土地,构成贸易与行政的单位。每一区域存粮的一部分,又集中在某些重要地方的仓库里,由政府支配,充作各地方的代表中央政权的驻军的粮饷。①

粮食积累的意义大于财富,因为战时可以提供军粮。灌溉地区比粗耕地区更有利于对设防城市的围城与守城的阵地战。更重要的是,在国家及人民的日常活动中,积粟可以集合大量的人从事于其他工作,包括修缮现存渠道及新兴工程。充裕的食粮和充裕的人力是互为因果的。

这一点特别重要,因为精耕需要专注的劳力。地主也许有很大的田地,但佃农或雇农的耕作单位很小。为了增加地租而减少工资,社会制度需要大量人口,这个要求可以得到满足,因为家庭与社会都赞成人口生殖。这一现象又由于中国机械事业不发达而加剧,那些权益建立在人力上的阶级,自然反对人力以外力量的发展。因为他们的权益建立在农业之上,他们同时也反对矿业、工业(手工业除外)及其他一切足以威胁他们利益的活动,他们就是掌握灌溉土地及人力的中国历代真正的统治阶级。

同样的理由也可以解释中国人为什么除去很短的时期及有限的地区外,不能永久性地伸展到长城线之外。精耕制度的转变,就意味着人口分散,意味着放弃已经成为规范的行政方法。另外,没有了灌溉制度,就是放弃了长期形成的经济、社会及政治体制的基本的一环。

汉族散布在中国,是由许多单位合并而形成的。虽然各有差异,但大体上是一体的。每一个单位有一个农业地区,被一个城池控制,城与城的距离在较肥沃的地区内也只有一天的路程。不过,他们虽然一体,在事实上中国却很少有共同的活动,因为每一个区域都是自给自足的。这些区域的结合过程是,最初有许多独立的王国,然后形成一个统一的

---

① 冀朝鼎:《中国历史上的基本经济区与水利事业的发展》,1936年。

帝国。这种政治结合对农业没有多大影响，可是它却增大了国营水利事业的范围。每个地区单位的存粮都要拿出一部分集中到几个重要据点去①，这种工作是利用河流及运河完成的。这些河流及运河一方面是交通要道，一方面也是灌溉系统中的命脉。

各种社会力量集中在这种发展上的特殊方式，可以很显著地从自北向南与海岸平行的运河上看出来。一个朝代若能有力量维持并保护这条运河（这并不是一件容易的事，因为它与河流是交叉的），则其货物运输量会远远超过一切海道运输。这是由于中国社会欢迎在运河上用人力拖拽的船运，而不喜欢海上贸易的离心趋势。而且运河所经过的都是开垦地区，它的组织可以与农村行政相协调。海运却是一件独立的事，在某种意义上是一种竞争行为。也许航运也受季风的影响，据竺可桢的意见，季风在北方都是平行于海岸移动的。②

运河犹如一个人为的尼罗河③，对它的控制造成了主要经济地区与主要政治地区的均衡的最成熟形态。冀朝鼎对这一点有正确的说明。一个朝代统治中国，必须在北方建立政治及军事首都，监视不能同化的边疆，控制一个可以供给首都丰富农产品的地区。首都及主要经济地区的地点，因历史时代的不同而不同。④

贸易、矿冶与官僚

中国在19世纪中被海上势力侵入以前，多数人口及贸易只是在城市市场与乡村市场间移动，只有特种商品及特殊商人的流通较广。盐、铁、茶和丝虽不是到处生产，却流通很广。茶和丝是农业活动的特

---

① 这里关于城乡关系的分析，要比我在《满洲：冲突的摇篮》，1932年，第十一章中提出的看法更明确。
② 竺可桢：《华北的干旱》，1935年，第212页。
③ 魏特夫：《中国经济史的基础与舞台》，第52页。
④ 冀朝鼎前引书。

产,可以由一个本地商人转到另一个商人手里。盐与各种金属,特别是铁,则需要特别条例来管理,因为中国的农业社会需要它们,同时又不能通过普通农业活动生产它们。因此,从很早的时期开始,由国家转让专商经营盐的精制与贩卖和铁的采冶,就成为可获大利的事情。

其结果是很特别的,在产盐地附近卖的是最坏而且又贵的盐,因为盐是专卖的,好一点的盐可以担得起运费,运到较远的市场去,不过临出售之前,会掺上杂质以增加盈利。民众必须买盐,因为作为其主要消费者的农民阶级差不多完全以谷类和蔬菜为生,盐是这些食物的不可缺少的化学成分。盐的重要性可以从一个现在的实例中看出来,盐的禁运和中央政府的军事行动,同样成为 1936 年将共产党从其 1928 年起即占据的长江以南的地区逼走的主要办法。①

矿冶则被一种近乎勒索的税收制度所摧毁。中国行政的主要的基础社会是密集发展的农耕区,而矿冶则远离这个基础社会,躲在山里面活动。② 掌握国家主要政务并追求仕途发达的官僚对于矿业并不注意,他们只视采矿为一种财源,如果一个矿发了财,对那个矿主所征的税额便会立刻提高,采矿技术的改良则无法施行。为改良矿山设备而增加资本表示矿主发了财,官府即刻就要征收特别税款,或派视察员或派管理委员来监察。不开发矿产没有罪,因为金属的缺乏被认为是正常的事。这些情况可以解释在中国的国家及大众文化方面,有些东西可以发展到极成熟,而对近区矿物资源的少量开发,只够手工生产的需要,在煤矿附近几里地的人却仍在烧草根。

在各种事业上代表国家利益的是一个特殊的阶级,称做官僚,他们不像农民、城市居民及商人那样久居于一个区域中,而是随时移动的。

---

① 斯诺前引书,第 174 页。我也听到过一位南京的官员生动讲述由于缺盐,那些长期封闭地区内的农民的困苦。那位官员是一个反对中国苏维埃政权的人,他坚信,红军若不是受此困苦则不会退离那里。
② 拉铁摩尔前引书,第 120 页。但在那个时候,我还没有想通中国的政府为什么对采矿行为持一种特殊的态度。

他们一方面管理一个区域的政事,有时也从地方行政升到国家行政。所以,他们形成了一个个和谐而多半孤立的单位的生活与整个国家生活之间的重要联系。在这一方面,他们的地位是专利的,因而他们很自然地要保存成规,反对改革,以保全他们的专利。

中国历史的循环

中国历史事件的过程每多重复,除去已有的显著特征变得更加专门化而外,一般的进化都被阻碍,王朝的兴亡也只是朝代的重复。最开始,是在适宜的地区集中人工,组织进行大规模水利工程及农耕,利润于是随之增加。然后,由于这些活动,生产达到高峰,一切平稳,统治者便集中力量来维持这种秩序,取缔一切另作别图的努力。到第三个阶段,利润逐渐减少,因为这种社会制度着重于大家族,而经济制度阻止一切可以雇用多余人工的新活动,人力过剩是那些掌握法律、秩序和传统的人的兴盛的条件,但因此也造成农村生活的衰落和崩溃。少数有知识、有资产的统治阶级,与多数无知识的、依赖劳力为生的、在劳力过剩时就没有工作而不能生活的人们之间的矛盾极深。最后,农民暴动,推翻政府,但他们并不能建立一个新型政府。①

这时候,局势和人民都需要胜利者设立一个新朝代。秩序可以用武力恢复,税收却不能。因此,这位战胜者在他的权力被公认之后,便开始保护修缮水利工程的人,并召集残余士大夫阶级来组织并管理这些工作,登记漕运及贡粟的数字。在与这种起义与战争俱来的饥馑及人口缩减之后,新的朝代依据新的利益,开始了一个新的循环的发展。但是摧毁旧机构与建立新机构都没有动摇底层的基础,社会大体上仍是向心发展的,旧的生活方式是民众所能了解的唯一方式。没有大批人口愿意到

---

① 参见本书第十七章。

与中国毗连而不被认为是中国的草原上去建立一个新秩序。

19世纪——西方的侵入

根据这几点,我们可以找到解释中国历史循环的线索。例如在19世纪初,由少数民族建立而用汉族方法来统治的清王朝已经跨过了它的极盛时代,整个社会已经成熟,并且开始溃烂。太平军之乱(1851—1864)虽尚未爆发,却已显出征兆。对一个由海上到中国来的人,当时的中国是什么样子?典型的中国人是哪些?

沿海口岸的贸易很繁盛,对外贸易也在发展,但大半都是由外商在经营。虽然有一些新式中国商人随之兴起,依赖对外贸易而发展,但是维系中国生活方式的贸易并不依赖于对外贸易。中国口岸的中国贸易是以中国其他地区为对象的,沿海贸易如同陆路、水路(河流或运河)一样地为对内贸易,每一个口岸有它的以农业生产为主的腹地,它与这个腹地的近程贸易及较远的其他地区贸易,并无异于内地城市如陕西西安与四川成都之间的近、远程贸易。

在内地,中国生活机制的地理背景是很明显的,精耕土地都因城池的存在而分割成若干小单位,在贫瘠的土地或山地,农业及人口都迅速减缩,虽然这些地方可以用开发矿产,发展工业,或以耕牧并重来补偿,但都没有得以实行。在南方的云南、贵州、广西诸省,固然有农牧经济的存在,但这并不代表中国整个的趋势。汉族是在最近几个世纪才发展到这个地区的①,他们现在还在从事对当地少数民族及其风俗的同化工作。

牟利的贸易活动,特别是短距离贸易和城市中手工业产品的销售,是一种中间商人的职业。将资本单独投资于生产及销售是很难的事。一般的原则是,贸易距离越远,其商品就越局限于奢侈品而非生活必需

---

① 魏特夫:《中国经济与社会》,第222—223页。

品。日用品的交易是短距离的,所以不在意速度、便利性及运输距离。唯一的例外是粮食,在这一点上,大运河的重要性远过于驿道。

存储粮食无疑是真正财富的标准,而便于运用、转移、流通的货币财富,却发展很慢。在中国,货币没有脱离收积金锭及珍宝的简陋形式。因此,无论如何富足的商人,都不能超越其经纪人的地位,地主阶级是他服务的对象,所以地主阶级对国家政事要比商人更有力量。即使在借贷关系上,农民向地主借钱也比向商人借钱容易,并且担保也比较可靠,因为地主能够直接控制农业,商人却不能。

官僚,即所谓士大夫阶级的特殊分子①,就是地主阶级,不过,成为官僚的地主又成了他们自己的敌人,因为政府行政和统治阶级之间永远有矛盾。由于在职官员必须回避其家族势力深厚的本籍的规定,政府占得上风而推行统治。而士大夫们,则因政府公事来往的都是其"本阶级人士",因之亦占优势。赋税对士大夫并不从严,其不足额均自农民及商人身上征收。富商也可以利用财富使自己成为地主商人,居于特殊阶级,不过他的贸易经营则必须服从于他的土地利益。

文学教育将士大夫与官僚连接为孪生的统治阶级。这种文学相当深奥难习,而且拒绝一切简单化及走入民间的倾向。它"分隔社会的阶级却连系着各个地区"②。它需要长期学习,所以只有有闲阶级才能学习,而名义上在考场内人人平等,也只是已经掌握政权的阶级的机会平

---

① 去"满洲"旅行首先给我留下深刻印象的是,地主和官僚身份以及作为官僚政治代码的文书语言的重要性。后来,在编辑《太平洋评论》过程中,我能接触到很多关于这个主题的东西。可特别参考《太平洋评论》中的:王毓铨:《中国历史中地税的上升与王朝的覆灭》,1936 年 3 月;陈翰笙(Chen Han—seng):《中国样板省的优质土壤》,1936 年 9 月;罕威尔:《中国的地方政府网络》,1937 年 3 月;魏特夫:《中国社会经济结构的宏观考查》,1938 年 3 月。如果没有体会过非字母书写的麻烦,就很难认识到在中国有知识有学问的人与农民之间的鸿沟。一个人必须要有金钱和时间去学习要很多年才能掌握的那种似乎不可能被掌握的书写符号。传统总是被用来保护晦涩的文字,而倡导简化文字则不可能战胜传统的阻挠,因此在中国做一个"独立人"比在西方国家里要难得多。
② 魏特夫:《中国经济史的基础与舞台》,第 54 页。

等而已。只有通过考试的人才能管理赋税,收集贡粮,分配渠水,征集并组织修渠的劳力。他们可以很容易地确保其家庭对优良土地及用水的优先权。他们并不需要形成一种军阀阶级,因为无论如何英勇的军人,必须熟知颇为高深的文学并有一群文书幕僚协助,方能控制一个生产及税收的系统。就连外来的征服者也不能摧毁中国的文人,因为无论是谁担任统治的名义,统治的实权都在他们手里。

由此,"典型"的中国人有两种,一种是地位略高于牲畜的农夫,另一种是因不服劳役而修着长指甲的文人。"文化"成为一种最腐败(尤以贪污舞弊为盛)同时又最雍容多礼、知识高深(在某些方面)的特殊阶级的专利品。农民也有自己的传统,他们的世界虽然不广,但是千百年相传的高深农业技术和群力的合作精神,也在他们之中形成了传统的社会特性。他们能把理论付诸实施,在没有明显的领袖的情况下合作,并利用各种资源,在上面没有压力时迅速升为较高级的组织。

19世纪中叶,西方列强打开中国的门户,特别经过太平军之乱,中国统治力量转弱之后,一个足以摧毁而改变中国旧生活方式的发展随之开始。西方列强引入了许多新的财富和力量,但旧秩序中有钱有势的人对此并不欢迎,所以官僚阶级要竭力反对外来势力之侵入。最初的转变不是由于他们,而是由于中间商人,他们可以给外国人做经纪人,只要其所得的利益比为士大夫阶级服务所得的丰厚。

因为这些商人中有一部分人也来自士大夫阶级,这种转变亦随之侵入到千百年来产生士大夫的家族里去。旧秩序的基础已被破坏,有一些家庭及个人随着他们所把握的新方法兴旺起来,而有的则紧紧抓着旧办法而日趋没落。

在现代,中国被各自活跃的家族所控制。他们仍然保有大量土地,但同时也从事贸易、工业和金融活动。① 技工很迅速地形成一个工业无

---

① 陈翰笙:《中国当前土地耕种问题》,1933年;又《中国最南部的地主和农民》,1937年。

产阶级,从农村及农家的规范中分离。最后感受这种影响的是农民,因此农民的命运能决定国家的前途。如果全国都有转变,而农民仍限于旧的生活方式中,那么中国将变成一个大的日本,拥有一个若干部门很发达整体却并不协调的工业,并像日本一样在工厂的机械进步与农村的人工劳动间存在一个鸿沟。① 除非农民被解放出来与各阶级同样有进步的权利,否则农村人工过剩的佃农将使工厂工人的工资降低,素质下降,从而危及整个国民经济,这也和日本一样。

---

① 厄特利(Utley, F.):《日本的泥足》,1936年。

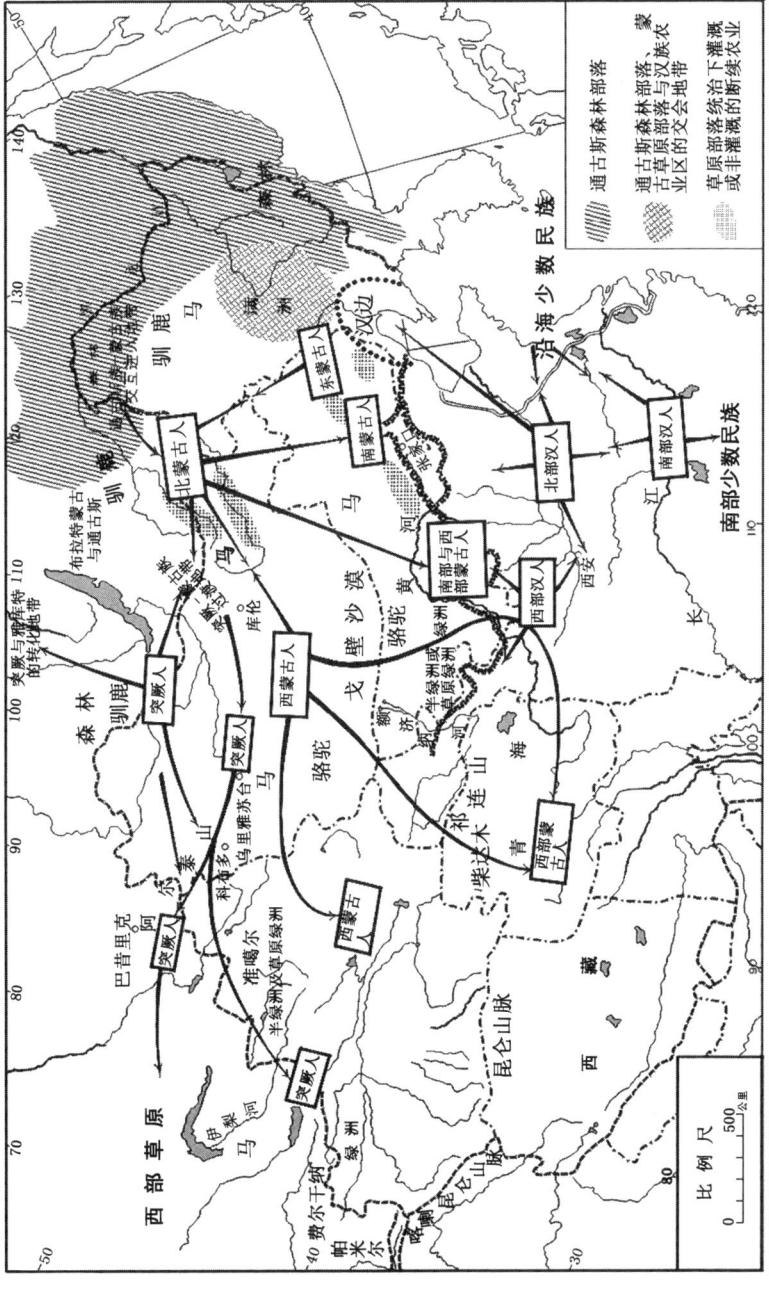

图五　草原森林部落及其经济与中国内地及长城边疆的关系

第四章　蒙古草原与草原游牧社会的特征

　　如果按着地理次序，由"满洲"起，经蒙古、新疆以达西藏去研究长城边疆，倒不如先来研究蒙古草原，这是所有边疆历史中最典型的一部分。从"满洲"多样的地理环境，到新疆的绿洲和沙漠，以及西藏的寒冷高原，在这之间诞生了蒙古草原历史的一种变形的社会。这种改变的形式是受蒙古情势的影响，也受中国势力的影响，这种势力虽然各地不同，大体上却是一样的。

　　我们可以证明，内蒙古的新石器时代居民都聚居于沼泽附近。他们是捕猎民族，也使用石器来挖掘植物的根，并从事一种最原始的农业。在一些被沙堆掩埋的地方，或完全沙化的地方，在有些长着植物的凹地中，时常可以发现石器及陶器碎片。[①] 在这些地区，地下水离地面很近，蒙古自新石器时代以后也许日渐干旱，也许是一个很迅速的气候变化，使新石器时代的生活方式突然转为游牧生活。蒙古不能像

---

① 我这里所写的都是我在蒙古亲眼所见以及亲耳所听。从文献上讲，广泛参考了毕士博和魏特夫著作中引用的材料。还有顾立雅：《中国早期文化研究》，1937年；门京（Menghin, O.）：《石器时代世界史》，1931年。这里曾有一种包含狩猎、渔猎、采集、畜牧混合生活方式的新石器文化，其畜牧应该是刚刚萌芽，还很不发达，类似于远方北部的布里雅特蒙古人，参见波穆斯：《苏联布里雅特蒙古人》，ASSR，1937年，第96页（俄文）。

内地那样产生一个农业社会,不一定是气候变干的原因,相反,是由于沙堆一直延伸到古代沼泽的边缘,也没有河流来浇灌广大土地上的精耕作业。

黄河流域与蒙古地区早期文化的差异

中国内地与蒙古草原的最大差异是:草原的原始农业文化没有能够发展到大农田粗耕制,或农耕与畜牧并行的混合经济。游牧最终成为占统治地位的制度,尽管不是唯一的制度。对这种经济差异必须加以检讨。灌溉农业可以造成最高的(在工业制度之前)经济及人口的集中。没有灌溉农业的地区,特别是在雨量稀少且不稳定的地区,还有农牧并存的地区,会形成比较分散的经济和人口。畜牧是一种散漫的经济制度,社会也不能集中。在蒙古和"满洲"之北,草原一直延伸到西伯利亚森林,在森林中捕猎或养鹿的民族,其经济与人口更为散漫。在这些民族以北,是次北冰洋及北冰洋社会。我们还要注意的是,草原并不受比中国精耕制度低一级的旱作农业或农牧混合经济的影响,而是受与中国经济相差两级的牧畜经济的影响。在工业经济兴起之前,中国与草原是不能调和的。

由此再追溯上去,似乎在新石器末期及铜器时代,从公元前3000至公元前500年期间,草原与中国的差异便逐渐发展,这种发展在一片很广大的地区中进行。在草原,即使条件最好的地方也不能超越原始农业,而在黄土地带,农业劳动很容易获得利益。在黄土地带的中心,即黄河东折的河曲地带,这种转变在公元前2000年左右已特别显著。而在草原附近,直到公元前500年左右,才迅速显示出地区间地理、气候差异的社会意义。在这以前,同样的人可以在各种潜藏着贫富不均的地区,以同样的文化水准生活。我想,这里所提出的经济分异过程的重要性,可以证明马伯乐的理论,他认为北狄在人种学上和中国北部居民是同一民族,他们是被在中国北部进步到较高农业经济的中国人排斥出来的。①

但一般而言,从长江流域到蒙古的少数民族在人种学上是否同种关系,他们是否从一个地方迁移到别的地方,以及气候的变迁是否使长江流域多雨而使一些蒙古的沼泽干涸,也没有多大关系。地理的差异,文化的交流,社会接触和人口迁徙,都是还不能创造历史价值的偶然性因素,它们直到进化过程在特定地区已然开始后才发生作用。主要的推动力是人类实践的改进,很可能是偶然性的改进。在一些重要地区,在其利害条件的自然平衡中,人们产生了一种重要进步,从对原始行为的因袭,发展到出现不十分原始的习性。只要这个转变一开始,就可以通过自己的创造或外来的输入或文化交流而向前发展。

不论典型的中国人是否最初即向黄河中游地带迁徙,最重要的历史现象是他们在这个地区超越了最原始的农业阶段。他们以此为中心,向黄土地区及华北大平原发展。最初这是一种同化工作,中国人在各方都遇到少数民族。这些人即使在后代也没有被认为是另外的"种族",而只被认为是一些没有采用汉族那种复杂经济制度与社会组织的居民而已。② 无论如何,除去草原边境以外,环境允许中国人取得一切土地,吸收并同化其所遇见的民族,所以所谓"少数民族"的问题就成为次要而将不复存在了。

可是,当他们走近草原时,环境却逐渐不利于中国人。它使少数民族——不论他是谁——能够更为有效地抵抗他们。因此,这里少数民族的落后制度,不但不能被克服,而且更加强化。先进的文化与落后的野蛮制度要在每一寸土地上争高下,因为从黄土地到草原,其转变虽然较快,却没有一个显著的界线,其变化是从灌溉地区到半灌溉地区再到非灌溉地区。

---

① 马伯乐:《古代中国》,1927年,第11页。
② 马伯乐前引书第1章,及魏特夫关于汉族人与少数民族人之间种族关系问题的讨论,见《中国经济与社会》,第11—16页。关于中国北部少数民族人的现代认识,见傅斯年:《夷夏东西说》(中文)。

不属于非灌溉而属于半灌溉的田地仍然可以耕种,这又影响到虽然不是完全不能耕种的土地却也不是精耕的地区。所有这些不同的地区,在中国生活方式虽然已开始专门化,却仍未表现其特征的时候,它们对中国生活利害的比较,只有实践之后才能确定。①

因此毫不奇怪,对于西北部、北部以及后来东北部的民族,在中国古代历史的记载中,虽然都是含有敌意的少数民族,却没有特别强调其为非中华民族。在初期,汉族农民与游牧民之间明确的界限还没有建立,汉族自己的一大部分还是以捕猎和牧畜为生。所以对同时代的西北民族,也只能说他们多牧畜少农耕,而汉族人多农耕少牧畜而已。当然,牧羊的民族还不是草原上乘马的游牧民族。②

草原游牧社会的兴起

这个问题主要是要判断在什么时候,在哪些显著差异下,产生了完全不同的而且敌对的社会,它们此后的关系不是由其重合程度,而是由其差异程度来决定的。历史上这个特别重要的阶段似乎是和使用马厩饲养的驾车的马与使用在草地上放牧的乘骑作战,并供饮食(马肉和马乳)的马的差异相关。换言之,和驾驭马与乘马技术上的差异有显著的关系。草地放牧的马比马厩饲养的马工作能力小,因此需要的数目大。这种需要又引起对牧场及一种可以使人由一个牧场转移到另一个牧场的社会组织的需要。

关于马的驯服,以及其后的驾马、乘马和马镫的发明(后者的发明似乎很迟,然而在战争中极重要)等技术专门化的问题,已有很多讨论。③但我认为这些讨论太集中于技术问题,即关注技术是外来的还是自己发

---

① 参考本书第七、八章。
② 顾立雅前引书第 184 页,描述了公元前 2000 年争夺畜牧权的战争。当然,这是发生在半农半牧者之间的战争,而不是农民与牧民之间的。见顾立雅的前引书,第 243 页。
③ 参考门京前引书,并参考本书第六章。

明的,以及所谓"外来"是否即来自中国历史中所谓的"侵略民族"。

这使一个更重要的问题被忽视:历史的一个重要方面是,有些民族由于中国内部的发展趋势而不能以令他们满意的立场来加入中国文明,因为他们的环境虽然与变成汉族的民族相近,但不像中国历史中心地区那样包含许多自然的中国因素。因为这个原因,他们日渐放弃利用农业资源而专力发展牧畜资源,这种差异一直发展到使"半草原"的社会不再是"半",而是整个的草原化。到了这个阶段,它就开始利用草原乘马技术来提高草原环境中生活的效率。①

这些必要的技术是自己发明的,还是输入的、借用的,或从征服者那里被迫接受的,都是次要的问题(我在讨论中亚的绿洲时将再涉及这个问题)。这里应当注意的是,这些技术在没有被一个社会利用时是没有用的。能够利用这些技术的时代还很难确定,但一些要点还是清楚的。第一,虽然灌溉技术已经造成了新的农业倾向,但原始的汉族仍然养牛、养羊和捕猎。事实上,对这些资源的利用在中国一直保存其重要性,虽然它们并不能和农业的优势对抗。第二,从新石器时代起,草原社会和草原地区边缘的社会从没有完全归于牧畜经济。在草原的边缘及草原上特别适宜的地点,农业持续地或时断时续地存在着。因此,历史研究需要将注意点放在对一个时代的确立,在该时代,灌溉农业在中国占绝对优势而牧畜在草原上占了绝对优势。

我们可以很容易看出中原的转变比草原的转变更早,公元前第二个两千年在河南、山西地区的殷商居民的特点不在于他们仍然保留着捕猎和畜牧,而是他们已经形成了在城市周围的高度发展的农业。②

在其后的1 000年,中国历史就更加明白而确定了,中原与少数民族战争的记载也在增多。那些少数民族之间,虽然名称不同,但在生活习

---

① 关于边境族群从农业"撤离"到草原,见本书第十三章。
② 关于这个阶段,大致可以参考顾立雅前引书,魏特夫《中国经济社会史》中有非常丰富的材料。

惯上并没有什么差异。在较早的时代,他们没有一个是被称作骑马游牧的民族,关于他们的印象,只是他们不及汉族开化而已。

有关骑马民族的记载始于公元前 500 年左右,这个民族的出现是一种根本不同的生活方式的表现。在这个记载中,并不是马突然被发现。在此以前,中原人早已有了战车,他们用战车与徒步的少数民族作战,但这时少数民族乘马来侵扰他们的边疆了。这些骑马民族的名称有许多与以前徒步作战的少数民族相同。我们显然看到了一个乘马游牧民族社会的迅速兴起,特别是在北方及西北。他们的社会与当时只在汉族发展地区边缘上活动的"低级"少数民族完全不同,虽然这些新少数民族也许与旧少数民族属于同一个民族。

我认为,确切转变的时期是在公元前 4 或前 3 世纪,这个时期很显然与中国历史中记载的两个人的活动有关。他们本身并不是少数民族,然而在当时中国边疆政治的迅速发展中,扮演着很重要的角色。① 他们是汉人,但学习游牧民族的骑射战术,并且以此建立其政治势力。这个现象是很值得注意的,因为它证明了这个时期的中原和少数民族的生活方式已经不同而且可以分庭抗礼了,而且,这种新制度的水平已经高到使汉人中的要人在某种情况下要去学习它。

草原社会兴起的功能解释

这个新的、由一个汉族已经知道的民族所组成的新型社会所产生的重要规范,其功能只能从对人民生活方式的详细分析来解释。毋庸置疑,其最重要的环境就是在草原边缘上的中国社会的外围地带。中国历史上没有直接解释过这个问题,就我所知,现代中国讨论边疆史的书籍中也没有讨论过。这种功能解释被忽视的原因,以及学者们为何只注意

---

① 拉铁摩尔:《中国长城的起源》,1937 年。

通过研究名称来考察这些人的来源问题,大概是因为草原游牧社会没有可以与中国上古时代农业与水利的神话与半神话的英雄相比的"文化英雄"。这又说明,灌溉的、精耕的农业技术是中国文化发展的核心,它的早期传说都保留在最古老的材料里。乘马的游牧经济技术起源很晚,而且是在外围边疆,从未能与中原文化调和。因此,中国历史中没有保存关于它的起源的真实记载。游牧民族本身在当时又没有文字记录,所以任何方面都没有留下材料。

当然,我并不是说草原社会是一个突然的发现或创造,也不是说骑兵的使用是公元前4或前3世纪的突然发明。在这以前一定有一个时期,草原社会的原始形态在逐渐发展。可是我所认定的中原与草原社会明显分化的时期却是无可争议的。在这个时期以前,记录材料不能证实一个确实无误的草原社会。在这个时期,中原本身出现一连串迅速的变化,结果旧的国家形式趋于消亡,社会结构也急剧变化,形成了一个新的中央集权的帝国,这件事是在公元前3世纪由短促的秦朝完成的。同时,一些列国的边境城塞也连接起来形成了主要的长城界线。此后不久,草原上的匈奴帝国形成,2 000年的草原边疆历史也由此开始。①

我所说的功能解释,是关于那种若干相同性质的经济方式中最广泛的一种特征,它们成为草原社会及其历史的决定力量,就像最精深的农业决定整个中国社会的性质一样。中国黄河中游的原始文化在向东及向南发展中,由其所获得的成果而更趋进步。但是在向草原发展时,没有什么好的结果。在公元前4和前3世纪,他们在缺乏河流的地带的发展十分不利。到这时候,不再继续保持既非完全农耕又非完全游牧的草原边缘的民族,开始了完全的草原游牧生涯,他们自己建立了一个活动范围,与中国"开化"的社会范围相分离。

这样,马的应用就极端重要了。虽然以前已经知道用马,中国人在

---

① 拉铁摩尔:《中国长城的起源》,1937年。

千百年前就已经开始使用战车，其后又有骑兵，但此时在草原上所发生的现象完全不同。它是一种迅速发展的特殊的用马技术，它使减少农耕和增加畜牧所必需的机动性能够有更大的范围和速度。这些从中原生活方式分离出来的人，认识到以后的财富和权力将由草原资源的开发来决定。从一个牧场很便利地转移到另一牧场的能力具有了特殊价值，而管理多数牧场的能力的重要性亦被重视。

乘马在功能上的重要性，是因为它能提高依草原为生的牲畜及依牲畜为生的社会间的联系的效率与特征。其发展的程序是：(1)放弃过渡性文化而转变到完全草原文化；(2)完全依赖天然放牧的牲畜，没有储存的饲料或干草；(3)机动性的需要增加，以免滞留在不能继续使用的牧场上；(4)对管理马匹的较高技术的特殊需要（马厩中养马的农夫在把马放到草地上之后，则没办法把它们再招回来）；(5)结果掌握了熟练的骑术与对马群的管理。

这是社会适应经济需要的步骤。此外还有一套适合于这个社会的军事技术的进步。草原是没有树木的，以前徒步的战士现在也骑上了马，这种条件使他们在造弓时要节省木材，并要造出一种骑者容易携带使用的弓。这两个条件也许促成了游牧民族使用短而有力、用木条和兽角——草原产物——做的短弩。① 从马上射箭比只在马上背弓显然又是一个进步，这就促使马镫发明，即便在草原社会这种发明也是比较晚的。马镫是骑射效率的表现，因为它可以让人在奔驰中很准确地回射，这是草原战士最厉害的一种战术。②

---

① 顾立雅在《中国早期文化研究》(第246—247页)中指出，在中国(公元前2000年)复杂的反射弓的出现，比草原上的真正的游牧要早得多。他还指出，古老的中国与极地附近的文化有联系。而弓本身之所以可能传到草原，或者从中国，或者从西伯利亚，也可能二者兼有，而强弓成为草原上特别适合的马上箭术，一定是草原自身发展的结果。
② 我很感激毕士博，他在1938年3月16日给我的信中，对于马匹的驯养和使用有很多有价值的建议，特别引起我注意的是弓的复杂性及其使用的重要性。我以前读到中文"骑射"一词，总以为是"骑术与箭术"，没有看出它的意思是"马上箭术"，这是个很重要的技术上的差别。

我这里所说的功能解释极为简单。其实有一些步骤在不同民族中也许截然不同,有些也许是全部或部分地从别的民族学来,只要能适合于他们的社会就可以。例如汉族输入了骑射技术,却并没有把他们的农业经济并入到游牧经济中去,这表明他们的骑术和射术都不如游牧人。只有在特定的时期,在经过多年有伤于他们定居经济的战争后,产生了职业骑兵,才能和草原上"天然"的骑士相抗衡。

讨论这种游牧经济与战争的目的是要说明,一种技术只有在适合一个社会的需要时,才能显现出其重要性。用新的民族的侵入,或用从其他民族学得短弩,来解释中国边疆的游牧民族,则等于没有解释。侵入者不论是多么有力的战士,如果没有适宜的生活方式,就不可能留在草地上。短弩不必学,也不必发明,除非这个社会已经发展到能够充分发挥短弩的特点的时候。因此,具有历史意义的问题,是社会与技术的相互影响,而不是技术造成了社会,也不是仅仅为对付汉族而发明了技术。

草原社会经济与中国本部情形的比较

汉族与草原民族不能结合在一起,是由于草原社会发展的不同。我们可以确知,草原社会的统治不是像中原那样以土地所有权为基准的。没有一个单独的牧场是有价值的,除非使用它的人可以随时转移到另外的牧场上,因为没有一个牧场经得起长时期的放牧。移动权比居住权更加重要,而"所有权"实际上就是循环移动的权利。①

在较后的历史时代,蒙古族被限定在固定的界线之内,但是这种土地所有权是属于整个部落而不是仅仅属于该部落的首长或王公的。因此,个人没有土地,虽然在习惯上部落的土地是由王公管理,他有权把牧

---

① 拉铁摩尔:《满洲:冲突的摇篮》,1932 年,第 48—49 页。在我看来,蒙古语中的"nutuk"一词,表示"隶属"于土地或者"国家",可能与一个动词"neghuku"(迁徙、移动)有关系。neghutel 的口语形式"nutel",如同"nutel ulus"。"游牧民族"明显区别于"定居民族"。

场分配给各家。这种办法的必然结果是,贵族们虽然没有完全的所有权,却可以直接使用最好的牧场。此外,还可以从使用较贫瘠牧场的平民那里征用租税和劳力。① 在这种草原社会的后期形式中,还可以看到其原始的规范:能够指挥其家属或仆役的个人或家庭可以占得优势。就部落而言,则是控制大规模的移动循环并留给其他部落以次等移动循环的部落就占得优势。因此,草原游牧社会的各阶段可以从几个大小领袖的兴衰来观察。这些领袖们是其部下移动权的保护者,他们又向其部下征取平时及战时的劳役和各种实物租税。②

就连游牧经济的方法也受移动权的影响,正如劳力控制权在中原限制了节省劳力的方法的发展,并阻碍了矿冶和工业的发展一样。草原的某些地区草长得很高,可以割下来做干草,但有些地区不能。干草可以饲养出较好的牲畜,在新草尚未长出的时候,牲畜的抵抗力最弱,同时又要产小牛、小羊,在最多风雪的初春季节,干草具有特别的价值。但是储草的方法没有普遍而持久地实行过,因为在牧场上割草,会引起确定牧场所有权及限制迁移等问题。个人是不愿意建立这种私人所有权的,因为在整个部落迁移时,他就失去了社会保障。同时,部落的首领们因为他们的权力建立在一个移动社会的机制上,自然也不允许某个人以这种方式脱离他们的严密管辖。

草原贫瘠部分的粗放经济需要时常移动,其移动的必要性比在较肥沃的草原的牧民更大。同样,有些大的草原即使在好的季节也没有牲畜放牧,因为这里需要较深较昂贵的井。在可以很容易挖井,任何人都可以用水的地方,可以根据需要去掘浅井,不会有什么问题。但是很深的水井具有特殊的价值,也就有了固定的所有权,而固定的所有权并不符

---

① 我不敢肯定草原部落走向灭亡是否代表着一种真正的进化。它更可能是周期性的停滞或间歇的阶段,即草原和农业地区被统一时的现象,这正是中国和蒙古都在满族政府统治之下时的情况。
② 拉铁摩尔:《评格勒纳尔〈成吉思汗〉》,1937年。

合社会的一般利益。

因此,这种情况在今日的外蒙古已不复存在,这不足为奇。外蒙古当局已经废除了王公及活佛制度,建立了新的社会统治,并开始将旧的游牧经济资源与新的进步工业结构联系起来。机动性已不像昔日那样重要,经济虽仍以畜牧为主,社会却不一定是游牧的。干草的贮存已成普遍习惯,从前无法利用的草原现在也都掘了井而投入使用。① 其结果是牲畜的量和质的同时增加。

中原与草原之间的经济差异并没有形成政治上的隔绝。虽然费了很大的力气将长城造起来,边疆却从来没有一条绝对的界线。就地理、经济、政治等方面而言,它是一个过渡地带,广狭不一。因为不论是在中原还是在草原上,精耕及粗放的平均水平及程度指标并不一样。两边的社会没有一个是永远统一着的。在中原,从极端精耕的地方到较差的精耕的地方有很多差异,政治也随之变化。在草原上,差异是从极端的粗放到比较的粗放,而且也关系到政治的变化。

我们还要注意到,草原的统一性比中原还差。它不但包含绿洲一类的区域,它的边缘地带可以让森林民族及草原民族互相渗透,它同时拥有农业经济和畜牧经济,但其自发的内部贸易较中原为少。草原经济比定居社会的经济更重于自给自足,牲畜提供食物、衣着、居住、燃料和运输。虽然没有内部贸易的经济必要性,草原却有对外贸易的社会必要性。草原社会对同中国(或是新疆及波斯的绿洲)的贸易的需要,比定居农业社会对同草原社会的贸易的需要还甚。因为草原社会里必需品分配的普及性,造成了必须用这个社会以外的奢侈品来区别贵族与平民、统治者与被统治者。

在中国这种国家里,天然资源分布之不均使内部贸易成为必需。没有盐和铁(最重要的商品,它们对未开发社会的影响要大于对已开发社

---

① 维克托罗夫、加尔金:《蒙古人民共和国》,1936年,第36页(俄文)。

会的影响,可以造成未开发社会群体之间的更大的分化)的社会,不可能按期整体迁移到出产这种资源的地方去,而必须由商人来做代表和中间人。作为这种差异的伴随结果,中原商人也很容易控制草原的对内及对外贸易。

手工艺及早期工业的发展,内部商品交换的发展,在草原上都不如在中原。例如蒙古铁匠可以很容易到矿砂出产地带回足够他小规模工作所需的原料,但是,他如果想在原料产地住下来,较大规模地发展他的工艺,就不得不和他原来的社会脱离。他如果不住在原料供给地的附近,就不能雇用学徒或工人从事较大规模的生产,他也永远不可能成为一个巡回各地的职业铁匠,他只能是一个拥有若干牲畜的游牧社会的一分子而已。虽然在较早的时代,蒙古匠人在他们的社会中占有较高的地位,但情形还是一样。(蒙古语称工匠为"达尔汉",这个字后来也作为有特权的人讲,他可以不纳税,不服劳役。我想它也许与作领袖解的"达罗哈"这个字有关。——作者注)同样的状况可以应用到木工、纺织及其他工艺上。没有一种工艺活动可以大规模地进行,因为这样就会影响其机动性。所以,当需求达到某一个程度时,整个草原社会将着重以贸易的方式取得金属以及一般的制成品。它阻止一切会破坏游牧经济的职业的发展,草原上的工业发展因此也被阻止,就像在中原一样,尽管二者的理由并不相同。在草原上,工业的发展比在中原还要差。

草原历史的阶段特征

考虑到中国非典型性的边疆领土与草原的沿长城线的交错分布,我们就可以说明草原历史的阶段特征。这些特征可以与草原、瘠地、沃土、可灌溉耕作的溪谷(例如蒙古北部的溪谷)、蒙古北部及西伯利亚森林的过渡地区等相关联。移动的必要性,作为草原生存的法则,产生了草原部落社会的准则,就和中国社会的人力准则一样,尽管草原上违反这个准则的情况比中国多。自由移动的要求给予主管分配牧场、指定移动路线的部落首长以更大的权力。它造成部落战争,却也造成各方面的移动需求得到协调的和平时期。

在这种时期,牲畜的过剩会多到没有意义。这些牲畜是部落首长从他所保护的,同时又是他的战士的臣民那里收贡而取得的。在这种情况下,伟大的领袖就要利用他们部下的机动性,趁中国衰弱的时候侵略中国,或是在中国强盛的时候进行贸易。有的甚至在自己的领地从事农耕试验,从而显示其尊贵奢侈。(在这个时期,常招徕汉族或中亚绿洲的居民前来耕种,因为他们的耕作技术好,而且不会影响草原社会本身的组织结构。)①

到了一定时候,这些违反草原准则的现象,不论其产生于对草原以外地区的征服,还是起源于草原内部的差异,又会引起草原社会与农业社会不相协调的问题。当草原首长要治理一个混合社会时,他感到无法调和其原有的职权与新增的职权。这种困难在汉族势力伸入草原时,中国边境的统治者也会遇到。不论是游牧民还是边疆地区的汉人,在混合社会的情况下,其利益基于粗放经济的人就会与利益基于精耕经济的人发生冲突②,这种冲突最终将破坏这个混合的社会,在它崩溃时还要出现很大的混乱。当然,混乱可以重返平静,那就是农夫和牧人分别退回到永远对他们各自有利的地理环境中去。

在这种破坏与清理的过程中,主要的新政治要人多半是统治阶级底层的人物。这些人一方面了解政治和战争以及他们所要争得的社会和经济的统治方法,一方面又不像他们本阶级的上层分子那样在他们的权

---

① 《大清会典》,卷七四二《理蕃院》,1818 年;拉铁摩尔:《满洲的蒙古人》,1934 年,第 79—82 页;《中国边境的蒙古人》,1938 年;鲁布鲁克在 13 世纪第一次进入被蒙古征服的俄国南部时,对于游牧社会及习俗作了一个大概的描述,他说:"大牧主拥有南方的村落,他们从那里购买冬天需要的粟米和面粉。这些都是用羊和毛皮换来的。"(柔克义[Rockhill, W. W.]:《鲁布鲁克"东游记"》,1900 年,第 68 页。)
② 拉铁摩尔:《蒙古历史中的地理因素》,1938 年。

益崩溃时被摧毁。① 因此,有决定能力的政治要人是一位较低的贵族(例如成吉思汗)。但在这种情况下,其决定性的地理位置却不在过渡地带,而在完全的草原地带,因为在贫瘠的草原上,游牧社会不会受短暂而表面化的协调时期的影响。在那里,建立在粗放经济及社会机动性上的草原游牧经济能够妥善保全。② 因此,草原游牧经济就再度控制了过渡地带中对游牧经济有利的地区,而汉族文化也在长城以南的河谷地区,在那些对城市及周围农田有利的地区,复兴起来。

游牧经济的种类以及羊的重要性

在蒙古,历史过程与中国式的集中形态相反,人民的移动是最重要的现象。人必须跟着移动的牲畜走。统治者要指挥这种移动,并要防止外人来阻碍移动的进行。

这并不是说游牧的范围没有局限③,草原上也有各种移动循环,一半是由于地理环境,一半也是由于那个社会的利用各种动物的特别方式。有些部落移动得很远,有的一年只移动几英里。有的游牧人的牧地包括好的草场和坏的草场,有的人永远不能脱离干瘠的草场,有的人则完全占据好的草地。在牧场的使用上,迁移的次数和每次移动的距离,与气候土壤之间,有很错综复杂的关系。羊和骆驼在潮湿的牧场上长不好,石灰质的土壤对马有利,而含盐的土地适合骆驼。山羊和绵羊吃草时比其他牲畜咬得深,因此它们可以在牛马吃过的地方放牧,但是羊刚吃过

---

① 参考本书第十七章。
② 拉铁摩尔前引书。
③ 拉尔夫·福克斯(Ralph Fox):《成吉思汗》,1936年,第9页写道:"每年最长的移动距离都在300公里以下,平均大概是150公里。"福克斯的资料来源是发表在《当代蒙古》第四卷(7)上的西穆科夫(A. Simukov)《蒙古移民》一文,乌兰巴托,1934年(俄文)。我个人的观察是,在蒙古内部的移民极少达到150公里。如我在其他地方谈到的一样,草原游牧民族必要时移动如此远距离的能力,不是因为他们有着远途跋涉的习惯,而是他们生活中的机动的组织形式,在短途移动和长途移动中可以随时转换。(见《亚洲内陆的商路》,1928年。)

的地方牛马不能再吃。这许多技术上的细则就影响到对养羊、骆驼、牛和捕猎野兽的偏重的程度,这种程度又影响到各民族的军事技能的高下,特别是在弓箭的战争制度下。

在游牧经济中,偏重的倾向与标准化的倾向也是互相发生作用的。马在战争中特别有用。使用骆驼的技术可以自由地在最贫瘠的草地上来往,也可以利用它到达距离较远,但水草较好的地点。牛,生长在草地和高原上,比其他牲畜的乳及肉的产量多。喂养得好的牛,在拖挽原始粗重的车辆的力量上,比马或骆驼要强。

但是,这些牲畜中没有一种能像羊那样为草原游牧民族提供较高的经济价值。[①] 今日的蒙古人和古时一样,羊供给他们以羊毛,制造盖蒙古包用的毛毡。羊皮(硝制带毛的)可以做衣服。夏天有羊乳,还可以做奶酪和奶油,供冬天食用。冬天还有羊肉。羊粪可以做燃料(羊晚上关在羊圈里,它的粪可以堆在一起,然后整块地拿出来烧)。所以,羊比其他任何牲畜更能建立食、住、衣和燃料的基本经济准则。[②]

但是,一个完全的牧羊经济有两个弱点。羊的走动很慢,不能用来运输(虽然它们在西藏有时也被用来驮盐和硼砂)。运输是区分真正的蒙古人与在过渡地区耕种一些旱田而又同时养些羊的汉人的因素。放牧运输牲畜与食用牲畜的技术的发展,才使中国上古历史中的一部分少数民族,放弃混合经济方式,专门到草原上讨生活。而其他民族,则逐渐依赖农耕利益,放弃了畜牧,最终同化于中国的经济及社会。

当然,蒙古草原生活的技术是永远依赖马、牛、骆驼的综合运输功

[①] 拉铁摩尔:《蒙古历史中的地理因素》,1938年。在蒙古内部,蒙古人因汉人迁移而被迫退入比较贫瘠的牧场,内蒙古的游牧经济退化后,山羊越来越多,比绵羊更为普遍,也更促进了环境的贫乏与蒙古经济与社会的退化,因为山羊比绵羊更容易受致命的牲畜流行病的感染。在生产同样的产品(尽管质量越来越差)条件下,山羊比绵羊更能适应贫乏的牧场。绵羊和山羊,特别是山羊,它们尖锐蹄子会踏坏草场。长期和过深的啃草也会破坏草场。于是表土层暴露出来,大风扬起沙尘,而这样的结果常常被误以为是气候干燥造成的。
[②] 拉铁摩尔:《内蒙古民族主义的衰落》,1936年。

能,依赖作为基本财富准则的羊群。其成分的组成比例,则根据从西伯利亚森林到戈壁中心的各地环境的不同而有所区别。即使是拥有最好的马场的部落的军事优势,如果不是为了保护羊群和牧羊地,也没有持久性的价值。就我所知,使用骆驼的蒙古人的那种在战时逃到戈壁最贫苦地区的本领,也没有发展到完全不要羊的骆驼经济①,尽管戈壁西部骑骆驼的蒙古人以猎取黄羊和野驴来减少其对羊群的依赖。

正是这种自给自足的牧羊经济,限制了真正的混合经济在蒙古的发展和长期存在。游牧经济的社会原则——移动性,也不允许农耕、冶金和工业制造跳出它们原有的附庸地位。就潜藏的资源而论,蒙古可以和美国密西西比河以西、落基山以东、得克萨斯州以北的地区相比。它可以同时发展农耕、畜牧、矿冶和工业。可是,这种事情不是一个单纯利用原始方式进行资源开发的社会所能完成的。游牧经济限制了比较进步的企业,除非由被征服者来做,游牧经济本身则限定在移动性的利益之中。

财富与移动性

在草原游牧经济中,移动性与固定性都是内在的。自给自足的经济资源的固定性,与取得和使用各种资源的特殊方式而造成的移动性,以不同的比例成分组合在一起。在每一个可能的组合中,要么偏重于财富,要么偏重于移动性。任何地区都没有理想的和谐组合。移动性的极端是马上的战士,躲避的极端是戈壁中骑骆驼的人,财富的极端是在有

---

① 弗拉基米尔佐夫:《蒙古社会结构》,1934 年(俄文),第 39 页指出,成吉思汗建立部落政权的北蒙古地区不适合骆驼生存。在第 36 页说,北蒙古直到征服西夏之后,才有骆驼。他的根据是《元朝秘史》,大概就是帕拉基(Palladius A.)翻译的《元朝秘史》俄文版中第 68 页的那段。这里西夏被描述成一种拥有大量骆驼的定居人群(实际上他们是半绿洲居民)。也许骆驼最初的驯服不在戈壁北方,而在南方,或者是土耳其的绿洲中,驯服它们的人最多是半游牧民族。我在中国的公元前 1、2 世纪的编年史材料中找到很多关于骆驼的记载,但这些材料都是关于沙漠绿洲,而不是草原的。见《汉书》,卷九四《匈奴传》。

水的溪谷中精耕的田地,它在这片大草原中是孤立的,并被游牧的王公所占有。不过,马上战士积累的战利品过多时就丧失了他的移动性。骑骆驼的人不可能在戈壁的贫乏环境中获得任何财富。被保护的绿洲使其保护者不能移动。如果绿洲太富足了,或者它的保护者在草原战争中的机动性不够,绿洲就总会被外人侵入。①

然而,游牧民族的统治者永远不停地在追求财富与移动性的协调,由于这种原因,虽然大体上草原和中原是分离的,但二者的相互影响没有停止过。游牧民族征服中原时,移动性对财富的统治最强。但是,这种局面又因财富的积累而妨碍了移动性。征服者还要依赖官僚阶级来征收赋税和施政。游牧民族的统治者到了中原以后,他们就脱离了本身权力的根源,转而依赖笨重而易遭攻击的农业机构。因此,当开发定居文明社会的利润减退时,他们也和其他朝代一样,被叛乱或是新的游牧民族的侵入而摧毁。在中原强盛而使草原游牧民族称臣纳贡时,财富对移动性的统治最强。但是,这种统治也会因为移动性而妨碍财富。被委任统治边疆的官吏们,逐渐脱离汉族财富的根源,而取得草原权力的根源。附属的草原部落,则要求对其忠诚还以较高的代价,同时又利用其移动性逃避惩罚,于是以移动性开发财富的现象又从此开始。

这种历史循环的最后一次是在清朝,从公元 1644 年到 1911 年。②满人曾充分利用蒙古势力来攻击汉族,并保卫"满洲"通往中国大道的防线侧翼。那些是东蒙古民族,是散居在今天的热河和"满洲"西部的部落。在中原掠得的财物,使满人能够资助那些部落,并把满族的势力伸展到草原上去,形成了中国与未被征服的蒙古部落之间的边界。其结果是,形成了从现在"满洲"的西部平原经过热河、察哈尔、绥远,直到宁夏沙漠的一个"势力范围"。这也就是历史上的内蒙古,包括热河及"满洲"

---

① 拉铁摩尔:《亚洲内陆的商路》;《蒙古历史中的地理因素》。
② 拉铁摩尔:《内蒙古民族主义的历史背景》,1936 年;《内蒙古与外蒙古的交汇处》,1938 年;在《满洲的蒙古人》一书中列有迁到"满洲"之后的蒙古部落的名称。

西部的东蒙古。

在"满洲"之西,黄河流域之北,内蒙古草场渐渐延伸到戈壁中去。最初,戈壁很容易限制满人的势力,满人若想把整个蒙古都收入版图,需要大规模的军事行动,其可能获得的赋税恐不能补偿这种支出。但是,在100年内,满人以极小的战争代价,干涉了在今外蒙古大部地区的喀尔喀蒙古或西蒙古与在今外蒙古阿尔泰区、新疆北部准噶尔盆地与青海东北柴达木盆地的厄鲁特或西蒙古二者间的战争(西蒙古部落后来又迁徙到今宁夏的阿拉善及额济纳旗。在地理上,这是内蒙古向西的延伸,就部族而论,则为西蒙古之一部)。由于这种干涉,满人终于成为喀尔喀蒙古和西蒙古的主人。

此后,差不多所有的蒙古民族都成了清朝的附庸。这种财富统治移动性的顶峰是在18世纪。名义上,蒙古民族在必要时须为清朝服兵役;事实上,蒙古军队果然曾参加了镇压太平军之战以及19世纪中叶的抵抗英法联军之役。① 虽然这种军事附庸关系并没有很大的效用,但产生了其他重要结果。一个定居社会的游牧附庸,必须要减少其游牧的移动循环,而代之以比较严格的土地制度。统治者不但需要了解每一个部落可以出多少兵员,还要了解到什么地方去征集。他必须掌握对牧场及移动性的支配权,以防止各个附庸间的部落战争。在真正的草原部落制度下,土地权的取得是移动部落的事。在附庸制度下却完全不同,统治者指定土地权,因为他有统治所有部落的权力。

这种变化的重要意义是值得重视的。在部落社会中,有两种方式在互为消长,因为部落从来是不稳定的。牧场的使用与移动的需求可以使部落分裂成为若干个群,但也可以将各个部落互相联合在一位有力的可汗的领导之下。而领地附庸制度则阻止了联合的形成(因为它可以威胁统治者的权力),保持着土地单位的分裂,从而分割了部落组织。蒙古王

---

① 拉铁摩尔:《满洲的蒙古人》,第205页。

公们自清廷取得俸禄，同时承认清朝皇帝有决定他们世袭权的权力。这个权力可用以逐渐增加蒙古王公的数目，进一步分割土地和部落单位。在原来的部落社会，可以用部落战争（包括招集其他部落的从属以增大其移动循环及牧场）来解决边界及社会争端。而现在，只用调解的方法来解决争端。统治者不允许争执的双方有任何一边得胜而吞并另一方，他只是将土地分割，而令双方都成为一样的王公。

另外还有两个因素保证了财富对移动性的优势。中国商人很容易地控制了蒙古的对内、对外贸易。蒙古王公也很自然地参与他们的贸易，分享利润。他们以严格限制其部属在移动中的职责的方法，阻止蒙古商人阶级的兴起，以防止这些蒙古商人独立自为。他们保证中国商人的生命、财产、信用放款、收账的安全，而他们又横在商人与消费者之间，对一切交易征税。

蒙古在成吉思汗统治下的统一与其后的崩溃

第二个因素是喇嘛教的发展。蒙古人于 13 及 14 世纪入主中原时，开始接受喇嘛教。毫无疑问，蒙古统治阶级接受这种宗教，是想利用它来造成国家的统一，并团结蒙古民族以自别于汉族。他们希望把蒙古民族造成一个永久的统治阶级，并拥有一个有组织的宗教的特许支持。成吉思汗统一蒙古，得力于大量部落战争，使每个部落都由一个直接对大汗负责的人来统治。另外，他还需要一种可以限制王公个人势力的共同规范。他和其他与定居社会发生交往的游牧领袖一样，懂得游牧帝国的移动势力会因为与不能移动的农业文明的财富相联系而走向崩溃。

因此，成吉思汗乃令新疆绿洲中的维吾尔族人制订蒙古书写文字和文官制度，并任用一部分天主教维吾尔族人和一些讲突厥语、波斯语和阿拉伯语的回教徒，使他的继承者在统治中原时，不必完全依从中原的士大夫阶级。这个士大夫阶级，素来是利用几乎成为他们专利的、艰深到成为一种职业秘密的文字,来推行政事,致使一切少数民族的征服者必须利用他们作为官僚来征收赋税。

成吉思汗的孙子,第一位统治全中国的蒙古皇帝忽必烈汗,继续了这个政策。他请马可·波罗的父亲和叔父带来大批欧洲天主教教士,准备建立一个与中国文化完全不同的蒙古文化。① 但这些教士并没有来。而另有些人,如孟德高维诺的约翰(John of Montecorvino)却在蒙古宫廷保护之下宣传天主教。② 蒙古民族企图以非中国的宗教,建立他们在中国的权力,但没有成功。这也许是因为,那些外来宗教没有一个能够和中国官僚制度的严密而有力的规范相抗衡。

但是像蒙古民族那样缺少文化教育的民族,能够一直统治到14世纪与中亚及波斯的关系减弱时为止,且不完全听受中国官僚制度的支配,这是一件很值得注意的事情。直到那个时期,在中国的蒙古统治阶级中还包含维吾尔人和波斯人。蒙古文、突厥文和波斯文都没有成为中国的行政文字。但是马可·波罗的记载中并没有提到中文,我们可以从他的记载中推断,他中文懂得很少,或是干脆不会中文。他在中国的27年里,担任过许多重要职务,大概完全依靠蒙古文或波斯文③,或者是这两种文字。另外,我们根据中国方面的材料可以知道,中国学者的文

---

① 玉尔:《马可·波罗游记》,1921年。
② 玉尔:《中国与外域》,1914年。
③ 马可·波罗自称会四种语言文字,四种文字大概只是两种,每种有两种用法——一个是波斯和阿拉伯,一个是维吾尔和蒙古。玉尔和高第(《马可·波罗游记》的编辑者),对于马可·波罗可能掌握汉语的能力的看法不一致。当然,马可·波罗在中国居住的长时间里,很有可能略懂些口语,但从他只提到个别词语和名字的情形看,他的中文并不好,所以不可能阅读和书写汉字。学过中文的外国人总会有所夸耀。参见玉尔《马可·波罗游记》,1921年,第一卷,第十六章及注释。但是,比马可·波罗稍稍早一点的鲁布鲁对汉字的书写曾这样描述:"他们用一种类似画家用的画笔写字,而且一个完整的词要由很多笔画构成。"(柔克义:《鲁布鲁克"东游记"》,1900年,第201—202页)拉施特(Rashideddin)在14世纪初用波斯文记载过关于波斯人的详细情况,维吾尔人和景教徒们在蒙古为中国做事。(玉尔:《中国与外域》,1914年,第三卷,第117页及后面。)布雷特施奈德(Bretschneider, E.):《中世纪研究》,1888年,第一卷,第189页,用精练的语言概括了蒙古人在中原建立王朝的历史,并引起了在蒙古生活的外国人的关注。

言已被摧毁。在这个时期,各类公文常用俗语或半蒙古化的中文书写。①

喇嘛教的再输入(16世纪)

蒙古民族利用过的喇嘛教,是一种掺和着佛教及若干景教与摩尼教教义的混合宗教。虽然依照蒙古人的粗浅标准来看,它是一个有文化的宗教,但它仍然不能和封建官僚制度对抗。当最后一位蒙古皇帝退出中原时,喇嘛教也从蒙古及中原地区消失。因为蒙古民族又回到旧的草原规范,不再需要一个特殊的文化工具来联系其占据的草原地区与被统治的农业及城市地带。

因此,当喇嘛教于16世纪再度传到蒙古时,最初的教徒并不是规范草原上的蒙古人,而是住在交界地区的蒙古人。明朝于1368年重建汉族统治权时,北方远离中国内地的蒙古人与居住在内蒙古的与中国统治机构有密切关系的蒙古人,有很显明的区别。远在1260年,忽必烈被推为大汗时,北部蒙古民族就曾表示不满,认为他太中国化,对草原的军事传统太少同情。

元朝灭亡时,南部的许多蒙古部落归顺于新的王朝。因为这个原因,明朝的第一位皇帝才能远征北方蒙古。这些远征给草原蒙古民族的军事力量以重大打击,消除了短期内蒙古民族再度侵入中原的危机。不过,这时还不能置外草原于中原的统治之下。此后,汉族又回到中原,组建其传统的农业、赋税和漕运机构。长城边疆的保护工作则交给内蒙古

---

① 帕拉基在翻译《元朝秘史》时,在序言中(第8—9页)做了很有意思的评论;另参见劳弗(Laufer, B.):《蒙古文献要略》(俄文),1927年,第10—11页;沙畹(Chavannes, E.):《蒙古时代中国大臣的碑铭与诗文》,1904年,第11页,其中汉字书写形态被形容为"奇异的方垒"。另外需要指出的是,关于官方"新""旧"《元史》的问题,大概是编者所用文件的野蛮化问题。经魏特夫允许,我将再仔细钻研蒙古时期的部分,做进一步分析研究,当然这也是他打算做的。在中国合作者的协助下,他从中国王朝历史中系统搜集了关于管理、政治、经济发展的资料。关于基本的说明,见他的《中国社会经济结构的宏观考查》,1938年。

的蒙古附庸部落。在那个时期,他们的实力还不致危害中原,而且出于保全其本身利益的考虑,他们也不愿与戈壁外的草原部落携手。

黄河河套以北最重要的蒙古附庸部落位于今日的绥远省境。到了 16 世纪,这些蒙古人势力侵入,形成了一个集团,其后裔就是今日的土默特和鄂尔多斯蒙古。他们逐渐开始以其移动性来控制财富的战争。从 1530 年到 1583 年俺答汗去世为止,他们侵扰陕西、山西和京兆地区。在西方,俺答汗的势力一直伸展到西藏,而攻击西蒙古。他表面的忠顺曾使中原封他为顺义王,同时他所修建的青城(呼和浩特)也被赐名为归化。① 他对中原最主要的要求是设市贸易,他认为,如果得不到市集捐税的收入,就不能放弃抢掠的利益。

喇嘛教之再度传入蒙古,是借助了他的力量,其原因我已经有所说明。俺答汗是一位筑城的王公。他所统治的土地不在草原的中心,它的经济形式是混合的。为了保持其本身的安定,统治者需要以贸易交换来替代战争抢掠。毫无疑问,这个社会包含有农耕、手工业居民和游牧民。② 这种人民和这种政权都需要一个联合的力量。像成吉思汗一样,俺答汗避免采用中国文化,因为中国文化不但不能联合其混合社会,而且会将其同化于中国。在这种情况下,喇嘛教正是他所需要的。

另外,拥有产业的寺庙,可以使地处边疆的具有混合经济和社会的小邦,在其最重要的方面,获得较为妥善的管理。寺庙以团体法人的资格取得产权,这比当时以其他方法整合移动性的游牧财产与定居的土地财产更加有效。它处于基于部落权力组织的家庭与基于地产、租佃及城市活动的家庭之间,并将它们联系起来。如果不是非家庭组织的寺庙提

---

① 《蒙古游牧记》(其前言写于 1859 年),第 1、2、21 页;拉铁摩尔:《满洲的蒙古人》,第 48 页。另见巴德利(Baddeley, J. F.)的《俄国,蒙古,中国》(2 卷,1919 年)中的大量引证。另见豪沃斯(Howorth, H. H.)的《蒙古史》,第一卷,1876 年,第 418 页,援引德·迈拉(De Mailla)的《中国通史》,卷十,1779 年,第 319 页。
② 拉铁摩尔:《内蒙古的一座景教城市遗址》,1934 年。在这个遗址,晚些时候蒙古人发现了一块石碑,上面记载的是俺答汗邀请达赖喇嘛将喇嘛教引入蒙古的事情。

供了这种中间性的经济规范,这两种贵族家庭的战争足以使他们内部分裂。俺答汗事先不一定能想到这些,他大概只是在实际上抓住并推进宗教的功能,将其应用到需要以大半力量应付的协调双方的日常行政上。

喇嘛教与满人势力在蒙古的兴起(17 与 18 世纪)

说明它的起因之后,对喇嘛教在蒙古以后的历史的了解,就容易得多了。对于利用喇嘛教驯服好战的蒙古民族的旧说,我们应完全丢开。俺答汗死后,长城边疆的蒙古统治权由土默特蒙古转移到了察哈尔蒙古。① 同时,察哈尔部又被一个新的混合势力所控制。满人联合东蒙古,阻止察哈尔部发展成一个新的大察哈尔土默特部,防止了一个新的蒙古对中原的直接征服。但是满人还要对付整个长城边疆,以完成其征服中原的事业,这个事业开始于 1644 年占领北京城之时。

内蒙古很快便投降满人,因为接受一个联盟臣属的地位可以分得征服者的若干利益,这比直接与满人争夺对中原的统治要容易些。因此,清朝就有了一个"内"边疆结构,包括"满洲"的西部及南部、内蒙古以及拥有众多使用汉语的回教徒的宁夏及甘肃。在康熙年间(1662—1722)又加上一个"外"边疆,包括由清朝控制而非直接统治下的"满洲"北部、外蒙古、西蒙古、拥有众多使用突厥语的回教徒的新疆以及西藏各族。满族对这些外边疆的控制,不是来自直接征服。它完成于一种静观政策。西蒙古自满人于 17 世纪入主中原之前开始,直到 18 世纪,以阿尔泰及新疆北部草原为根据地,企图西向西藏,东越外蒙古,建立一个新的帝国。当西蒙古为此弄得精疲力竭时,满人才乘虚而入。

西蒙古(最初是厄鲁特部,其后是厄鲁特东翼或准噶尔部)的失败,部分原因是在他们的压力下内蒙古各部投向了满人。其后,喀尔喀部或

---

① 关于这一时期的大致情形见巴德利前引书。

北蒙古也请满人援助。最后满人又在西藏及新疆绿洲的回教统治者那里找到盟友,西蒙古帝国在它能够建立之前就崩溃了。在乾隆年间(1736—1796),满人统治的最远界线已经确定。1686 年与准噶尔部决裂的厄鲁特部西翼,越过西伯利亚南部草原,迁徙到伏尔加河流域的蒙古人,于 1771 年应邀迁回新疆(留在俄国的则成为卡尔梅克[Kalmuks]民族),西蒙古的势力从此结束。①

在这些战争的过程中,喇嘛教的统治与蒙古民族的统治合流。当西蒙古侵入西藏时,他们以活佛为附庸,并加强他们的权力,赋予喇嘛教一种新的政治作用。回到草原之后,他们又企图将宗教统治权与他们超部落的帝国相联系,使宗教成为统一蒙古和统治西藏及长城附近混合地带的象征。

因此,在这个时期,蒙古的野心家最常用的方法就是推选其亲属担任宗教要职,以联合政治与宗教的统治。西藏的第四世达赖喇嘛(1589—1616)是蒙古人,也是唯一非藏族的达赖喇嘛。事实上,这个尊号(蒙古的,不是西藏的)是由上面说过的土默特部俺答汗所赠。② 在第五世达赖喇嘛(1617—1682)时,西藏的统治权自南蒙古转移到西蒙古手中。③ 稍后,哲布尊丹巴的"化身"在喀尔喀部找到,这位教主是他们某个王子的儿子。④ 因此,达赖喇嘛便与希冀蒙古领袖权的西蒙古和希冀北蒙古领袖权的哲布尊丹巴呼图克图(库伦活佛),都建立了某种关系。⑤

满族在争取统治权时,并没有忽视这种完成了一半的政权与教权的联合。在利用西蒙古与北蒙古的战争中,同时与活佛及王公打交道。他

---

① 杜曼(Duman, L.I.):《十八世纪末清政府在新疆的土地政策》,1936 年(俄文);拉铁摩尔的书评,1939 年;库尔唐(Courant, M.):《十七到十八世纪的中亚:卡尔梅克帝国还是满洲帝国?》,1912 年(主要参考《东华录》)。
② 参考巴德利前引书,卷一,第 IXXVI 页;亦由萨囊彻辰(Sanang Setsen)(土默特成员)所授,见施密特(Schmidt, H.)书 1829 年版,第 9 章,及注 27。
③ 见巴德利关于这一混乱时期的讨论(前引书,卷一,第 IXXXI 页)。
④ 巴德利前引书,卷二,第 232—234 页。
⑤ 同上。

们保存了不受王公管辖的蒙古宗教,建立了蒙古的双重政治。一个是以西藏为归趋的宗教(教主受清朝保护),一个是以北京清王朝为归趋的王公。为了维持这种双重政治,他们规定王公的子侄不能在幼时被选为活佛。① 王公子弟的袭爵须经中央政府核准。此外,他们又利用一种不同的制度控制活佛的选择。② 这些活佛既是教主又是领主,在精神和世俗方面都有权力,是帝国的另一种附庸。

满人统治下的蒙古:固定疆界的建立

从此,蒙古就成了一种新的游牧地区。游牧经济被限制于部落和土地的界限中。由于召庙的建立,不动产也成为经济制度的一部分。有许多召庙拥有自己的土地,完全超然于部落制度之外。在这些地区内,居住的平民受活佛而不受王公的统治。另有召庙建在部落的土地上,由部落出钱维持,这又促成了部落在一个地区的定居化的发展。传统的游牧循环被打破。从一个牧场移动到另一个牧场,不再会引起移动权的争执,也不会导致在强大首领带领下各部落的联合或在小首领带领下的分裂。在大体上,移动只限于其本部落的土地。在这个公有土地的范围内,世袭的王公和贵族分配牧场给各族各家,在原则上土地是属于部落的,但事实上,则因各家属于部落而部落属于王公,于是土地也就属于王公了。

历史的初期,王公是一个"保护人"兼领袖。个人或家庭对保护人有所不满时,可以投奔到另一个保护人那儿去。这种扩充部属而又同时削弱对方实力的方法,是联合与分裂循环机制的一部分。③ 以召庙产权及统治者的指令为基础的新疆界的划定,使这种旧式臣属关系的转移受到

---

① 《大清会典》卷七三八《理藩院13》;《卫藏通志》,卷五,1896年。参考拉铁摩尔:《满洲的蒙古人》,第255页。
② 《大清会典》卷七三七《理藩院12》。
③ 成吉思汗早年的记载提供了这种归属转换的例子,影响着很多个体和部落。当有人对抗他的利益时,他用转换部落来惩罚,他也会肯定那些顺从他的人——这说明他是个有能力的首领。

新条例的管控,也产生了新型的犯罪——投奔新的保护人,不再认为是选择部落首领的自由,而被认为是自部落土地的私逃。从自己合法土地私逃出来的,就成为游民,在原部落提出要求时,他逃进的部落必须把他交还。① 王公们也不再为臣民部属的问题而互相战争,因为现在他们与满人统治者的关系,不是由他们部属的数目,而是由他们土地的大小与位置决定的。②

这样获得的稳定并不完全是前所未有的。长城边疆的行政理想,不论是被草原还是被中原统治,都要给每个部落以固定的土地,授予每位首领以一定的荣誉和职责。这种时期的理论上的稳定性,是基于一个法统上的假定:认为制定这个制度的朝代可以世世无穷。财富现在又战胜了移动性。喇嘛教和召庙不动产制度,成了分割而不是联合蒙古人的工具。各部落本身对清朝皇帝都转为一种固定的关系,皇帝是中国的统治者,同时也是蒙古的宗主。

但是,在永久固定的形态下,历史不断地变迁会造成极为扭曲的现象。最主要的原因是,当蒙古社会的上层——各部落的旧贵族和宗教的新领袖——接受了新的权力规范与统治方法后,其社会的下层仍然受草原游牧生活的支配。事实上,移动性的减少又改变了草原游牧经济的技术。经济改变了,社会内部的机制也随之改变。放牧牲畜的人丧失了游牧经济的若干利益,却没有丧失他们理论上的游牧民族的义务与职责,而他们的统治者,不但要保全旧的部落权力,还要占有新环境所增加的新权力。

例如,当一位王公索还一个逃走的部属时,他可以引用新的土地划定法律,同时又可以依据旧的部落习惯,首领可以管辖其部属。他的部

---

① 喇嘛寺也不准收容来历不明的喇嘛。从本部落私逃出来的人可以被判死刑,主动归来者鞭一百。参见雷撒洛夫斯基(Riasanovsky):《蒙古法律的基本原则》,1937年,第135页。
② 因此这成为《蒙古游牧记》的一大特征,它是18世纪关于蒙古的汉文文献,主要目标是领地的确认。

属却丧失了游牧部落生活中准许他对另一个首领效忠,以服役换取保护的旧制度。有权者的利益增加了,被统治的部属的职责也增加了,因为他们要受两种权力和法律的管辖。

满人统治下的蒙古:贸易的增长及其影响

在经济上,这种情势的主要影响是贸易的发展。限制蒙古商人阶级形成的部落旧规范(在草原游牧社会中对内贸易并不必要,而且还可能削弱首领们的权力)仍然存在。因此,蒙古族与蒙古族间的贸易,汉族与蒙古族间的贸易,就都被中国商人中的一个特殊的群体所掌握。这种人与做中国内地贸易的商人不同,他们多半受几个大商号的管辖,就连个体经营的小商人,也还要向这几个大商号赊取货物,在事实上成为它们的连号。

各类工匠多半是由这些商号以高利贷款资助的,这就更进一步摧毁了自给自足的游牧经济。汉人的行脚铁匠为蒙古人打造铁器,致使那些自己要放牧牲畜、不可能长时工作的蒙古铁匠无工可做。有些工匠在几个较大的城市里工作,例如库伦、乌里雅苏台、科布多,或是在边境城市里工作,如张家口和归化。汉人木匠制造车辆、水桶,甚至蒙古帐篷的木架子。汉人剪毛工人及毡匠与收货商一路同行,为蒙古人做帐篷上的毛毡。那些收货商以货物先支付给蒙古人,然后向他们以低价买进羊毛。汉人商队带着货物在各地出售,换回羊毛、皮毛、皮革和盐。有一些蒙古人也被汉人雇用,在商队里服务,或驱赶收来的羊、牛、马或骆驼到中原的市场去,但贸易和利益都归汉人掌握。①

这样,蒙古在经济上就成了汉商的附属,但另一方面,蒙古部落居民又得听命于拥有新、旧权力的召庙与王公。由于汉人掌握了畜牧以外的

---

① 在内蒙古的一些地方,蒙古社会退化到由汉人替蒙古人做畜牧工作,并且被雇去应付部落兵役。参见拉铁摩尔:《中国边境的蒙古人》。

各种生产工作,草原所出现的过剩人口都被召庙所吸收。在这种社会与经济价值不调和的时期,男子的 40%—60% 都成了喇嘛。① 男孩在七八岁时就被送到召庙里去受喇嘛的教导。他们的认字程度很少能够超过诵读藏文经典(不必懂得经义)的阶段。即使这样,他们所学的却是另一民族的文字,对蒙古族没有社会价值。许多人口能够集中在召庙里的原因是,除非在特别忙碌的季节,女人和小孩都可以担任日常畜牧工作。在忙碌季节,许多喇嘛都从召庙返家劳动。喇嘛的增加,并不增加召庙的直接费用,因为他们多半是由家里出钱供养的。

多数喇嘛是没有事做的食利者,但有些高级喇嘛(活佛和管理召庙的大喇嘛)和王公,以及协助王公处理政务的贵族,则是有事做的食利者。他们对社会的功用越来越少,而其所积聚的财富越来越多。他们的真正作用,大多从改进蒙古族生活的工作转到分享汉商贸易的利润上去。他们用权力支持汉人,分取利益。最初,他们是商人的保护人,让商人纳贡作为准许贸易的交换。后来,许多人直接与汉商合伙经营,向汉人商号投资。

这样,他们以两种新方式利用其掌握的部落权力:推行集体责任和义务劳役。整个部落对每一个人的债务负责,如果瘟疫或风暴使一个人的牲畜损失到不能偿付债务时,商人可以向部落当局索债,然后部落当局再向债务人收回垫款,加上利息。

事实上,整个旗(部落土地单位)的总债务会成为一笔转账,商人可以因此逐年把全旗剩余的产品完全拿走,另以高价换给蒙古人以刚刚够用的衣料、用具、商品和冬季需要的谷类或面粉,使这个社会能够生存下去。这一笔复利账因利息过高而逐年增加,变成商人在这个社会中的合

---

① 维克托罗夫和加尔金(前引书第 30 页)说,在蒙古人民共和国成立之前,成年男子的 40% 是喇嘛,约有 12 万人,在 1921 年,外蒙古牧畜的 20% 属于喇嘛寺,内蒙古的喇嘛寺和喇嘛更多。满人对那里的控制已经越来越直接,喇嘛的泛滥也越来越明显,寺庙、僧人和活佛越来越多。维克托罗夫和加尔金说,在 1921 年,外蒙古 20% 的家畜都已被僧人占有。

法地位与权利的象征。保留蒙古人的债务极为重要,即使一个旗愿意把债务完全偿清,汉商也不愿意收,而情愿把债款留在那里。利息有时高到年利百分之五百。1911年(清朝灭亡的一年),汉商在外蒙古所有的债款约1 500万两白银,平均每户500两。有一家商号,即归化有名的大盛魁,每年收取的利息就有7万匹马和50万只羊。①

义务劳役的推行,是一个利用旧部落权力以达到新的非部落目标的实例。除去租税外,旗民还要替他的主管长官、王公以及部落组织(旗)服役。在旧的草原游牧制度中,这种服务是必要的,是真正有社会作用的,虽然它们也是贵族利益的一种。现在,王公以个人或旗的代表者的身份,叫他的部属带着骆驼或车辆,为商人(多半是这个旗的"官商")运货。有一部分旗款或王公个人的资本投在里面。蒙古牧民做这种工作也许什么都拿不到,有时给些食物,或发一点工资,这完全看服役的性质及时间的长短而定。但无论如何,王公却可以向商人索取费用,因为商人使用的牲畜和人工,都是靠王公的权力招来的。

19世纪末期的蒙古

19世纪后半期的西方旅行家颇神往于草原的广阔、贵族们的彬彬有礼、雍容华贵和特殊的宗教与神秘的仪式。② 大群的牲畜给他们以富足的印象,只有较敏锐的观察家才注意到,普通牧民消耗他们照管下的牛、羊肉和乳品的数量是很少的。穷人极穷,虽然蒙古经济的衰败还没有到中原那样的程度。③ 在崩溃过程中的游牧经济,不会像一个低落的农业

---

① 杜克索姆(Doksom):《报告》(向蒙古政府党委会的报告),1936年(俄文)。关于大盛魁商号简略情况,见拉铁摩尔:《通往土耳其斯坦的沙漠之路》,1928年,第64—65页。
② 吉尔摩(Gilmour, J.)的《在蒙古人之中》是英文著作中知情详细、理解清晰的书,作者很正直,与蒙古人密切接触,没有受基督教偏见的影响。另见古伯察(Huc, R—E)和加贝(Gabet, J.)的《鞑靼、西藏、中国旅行记》,伯希和编,1928年。
③ 拉铁摩尔:《蒙古的王公、教士和牧人》,1935年。

经济那样迅速摧毁其土地般地摧毁其牲畜。游牧社会的暴君也不会压榨他的部属到不能繁衍的地步,而这是农业社会退步时常有的现象。因为游牧社会的君主是以一个牧人看待牲畜的眼光去看待他的部属的。

所以不论情况如何糟糕,穷蒙古人总要比穷汉人多少要吃得好,穿得好,住得好。但是很少有旅行家会从人穷畜富的现象中,推论出游牧民族的"自在"生活连移动的自由都要受到限制。牲畜所有权也从牧人手中转移到王公和活佛手中,随后又逐渐转移到汉人商号的手中。游牧社会中一种与租佃相类似的关系正在扩大。这个新现象尤其产生在召庙中,他们把牲畜交给牧民看管,然后连同自然增加的数目一起收回,这样就超过了原来的"投入"。他们就这样变着法儿地对牧民进行剥削。①

不过,多数的旅行家已经注意到,蒙古民族已经不好战了,大家都相信这是喇嘛教教义的影响。清朝官方记载亦作此说。② 没有一个西方人、中国人或提倡喇嘛教的清朝政治家们意识到,其原因并不在喇嘛教的教义,而在喇嘛教的社会功能。他们忘记了,西蒙古和北蒙古部落血战的中心问题是宗教。蒙古民族趋向和平的真正原因,是召庙的不动产强化了为各旗及其首领划分疆界的稳定政策,打倒了作为草原游牧经济传统的移动性。从前,这种移动性可以限制首领对其部属的向背滥用权力。草原社会的变化,使战争被废止了,而其代价是经济的退化与社会的奴隶化。

20 世纪的蒙古

到了 20 世纪,新情况产生,这使得西方人及中国人对蒙古生活的了解更感困难。在内蒙古的南部及东内蒙古,中国贸易经济控制蒙古经济的现

---

① 维克托罗夫和加尔金前引书(第 30 页)称,在许多旗里,整个牲畜的 50%—60%,甚至 70%—90%,都属于召庙。
② 清朝官方文献称,是喇嘛教把蒙古民族从好战的民族改造为和平的民族。

象,已经转变为由移民而出现的中国农业经济代替蒙古游牧经济。这种经济比蒙古原有的经济精深得多,尽管还不如长城以内的中国农业那样精深,因为在草原边缘,还不能从河流或水井中取得足够的水来实施灌溉。

并且,在某些方面,农业表示着中国经济的伸展,而在另一些方面,与中国内地经济没有直接联系。交通的困难,使从草原向中国输送谷类的工作无利可图,因为输送谷类的牲畜在经过农业区时必须厩喂,它们可以在几天内吃掉一车谷物。用车辆或骆驼把谷物向草原上运却是有利的事情。在草原上走,牲畜可以随处吃草,只需对每一个旗政府交一点水草费。这样,谷物可以运到较远的地点,卖给蒙古人做食粮,商人可以用谷物换回盐(从盐池中采盐很容易)或牲畜、羊毛与皮革。牲畜可以赶回中国来,以比谷类高的价格卖出。

过去,这种现象时常发生,致使边疆产业调整成为要务。有些汉族边疆移民从粗耕转变为农耕与畜牧并重的混合经济,有些则干脆放弃农耕,专力畜牧。同时,有些游牧民族也在畜牧之外加上农耕,有些则完全从畜牧转到农耕,成为汉人。转变趋势是倾向于游牧经济还是农业经济,则由边疆的复杂关系而定——根据历史循环中移动性的重要性的增降而定。

到了这个世纪之交,蒙古被纳入新势力的范围以内。西伯利亚铁道绕过它的北部,东北的铁道网改变了东内蒙古的情况,平绥铁道一直到达内蒙古的南缘。铁道整个地使原有的粗浅与精深两种经济的天然平衡变形。① 从北方,铁道把俄国商人从它的侧面送进外蒙古,俄国移民也随之进入,他们至少进入了邻近外蒙古的布里雅特蒙古及唐努乌梁海。② 从东方和南方,由铁道送进内蒙古的汉族移民比商人要多,因为铁道运输改变了谷类输出的方向,使中国市场比草原市场更为有利。

---

① 拉铁摩尔:《内蒙古的汉族殖民》,1932年;《内蒙古与外蒙古的交汇处》,1938年;《游牧人的道德缺陷》,1935年。
② 卡博:《图瓦历史经济研究》,1934年(俄文);另见拉铁摩尔的书评,1937年。

火器的发展又加强了这种变化,它以本身的方式改变了游牧移动性及农耕定居性的比例。在旧的调整方法中,边疆社会在向粗耕演变时,会出现适当的移动性,会脱离中国而趋向草原。现在,这种情形已经不可能了。虽然向草原的迁徙逐渐改变了这些汉人的经济制度、家庭与社会制度(例如特种盗匪及边疆军阀的发展),但这些新的粗放经济的汉人,由于外来的铁轨及火器的影响,并不情愿地保留了与精深经济的中国的联系。

如果没有这些及其他相关因素,在清朝灭亡时会发生什么情况,这倒是一个很有趣的问题。肯定地说,蒙古与中国内地会沿长城边疆而分裂,在清朝逐渐形成的社会变化也会突然地崩溃,旧的移动性与定居性、粗放经济与精深经济的基本价值又会重现出来,重归于它们的自然地理环境与社会形式。

在蒙古内部,召庙势力与王公势力之间将有大规模战争,因为王公们所掌握的旧传统将再图适应重新发生的移动性的需要,而召庙的最大利益不能与其不动产分离,其利益与产业都是在蒙古整个地臣服于清朝的情况下获得的。

斗争的结果,王公和草原部落制度将获得胜利,而喇嘛教,将如蒙古民族在 14 世纪丧失中原的统治而返回草原时那样,再次被消减。或许,喇嘛及其召庙,会像 17 世纪西蒙古和北蒙古战争时那样,去适应游牧形式。游牧原则在召庙中没有完全被消灭,在距内地较远的地方——外蒙古的西北部及新疆、蒙古——喇嘛们每年夏天照例要离开召庙,住在围绕着轻便的"庙幕"的蒙古包里。① 从王公和召庙的根本差异可以解释,为什么外蒙古在蒙古人民共和国统治下,召庙反对革命比王公贵族还要坚决。共和国所推行的原则是,让工业以适宜的形式加入游牧经济里去,这样保全了游牧,却摧毁了游牧部落组织。在另一方面,召庙的政

---

① 哈斯隆德(Haslund, H.):《蒙古的人与神》,1935 年,第 282—286 页。

治组织已经不是游牧,它已经有办法在游牧经济上建立非游牧的组织,所以它抗争的时间要长一些。

但在事实上,进入蒙古及中国内地的新势力已经不允许再回到旧日的情况。外蒙古先是沙俄帝国主义的侵略对象,然后又被苏联以对蒙古人民共和国贷款、经济援助、技术援助的政策,和一个由苏联训练并装备的军队所控制。

同时,中国本身虽然处在西方帝国主义的压迫之下,却利用铁道及火器对蒙古民族实施一种近乎"亚帝国主义"的政策。内蒙古的大部地区,自日本1931年侵入东北起,就转受日本帝国主义的直接压迫。日本对中国及蒙古民族的压迫之剧,很快出现了使这两个民族为共同利益而建立新的合作互助的关系的可能性——就像苏联与外蒙古的关系那样。[1] 如果这种关系能够实现,就会进入一个新的历史阶段。蒙古经济和中国经济并不一定是敌对的,在现代条件下,它们可以互相为用。过去所缺乏的是一个良好的协调办法,而现在,工业和机械可以联系草原与农区,联系矿区和城市。如果旧日的社会敌对状态不再延续到将来,他们可以很融洽地合作,而不是一个民族臣服于另一个民族。

按:本章叙述的外蒙古的变化是一个缓慢过程(特别是与侵入"满洲"的结果相比),但在过去一年内,其变化显然加快了。我在本章做的只是一份初步记录,不能认为是一个全面的关于今日外蒙古的报道。

对于蒙古民族,1939年最重要的一件事是苏联军队在外蒙古及"满洲"边界上与日本军队作战。这件事必定会引起许多重要变化,外蒙古因此会整体进入战时状态,结果会是苏联统治势力的加强。苏联统治势力的加强可以说是日本侵略的结果。此外,还会出现另一个政治军事的变化,即外蒙古与中国的和解,联合抗日。

---

[1] 拉铁摩尔:《内蒙古的分割线》,1937年;《内蒙古与外蒙古的交汇处》,1938年。

第五章　"满洲"的农田、森林和草原

"满洲"在历史上的分裂

"满洲",也就是东北地区的南部,自公元前 3 世纪起,直至 20 世纪,历经各朝,都是中国的一部分。① 在那以前,根据所发现的新石器时代遗物来看,东北地区的居民在体态上与黄河流域居民并无差异,他们的文化也与黄河流域文化有关联②,它是中国历史文化的根源之一。但是,这只限于东北地区的南部,即辽河下游及沿渤海海岸各地。它的西部平原与蒙古的联系要比与中国的联系深远。③ 东部的山林地带,有若干世纪是属于现在的朝鲜。④ 北部的高山及密林,直到 17 世纪还不能自别于西伯利亚。

---

① 秦始皇时的长城(公元前 3 世纪)蜿蜒于热河省北部的陡峭山峦,而不是南部。现存长城的主线是明代(1368—1644)所修。参见李济:《历史上的满洲》,1932 年,第 236 页。
② 布莱克(Davidson Black):《沙锅屯洞穴中的人骨遗存》,1923 年,第 96—98 页;安特生(Andersson J. G.):《奉天沙锅屯洞穴堆积》,1923 年,第 40—43 页;在李济前引书第 229—231 页提到的日本考古学家的工作。
③ 布莱克等:《中国人类化石》,1933 年,第 139 页。
④ 今日东北地区与朝鲜的政治边界是以河流为界,而不是天然的边疆。相反的,东北地区这一方面的山林是朝鲜环境的延长。

因此,我们必须区分古代东北地区的历史地理与今日东北地区的政治地理。东北有三类不同的地区:南部辽河下游的耕地、西部的草原和东部及北部的森林。每一个地区都有其特征,但它们的天然界线不十分明显。它们在边界上是互相渗透的,因此每一地区的边缘特征都不如其本身明显。长春地区是现代东北地区的中心,它不但控制东北的铁路网,而且也是这三个在整个东北历史中相互作用的地区的汇合点。

然而,长春或"新京"是一个近代都市,事实上,"满洲"的古代都市并不在长春,而在每一个地理区域的中心。因为过去的东北地区各部,从来没

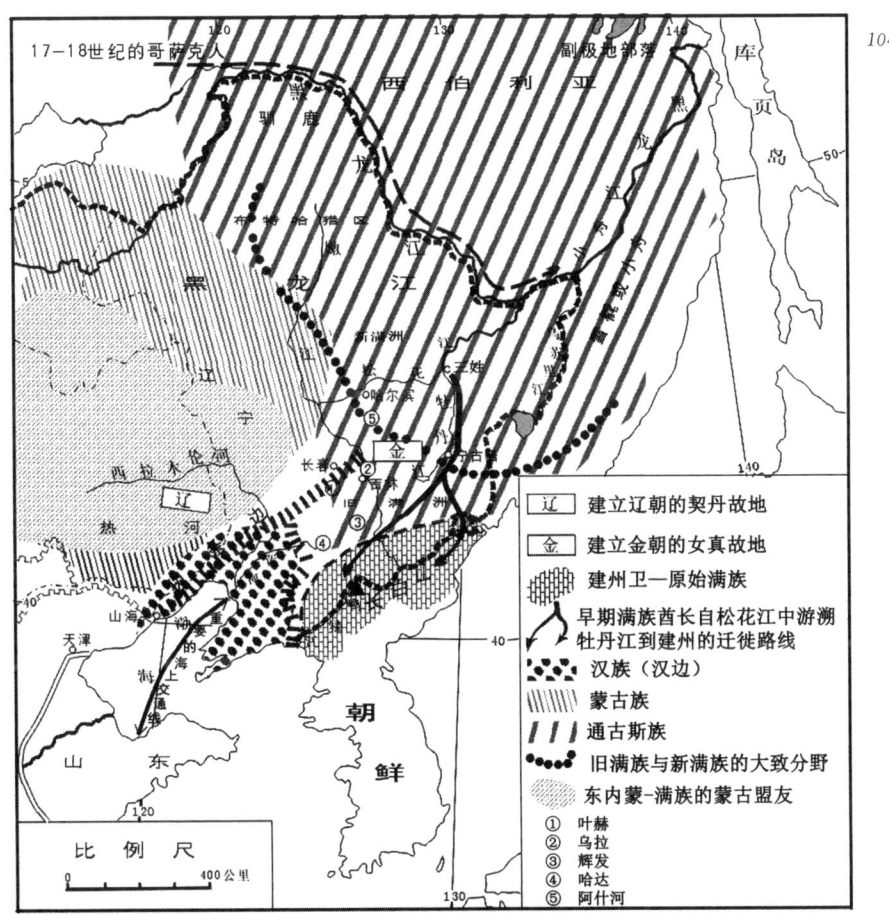

图六　早期满洲：历史参考图

有完全互相同化过。政治中心随着草原、森林或南部农业民族的兴衰而转移。因为这个原因,中国的历史文献没有讨论过整个东北地区,所记载的只是一些在不同时代,以东北的不同地区为根据地的民族和国家而已。

另外,东北地区连一个适用于所有时期的中国名字都没有①,所谓"满洲"是外来名字,中文没有合适的翻译,它的产生是由于19世纪的后半叶,若干国家在政治上企图侵略中国,首次将东北地区看做一个完整区域而以"满洲"称之。在东北地区修筑了一些铁路,起初由外国公司投资,其后由中国自行建设。由于这些铁路,东北被结成一个新的统一体。铁路在东北地区发生影响之早、之深,要甚于在中国内地。它们把各个地区及居民以前所未有的方式联系起来。在这种变化中,产生了新的东北政治观念。所谓"满洲国",不用说比"满洲"更为牵强。它是两个中国字的结合,意思是"满洲人的国"。但是这既不是中国人用的名词,也不是从满族所用的名词翻译出来的,它完全是侵略者所用的侮辱性名词,是想回避一个不可掩盖的事实。"满洲"原来是一个地理名词,"满洲国"则是一个政治虚构,它强迫东北民众承认其被征服的地位。

从历史研究来说,是要说明现在东北地区外来的统一性与过去的政治及民众的不同结合方式的连带关系。这些结合方式的基地虽然差异明显,但它们的边缘常常重叠,到了近代则完全合并起来。这种研究并不难,中国的农业社会和历史及蒙古的草原社会和历史都已讨论过,这里所要讨论的新问题是森林地带及其居民的生活方式。

东北南部与中国的关系

东北的农业地带集中于辽河两岸,其上游经热河而向东,下游再向南折之后,就成为中国东北农业地区的动脉。② 在这里,辽河河谷宽而

---

① 拉铁摩尔:《满洲:冲突的摇篮》,1932年,第7页。
② 拉铁摩尔:《中国与蛮族》,1934年,第28页。

第五章 "满洲"的农田、森林和草原

浅,是平原的最低部分。谷类可以从平原船运出海,而从河口到山东半岛或今日的天津一带,海程短而易行。从天津又可以利用内地水道,运到华北平原的都市。东北南部的气候和黄河流域没有区别,作物和农业条件也都一样,环境有利于精耕、储粮和低价的水运。因此,东北南部土地、社会和政治组织都与中国本部相同,为中国本部之延伸。

但相同之中也有小的区域特点,尤其是其半孤立性,使其可能在政治上与中国分离。它与中国的陆上交通虽然有几条军用路线,但在贸易上有利可图的路线只有一条,即沿海边窄狭平原通到山海关的道路,这是一条很容易关闭的走廊。经过热河山地进入东北地区的军运道路太贵而且并不方便。在东部,地形从辽河下游平原升高,成为东北的东部山地。汉族可以进入这些山地,但他们的发展不可能很快。距海道及辽河的水道越远,运回中国的农业剩余生产品的利润就越少,因此直到较晚的时期,这个地区朝鲜化的成分比汉化为高。

向北,沿辽河下游河谷可以进入一个更大的平原,此处是今日东北的中心,但这里雨量较少,河流较小,其环境逐渐有别于黄河流域而像蒙古草原。因此,在这个平原中,除非改变农业的方式,不作精耕,否则汉族不能有什么发展。但经济的改变会进而引起社会结构的重要变化。在东北地区建立一个大的类似中国其他地方的汉人的政治机构是不可能的。

我们承认,在东部险峻的山林及中部具有草原风格并与南部古代"汉边"(Chinese Pale)毗邻的中央平原的周围①,有许多有利于中国式的农耕及社会形态的地区。在嫩江河谷、松花江中游及下游河谷,以及稍差一点的图们江、乌苏里江、鸭绿江河谷等,都能实行精耕,而且有价格低廉的水运。但是若干世纪以来,中国内部的情况使其不能有

---

① 我所用的术语"汉边"(Chinese Pale)是借用爱尔兰古称"英吉利边"(English Pale),也因为中国人用柳树条围成栅栏作为领土永远的圈定。见吉贝尔(Gibert, L):《满洲历史与地理辞典》,1934年,"柳条边"。

充分的政治力量,越过艰苦地区,到那些有利地带去发展势力。即使其势力可以达到,也还有一个不能克服的经济困难。在东北东部和北部的河流中,只有鸭绿江向南流,它夹在高山之间,除河床外,可耕地很窄小。至于图们江、乌苏里江、松花江等,都是背朝中国而北流。嫩江虽向着中国,却汇入松花江。而且,这些河流总合起来也不足以支持一个可以独立地积极发展的农业社会。它们的可耕地散布得很广,而每一片有希望的地区又都在森林居民或草原居民的附近。这些居民尽管时常保护并剥夺农耕地区的人,但从不愿意那里有一个独立的农业国家出现。

汉族也不可能自热河由侧面进入东北,以改善并扩张其在东北的地位。热河南部多山,河谷南向,沟通华北平原。它造成了一个"有麻烦的地区"。若干世纪以来,草原民族由这些河谷南下,平原民族也由之北上,二者交侵。① 在中国历史的前期,这个问题从来没有解决过。并且,如果汉族越过了这片山地,他们就进入了在地理及气候上属于内蒙古而不属于中国华北的北热河草原。在这里,和在东北中部平原一样,为适应环境而必须做出改变,否则会摧毁他们的经济和社会。

因此东北南部的"汉边"就变得孤立。它经山海关而通向内地的陆上交通,也可能受到侧面热河山地的威胁。这种情况可以部分地说明东北与山东间的海上交通的密切性,以及东北居民以山东人占多数的事实。② 同时,因为这一程海运并不十分困难,在东北的汉族也就无须发明长途航海使用的特殊船只。他们的那一小片地区,成了黄河流域的前沿阵地,他们的主要边疆面对着森林及草原。他们的政治历史,则受到那些基于农耕或草原游牧或森林的居民的特殊经济综合势力的影响。③

---

① 拉铁摩尔:《内蒙古的汉族殖民》,1932 年,第 296 页。
② 拉铁摩尔:《满洲:冲突的摇篮》,1932 年,第 21、198 页。
③ 林同济(T. C. Lin):《明代的满洲》,1935 年,第 1—2 页,此书过分贬低了"满洲"海上交通的重要性,而只强调取道热河的重要性。他没有注意到军事的进攻与经济的进入是有明显区别的。但他注意到明代辽东(汉边)在行政上是隶属于山东的,这说明海路交通比陆路更有效。

第五章 "满洲"的农田、森林和草原

东北地区北部及东部的环境与经济条件

东北地区北部及东部的森林地带,在某些方面其环境相同,但在某些方面又不同。它们包括一个自西伯利亚直到"满洲"南部中国边缘及朝鲜的过渡地带,其原始居民所利用的资源的分布并不均衡。这些资源包括鱼、野生动物、可食植物、硬壳果和浆果、驯化动物,还有农耕的可能性。结果,东北森林社会的面貌很早就表现出特殊化的趋势。

其南部是中国边境(俯瞰辽河下游平原的群山),东部是朝鲜边境(鸭绿江及图们江河谷)。在新石器时代,农耕也许已成为这个地区最重要的中心活动,尽管不是唯一的活动。气候、地形及其他天然条件,培育了利用河谷平地的原始农业,佐以采摘坚果及浆果。猪是可以驯服的,也的确被驯服了①,但是它们被养在家里,不像北欧那样放养在林间空地上,因为东北缺少丛生的橡树,所以不能像北欧那样把猪养在树下,让它们吃橡子。在东北地区,和在中国内地一样,猪不是放养而是圈养的动物,人们用渣滓喂猪。②

在这些原始社团里,人们在森林中打猎,在鸭绿江、图们江捕鱼,其活动随着季节而变化。也许男子也帮着砍伐草木,清理耕地,但就世界各地的实例来看,从事耕种、收藏、管理以及农产品加工,以供日常消费的工作,都是女子做的,她们也喂养猪。这些工作和男子的工作不同,它有男子工作所不具备的常年持续性,这使女子成为社会中最稳定的分

---

① 猪是满族最主要的祭祀用牲(当然祭祀还要有谷物、酒、竞技等),就像羊在蒙古的地位一样。在北京紫禁城,它作为坤宁宫的萨满仪式被保留下来。坤宁宫设有清朝皇帝举行婚礼时的新床和厨房。坤宁宫前仍有萨满神杆,传统神杆顶上插有一根猪骨。参见德·阿尔莱(De Harlez):《东方鞑靼人的民族宗教》,1887年,第87页(祭祀用牲);史禄国(Shirokogoroff):《满族社会组织》,1924年,第105、133页(照料猪是女人的事)。
② 魏特夫:《中国经济与社会》,1931年,第463页;拉铁摩尔:《黄金部落》,1933年。

子,也形成一个以女子活动为中心的社会组织。因此,在满族及汉族中发现女性中心社会的遗迹是不足为奇的。① 当然,这并不是说一定由女子实行统治,而只是在身份上,男子和儿童要依赖于为他们操劳的女子。在环境有利于农耕的发展,使男子可以持续地在田里工作,土地与男子而不是与女子建立主要的直接的联系时,男子就自然变成社会的中心了。

在松花江和牡丹江的上游河谷,即今日的吉林及宁古塔一带,情况相似但不完全相同。这个地区的气候较冷,冬季积雪深,森林较密,开辟耕种比较困难,对农耕的关注也较少。这里粟类的种植和猪的饲养起源很早②,但是从女子耕种转变到男子耕种则无疑较迟。这个地方的男子多半继续从事农业以外的其他活动。松花江上游河宽流缓,可以行小舟,河鱼很多,有的很大。因此,人们除打猎外,捕鱼的技术也很高超。无论冬夏,或是在岸上,或是在独木舟上,人们或是击冰取鱼,或是用钩、叉、网捕捉。这里也是使用狗拖雪橇的区域的南缘。③ 总的说来,这个区域显然是一个过渡地区,在农耕之外的其他经济活动方面,比汉人边地及高丽人边地的森林地区,要丰富和有力得多。

再往北去,其变化更加显著。直到近代,松花江及乌苏里江下游(二者都流入黑龙江)仍是具有特殊的河流及森林文化居民的居住地。在松花江及乌苏里江下游,女子耕种及养猪的工作不及松花江上游和牡丹江流域多。在黑龙江下游、库页岛和堪察加,则根本没有这种现象,女性中心社会的现象也很微弱。反之,渔猎技术逐渐发展,利用小舟和雪橇,男子的活动绝对比女子的活动重要。

沿着环绕东北地区"顶部",并汇集南边的松花江及乌苏里江和两侧

---

① 关于"满洲",参见史禄国前引书,1924年,第Ⅲ章;在魏特夫即将完成的《中国经济社会史》中会详细讨论中国原始母系氏族组织的意义。
② 粟是"满洲"祭祀所使用的谷物。有一种特殊的粟是从乌拉街(距离吉林市大约25英里)运到北京的,这是我1929—1930年冬天住在那里时得知的。
③ 拉铁摩尔:《黄金部落》,1933年。

许多小河的黑龙江,这种差别进一步加大。少量的河流及森林居民占据着一些流入黑龙江的小河,同时养猪也变成养驯鹿。驯鹿在森林地区的应用,产生了一种强烈的离开河流而完全依赖森林资源的趋势。驯鹿的乳可以供少量饮用,但驯鹿的运输是大量的。① 这形成了比草原游牧还要粗放的近于狩猎的特种游牧经济。

更往北去,西伯利亚的森林变成靠近北冰洋的苔原,森林中利用小队驯鹿运输的方式也变成苔原的利用方式,即着重于大群驯鹿的使用,这是个很不一样的经济方式。狩猎是次要活动,因为在苔原,驯鹿的作用有如草原游牧经济中的羊和马。② 北冰洋及附近地区,差不多是处在中国历史范畴之外的。但事实上也不尽然,因为雅库特族和通古斯族以一连串逐渐变异的经济与社会,把这个地区与"满洲"、蒙古及中亚的突厥族联系起来。从苔原放牧驯鹿的居民,转变到森林中使用驯鹿狩猎的居民,然后又转变到用马。③ 这种现象在过去,甚至在今日,都可以在唐努乌梁海的山窝子里及东北地区的西北部草原上找到。④ 这里,嫩江在距黑龙江不远处发源,背之南流,后转流东向,入松花江,又回流到北方。沿着嫩江河谷的草原漫入森林,于是使用马的民族和使用驯鹿的民族互相接触。即使在现代,这两种生活方式仍可以通过达斡尔族以保持联系。在古代,当然存在从使用驯鹿的森林狩猎技术转变为利用马的草原游牧技术的南向移民;也有舍弃马群,而改换驯鹿及狩猎技术的北向移民。⑤

由此我们可以知道,真正重要的历史发展可能发生在从东北地区到

---

① 林德格伦(Lindgren, E.J.):《西北满洲与通古斯驯鹿人》,1930 年,第 532—533 页。
② 哈特(Hatt, G.):《驯鹿游牧制度研究》,1919 年。哈特相信鹿最初被驯服时,不是供运输,而是用来作诱饵,以捕猎移动的鹿群。
③ 拉铁摩尔:《蒙古历史中的地理因素》,1938 年;格里亚兹诺夫(Griaznov, M.P.):《阿尔泰巴泽雷克黄金冢》,1933 年。
④ 贾鲁瑟:《未知的蒙古》,1913 年,第 I 卷,第 209—211 页。拉铁摩尔:《满洲的蒙古人》,1934 年,第 184 页。
⑤ 同上。

西伯利亚及朝鲜,并直达蒙古草原及东北地区南部的"汉边"的森林、河流及山地等地区。这里,一般的共同性被特殊的差异性所抵消,但是差异并非是支离破碎的,其共同性则形成一种不固定的中介,使之从一种特殊形式变到另一种形式,或是使二者混合而成为一个新形式。这种现象可以解释在东北地区东部及朝鲜北部通古斯族和朝鲜民族特性(体态的及社会的)的互相渗透融合①,森林地区南缘的通古斯族、满族与汉族特性的渗透融合②,以及东北中部及西北部通古斯族与蒙古族特性的渗透融合③。

这些发展的过程,可以从满族历史研究及东北早期民族及国家历史的考察中看出。这些早期民族及国家,包括上古的肃慎(公元前2000年到公元5世纪)、东胡(公元前3世纪到公元3世纪)、在东北及高丽间的鸭绿江两岸的高句丽(公元1到7世纪)、鲜卑(公元3至4世纪)、奚(公元4到7世纪)、建立渤海国(公元8及9世纪)的靺鞨(公元6至7世纪)、建立辽朝(公元10到12世纪)的契丹(公元4到9世纪)、建立金朝(公元12至13世纪)的女真(公元7到11世纪)及其他民族。④

清朝始祖努尔哈赤

在名义上,满族的历史起源于16世纪,伴随着辽河下游"汉边"以北及东北的各小国的战争。但是清朝始祖努尔哈赤的先代,可以追溯到5世纪其祖先在松花江中游的三姓(满语依兰哈拉)地区居住的时候。⑤ 他

---

① 拉铁摩尔:《黄金部落》,1933年;关于14—15世纪高丽人在鸭绿江、图们江边界的活动,参考林同济前引书,第15—19页。
② 拉铁摩尔:《满洲:冲突的摇篮》,1932年,第61页(汉文在"满洲"的迅速传播)。
③ 拉铁摩尔:《满洲的蒙古人》,1934年,见达斡尔、索伦、叶赫那拉等索引。
④ 见吉贝尔前引书,关于肃慎、东胡、高句丽、鲜卑(以及慕容等许多分支)、奚、靺鞨、渤海、契丹(以及耶律等分支)、女真(以及完颜等)等。这是本很方便查找关于"满洲"历史中的汉人与"部落人"的手册(见拉铁摩尔书评,1935年)。只是没有具体指明所依据的中文文献,尽管总述中开列了主要文献的单子。
⑤ 见吉贝尔前引书,努尔哈赤、伊兰哈拉等条。

们起源于金朝(12世纪到13世纪)的女真的外围部落,女真的特殊地位在13世纪蒙古征服东北地区及中国内地时被摧毁。他们自称为爱新觉罗——黄金部落,这个名字是从女真金朝的"金"字对应来的。① 努尔哈赤在他征战的早期,自称大金,直到他的后继者建立了全新的朝代,才改称为中国历史中著名的"清朝"。另外一个贵族宗支叫作依尔根觉罗,意思是"臣部落"或"汉部落",他们自称是被金朝所掠而囚于东北的宋代徽、钦二宗的后裔。②

这些松花江中游的部落并不叫作"满","满"这个名称直到清朝建立时才出现。中国称他们为建州人,建州显然是地区名,而不是部落名。③ 15世纪中,他们自松花江中游沿牡丹江河谷迁移到后来建立宁古塔城的地方(早时也有城邑),然后又跨过今日成为东北和朝鲜边界的图们江,这时他们已经到了东北地区东部主峰的长白山以东。有些首领继续统治东北地区及朝鲜边境之地,但有一支从长白山的东部迁移到南部,在

---

① 见吉贝尔前引书,爱新觉罗条。
② 见吉贝尔前引书,依尔根觉罗条。至于"满"(Manchu)这个名称,郝爱礼(《开国方略》,1926年,第592页)的推测是,努尔哈赤的先祖是曼殊师利,这是"满洲"部落中非常普遍的蒙古人名字。曼殊师利(本身来自梵语)是同西藏喇嘛教一起来的,在蒙古变得越来越普遍。作为与中原有联系的小首领,这位曼殊师利得到了一个中文名字李满住,Man—chu代表Manjus-ri。后来,满人建立国家要给王朝定名时,认为名称要古,而有别于"金"。于是他们转向这位祖先或说爱新觉罗家族的创始人。如果这种解释正确的话,则"满"与喇嘛教的曼殊师利的关系则是偶然的,而不是最初宗教信仰的问题。但是,戈尔斯基(Gorski, V.)在《统治中国的清朝的开创者及满洲部落的名称》(1852年,第139页)(俄文)中认为,"满"在五六世纪的部落语言里是"首领"的意思。
③ 见吉贝尔前引书,建州卫条。这个"区域性"的名字是随着建州满族从松花江中部流传到满洲东南的,这暗示——仅仅是个暗示——这个名字不是地区性的,尽管使用时是带有区域性的。它可能是汉语的"金族"经由通古斯语再回到汉语时的叫法。参考戈尔斯基(前引书第125页),他认为,建州可看作是金的一个分支。可以举出很多类似的地方,例如蒙古语中的"taiji"(部落王子),就是中文的"太子"(法定继承人)的变形。在转录成汉语时写作"台吉"。虽然音节"太"被写成另外一个字。但汉人一般不把"蒙古"词看做真正的汉语——尽管熟悉汉语的蒙古人已经发现了这个问题。福兰阁能够区别汉语和蒙古语中的术语,见其《直隶省热河地区状况》,1902年,第30页。但劳弗(见《蒙古文献要略》,第43页)做不到这一点。但他也注意到,蒙古语里的"taiji"成为部落或者氏族的名称(成吉思汗时称Taijigat)。这再次证明"金族"变形为"建州",可能后来被用做了氏族或者部落和地区的名称。

流入"汉边"而形成辽河最大的北方支流的浑河上游住下。

努尔哈赤的事业就发源于这个"汉边"的边缘。他原来的地位是不可想象的卑下,虽然他也是个贵族。据《满洲实录》记载:在 1583 年,他被人两度夜袭,可见他没有掌握政权,没有卫队,也没有哨兵。有一次他半夜惊醒,听到外边有脚步声,于是拿起武器,把孩子藏好,又叫他的妻子出去,装作要解手的样子,他自己紧跟在后面。刺客没有看见他,他藏在烟囱后面,①袭击刺客并将其捉住。第二次他又以相似的方法捉到刺客。有人劝他杀掉刺客,他说:

> 我若杀之,其主假杀人为名必来加兵掠我粮食,粮食被掠,部属缺食,必致叛散,部落散则孤立矣。彼必乘虚来攻,我等弓箭器械不足,何以御敌。又恐别部议我杀人,启衅不如释之。②

我们承认在早时,努尔哈赤曾率领四五百人作战,但这是若干首领的部下的联军,而不是他一个人的部属。他还是一个小人物,要亲冒矢石以表现其勇武。有一回,在进攻一个村子时,他爬到一个房顶上,跨在房脊上向下射箭,结果自己颈部中箭受伤。不过他的真正本领也许可以从另一个故事中看出。1584 年,他率 150 人袭击某处,其中 25 人只有自卫武器。袭击失败了,在归途中又被其他部落截击,努尔哈赤杀死两个敌人,并用计策把他的部下都救了出来。他的计策是叫大家把头盔摘下,摆露出来,装作还有其他人埋伏的样子。③

和蒙古英雄成吉思汗一样,努尔哈赤起事低微。他青年时多半专力

---

① 以前"满"人的房屋可能继承了一部分高丽的风格,参见拉铁摩尔:《黄金部落》。烟囱一般为木质,或泥草盘筑,屋顶用茅草覆盖,而因为房顶和烟囱都容易失火,所以将烟囱放到屋外几米之外,将着火的风险减小。烟顺着地下烟道通到烟囱。这可以解释一个人为何夜里能出到屋外藏到烟囱后面。
② 我只看过《满洲实录》(1930 年),是影印奉天皇宫的中一满一蒙稿。其中插图(其中一幅是努尔哈赤即位情景,转印至吉贝尔前引书第 680 页对页)有满文、汉文、蒙文标题。关于这些记录及档案的来源见:富克斯(Fuchs, W.)的《满洲首位皇帝年表》,1936 年;以及《满洲目录学与文献学论文集》,1936 年,第 V 章。
③《满洲实录》。

为在边境战争中丧生的父亲复仇①,这一点也与成吉思汗类似。对于努尔哈赤或成吉思汗,复仇并不是一个单纯的壮举,它是他们政治事业的一个重要阶段。两个人都很年轻,都是贵族,却幼年丧父,而面临丧失其地位及部属的危险。如果他们不是通过复仇血斗及部落战争表现其领袖的天才,并逐渐增加其实力,两人也都有沦为普通战士或其他首领的附庸的危险。

在地位得到确保之后,两个人都各自开创了伟大的功绩。这一历史的发展,也许是因为在他们的时代,已经开始调整整个长城边疆两侧定居的中国帝国与外面"少数民族"部落的权利分配。在那个时期,无论是帝国的掌权者还是边疆上最有势力的人(在努尔哈赤时期是土默特蒙古),都被他们自己的既有利益所累,他们所损失的要比所获得的多。正是那些像13世纪初的成吉思汗与17世纪初的努尔哈赤那样的小首领,才能够自由行动,也知道如何行动。因为做了附庸的附庸,他们熟知各类权力,知道如何在部落世界及皇朝世界中自处。又因为可能获得的利益要比损失的多,从而激励了他们的雄心。②

16世纪末东北地区的政治

由此检讨16世纪晚期东北地方各小邦的政治,就不感觉复杂了。和他们的传说相比,现在所知的早期满族从松花江中游到东北地区东部及南部的迁徙,反映了一种明显的不稳定性。满族的传说,还有金或赫哲部落的传说,都讲述其南方的起源和早期的顺河而下的北向迁移。但是赫哲族的传说和满族的历史记载又相反地记载一个溯河而上的南向迁移(如满族自三姓溯牡丹江南至宁古塔)。③ 根据这两种说法,我认

---

① 吉贝尔前引书,努尔哈赤、尼堪外兰、李成梁(最后一位朝鲜血统的中国边境行政长官)等条。另见前引郝爱礼翻译及注解的"官方"文献。
② 参考第十七章。
③ 拉铁摩尔:《黄金部落》。

为两种方向的迁徙在同时或交替地进行。有的部落从河流及森林地区向东北地区南部及黄河流域皇朝势力圈内迁徙,沿途改变着他们的生活方式;有的部落却退回森林地区去,放弃他们与汉族接触所得到的特征,返归森林与河流的部落经济。

满族是12及13世纪建立金朝的女真的后裔,他们中有一些部落是真正的女真后代,但有的则是女真在其主力于12世纪侵入黄河流域时,在东北地区所留下的附庸的后裔。金朝灭亡的时候,其在东北地区的一部分非汉族部属投降了蒙古帝国,其他则退到松花江及乌苏里江。14世纪中叶汉族所建立的明朝,在东北地区的势力不如元朝时期。因此,有一些北方部落乃再沿松花江及乌苏里江溯河南移,由松花江越过牡丹江河谷到东部的长白山山地,以达到他们所认为的先祖的地区。在那里,蒙古军队撤离了,而汉族军队也没有来。

有一些部落到达汉族贸易及政治势力所及的地区,因而在很大程度上改变了他们的生活方式,正如其直系及旁系祖先及同族人在过去几个世纪所做的一样。这种转变并不困难,因为他们的部落文化并不限于单一的活动,而具有多方面活动的特点。他们并不是突然地转变成一个完全不同的生活方式,而只是偏重于他们原来经济社会组织的某一部分,同时放弃了其他部分。他们原先握权的首领,可以利用这一过程来增加他们的势力。由于在环境上有利,他们向南部"汉边"的发展,比汉族北向的发展容易。对于汉族来说,向草原或森林发展的结果是减小农耕的精深性、社会的聚合性以及政权的集权性。所以,在汉族核心地区的边缘,建立"少数民族"的外围社会比建立汉族的社会容易。

由此也可以解释森林部落社会的改变。在松花江中、下游及乌苏里江的森林居民,一般为小部落生活方式,这种方式适合于狩猎,并可以利用整个森林地区。因为男子专力于渔猎,农作则多半在女人手里。这些部落在种族及语言上是亲属,但居住的分散使他们只有氏族组织而没有部落组织。虽然他们有一个比氏族更大的种族团伙,却没有形成一个稳定的政治形态。它只影响到职业及土地的选择与利用,因为在河谷中农耕兼渔猎的人、河谷中只渔猎不农耕的人、用驯鹿运输在森林中活动而很少或完全放弃捕鱼的人之间,存在着不同程度的差异。

当这些人接近汉族时,贸易和政治便改变了他们的价值标准,使他们成为汉族与远方森林居民之间的中介。这种倾向对各部落的首领是有利的事,对新兴贸易的控制与整个贸易活动的增加加强了他们的权力。不过,要利用这种发展,他们就得减少其移动性。这又使他们在某种意义上受汉族的支配,虽然不一定是汉族的直接统治。他们要接受一种附庸地位、确定的土地范围,以及与汉官发生事务关系时的各种官方规则。这些条件限定了首领们的职权,同时也制造出一个新东西——封建组织。这种封建组织有几个特点,第一,它不直接起源于森林部落,而起源于这种部落与中国行政制度的接触;第二,森林居民的贵族虽然从家族首领的地位升为部落王公,并且也拥有确定的土地,但是还不够做中国皇帝个人直属附庸的资格。他们并非建立于个人的关系上——真正封建制度最重要的条件,而只是非个人的、中国疆吏的附庸。

在这种政治变化之下,其他变化也须进一步注意。接近汉族,拥有永久固定的土地,造成了狩猎的减少及对农耕的重视,因而发生了社会秩序的重要变化。过去的社会是泛泛的分工,女子在小块土地上工作,男子在广大森林中狩猎。现在,农业生产在增进并逐渐职业化,而这只有男子在田里工作才办得到。其结果产生了一个全新的分工——农人与猎人的分化。因为在任何逐渐变化的社会中,统治者总是既保有旧秩序的利益,又抓住新秩序的好处,结果就产生了很大的差异,狩猎成了贵族的权利。在这个边疆社会中,王公们占有土地,却不工作,他们的职业就是统治,而狩猎成了他们的娱乐活动,在经济上还是食物和财富的来源,另外又是战争的训练。在他们之下是有钱的自由人,拥有自己的农田,用奴隶、雇工或佃农来承担大部分工作;在他们之下是穷苦的自由人、奴隶、有钱的"少数民族"所雇来的汉族佣工或匠人等。①

东北地区和蒙古不同的一点是,这种混杂渗透现象不仅仅影响汉族和边疆社会。在东北地区,除"汉边"以北及东北的森林居民外,还有其北部及西北的草原居民。森林居民和草原居民不但分别与汉族渗透,他们之间也在互相渗透②,而产生出像距今日长春不远的叶赫那样的小邦来。我们曾说过,长春地区是东北三种主要环境及社会的会合中心。叶赫族的贵族有蒙古血统③,其人民为通古斯满族,其文化则为边疆汉族文化,有城池和很发达的农田,但也从事畜牧狩猎活动。

东北边疆上汉族统治的衰微

政治关系的稳定性,不一定会因这种历史的变化与发展而受到威胁。征服汉族是那种小边疆首领如努尔哈赤的祖先们所不敢想象的。他们最大的志愿是能受北京皇室的招待。这种光荣可以使他们感觉是皇帝个人的附庸,比做疆吏的行政属员更高。④ 这种荣誉不会引起对边境的侵扰。他们的活动范围使这些王公们的大志只在做一个重要的寄生虫。在税收方面,他们多半依赖发展中原贸易及类似中原式的农

---

① 蒙古对汉人的称呼 Khitat 和对满人的称呼 Nikan,都有"奴隶"的含义,但两者都没有语言学的证明。扎哈罗夫(Zakharov)在其《满俄词典》(1875年)中,除了首先给出"汉人"的意思,并没有给出"奴隶"的解释,只是解释为"农民""村民"。他认为 Nikan 起源于中文的 han,是"汉人"的意思。若果真如此,那么 Ni—这个音节可能来自汉语的"逆",Nikan 可能最初在满人中使用时是"叛逆汉人"的意思。
② 拉铁摩尔:《满洲的蒙古人》,索伦与达斡尔。
③ 吉贝尔前引书,叶赫条;拉铁摩尔:《满洲的蒙古人》,叶赫那拉(蒙语 yeghe nere,意为"伟大的名字""伟大的部落")。
④ 李济前引书,有关于努尔哈赤一位先祖的有趣记载。另见林同济前引书,第33—41页。我想,我关于森林中人"反部落化"的分析,比林同济的单纯的政治分析要强得多。在明朝开始走向没落的时候,入朝"进贡"成了占汉人便宜的办法。"朝贡使臣"及随从人员可达数百人,都由汉人官方出钱,以提高他们政治上的地位。同时,他们以"非贡"品进行贸易,于是削减了中国边境商人的利润。见林同济《明代满洲的贸易与朝贡》,1937年。他夸大了汉人在长城以外的"善行"和政治管理水平,由此可以看出,他没能在丰富的材料中析取全部内涵。

耕,这比直接被中原征服及统治要略胜一筹。在社会地位上,他们却依赖于将势力伸回原来的野莽之地,向与他们有亲属关系而比较"野蛮",在政治上又没有组织的部落,索取真皮及其他可出售的猎获品。①

因此,稳定性在大体上是受中国内地(包括东北地区南部的"汉边")的皇朝及其统治能力强弱的影响。通常情况下,中原皇朝在边疆的影响并不弱,除非其内部先行腐败。国家收入的减少与中央权力的减弱成正比。各省会因士大夫阶级即充任各种行政官吏的地主家族的过分发展,而导致中央权力的减弱。当那些家族势力将其私利放在公职责任之先时,他们便互相纵容私有田地的逃税,国家收入则迅速减少。为使国家收入减少得不致太快,就得向没有政治势力的小地主和农民另征租税。这又增加了土地的抵押和转卖,会进一步造成国家收入的减少。中央政府权力低落的同时会发生农民暴动,而士大夫官僚阶级仍继续发展其私利特权,遂越来越超出法律的管束。②

政府与法律的衰微与私有财富的增加,使财富的风险与其增加成正比例。内部反叛及边疆不安与"少数"民族侵入的环境已备。但直到这时,最威胁汉族的还不一定是边疆的人物。土默特部的俺答汗可以用"忠诚"来敲诈,他虽然不与明朝合作,只是利用它来加强自己的内蒙古边疆。但他还只限于在一种有限制的权力下建立其本身的特殊利益,他没有以其权力作征服整个中国的企图,除非他想用他宝贵的特殊利益为赌注,来博取征服中国以及在征服过程中同时战胜边疆及边疆以外所有

---

① 在满人统治下,毛皮进贡几乎延续到今天,主要在西部新疆一带布达哈狩猎区。对于满人或很多森林部落首领来说,"进贡猎物"是剥削森林部落的重要手段,那些部落在经济上是自给自足的,并没有特别的进行贸易的愿望。军人则像蒙古人和定居的满人一样,迫使那些部落交纳剩余品。见卡博:《图瓦历史与经济研究》,1934年,第79—80页(俄文,拉铁摩尔注译,1937年);科兹忞(Koz'min):《突厥蒙古的封建制问题》,1934年,第29页等(俄文);巴德利:《俄国,蒙古,中国》,1919年,本书参考文献甚多,尤其是第Ⅱ卷,第443—445页;拉铁摩尔:《满洲的蒙古人》,1934年,关于布达哈的部分。
② 王毓铨:《中国历史上地税的上升与王朝的覆灭》,1936年。

竞争者的可能。俺答汗末年,察哈尔部兴起,取代了俺答汗所领导的土默特部。这可以证明那种企图之不易。①

事实上,非汉族的边疆人物在这一点上与中国内地的人物一样,保护他既得利益的本能限制了他的政治眼光及活动的范围。以此可以解释,为什么中国新的朝代以及边疆各朝的兴起,多半基于中层阶级。他们丧失甚少,但其地位又高到足以使他们熟知统治的方法,低到足以使他们了解并领导不满现状的民众。在这一点上,中国与边疆的区别是,边疆民族有两类:一类接近中国,受汉族影响;另一类是远离汉族,而不受其影响。② 这两类中的普通平民不见得会了解另一方的社会及政治机构。同时,"内边疆"与"外边疆"的领袖人物,却要设法保持平衡及原有的秩序,因为这样有利于其特殊地位。只有一种人可以自由利用新兴的不平衡势力,他们的所获多于所失,对"内""外"边疆又相当了解,这就是小的贵族阶层。③

努尔哈赤的功业及清朝的建立

像成吉思汗一样,努尔哈赤是属于这种阶层的人,他的家族地位并不很高。明代末年法律及秩序的腐败,使他父亲的权益受到较高的豪强贵族的侵害,这些豪强贵族受着腐化的中国边官的"善意中立"的纵容。④父亲的死亡,使他在同阶层中处于更不利的地位。他被迫发展自己的组织,领导并庇护比他还低下的人们,满足他们的愿望,而使自己出人头地,恢复其原有的地位,并继续向前发展。像成吉思汗一样,他首次受到

---

① 参考本书第四章、第十七章。
② 参考本书第八章。
③ 拉铁摩尔:《评格勒纳尔〈成吉思汗〉》,1937年。
④ 吉贝尔前引书,努尔哈赤、尼堪外兰、李成梁条;郝爱礼前引书"官方"说明。尼堪外兰代表了部分边疆官员,他们愿意继续为汉人服务以获取自己的利益。而努尔哈赤这样的小贵族则看到了改变自己地位的机会。尼堪外兰这个名字显示了混合血统,尼堪,是满人对汉人的称呼,外兰,是个汉人的头衔(郝爱礼前引书,第614页)。

尊敬,是通过给他的部属以权力和报酬的办法,他甚至善待并赏赐原来敌人的部属。这样,他造成了一批新贵族。为了保卫得到的权益,这些新贵族要与旧贵族对抗,而且不能中途而废,必须持续战斗,直到建立一个受他们控制的新秩序。

在东北地区建立的朝代,不可能获得大规模的胜利,除非在他们兴起的时期,旧朝代已经病入膏肓。契丹的辽朝(第 11—12 世纪),女真的金朝(第 12—13 世纪),以及满族的清朝(1644—1911),都是这样。在他们能够大举进入长城以南之前,由于草原地区、森林地区及农耕的"汉边"的邻近,他们必须首先选择其边疆中心在草原或森林地区,然后再发动联合的边疆势力控制"汉边"。"汉边"虽然与黄河流域一体,但相距过远,地方特性很强。

到了 16 世纪初年,明朝腐化,蒙古族也已不能沿长城边疆占领中原,这让满族有时间去熟悉如何使用自己的力量。威胁性最大的蒙古人的活动是在南部(察哈尔部)和西部(厄鲁特部),他们阻止了北方喀尔喀部的发展,同时又压迫东北地区的东蒙古。有记录说,满族并没有完全占领东蒙古,东蒙古最重要的几个部落都与满族结盟,以防察哈尔部的侵略。

在此前不久,努尔哈赤以血斗为父报仇,并恢复本部落以建立他自己的地位。他占领了"汉边"边缘上的一个军事战略地区,其北部及东北部为森林居民,西部及西北部为草原居民。这种政治地位的重要性,可以由一件事实来说明:草原部落首领企图与东部森林居民联合,攻击努尔哈赤。① 他们失败了,部分原因是努尔哈赤的位置使他可以交替地攻击草原及森林部落。不过,我想最主要的原因,还包括努尔哈赤的满族的森林出身,这使他了解森林居民的情况,而在东北地区的汉族的影响下,他又知道同样受汉族影响的草原民族在种族上、社会上及政治上的

---

① 吉贝尔前引书,那颜、"满洲"条。

特征。当时,在处理中国、森林及草原问题的准备上,他比任何人都充分。

控制了"汉边",就可以进入中国内地。控制了临近的森林居民,就可以很容易地在政治上将远方的森林及河谷居民并入满族。他们的语言本来就接近满语而不是蒙古语。控制了草原边缘的部分蒙古族、通古斯族和汉族,如呼伦部的乌拉、叶赫、辉发和哈达,他们集中于今日长春的东北、东部及南部①,就可以进入草原深处。这样,由边疆进入中国内地的必要力量已经汇集,可以准备行动了。

努尔哈赤发展为侵犯者及东北边疆最大领袖的功业,始于1616年他自称为金汗的时候。② 这个女真旧国号的应用,表示着一种部族的领导权。1618年,他发表了一篇有名的讨明檄文,宣告了自己的独立,并表示将争夺明朝的天下。③ 努尔哈赤逝世于1626年,终年68岁,这时他已经征服了"汉边"的大部分。但是满族越过长城而侵掠中国内地,是此后十年的事。1636年,努尔哈赤的儿子改国号为"清"④,这个新国号已没有部落的意义,第一次表示出企图统治全中国及长城边疆的野心。这个野心直到1644年才实现。这一年也就是一般所认为的清朝的开始,但在清朝官修文献中以1636年为立国之年。

清朝开国时的军事与政治组织

从边疆争雄到大规模征战,其间最重要的一个问题是对汉人的利用。仅仅占领了"汉边"这块地方还不够,必须要将它的农业经济及政治组织结合到满族势力中去,这就需要满族社会及东北汉族社会的重大改变。这个问题为西方学者所忽略,而中国历史学家,又因为民族及文化

---

① 吉贝尔前引书,乌兰、叶赫、辉发、哈达条。
② 同上,努尔哈赤等;另郝爱礼前引书"官方"编年记载;另戈尔斯基前引书,第133页。
③ 郝爱礼前引书。
④ 吉贝尔前引书,努尔哈赤、皇太极;郝爱礼前引书。

的自尊,也回避讨论。这个问题的要点是:在外族压力增加,同时又不能从中国取得援助时,边疆汉族社会的地方势力就会脱离中国,而投入非汉族的入侵者的政治力量中去。

努尔哈赤深知边疆汉人的这种情况。小型的满族"国家",代表着以个人领导为主体的旧森林居民的家族团体与新的地缘结合体的逐渐妥协。在新的地缘结合体中,领袖不再是部落的领袖,他要保有设防城市并控制其周围的土地。那么下一步的发展就是如何对待部落的问题,是团结各部落结成一个有力的联盟呢？还是发展建立一个中央集权的庞大的领土国家呢？

针对这个问题,努尔哈赤发明了满族的旗制,在这种制度下,小国的募兵和远地首领的部属都变成职业的常备兵。他用满族原有的"牛录"——一种封建性的征募制——作为核心。这个兵役差不多一半是世袭的(同家族或同部落的人),一半是以握有土地为条件的(对各个"邦国"的满人来说这是一个自然的发展)。1606年,又将其改编为四个旗。由于没有一个旗有明确的地域,这就把许多散漫的、封建征募制的小邦改造成了一个有职业军队的国家。每一个旗自世世相属的家庭中征兵来补充,但是一个旗内的家庭不一定来自同一氏族,兵伍也不一定按照从前的邦国编制。

1615年,四个旗增加到了八个旗。下一步是用旗来编制汉人和蒙古人,结果建立了独立的蒙旗与汉旗(这个蒙旗与蒙古部落土地组织中的旗不同。参加蒙旗的蒙古人,就脱离了其部落及其世袭首领的管辖,而成为国家军队中世袭的职业军人)。汉旗的地位也是一样。最终,若干整齐的八旗部队组建成功,他们分布在满洲、北京和各省。八旗部队的地方性并不是"封建"的,不会造成一些半独立的军阀,因为所有的旗丁服役都是全国性的。①

---

① 吉贝尔前引书,八旗;以及《东华录》关于所提到的年代。

这样,对"汉边"的占领,就变成经过选择的汉人加入满族的征战以分享其利益了。这就造成满族以征募的方法,而不是像诺曼人在撒克逊英国所用的封建征服方法去统治"汉边",满人在这里得到了所有的经济及政治资源。吴三桂于1643年引清兵入山海关开通北京之路的故事①,反映了"满洲"的这种历史。一般所传吴三桂这种行动的理由,完全是传奇式的。一般认为,他投降清朝是因他的爱妾被由西边攻入北京的叛贼掠走,他想利用清兵抗击叛贼(他们攻破了北京城,迫使明朝最后一位皇帝自缢),以恢复明室。

　　这些说法忽略了吴三桂本人乃是东北"汉边"人的事实。作为一个高级军官,他在那里一定有重要的产业及家庭关系,也还会有许多已经降清的旧友。因此,在北京已告沦陷的极端纷扰中,投降清朝显然是他的一条出路。清朝也早就为这种叛变涂上了好看的色彩,待他们如招募的军人,而不是俘虏。这个解释与后来吴三桂的反清并不冲突,因为他降清的目的,是要从满族手中夺取那个满汉集团,使汉人控制在"满洲"颇为重要的"汉边"地区。

清朝初期汉人在"满洲"的影响

　　东北地区在满族统治下的最初150年,与明朝统治下的东北有显著的差异。② 在一个以中国为基地的明朝统治下,汉族可以很迅速地发展到"汉边"。而国家为着本身的利益,要限制他们向这个边界以外发展,因为在这个边界以内,环境对汉人及中国都有利,但是超越这个界限后,农业制度的改变将产生社会变化以及在政治上脱离明朝而独立的趋势。

---

① 吉贝尔前引书,吴三桂;拉铁摩尔:《满洲的蒙古人》,第67—68页;郝爱礼:《吴三桂将军》,1927年,第564页。
② 我在这里省略了关于"满洲"西部蒙古草原的单独讨论,这部分可以参考《满洲的蒙古人》。可以看出,我对那个时候(1934)关于清代蒙古人在政治上的重要作用问题的观点,做了不少发展修正,但是这并没有影响到书中讨论的过去和现在的地理分布问题,有地图可参考。

而以中国为主的谷类买卖、征集和运输体系所带来的经济利益,是与其政治利益相符合的。

当政治及军事中心改在东北时,这些因素就不再发生影响。移入中国的满、汉、蒙古各族领袖、将军和行政长官,都得到极大的财富及权力。但并不是每一个人都能前往中原,因为满族在征服中原之后,要确保整个长城边疆的稳定,所以一定要留下可靠的人员来维持边疆势力的平衡,特别要注意的是早期满族部落与"满洲"西部草原蒙古族建立的联合传统。对这些人,不能不让他们在本地仿效北京都会的繁华。

因此,满族兴起的第一个结果,是把汉族的农耕、城池和工艺吸引到"满洲"内部,这比明朝的发展还要深入。① "满洲"贵族及蒙古王公使用汉族佃农耕种,开发他们的地产,余谷可以卖到森林及草原上去,这也扩张了汉族贸易活动的范围。这样做的结果,并不是像汉族统治下那样发生社会及政治上与中国分离的倾向,因为当事者的政治目的不是要独立,而是要升迁到中国内地去做官。

对草原及森林居民的影响

在汉族及中国的影响深入"满洲"时,草原及森林居民也在向"满洲"南部的"汉边"接近。满族特别要增加自己的兵员,从与满族有关系的讲通古斯语的森林与河谷部落中征兵,可以避免被在"汉边"征募的汉人力量所压倒。其方法是给那些边远部落以"新满"的名号,以类似于旗但比

---

① 参考吉贝尔前引书,临潢府(在今热河北部旧时蒙古地区内),反映了10世纪辽代非汉人统治下的汉人的扩张;会宁府(今黑龙江阿城附近),反映了12世纪金代的同样现象。蒙古王公以租佃殖民的生产方式将汉人带入蒙古地区(尤其是热河),打破了满人的规制,结果,蒙古统治者转变成地主,蒙古部落人民转变成农民。参见拉铁摩尔:《满洲的蒙古人》,第79—82、83—85页;又见本书第十七章。

较松散的制度去组织他们。① "满洲"东部及西部的满、蒙两种利益的平衡,则以另一种方式维持,即利用联姻的办法,使蒙古王公——不是蒙古民众——成为清朝皇室的盟友。②

从满族历史中,可以找出从"汉边"到西伯利亚旷野的连续性的一些环节。资料显示,满族最早生活在松花江中游和"满洲"与朝鲜边境的北部,随着他们从森林部落社会到在"汉边"附近成为附庸的发展,他们历史记载的范围缩小到吉林南部的一小块地方,包含一些简略的在北部的部落背景,以及西部通向嫩江及辽河上游的蒙古草原,南部通向"汉边",东部通向朝鲜的孔道。这种缩小是很明显的,而其记载也都集中在最重要的历史发展上。当一个发展的方略决定以后,其中心地区即迅速扩展,开始略取周边地带。③

征服和稳定表明,在满族与西伯利亚的通古斯族之间,有一条连续的通道。但是在这条通道上,森林和河流附近的通古斯族向满族地区的移动,比满族向森林的移动,要自由得多。这里我们注意到通常使用的几个名词,少数民族在进攻时是"内侵",败退时是"回撤"。而满族兴起时是征集边人从军,在清朝灭亡时并不是回撤到北方故地,而是解散这个朝代的边远部属。同样的事情也发生在12世纪初,当时的女真以他们的部落组织建立了一个统治东北地区和黄河流域的金朝,但在其灭亡时,其边远的附属部落却分裂成为若干没有政治联系的小族群。

这种从森林落后社会向农业帝国移动的重要性,可与现代的情况作

---

① 拉铁摩尔前引书,第174页;《黄金部落》,1933年;吉贝尔前引书。
② 东蒙古的许多贵族家庭因为这种婚姻,其满族血统比蒙古血统还多,蒙古上层阶级与满族关系之深,可以从行政上用满文这件事看出来。在几十年前,察哈尔的统治阶级还是用满文而非蒙文写公文。因此平民不懂法律和行政。今日东北地区西北的贝尔部仍然如此。1930年我在那儿游历用的蒙古护照是用满文写的。我的朋友潘克拉托夫(B. Pankratov)(现在列宁格勒科学院远东研究所)告诉我,有一次和贝尔部的蒙古官员同行,发现他们用满语来私下谈话。
③ 拉铁摩尔:《黄金部落》。

比较。骑驯鹿或赶狗拖雪橇的现代通古斯族,与17世纪初年或12世纪的通古斯族并没有什么大的区别,有的只是相对的差异。大部分西伯利亚通古斯族的主要制度已被摧毁,他们现在只是一个活古董,在其有限的社会及经济之外,再没有什么功能。他们保有一个传统制度,但与任何事情都不再发生关系。不过,在建立金朝的阿骨打时代以及建立清朝的努尔哈赤时代,通古斯族却有一个组织完善、功能良好的制度,与东北森林边界上的发展息息相关。他可以到南方,在一个比较开化、语言相似、社会形态容易学习的部落中服役。他可以升为将军,并且看到自己的儿子到北京做官。从骑驯鹿、划小舟、赶狗橇,转而进入一个大帝国的宫廷,不过是50来年的事情。

这种转变程度之大,有如今日的西伯利亚通古斯人学习驾驶拖拉机。而这种转变并没有间断,整个转变发生在一连串差异不大而为人了解的社会形态中,其转变也有先例。但是今日西伯利亚通古斯族的情况则不然。今日有一个间断,而且是非常突然的间断。驯鹿与拖拉机之间没有联系。在今日世界中,这种部落面对两种可能性:要么是革命,由一个世界突然跳到——不是转变到——另一个全无联系的世界;要么牺牲掉,像美洲印地安民族一样地受到一个历史不能与他们原有社会协调的文化的压迫而牺牲。

19世纪的"满洲"

如果忽略"满洲"的复杂背景,对它的现代发展就不能做正确的估价。19世纪初年,清朝已经从一个入主中原的边疆朝代变成一个中国的朝代,它在边疆的主要政务是保持东北的满族及蒙古族附庸的稳定。它已经发展到纯粹中国式的限制在东北的发展的阶段,有许多条例禁止汉人向"汉边"以外迁移,也有许多上谕叫满族不要学习汉人的城市化,而要练习其历代相传的骑射之术。① 这个政策是失败的,因为上层满人及蒙古人需要汉族移民和佃户,他们也有办法逃避法律的管辖。

由于俄国在西伯利亚的发展,政治上有利用汉族迁移东北来阻止俄国侵入的必要。满族与俄国人的关系也有重要变化。在满族征服中国内地的时候,小队的哥萨克民族正在开发黑龙江地区。在满族看来,这些哥萨克人不过是半蒙古的部落,所不同者,是他们使用火器且有较强的攻击力量而已。这时的满族和蒙古族,仍偏重于弓矢的使用。

19世纪中,俄国人的半部落式的艰难状况有所改变。随着俄国本部的西方化,俄国资本及工业达到了新的贸易水平并需要外销市场。西伯利亚具有殖民地性质,向西伯利亚部落征收皮贡(毛皮的高贵价格和轻小的重量与体积使它可以一直运到俄国和欧洲仍有利可图)的哥萨克人,现在受到了殖民地发展的压力。西方化的俄国需要一个商品的殖民地市场与农业移民,于是俄国人的压力跨越大陆,达到了蒙古和"满洲"。这一情形大约与由西欧及美洲到达中国沿海地区差不多。②

但是,俄国的发展有一点与西方不同,它代表了一个旧有关系的转变。西方各国在中国沿海的活动,从条约口岸时代(1842年的《南京条约》)起,具有突然接触的性质。我们承认西方帝国主义在中国活动之前,有一种旧式的贸易关系,但陆上渐行的接触与海上不速之客的突然

---

① 有些布告被引用到《吉林通志》中。态度的逐渐转变是很有意思的。在第1卷,乾隆五十四年(1789),及第2卷,嘉庆二十五年(1820),枪支是不被禁止的,但是担心用枪会使人们忽视了箭术,箭术是真正的满人应该珍视的。在第3卷,道光二年、七年(1822、1827),允许满人使用枪,但为了保持威猛,必须要坚持狩猎。但是,有一点担心的是汉人是制造和使用枪的。让箭术逐渐消失是无奈的事情。箭术要坚持不懈的练习。在满人是特殊等级的时候,他们能够保持他们弓箭能手的资格,他们虽然是少数,但可胜过那些没有武装没有技能的众多汉人。步枪是具有全社会性危险的,因为任何人都可以使用它,它也很可能落到坏人手里。它是一种可以摧毁"满洲"统治所依赖的特殊军事优势的武器。在欧洲,第一批步枪无论是在射程上、准确度上,还是在发射速度上,都不如弓箭。但在与死亡的抗争中,它们逐渐变得重要,因为不需要很久的训练就可以使用它们。后来,它们也击败了旧封建地主及其培养的追随者的势力。

② 关于早期俄国人进入阿穆尔河地区情况,见巴德利前引书中提到的各种哈萨克人的记载。关于后来从索要贡品转变为商业剥削的情况,参考卡博前引书。

来临不同。海上各国的活动对中国产生的不安影响,远甚于俄国的压力。东北地区相当重要,因为在这一角,俄国的陆上发展与各国的海上发展相遇,在这方面,日本的地位最为重要。

这时国际上已习惯于同"中华帝国"而不是"满人"打交道。为中华帝国计,对付西伯利亚殖民地变化的最好方法,是向东北地区和蒙古移民,以防止俄国人的侵入。这个政策失败了,因为汉人没有把他们的经济制度带到汉化区域以外去发展,其结果是,汉族只在东北的南部及中部大量发展,超过了这里原有的满人及东蒙古人。他们吸收了东北汉旗的大部分,使他们脱离满人,而与一般汉人融为一体,致使东北南部的"汉边"不再像一个特殊的边疆地区,而像是中国内地的一部分。移民的结果仅仅如此。汉族经济及社会的力量,不能够充分占据东北地区的北部①,而北蒙古的汉人,因为没有强有力的经济联系,使他们与中国内地分离,成为蒙古游牧经济的附庸。

铁路的影响

随着20世纪的到来,铁路出现了。② 这是整个中国体制中所没有过的经济与政治力量的新产物。而且,它反映了西方影响的进一步深入,

---

① 《北满与华东铁路》(米哈伊洛夫[I.A. Mihailoff]编辑,1924年,第67—68页)一书指出,俄国殖民化越过西伯利亚而到达满洲,它是非常粗略的,"它进行得非常迅速,尽管粗略,但征服了大片地区"。相反,中国殖民化,却顽固地保持着中国经济的那种细致的特色,它伴随城市而成长(除非在不利于汉人的地方),要"伴随着人口的不断增长,需要一定的剩余……一点一滴地向边缘渗透"。俄国农民"可以将他们的收获拿到他们愿意的任何地方",而对中国人来讲,脱离城市来进行精作农业是"经济上的荒唐事",与城市相联系是他们正常的经济模式,除非他是为部落雇主而种地。
② 据《中国年鉴》(1934年,第571页),1931年,包括"满洲"在内,中国铁路全长10 157 397公里(数字包括旁轨侧线)。"满洲"铁路总长是6 141公里,其中1 287公里是由中国人自己投资修建的,1 723公里属于中国东部铁路局(俄中),1 110公里属于"南满铁路局"(日本)。其余由中国人经营管理,独立或与英、日合作,是用日、英贷款修建的(这些数字出自《满洲发展报告第三》,1932年,第87页。最初的数字是以"英里"计算的)。这意味着"满洲"在铁路方面,要远远比中原"现代化"和"西方化"得多。

即从商品贸易发展到外国资本的直接投资。铁路不但带来了经济上的干涉,而且还有直接或间接的政治干涉。这一点在东北地区尤其特别,因为它的平均铁道里数从一开始就比中国其他地区高。

这种发展虽然大大地增加了中国在东北的利益,却没有相应地加强中国的统治。这时的殖民经济具有与过去不同的性质。第一,它形成了大量的,而且每年增加的东北农产品及其他原材料的输出,它们通过由外国投资与外国管理的贸易,换成货币,然后供外国铁路投资以盈利。汉人在东北的增加,虽然在若干方面使中国内地与东北的联系较以前密切,但是另一方面,东北又开始与中国内地分离。这种分离却不像过去汉人之与中国内地分离那样,投入游牧或森林民族的政治范围。中国现在要和其旧地理范围以外的政治力量作斗争,那些外来政治力量建立在资本主义及工业化的经济基础上,是旧日边疆的传统方式不能与之争衡的。

因此,从清朝灭亡到民国内战开始,一种新的地域分裂主义使中国深感不安。这种分裂主义有一部分相似,又有一部分却相反于旧日中国社会的细胞组织(若干自给自足的小单位之联合)的地域主义。每一条铁路,特别在它与外国资本支持的工业及商业活动有关时,就形成中国旧地理区域内的另一个势力范围,而且在改变着这个区域内的土地经济单位及行政单位。整个中国社会因此受到外来势力的控制。但是,在普遍的屈从中,有一些集团却自行分出,一个作为中间人的买办阶级,在外国的商业、工业及金融业中服务的中国人群体,确实形成起来。他们利用所获得的利润,逐渐扩大其活动范围,除了受外国人的雇用而从事各种商业活动,他们还经营自己的事业。

由此产生了"亚帝国主义"的现象,即一部分中国人剥削其他中国人和边疆民族。[①] 在旧中国,曾努力抵抗外国入侵,这种抵抗自然是由士大

[①] 拉铁摩尔:《内蒙古民族主义的历史背景》,1936 年;另见伯克(Boeke, J. H.):《西化在东方的退缩》,1936 年,这种秩序下的所有现象此书都有讨论。

夫阶级领导。这些士大夫来自控制中国农业经济的地主阶级,他们又支持着掌握行政及政治权力的官僚。现在,他们发现除去受外国势力的压迫,还受到内部的因与外国人勾结而发财的新兴阶级的压力。即使士大夫阶级的家庭成员参加到这种新的事业中,或是新兴的家庭参加到地主士大夫阶级中来,这种广泛的对立只可能减轻,却不会完全消除。

这种情况构成了内战时期的背景,特别是1916年袁世凯逝世到1925年大革命开始这段时间,虽然"门户开放"政策在大体上阻止了列强势力对中国的瓜分,但它并没有完全成功,内战反映了若干军阀与列强的关系。在这些斗争中,有的属于中国新旧阶级之争,有的属于新经济势力向旧经济区域的侵入。后者在内战中的表现多半为对铁路的争夺。中国内地所有的铁路,原则上完全是国有的,就连那些以借款方式用外国资本修建的路线也是如此。但在事实上,控制一条铁路线及其经济补给区的军阀,却可以不受中央政府的管辖。

在"满洲",这种新旧制度的混合包括新的与旧的边疆发展方式的调和及斗争。铁路政治十分重要。如前所述,它们给了中国人以极大的向外发展范围。但是"满洲"的一南一北两条主要铁路,不但由外国人投资,而且直接归俄国及日本所有,由他们直接管理。从1911年的革命到1925—1927年的大革命期间,东北的军事首领是张作霖,他是绿林出身,所以属于边疆历史中的旧阶层。但是,尽管他具有半独立的能力,却不能照旧的方式去做,因为他的活动范围已经不是中国、森林和草原,而是在俄国和日本的包围中。这些外国人不但与他在边界之外发生交往,而且利用他们的铁路及其他工业、金融及商业活动,侵入到他的领域内部。

遏制外国帝国主义直接统治中国的,是列强内部的倾轧。阻止日俄两国夺取东北进而侵入中国的,也是这种倾轧。直到俄国革命和苏联建国之后,日本才开始放手自为。英国在北宁铁路及东北其他事业的利益,不足以抗衡日本占有的规模及其直接控制的利益。"门户开放"政策在东北地区,从来没有像在中国内地那样地实行过。因为所有的海上列

145 强都容忍日本在这一"角"的作为,以便维持他们从海上进入中国的一般利益,并与由陆路进入中国的俄国势力对抗。① 因此,当俄国在帝国主义竞争中被淘汰时②,日本在控制东北的专利上,便获得很大的进展。东北在战略上为中国及蒙古门户的重要地位虽未丧失,但它已经陷入了比中国其他各地更殖民地化的地位。中国的其他地方是受着许多而不是一个外国的监管,这种控制虽不能使中国接受列强所要求的一切,却很可以遏制他们所不欢迎的一切。

在东北地区的防卫上,中国面临着一个严重问题,他们不能利用列强来和日本对抗。在苏联放弃了一部分帝俄时代对中国东部铁路的管理专利权后,中国方面的一个重要任务是建设一个中国的铁路网,以防止日本侵略的深入,并且加强东北地区与中国内地的联系。中国人加强了对东北地区西部的蒙古草原的统治,并且以没收土地的方式加强对蒙古人的压迫,这是一种"亚"帝国主义的做法。它也给了中国新兴的、富足的、操纵铁路势力的阶级以剥削贫苦而没有特权的中国移民的机会。③同时,从广义的中国抵抗日本独占"满洲"的角度看,它也是一件对抗帝国主义的防卫措施。

146 日本在与东北及中国内地关系中的地位

一般认为,中日两国的冲突是内在的、必然的。但是更准确地说,日本内部的发展,使其在"满洲"所推行的帝国主义压迫为不可避免。对这一点必须有清楚的认识,因为由此可以决定日本是否可以在东北和内蒙古承继长城地带式的历史过程,就像清朝那样,利用东北的中国人及蒙古人来征服中国。

---

① 拉铁摩尔:《门户开放还是长城拒防?》。
② 关于苏联在中国边疆上变化的重要性,见下一章。
③ 拉铁摩尔:《满洲:冲突的摇篮》,1932年,第283页。

日本的对外发展起因于日本的本身,而不是在东北的竞争。当1842年条约口岸时代开始时,中国正在由一个腐败的异族王朝和同样腐败的士大夫阶级统治着。国内没有一个人可以有效地对付外来压力。因此,外国人乃得控制并主持其所携入的各种变革。但是在1853年培理(Perry)打开日本的门户时,日本正在其贵族的混乱却有力的统治之下。这个贵族阶级知道,他们必须与那些只能利用、不能抵抗的新力量建立联系,所以要设法掌握它们。他们改革了政府,废除了幕府,给天皇新的地位,但并不是由天皇直接统治,政权仍然在贵族手中,他们以操纵天皇的办法来集中已有的权力。①

日本的"西方化",其实是其统治阶级要集中所有可以阻止外国侵略的一切必要力量,使日本自身成为一个强国。在这个过程中,统治者们获得了新的工业及财政力量,同时并不放弃或改变统治日本农业经济的旧势力。② 农村生活程度之低下,给了新兴工业以极低廉的劳工。结果,日本可以用与其生产量增加的同样速度,向国外推销产品。不过,日本不可能开发出内销市场,因为其农村经济及社会的变化,无法像英国那样配合资本主义及输出经济的发展。事实上,这种变革被贵族阶级所阻止,他们利用政府的统治力量发展资本主义,同时他们自己又统治政府,他们是封建的同时又拥有资本的贵族,而没有像在英国那样被新的资本主义贵族阶级所打倒。

贵族阶级既然控制着政府、金融和工业,又控制陆军和海军,日本的军队因此成为政府的一部分,而不像其他国家那样是政府之外的一个工具。这一点对认识日本的另一个问题具有重要意义,即日本是一个工业原料缺乏的国家。陆军与海军的重要地位导致了对原料的控制要求,而不仅仅满足于对原料的购买。因此,日本之对外扩张紧跟着日本贸易的

---

① 拉铁摩尔:《升起的太阳——下降的利益》,1938年。
② 厄特利:《日本的泥足》,1936年。

发展而来。日本抱怨自己是一个"无有"的国家（像德国和意大利一样），并不是强调其不能购买原料，而是要坚持在战略上对原料的控制。这种控制，对一个以和平方法向外发展的国家，并不必要。但对侵略占领者来说，是必要的。

因此，日本在"满洲"的地位，正如其在朝鲜及台湾一样，使日本与中国长城历史的传统不同，日本也不能接受这个传统。日本在"满洲"只是在地理上而不是历史上承继了满族。日本不能像满族那样利用"满洲"的中国人及蒙古人去征服中国，其原因全在日本，而不在"满洲"。统治"满洲"后，日本增加了原料资源，扩大了出口贸易，但没有能为产业家们开发一个满意的"满洲"市场，其原因和日本不能开发满意的国内市场一样。"满洲"的消费能力依赖于其生活水平，而日本必须要把"满洲"的生活水准压得比日本更低，因为如果提高被征服人民的生活水准，而不提高日本的农村生活水准，则会造成日本军队主要来源的农民严重而无法控制的不满，同时也使日本社会组织所允许的唯一剥削"满洲"资源的方法变成不可能。

固执地拒绝把自己的农民从封建压迫下解放出来，日本就不得不从一次征战进入又一次征战。日本不能取得被征服民族如朝鲜人及在"满洲"的中国人的自动服役，因为日本不愿他们分享其侵略所得，反要他们替日本支付代价。而满族的征服方式有如造梯子，使东北西部的蒙古部落、南部的汉人、北部的森林居民，先后加入后来征服中国的军队。但是日本由于其在国内及后来在东北的政策关系，不能使用这种方法。日本的侵略方法是硬干，而且越干越难，他们不是步步积累，越做越容易。

只要东北地区受海外侵略者的统治，长城边疆就不得安宁。中国一定可以收复东北，因为日本的侵略方法比旧日满族的方法，会更早地达到其利润消耗的失败点。那时，长城边疆可以出现一个新的稳定局势，因为日本在侵略中国时，把其他各国（特别是英美）都推到了一边。各国因不能阻止日本，便放弃了列强联合监督中国的制度，后来想恢复也不可能了。对日本的胜利，可以获得从这些间接的外国统治中解放出来的新自由,中国可以开始放弃其内部的"亚帝国主义"做法,调整其农业、铁路、工业的关系,而不致像内战时期那样,使农业及其所支撑的民众附属于工业、金融以及新的统治阶级。这个过程的扩展,可以用过去所缺少的工业技术来联系整合农田、草原和森林。这样就可以在亚洲历史上第一次取消那种不同环境造成不同经济的情况,消除社会间的互相敌视。

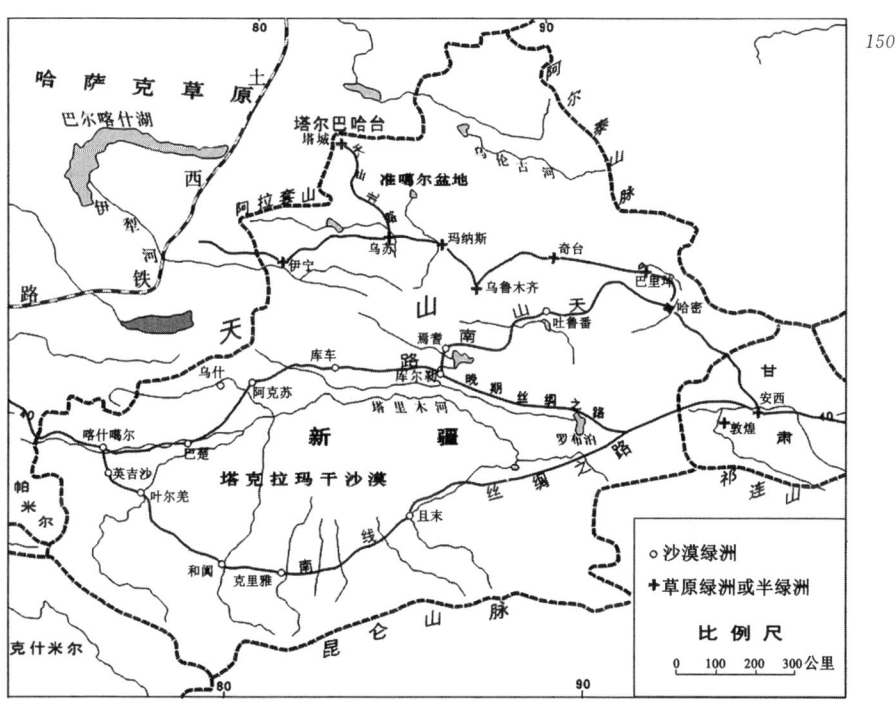

图七　中属中亚(新疆)

第六章　中亚的绿洲与沙漠

中亚的辽阔地带

新疆位于蒙古草原的西端,正如东北地区在它的东端。和东北地区一样,新疆也常有草原游牧民族在其中移动。他们的移居与战争记录,构成了一个比东北地区的部落民族更为复杂的历史。从黄河流域的古代中国往西北走,汉族式的精耕而整齐的农田明显地为中亚式的绿洲农业所取代。绿洲农业也是一种相当细作的农业,只不过农田不大,而且分散,因而造成社会严重的分裂。① 在中亚,汉族只是侵入,而在东北,他们却是扩张。如果说今天的新疆类似一个被蒙古和中国内地的势力扩张与改造了的地方,我们却不能忘记其更早的一个时代,在我看来那是个十分重要的时代。那时,中亚绿洲的势力乃是同时向游牧草原与农业中国扩张的。

在地理上,新疆的重心是天山。天山的北坡受西伯利亚的气候影响,森林茂盛。外蒙古山脉的北坡大致也是如此。不过,外蒙古诸山的

---

① 拉铁摩尔:《和服与头巾》,1938 年,第 274 页。

南坡面对的是一个逐渐消失在沙漠中的草原,而天山的南坡面对着大戈壁,一片极端干燥、雨量极少、没有真正牧场的沙漠。

　　天山的主峰均高逾两万米。① 从上面堆积的冰雪中发源出许多河流,南流而入沙漠。每一条河在流入平坦开阔的沙漠地带以前,总要切过一些贫瘠的小山。这样就提供了一系列的从东到西分布的地点,当地居民可以在那里开渠引水,形成一个扇形灌溉区。越过少雨的塔克拉玛干大沙漠②,再往南,地形重又隆起,形成中国及其边地与印度分界的巨大群山。有不少河流从群山最前面的昆仑山脉发源,向北流入塔克拉玛干大沙漠。这里山地与河流的结构与塔克拉玛干沙漠北缘的天山地区一样。昆仑山与天山向西部延伸,在帕米尔高原会合。这样,便形成了一个椭圆形的地域,其北、西、南三面环以山脉,只有东面是敞开的。这个椭圆地域是一个内陆流域,其中的河流无一东流,它们从北、西、南三面流来,均流入或试图流入塔克拉玛干沙漠中的主要河流——塔里木河。③ 塔里木河本身是一条河道多变——特别是下游——的河流,其最后一部分河水流入罗布泊。④

　　在天山北面,也存在类似的地貌形态,不过有一些重要的差异。天山北坡的河流并没有汇合成塔里木河那样的大河,一些河流没入准噶尔沙漠,另一些河流则流入不同的湖沼。更重要的差异是,准噶尔沙漠不像塔克拉玛干沙漠那样荒裸不毛,其夏季雨水比较丰沛,并有一定规律,

---

① 据格勒纳尔《亚洲内陆》,1929 年,第 295 页,地图,最高峰是汗腾格里(7 200 米)。关于那个地区大概情况,见默茨巴赫(Merzbacher, G.):《中部天山》,1905 年。
② 尽管降雨是不确定的,"在罗布沙漠,雨水罕见,但只要下就是大雨滂沱。在 1928 年 4 月和 1934 年 6 月我赶上了两次倾盆大雨"。见伯格曼(Bergman, F.):《罗布淖尔沙漠新发现的墓葬》,1935 年,第 51 页。
③ 这只是简单的示意性描述。关于新疆水文地理山志方面的详细记载,参见格勒纳尔前引书。
④ 关于塔里木河河道及罗布泊位置的变化,特别是普尔热瓦尔斯基(Prjevalski)1876—1877 年、赫定(Hedin)1900—1901 年所做考察,还有赫定 1928 年到此所见变化,参考奥尔纳(Horner)和 P. T.陈的《变化的湖泊》,1935 年,及所引文献。赫定于 1928 发现了另一个他 1903 年曾预言过的变化。

于是沿山脚形成一片连续的草地。在这个盆地的北部,地形隆起为阿尔泰山脉,其后面就是西北蒙古的湖沼地及大草原。① 阿尔泰山的南边有许多小河流入准噶尔盆地,不过河流都很短。准噶尔盆地的西面是一片山地,包括阿拉套山、梅力套山、雅尔山、乌尔卡沙山和塔尔巴哈台山。

准噶尔沙漠大体上与塔克拉玛干沙漠类似,只是没有那么荒凉。它也是一个椭圆形,东部是敞开的,西部却并非完全与外界隔绝,那边有一些山口通到俄属土耳其斯坦的草原。在天山北麓,有一片重要的草场,阿尔泰山南麓的草场则更加肥美。这些草场可以使游牧人从东到西,或从西到东,连续地迁徙。② 天山以北的河流,与南部的一样,也能灌溉一些绿洲,但是这些绿洲在历史上都被广泛移动的游牧民族所控制。

以上简要地介绍了今日新疆政治边界之内的地理形势,但是,政治边界并不是限定历史事件的区域。在西方,环绕着俄属土耳其斯坦的南部及西部,到波斯和近东,有着同样的地理形态区域,包括山脉、河流、沙漠与草原的各种组合。在东方,甘肃与宁夏的情况也类似,这两个地区之对于新疆的关系,如同内蒙古之对于外蒙古的关系。③ 在新疆,环绕着塔克拉玛干沙漠,各类绿洲的特点都相当突出,同时,其他特点也都是十分协调的。对于标准形态的绿洲的观察,应当与那些虽然只具备部分绿洲特征却同样对外产生经济社会影响作用的地区进行比较。

绿洲地理及农业

在中国、波斯、美索不达米亚以及埃及,都可以清楚地看到具有显著(不一定是全部)地理特征的绿洲,我认为这一事实可以解释以上地区的

---

① 关于准噶尔及蒙古西北的概括性描述,请参考贾鲁瑟:《未知的蒙古》,1913年。
② 拉铁摩尔:《亚洲内陆的商路》,1919年。
③ 拉铁摩尔:《中国新疆》,1933年,第98页。

经济特色以及在这种经济影响下的社会特色。由于这些地区的情况不尽相同,又造就了各地的特色。所以,我们必须注意历史的群体特征与方式。以上地区尽管彼此不同,但仍保存了其在原始时期的共同特征,这些特征的共同性,如在适应环境过程中所形成的习性,并不能仅仅以移民和文化输入来解释。

这里所谈的绿洲,是因沙漠(有时是草原)的分隔而各自孤立的区域,在绿洲内,一定要取水便利,才能人工用水以支持正常的农业生产。在典型的中亚绿洲,取水比在阿拉伯与北非的绿洲中容易,因为后者须从既难开掘又难以维护的深井中取水。在这样的绿洲中不可能出现早期的、原始的社会,它们只是后来的定居农业与游动畜牧生活的会合地。

在一个典型的塔克拉玛干沙漠边缘的绿洲环境中,毫无疑问可以产生早期农业。河水从高峻而覆满冰雪的山上流下,它切过低矮的沙梁,流入平地。在平地,它自然地分解为数条河道,在涨水的时节则形成湖泊和池沼。在低地是无雨水可言的——其雨量绝不可能支持农耕之用。依赖山地流水而生长的植物与靠不规则雨量生长的沙漠植物迥然不同。

在沙梁后面的山地中,猎物众多。在低地河流、湖泽的岸上的猎物不仅更多,而且更容易猎取。在浅水中可以用简单的方法抓到鱼。据19世纪的旅行家所记录的罗布泊居民的生活,可以说明掌握了一种具有极简单工具的居民是如何在塔克拉玛干的有水地带生活的。① 自然环境允许一个依赖狩猎、捕鱼和摘采野生植物、水果及浆果的社会在那里生存。这些乃是发展有意识种植活动的基本前提条件。

---

① 罗布人的文化也反映出沼泽地,当特别潮湿的时候,其实是阻碍了农业的发展。罗布人不仅靠狩猎和捕鱼为生,也依赖芦苇,一种既可以食用,也可以做燃料和搭盖棚屋的材料的植物。见格勒纳尔前引书,第330页;另见奥尔良亨利王子所述,载邦瓦洛(Bonvalot, A.):《穿越西藏》,1892年,第Ⅳ章。

而得以转变为农业的基本条件也是存在的。有水地区的野生植物茂密丛生,但可以用火烧的办法或以简单的工具清理出田地来。土壤本身也容易耕作,其容易到使塔克拉玛干地区的主要农具只需一个锄头,不但可以用它耕地,也可以用它掘土挖渠。人们用锄头的熟练程度曾博得旅行家及考古学者的赞赏。① 由于这种轻而易举的引水灌溉方法而获得的报酬,甚至比黄河河曲黄土地带更优厚。黄土地区雨量的不均衡,促使在易于开渠的地方发展灌溉,这在边际模糊的绿洲(草原上的绿洲)中也是一样。但是在边际明显的绿洲(沙漠绿洲)中,雨泽的缺乏使灌溉成为十分必要。

这一点与埃及的灌溉问题很相似。水一定要从河中引来,而需水最迫切的时候水量刚好最多。每一次技术的改进,增加灌溉及耕种的土地,可以立即获得更多的收获与财富。在新疆,土地因为夏季的酷热而需要更多的水,这一需要可以由夏季山地冰雪的大量融化而自行补给。② 同时,作物也没有被不合时宜、不必要的淫雨所摧毁的危险。所以,在埃及和塔克拉玛干的绿洲社会,人们只需在有限的范围活动,这些活动足以供给他们一切,而不需要其他方面的努力。不过,在黄河或者尼罗河的灌溉与绿洲的灌溉仍有区别,区别产生于土地规模的不同、公共工程规模的不同、人口多寡的不同。③

介于黄河流域与沙漠绿洲之间的是草原绿洲,由于其处于二者之间的过渡地带,草原绿洲在分隔早期不同的主要经济活动与社会组织方面具有重要意义。在安诺与俄属土耳其斯坦的一些地方考古调查所发现

---

① 沙敖:《南疆游记》,1871 年,第 469—470 页;斯坦因:《中国沙漠中的遗址》,1912 年,第Ⅱ卷,第 71 页。
② 拉铁摩尔前引书,第 100 页。
③ 喀什绿洲,是中国新疆最大的绿洲,面积为 2 650 平方公里,城市人口达 3.5 万;莎车面积 2 100 平方公里,城市人口 6 万;和阗面积 1 600 平方公里,城市人口 2.6 万;阿克苏和吐鲁番加在一起是 1 500 平方公里,阿克苏城市人口大约是 2 万。格勒纳尔估计在这些绿洲人口密度为每平方公里 116 人,并相信他们占塔克拉玛干绿洲总人口数的 88%。他只计算了 50 多平方公里内的 30 多个绿洲。(格勒纳尔前引书,第 319、321 页。)

的大量材料①,可以供我们研究这种绿洲。根据这批材料所得出的重要结论是,沙漠绿洲适宜农耕,当技术上的条件具备时,即发展成灌溉农业。而草原绿洲的历史则徘徊在各种可能发展形态之间。证据清楚地显示,在中亚的这一地区,农业(由采集、狩猎活动发展而成,并与这些活动相结合的农业)显然比游牧活动出现得早,大概是在公元前第三个千年之内。② 在这之后,绿洲农业与草原游牧交替出现,耕作在间隙中得以恢复,但又被游牧人周期性地摧毁。

初期对这个地区的研究多基于气候变迁理论,认为农业的消失是由于反复出现的气候干旱,这种情况有利于草原移动性人群向水草较好的地方迁徙。当雨量充足的气候周期性地恢复时,农业又建立起来。我多次指出,完全依赖气候的理论是不足取的。③ 气候的变化可以与社会变化同时发生,并促进社会变化的进行,但根本性的变化原因还是在人类社会自身的能力。当社会由于自身发展或受到其他社会的影响而发生变化时,它会选择对边缘环境的不同利用方式,边缘环境往往允许多种活动的开展。

从定居发展到游牧

绿洲,特别是草原绿洲,对于动物的驯养是很有利的。有人认为被

---

① 关于绿洲特征的讨论见庞佩利(Pumpelly, R.):《土耳其斯坦探险记》,1908年,第Ⅱ卷。
② 庞佩利和他的一些助手相信,从沙漠绿洲向田园生活的转变始于公元前8000年。胡贝特·施密特提出的时间要晚些而可能性更大(见庞佩利前引书,第Ⅰ卷,第186页)。社会阶层的分化,说明在牛、马、猪和两种羊驯化前,文化中出现了小麦、大麦、纺纱、彩陶以及一些关于铅、铜(但没有锡,所以没有青铜)的知识。这些动物都是在狗之前驯化的(见第Ⅰ卷,第38—42、67页)。杜额斯特(Duerst, J. U.)(第Ⅱ卷,第437—438页,同一部著作)讨论动物的遗骸,指出驯化动物一定要在游牧活动出现之前。
③ 拉铁摩尔:《蒙古历史中的地理因素》。庞佩利指出(前引书,第Ⅰ卷,第33—44页),在灌溉时期淤积到12—15英寸,甚至22英寸厚。这意味着水位分布的变化,并且有可能是洪水灾害的增强。水利问题成为社会技术最大的问题。关于人类社会用多种方式实现人工"气候变化",参考洛德米尔科(Lowdermilk, W.C.):《人造沙漠》,1935年。

捕获的动物最初是用作"猎饵",以推动狩猎的发展而增加猎物,而真正的驯养是第二阶段的事。① 我认为用捕获的野兽作诱饵来狩猎是很重要的,并牵涉到"猎饵"的起源问题。但这种解释还不够,因为它不涉及驯养家畜的细节办法,这里需要回答的问题是:什么样的社会在什么样的环境下最能实施驯养马、牛、羊等多种牲畜?

答案是:一个绿洲社会。这个绿洲也许不是沙漠绿洲,但应是一块土地比较肥沃,有露天的流水,具有一般开阔草原特征的地方。在没有掌握驯养家畜以前,人们在辽阔草原上自由迅速地迁徙是困难的。这种人即使到了草原,捉到了动物(在动物年幼时是不难的),他们将如何饲养并驯化它们呢?事情的难度很大,所以只有一个结论:游牧牲畜的驯化并不是在草原上,而是相反,草原游牧社会只有在牲畜驯化之后才能出现。

牲畜驯化的机会较多地出现在那些在草原边缘从事农业,却依然从事狩猎活动的社会中。定居者比游荡的猎人与游牧者更容易驯化被捕获的动物。野羊可以很容易地关入笼中驯养。② 驯养野驴的人多半是新疆边缘的绿洲居民③,而不像是蒙古或西藏的游牧人。俄国人成功地把亚洲野鹿关起来饲养,为的是把鹿茸割下来卖给中国人做药。在阿尔泰山与西伯利亚的乌苏里江地区,情形也是这样。④ 但是当地的猎人从未

---

① 毕士博在《拉犁的起源与早期传播》(1938)中指出,阉割技术最大的意义是可以驯养体形较大的牲畜。他提出,阉割技术首先是通过用大量牲器官作牺牲而发现的。在这种事情中,是用硬切的办法(切碎睾丸或是切断输送管,而保留生殖器)给驯鹿去势吗?这可以归诸原始的巫术概念吗?哈特在《驯鹿游牧制度研究》(1919 年,第 110—111 页)中提到这个问题,但是没有解释。
② 我的朋友乌本(Torgny Oberg)先生就有一只,在归化养了几年。它非常温顺地跟在他后面,穿过市中心的街道,来到露天的村庄,从来不会跑掉。迪斯特(庞佩利前引书第 437 页)引用了米克(Mucke, J. R.)的《早期农业与畜牧业史》(1898)中关于围栏是驯化动物最基本的手段的观点。在更复杂的放牧技术发展起来之前,这是正确的。
③ 贾鲁瑟前引书,第Ⅱ卷,第 602—603 页以及图片;格勒纳尔前引书,第 312 页对页的图片。
④ 格雷姆(Graham, S.):《穿越俄属中亚》,1916 年;拉铁摩尔:《鞑靼高原》,1930 年;德米特伦科(Dmitrenko, V. V.):《鹿角与鹿茸》,1933 年。

这样做过,而他们本应是能从中受益的人。我在新疆看过哈萨克人养的野鹿,这一家人虽然是游牧社会的成员,却相当地俄国化。另外,虽然蒙古游牧人有时可以捉到野骆驼,却很难将它们长期驯养。①

有一件事实与动物的驯养有关联,即动物多在草原中或草原边缘的绿洲旁活动,特别是那些尚未被农业充分开发的绿洲(如新疆北部的那些绿洲)。野兽多半喜欢到绿洲来吃草,吃饱了再回到草原上去。在火器尚未出现的时候,似乎流行以捕获动物为诱饵来引诱野兽的办法。饲养用作诱饵的动物,进一步出现阉割动物的技术,这样使半驯化的动物更容易就范。毫无疑问,阉割知识对于草原游牧技术是必要的②,否则那些多余的大量雄性动物为争取雌性而互相争斗,这将使在毫无藩篱的牧场上放牧大群牲畜成为不可能的事。

逐渐地驯化动物,逐渐地积累放牧的知识,积累利用乳、毛却不伤害动物的知识,使原来依存于绿洲从事多种经济活动的人,可以完全依赖牲畜,而从绿洲中解放出来,持久地投身于草原。我认为,在这个转变中,特殊的草原养马技术与骑马技术是极为重要的。以前,在草原的边缘上,马是捕来吃的,后来有少量马被收养在栏内,起初是教它拉东西,后来则乘骑。(先教马拉东西,然后学习骑乘,看来是合理的。不过这不是一个重要问题。)

在亚洲的这块区域,羊、山羊、牛、马的驯化(如同新石器时代中国内地及东北地区猪的驯化一样),似乎不是游荡的狩猎民族的工作,也绝不是原始游牧人所为。它也许与部分地从事农业的定居人群有关。其后,在中国、中亚、蒙古三者相交会的地带,由于利用环境方式的不同,社会间的差异随之增大。这个地区的过渡性使利用环境方式的选择可以多

---

① 拉铁摩尔:《通往土耳其斯坦的沙漠之路》,1928年,第195—196、219—220页,介绍了现在发现的野生骆驼的最东端地区。关于驯养野生骆驼的困难性,我是从蒙古人(主要是额济纳河地区)那里得知的。
② 关于林区放牧(狩猎,用驯鹿作为运输工具)是草原游牧的起源之一。见本书第十四章。

样。农业中国与游牧草原的社会差异,使他们逐渐不能调和。在他们的侧翼,是中亚绿洲地带,其间的沙漠绿洲由于精耕农业的背景,与中国的关系较深。但是因为沙漠中运输不便,两者间的交通很困难。至于草原绿洲,因为它的过渡性质,故徘徊在中国式的农业与草原式的游牧经济之间。

在讨论游牧形态的发展可能性时,我们还没有提到迁徙的问题。中国历史上第一次游牧形态的出现,是否可以说是从亚洲西部迁徙而来的,我想不是。自公元前4世纪到公元前3世纪骑马游牧一事见于记载时,汉族人已然知晓这种新的生活方式。① 这给人的印象是,汉族不是被一个突然出现的陌生人"同化"为骑马人,而只是在汉族农耕环境的边缘迅速兴起了一种新的与汉人不同的地方性生活方式。

无论如何,移民不能解决什么问题,我们关注游牧生活的原始起源,重要的问题是,许多游牧生活所需要的复杂技术不能本地产生或引进,除非接受者已经达到了一个可以利用这些新技术并使自身产生"转化"的程度。我们知道,在埃及和美索不达米亚两地②③,绿洲社会边缘上的草原社会远在中国长城地带产生游牧生活之前就存在了,但我们没有远方草原民族突然接近中国的确证。另外,考虑到绿洲以及类似绿洲的地区在地理分布上的广泛性,我们可以假定:第一,在不同的过渡地带的游牧民族是独立分散的;第二,移民、征服、文化引进等④,只能出现在这些

---

① 拉铁摩尔:《中国长城的起源》,1937年;贝洛特(Berthelot, A.)在《托勒密时代后的古代中亚和东南亚》(1930年,第19、22页)中指出,公元前3000年马就已经被戴上马具使用了(在中亚),但是直到公元前6、5世纪才有战马。
② 例如,在始于公元前17世纪的希克索斯王朝,或者所谓的"牧羊国王"时期,见布雷斯特德(Breasted, J. H.)的《埃及史》,1912年,第214页及以下。但要注意的是,从布雷斯特德的论述可以判断出,这些可能是作为游牧人的绿洲人的起源。
③ 例如,前2000年中的赫梯族。赫罗兹尼(Hrozny, F.)在《赫梯族》(1930)条中,怀疑早期的赫梯族人能否算真正的游牧人,尽管他们可以从绿洲地区迁移到其他地方。
④ 如"斯基泰"(Scythian)或者"动物风格"青铜文化被传播到俄国南部和内、外蒙古之间的草原。

不同的游牧民族开始在草原上自由移动并互相接触之后。

中国与中亚之间的次级绿洲

各种社会形态的不同多半是由于其活动的程度与行动的范围不同。史前时期的转变很可能就是由于这种活动程度与行动范围的扩展而产生的。赫尔曼已经证明①,中国与中亚的联系,甚至中国内地与甘肃、宁夏等周边地区的联系,直到公元前第 3 世纪才开始产生意义。这一点的重要性以前未被注意,由于汉族向西发展时,也带去了许多他们远古时代的名字与传说,因此造成一种印象并进而认作史实,以为中亚的大部分地区——它们很晚才进入中国历史范畴——在远古便与中国有了密切的联系。这一说法很容易为西方学者接受,因为他们在研究欧洲历史时有重视移民与文化传播理论的习惯,所以热衷于接受一切可以将中国文化起源与中亚人口与文化迁移相联系的"证据"。②

赫尔曼的分析是基于对若干地名与部落名称的考察以及对中国人的古代地理观念的研究。如中国人在寻找黄河源头时,曾错误地认为远在新疆的塔里木河就是黄河的上游。③ 这种误解不可避免地导致一种幼稚的做法,即将旧名字与新地方等同起来。举一个重要的例子,赫尔曼提出,"昆仑"现在公认是自西藏高原至塔克拉玛干沙漠南缘的山系的名字,但昆仑原来不是一个地理名词,而是一个部落的名字,最初也不是指西部,而是指在鄂尔多斯的边缘。④ 昆仑逐渐西移的结果,使它的意义及它所形成的传说逐渐丧失其真相。

---

① 例如,赫尔曼关于昆仑名称的讨论,见赫定《南部西藏》,第Ⅷ卷,第 131 页及以下。赫尔曼接受了很远古的令人怀疑的年代,但这不会影响他的观点的正确性。
② 当然,我并不否认引进是一个文化发展因素,而且常常是很重要的因素。我只是强调在中国历史上主要的发展是向外的,最终导致了与中亚的密切联系,而不是从中亚引进而向内发展的。
③ 赫定前引书,第 238 页和地图等。
④ 同上,第 131 页及以下。

这并不是说中亚与在黄河河曲地区发展的汉族文化中心之间有一个未曾超越的鸿沟。我想,这里所要说的是曾有一个原始的居住地带,它包括新疆的绿洲及中国初民所在的黄河河曲及附近的谷地,在这个地带中也许存在迟缓的文化交换与人口移动。① 在其东部,谷地居民很容易地交往,而在遥远的西部,在塔克拉玛干的边缘,那些河水养育的绿洲则被沙漠隔绝。在东、西部中间,有一片可称作"次绿洲"的地带,特别是在甘肃西部,从兰州向西,沿南山北麓直到安西,从安西开始是艰苦的沙漠道路,西北直至哈密,再西到罗布泊。这个地理区域可以加上流入蒙古腹地的额济纳河地区和兰州到宁夏的黄河地区。这种所谓次绿洲(在新疆北部或准噶尔盆地也有这种绿洲)的特点是,虽然它们之间的交通情况不如黄河河曲谷地那样好,却比塔克拉玛干周围的绿洲强得多。

在这一大片地带上,原始居民的生活方式没有很大的不同。换句话说,地理环境不是唯一的决定者,地理特点的差别的意义,只是表现在后来社会对环境的不同利用中。在对环境的不同利用中,这样或那样的环境特征可能会发生作用。

当黄河河曲地区的原始农业获得有力的历史发展,而凌驾于狩猎及畜牧经济之上时,这个广大区域的同一性允许它以农耕已然建立并由于灌溉发明而获得改良的地方为据点,向周围扩展。甚至在中国的这个部分,只要农业还是限定在最容易耕作的土地块上,就会有许多与绿洲结构相似的方面。灌溉技术的增进,灌溉区域的增加,使原来不太好的土地转变为最好的农田。随着无数类绿洲式农业中心的向外发展,便造成一个大的组合,一片大的地区,农耕技术可以在这里大规模地发展并改良。

这造成了中国早期历史视野的一个突然的收缩,中亚被掩去了。中国农业及以它为根基的社会及国家首先要面对自身,他们自己要更加成

---

① 参考安特生:《草原之路》,1929年。

熟——完成这一必要的发展需要好几个世纪——然后才能向外发展,才能扩展到宁夏及甘肃西部的次绿洲地区。我们并不怀疑这些次绿洲的居民和黄河河曲的汉族一样早地开始从事原始农业,但是在这儿,天然条件不允许他们向外继续发展以造成一片广大连续的精耕农业地域。就连今日,经过多少世纪的凿渠灌溉的巨大努力,宁夏及甘肃的大部分农田仍然还是分散的绿洲状态。那些灌溉水平很高的耕作土地,有的面积虽然很大,但各区之间却被贫瘠的土地所分隔。在那些贫瘠的土地上,粗耕、旱作或者大规模牲畜饲养,都是比黄河中、下游更重要的事情。

结果,这些居民逐渐与汉族不同,不可避免地日益受到敌视,并被看作"蛮族"。到了某一时期,汉族文明的持续进化使次绿洲居民感觉到紧张。他们在其本身的进化中动摇起来,因为不能超出某种限制而扩充其农业地理范围,就有一部分人转而开发环境中的其他资源。驯化动物和在贫瘠土地上的放牧技术,是最重要的转变办法。因此,他们脱离绿洲而完全依赖草原。这种活动也要有管理放牧马群的特殊技术,它与农业绿洲居民及汉族旧日蓄养被捕动物的用马方法不同。

这里应该注意一点,我们不能在这些进化与差异产生的过程中,给种族问题以特别重要的地位。我们知道,在新疆相当重要的"阿尔卑"(Alpine)血统人在古代就住在那儿。在甘肃,特别是在具有绿洲特性的南山地区,也有其遗迹可寻。① 我们可以相信,汉族文化中心以西的甘肃及宁夏居民的大部分和汉人具有同样的体态。直到公元前5世纪—前3世纪与农耕汉族为敌的骑马游牧民族突然出现为止,中国内地与其西部直接接触的居民在种族上很少,或者根本就没有分别。我们不能划分明显的种族界限,虽然我们知道在后来的历史中,原则上是距离长城越远,其民族如突厥或蒙古族与汉族的体态差异越大。因此,各种证据说明:世界这一

---

① 狄克逊(Dixon,R.B.):《人类种族史》,1923年,第284、300页,以及引用斯坦因《中亚及中国西端调查报告》,第Ⅲ卷,1921年,第1351—1389页。沙畹(前引书,第21页)很早就注意到了中国新疆绿洲的讲印欧语的人。

区域的移民、经济制度、社会组织的发展与种族并没有特别的关系,要研究认识这些问题,须从文化差异中求其证据,并参考地理环境。

骑马游牧经济与近农区的牛马羊放牧活动被明确区分之后,历史发展的速率大为增加,这个时期大约在公元前 5 世纪至公元前 3 世纪,相当于周代,或称"古代""封建"时代(这个术语的使用须谨慎,并只能在一般方式上)的衰落时期,和公元前 3 世纪开始的王朝帝国(其后的王朝几乎是连续不断的)兴起的时代。① 其可以指示历史的其他主要政治问题是汉族与草原骑马游牧民族的尖锐而愈见重要的冲突;一条连接若干地方的防御工事所形成的统一的伟大的长城;汉族逐渐加强的对外发展与统治塔克拉玛干绿洲的企图。从整体上看,这些政治斗争可以认为是汉族帝国外向发展的结果。②

汉族向中亚的渗透

这样我们就有了一个研究汉族渗入中亚的重要着眼点。我将此区分为如下阶段:当汉族充斥黄河河曲这个有利于他们农耕的自然环境时,他们建立了一个历史活动的重要中心,而减小了甘肃及宁夏"次绿洲"的重要性,因为那儿农业发展的天然限制使当地人不能有与黄河河曲地区相同的发展形式,其结果使次绿洲的部分居民有转而发展真正草原游牧经济的可能。这个发展会迅速建立起一个新的历史活动的重心。③ 这又发生了一个新问题:是由草原还是由中国来控制这些不能以其本身力量独立并大规模发展的次绿洲地区?

---

① 拉铁摩尔前引书。
② 关于中国人的活动的概述,包括有汉代(前 206—220)、随后的小王朝、以及唐代(618—907),见富克斯:《吐鲁番地区唐和唐以前的对外关系史》,1926 年。此书援引很多中文原始文献及其他文字的文献。
③ 比较阿拉伯历史的大致情形——人群从南部绿洲出来,在沙漠中转变为游牧,穿越叙利亚或者美索不达米亚,重又定居下来。与此同时,还有相反的过程。见劳伦斯(Lawrence, T. E.):《智慧七柱》,1935 年,第 34—37 页。

这个地区终究是由汉人控制的,因为他们比草原人更容易掌握这些汉地边缘的类似绿洲的地区。不过他们虽然可以控制,却永远不能使这些地区与汉地合为一体,因为典型式的中国广大地区中彼此相连的地方"细胞组织",在这儿却被距离、交通,尤其是中间干旱的"非汉族"地区所破坏,使其不能把绿洲类的"细胞"本身团结起来,或与汉地结成一体。因此,在甘肃和宁夏,今天在表面上虽被中国文化同化,但其内部还多少保留着一些地域、社会及政治分离主义的强烈特征。

这些区域可以控制、同化,而不能完全结为一体的事实,使中华帝国的这一翼不能完全稳定。这就引起许多时断时续地在此翼的更远地方建立可靠的据点的努力。为了应付这一翼所遭受的草原人的威胁,汉族自己进行了深入草原侧翼的试验,这就是他们进入新疆塔克拉玛干及准噶尔盆地的原因。经过若干世纪交替的政治统治,这两个区域呈现的差异是,塔克拉玛干边缘绿洲的精耕农业特性,造成其倾向于中国社会及文化的特征,绿洲间的沙漠上缺乏连续不断的牧场,妨碍了游牧人的移动。而在槽状准噶尔盆地的南缘及北缘,河流与河流、绿洲与绿洲之间完全是一片不断的牧场,在这儿,草原人可以径直进入绿洲,因此控制这个区域,而汉族则被阻隔于由甘肃西北部到天山(分隔塔克拉玛干和准噶尔盆地的山脉)东麓的沙漠以外。

因此,汉族在中亚的历史是一个帝国的征服史,汉族在这里不是发展,不像他们在长江及其南部那样将一个完整区域合并到更大的整体区域中,而是从远处征服控制。而且,他们也和草原上来的帝国竞争。由于这一历史特点,汉族在中亚的记载是不连贯的。事实上,他们对这个地区有效统治的时间在 2 000 年中只有 425 年,可分作若干个时期。现今中国在新疆的统治是第五个重要时期。①

---

① 斯克林(Skrine, C. P.):《中国的中亚》,1926 年,第 28 页。这是依照喀什的估算。若以新疆为一个整体,估算会很不一样,因为要给小王朝时期、局部统治时期等留出余地。

了解了绿洲本身的政治独立性,以及汉族与草原游牧民族对绿洲的不连贯的统治,了解了绿洲孤立的特殊性以及与中国和草原的交通的可能性,就不难描绘这个中亚世界的一般历史状态。它是独立的,却不是完全孤立的。

　　塔克拉玛干的许多绿洲虽然都很相似,却仍然彼此分离。从绿洲沿河谷回溯,它所连接的河谷曾通过一道贫瘠的沙梁,再后面是高山。在一个较短的距离中,它通过许多不同的地区,含有不同的资源,却没有可以威胁绿洲居民的大股人群。从山上可以取得木材,只是因为运输的困难而不可能大量或大块地获取。金属(在昆仑山,是玉)可以从山中开采,还可以猎取野兽的毛皮,也有相当规模的牲畜贸易,这使一些绿洲中发达农业所不能供给的必需品和奢侈品,都可以从近处的山中取得。绿洲间没有任何贸易的需要。因为这个原因,这些绿洲居民在种族、语言、文化上虽是一体,彼此却完全漠不相关。绿洲土地之小也阻碍了其政治发展。某个绿洲中所产生的剩余人口、粮食、器具及财富使它偶尔可以攻击并占领一两个其他的绿洲,但没有任何机制可以把它们结合起来,也不能混合组成一个新的较大的国家。所以它仍然会分裂,恢复其原有的状态。事实上,对绿洲的有效的贸易和有效的征服,只能来自绿洲以外,如中国或草原的势力。

行商路线与贸易

　　这许多绿洲终于由一道环绕塔克拉玛干边缘的大路体系连接起来,它像一条线,绿洲像是珠子。在历史上,第一条道路叫作"丝绸之路",它从甘肃西部到罗布泊,然后又沿昆仑山麓到和阗、莎车、疏勒。后来汉族又打开了穿过塔克拉玛干北部绿洲的交通。① 其有两条干线,每一条又

---

① 关于各个历史步骤,见富克斯前引书。

各有变迁。东路从甘肃西部到哈密,它避开了塔克拉玛干的沙漠,却不免受草原方面的袭击。西路从甘肃的敦煌朝罗布泊西行不远,再转而穿越塔克拉玛干到吐鲁番诸绿洲。这条路经过极为艰苦的沙漠,却可避免草原民族的袭击。控制塔克拉玛干北缘的大道,是若干世纪以来中国对分布于塔克拉玛干南北的新疆绿洲所取政策的战略要点。毫无疑问,这条路的重要性之所以超过早时的"丝绸之路",是出于这个战略,而不一定是想象中的气候变化(逐渐干旱)的结果。

塔克拉玛干北缘由东到西的主要交通线穿过整个天山南麓,从哈密直到喀什,中国称之为天山南路。它在喀什与丝绸之路会合,完成围绕塔克拉玛干沙漠的环形。从喀什有一条山路穿越群山,到今天俄属土耳其斯坦的费尔干纳、浩罕和撒马尔罕的绿洲地区,然后又有路通到波斯及整个近东。这条路的重要性是可以使商队从近东直达中国,从一个绿洲到另一个绿洲,不经过草原,也就不受草原民族的要挟和干扰。①

一般认为,中国维持西部交通孔道的政策,是由于其对远方贸易的需要,特别是丝绸的输出,认为这种体积小、重量轻而价值高昂的货物,可以有利地换取中国所没有的奢侈物品。我认为不然。② 在我看来,中国初次向西部的发展是因为黄河中游地区的人口爆满,于是很自然地要扩展到宁夏及甘肃的半绿洲地区。但在这个地区,地理条件使汉人不能像在老家那样做到中国化,因此也无法避免政治上的混乱和阻止其投向草原游牧势力的趋势。所以在可能的情况下,就必须进占更远的据点以攻防草原的侧翼。

贸易只是这种政策的结果而非原因,当然贸易的发展可以成为继续这种政策的次要手段。因此,我认为贸易起源于汉族各种活动的调整,以求适应一个在若干方面与中国相似,在若干方面却又不同的环境。中

---

① 后来,特别是帝国时期,贸易及迁徙主要在天山北麓(格勒纳尔前引书,第 326 页和第 327 页上的地图)。如果骆驼走过较好的草地,每天吃草,商队的成本就会降到最低。
② 参考本书第十五章。

国维持这个政策所付的代价很大,推行这个政策的经费不能以征收当地田赋——中国内地主要的财源——的办法来获取,运输粮食回中国的费用也太高。租粮固然可以供给当地守军,但中国不可能把绿洲尽行征服以供剥削,叛变太容易了。统治绿洲的方法必须是设法使之倾向于中国而不致倾向于草原。

对中国和绿洲两方同时有利的贸易是自行发展的,但也是这种政策的结果。不过,多数绿洲的产品是完全相同的,尽管有些地方产金,有些地方出玉,但对必需品贸易的需求却很少。长期贸易主要是奢侈品的交换,丝(后来又有茶和瓷器)是中国的输出品。金、玉、良马,喀什以西的五金、葡萄干一类的珍味,奴隶、歌女、乐工等都输入中国。

这种贸易与绿洲的居民没有什么关系,这是他们的统治者的事。但它却适合于中国的政策,因为它有利于绿洲统治者与中国的政治联系。这也可以部分地解释为什么物品交换(常常被称作贸易)多半由向中国宫廷进贡,又将赏赐从天朝带回"忠实藩属"的使臣经手。这种形式部分地掩蔽了贸易的真相,但我们不能怀疑其一部分结果是某些个人由此而积累起很大的财富。

在天山南路的东段有几条山路从哈密到巴里坤湖和从吐鲁番到乌鲁木齐。这儿,沿着准噶尔盆地的南缘,从东部的巴库尔经古城子、乌鲁木齐、玛纳斯到乌苏,叫作天山北路。在乌苏又分作两条路,一条向西北到塔城,这是从准噶尔盆地到俄属土耳其斯坦的哈萨克草原的通道;另一条则向西至伊犁谷地,也可以通到哈萨克草原。

北路绿洲的结构和南路一样,所不同的是北路绿洲对草原是开放的,草原征服者可以沿着北路绿洲移动,其历史因此比塔克拉玛干绿洲要多灾多难。① 大量的人口更换时有发生,绿洲中畜牧和农耕也交替发展。和这种情况相反的南路绿洲则各自形成一个"口袋",其农耕与人口

---

① 拉铁摩尔:《中国新疆》,1933 年,第 104 页。

都相当稳定。在中国强盛的时候,汉族的统治从一个绿洲发展到另一个。而在草原民族强盛时,他们可以席卷北路的绿洲,却只能越过山来一个一个地攻击南路的绿洲。这两种控制方法对各个绿洲统治者的影响要比对一般民众的影响大。

宗教对社会与政治的影响

建立于新疆南北地理结构中的政治机构,大略如此。不过我们还得讨论一个绿洲历史的特殊问题——宗教的重要性。

在公元前最后的两个世纪汉族势力第一次大规模地在新疆活动后,佛教于公元1世纪在塔克拉玛干绿洲中占了优势。许多名著讨论过佛教自印度经克什米尔和拉达克传入中亚的经过、它向中国的进一步传播、它的历史和文化影响、它所介绍的文字和经典、它所受的希腊影响——特别在雕刻这一方面,从犍陀罗到新疆,一直东向以至到5世纪北魏(一个草原游牧民族的帝国)时代所建的云冈石窟、佛教经典的翻译以及从汉到唐到10世纪之初方告结束的中国僧侣经中亚到印度求经的阅历。[①]

但是,在中亚佛教于社会与政治上的重要性没有得到同样的注意。简单来说,我认为佛教在新疆的建立迅速而稳固,因为它给绿洲社会以其自己不能产生的东西,一种他们在政治统一上所不能表现的经济及社会的统一。寺院使这些政治上分裂的绿洲有了共同财产权。同时,寺院的权利与威望也不会威胁绿洲王公,因为寺院的活动虽然可以补政治统一之不足,却没有造成一个新的政治势力来代替并威胁王公。相反,寺院的高级僧侣形成了一个联系各绿洲王室的索带。

佛教在新疆的作用,可以从它在中国的失败对比来看。在中国,它

[①] 一般参考斯坦因:《中亚及中国西端调查报告》,1921年;冯·勒科克:《新疆的希腊式遗迹》,1926年。

曾经几次占据了极重要的地位,结果还是没落下去,成为没有政治作用的宗教。我想,这是由于绿洲的小规模的社会不允许在世袭统治者与真正权力之间产生一个官僚阶级。而在中国,权力多是正式地由一职业的官僚阶级掌握和执行。这个阶级也是地主阶级,他们在全国执行各处地主们所赞同的政策(当然,这里面也有地方利益和国家利益,个人利益和民族利益的交替)。

在中国社会组织中,并不缺少什么而需要佛教来补充。相反,它的集体的、非个人的、土地占有权的利益,与士大夫阶级的利益相冲突,它拥有的深奥知识也足以和严谨的中国学术与中国文书相对抗。士大夫的官僚阶级不但有他们自己的阶级利益,而且还有一个很完备的职业规则——儒学。所以在佛教势力发展到令士大夫阶级感到相当危险的阶段时——例如唐玄宗(712—756)及唐武宗(841—847)两朝——它就大受攻击。① 这种攻击也许是在推崇道教或其他方式的掩蔽下动手,不过它们要得到士大夫阶级的支持才会发生效力。还要注意的是,当其势力发展到最高或没落到最低时,中国佛教总是与皇帝本人及其政策有十分密切的关系,使这个问题不限于寺院本身,而涉及统治者到底是皇帝还是官僚阶级的问题。

其后,公元7—9世纪(唐代)在新疆活跃的摩尼教、景教、回教和波斯拜火教的重要性,可以证实我的看法。除回教以外,这些宗教都传入中国,却没有能普遍发展。景教对蒙古草原民族有相当影响,一直存在到14世纪。但我们不能说它完全成为一个真正的草原宗教,因为它只与王公们发生关系。王公们虽然统治着草原游牧的牧人,其生活却是半城市化的。

这些宗教都局限于近东与中亚之间的绿洲或类似绿洲的地区。由

---

① 《中国百科全书》,1917年,关于中国佛教的部分;福兰阁:《中华帝国史》,第Ⅱ卷,1936年,第203页及以下。

于产生于城镇人的多种文化,周围虽有田地却被沙漠或草原与其他的类似社会所隔绝,它们可以满足并加强那些共同的利益、共同的生活方式以及各个集团居民的观念。这些宗教在新疆兴旺发展的时期,信教的多半是住在那里的外国商人,他们住在沿着主要商路——那时是从甘肃西部到吐鲁番,从吐鲁番越过天山,再沿着北路的草原绿洲往西——的主要商业城市中的聚集区中,这种商人也可以在沿吐鲁番至喀什道上的沙漠绿洲中见到。这条路是一条辅助交通线。他们聚集的居住区——那些社区比个人更稳定——足以令人回想起19世纪中国的条约口岸来,吐鲁番是陆路到中国来的上海,西安就是当时的汉口,是外国势力在中国的前哨。所不同的是这些外国人还不是政治兼经济侵略的代表,他们只是中间人,在土耳其斯坦的绿洲城市中,他们不表达什么,也不改变什么,只是在原有的东西中加上一点点。因此,他们带来的宗教只是把东西交通线上与自己有关的团体联系起来,而不与佛教及已有的当地政治形态争衡。

新疆的回教

到了10世纪,俄属土耳其斯坦的突厥人给新疆的回教(伊斯兰教)以新的政治地位。他们迁徙到撒马尔罕、浩罕、费尔干纳地区的绿洲,并掌握了那里。然后,他们又迁移到塔克拉玛干的绿洲地区。这就像蒙古和准噶尔盆地的草原民族有时掌握天山北路的绿洲,然后又翻山进入吐鲁番、焉耆、库车一样。① 但是在14世纪元帝国灭亡之前,回教还不能代替佛教及其他宗教,察合台部下的蒙古民族统治东、西两土耳其斯坦而以西土耳其斯坦为政治中心。此期间已经使用突厥文字,并信仰回教,其社会重心也自草原移到了绿洲。元帝国之衰微与灭亡,以及草原民族政治势力之衰

---

① 通过统治喀什、阿克苏、莎车与和阗的葛逻禄突厥人以及天山南、北路东端的"五城"维吾尔突厥人,突厥文从9世纪起便成为绿洲间通用的文字。(格勒纳尔前引书,第317页。)

微,使回教能乘机掌握绿洲地带。

回教,如同犹太教、基督教、景教以及摩尼教一样,发源于一个企图调和游牧与绿洲社会的文化,要建立一个城市、帐幕、田地间,以及商人、农民、牧人间的共同观念。在文化与历史上,回教与其他宗教相近,但它比其他宗教兴起的时间要晚。而在对与其有关的各宗教中,它也具有改革运动的作用。称回教(伊斯兰教)徒为北非、近东与中亚的新教徒,并不是太过分的事。

这种改革的推动使回教在西域得势时,其政治性比佛教还要浓厚。它重新改造绿洲的宗教、政治和社会,用武力强迫佛教徒改变其信仰,并改革落伍的近东支派。虽然回教不能把所有分散各地的绿洲联合起来,建立一个新的政治机构,但它造就一个所有西域各民族所共有的观念,类似为一个民族的感觉,突厥文因此占得重要地位。回教还推进到宁夏和甘肃的半绿洲地区。在那里,他们建立了强有力的侵入者及信徒的殖民地,利用当地的地理环境,发展成一个半少数民族,一个自处于汉族之外,不愿受人统治,汉族也未能完全同化或征服的"少数民族"。

中亚的满族与回族

与回教在西域最后的一次征服同时,汉族沿长城边疆的势力却在明朝期间(1368—1644)整个地退缩。直到清朝平定新疆,中国没有在中亚从事于帝国政治的活动。当汉族进入西域时,他们只是企图攻击草原的侧翼,打破西蒙古准噶尔或厄鲁特的联盟。① 因此,他们很像是臣服于蒙古民族的回教统治者的盟友(特别是在哈密和吐鲁番一带的绿洲)。后来,清朝的统治变成了回民最畏惧的权力。回民在他们聚居的西北地区,于明朝时曾凌驾于汉族之上,到了清朝,他们的地位却受到威胁,因

---

① 杜曼:《十八世纪末清政府在新疆的土地政策》,1936年(俄文)。

此"回乱"震动了整个 19 世纪——1818 年、1826 年、1834 年、1855 年(在云南)、1862—1877 年(在甘肃和新疆)、1895 年(在甘肃)。

在最大的一次战争中,即 1862—1877 年,造成了新疆的现代转变。这一次战争部分地与 1855 年开始的云南"回乱"同时进行,但是西北和西南的回民的动作并不一致,因为二者间的交通很少。① 由于几乎与长江流域非回民的太平天国之乱——一个 1851—1865 年的农民暴动战争——相同时,所以这个甘肃与新疆西北回民的战争可以说是 19 世纪后半期一连串以推翻清朝为目标的离心运动之一。这时候在中国的西方列强的政策是支持清朝,支持清朝作为中国人民的主宰和列强的爪牙。这个政策一直持续到 1911 年。

甘肃的回民在血统、语言和文化上是中国人。另外也有少数群体用突厥文,并保有其中亚的血统②,他们居住在一些分散的、有较好灌溉农业的类似绿洲的地区中,拥有土地,并且在人口上占优势。而在其他一些相同的地区中,汉人拥有土地并占有优势,占少数的回民则从事贸易。就整个甘肃来说,人口是汉人占优势,约占总人口的三分之二。③ 但是,回教及其社会组织是绿洲生活机制的发展,他们有较大的联系性,比起从中国广衍的农耕地区中搬来而不习惯绿洲孤立环境的汉人要强得多。因此,我们放下特殊的争论不谈,甘肃"回乱"可以说是一种利用中国中

---

① 云南的穆斯林最初是通过海上从亚洲东南的阿拉伯传入,而不是来自中亚陆路。在马可·波罗时期他们已经在云南确立。见玉尔:《马可·波罗游记》,1921 年,第 66 页。拉施特也了解中国这一地区有穆斯林信徒,见玉尔:《中国与外域》,1914 年,第Ⅲ卷,第 127 页。
② 参见海恩波(Broomhall, M.):《中国的回教》,1910 年;安德鲁(Andrew, G.F.):《中国西北的伊斯兰》,1921 年;贝勒思(Bales, W.L.):《左宗棠》,1937 年,此书附有很多关于宁夏和甘肃的绿洲、半绿洲中的孤立的穆斯林的参考资料。
③《中国年鉴》(1938—1939),第 63 页,所列中国穆斯林信徒有 48 104 240 人,包括"满洲"的 7 533 680 人,山西的 4 129 090 人。第 63 页及 64 页给出甘肃全省人口数字 6 080 559 人,包括 3 518 920 个穆斯林;宁夏全区人口是 666 890 人,但有 753 400 个穆斯林信徒(这是个很明显的例子说明即使是最新的官方数字也是多么不可信);青海(以前是甘肃的一部分)人口 1 195 054 人,包括 1 186 590 个穆斯林。安德鲁(前引书)提出甘肃大概有人口 1000 万(显然包括青海),其中穆斯林 300 万。

央政治力量的衰弱,以回民较高的统一性及实施能力来压倒甘肃境内组织松懈的汉人的企图。

新疆不但因甘肃的叛乱与中国暂时隔绝,而且它也是发生叛乱的地方,其中有一次叛乱是回民所造成的。回民的人口在新疆北部绿洲占多数,特别是在从乌鲁木齐到玛纳斯和乌苏地区。这些回民是 14 和 15 世纪移民甘肃及陕西、宁夏的一部分讲突厥语的回民后裔,和大多数甘肃回民一样,他们之中以晚时归依的信徒人数为多(收信徒的方式主要是收养小孩),结果他们的语言乃改变为汉语,而且其文化特征和体态也都汉化了。在 17、18 世纪与准噶尔部战争之末,有若干队的甘肃回民被清朝移民到新疆北部去开垦绿洲,并恢复建立了在绿洲上的固定政府,行使对草原民族的主权。① 回民的"叛乱"是与甘肃的"回乱"相类似的。

塔克拉玛干的绿洲是这一系列战争的第三个主要区域。在这里,14 世纪回民军事和宗教的优势留下了家庭政治的传统,仍保持着新疆与西土耳其斯坦或俄属土耳其斯坦的绿洲的联系。属于察合台一支的成吉思汗后裔各王公们——这时已经是穆斯林而与一般蒙古人大不相同了——在权力上已不如和卓部。② 这一个宗教部落是 16 世纪布哈拉一个教长所创立的,其活动包括政治及宗教两个方面。这种现象是适合于回教发展要求的,它要在分散的绿洲世界中,以宗教力量来完成纯粹政治办法所难于达到的政治统一。

18 世纪清朝解决准噶尔蒙古问题之后,就设立了一个殖民地行政机构来统治新疆。天山南路的主要绿洲,一部分由和卓家族的后裔统治,一部分由其他投降清朝的贵族统治。这些分散的绿洲的政事,由居住当地的中央官吏协管。③ 但是,整个统治者与属臣的问题却没有完全安排

---

① 他们当中有一部分远至俄属土耳其斯坦。关于整个战争或是暴动有很有趣的记载,显然是部分地基于最西端的东干的传统,包括它的历史背景。见沙赫马托夫(Shakhmatov, V.):《十九世纪维吾尔回民民族解放运动史研究》,1935 年(俄文)。
② 杜曼前引书,第 62 页等。
③ 详见杜曼前引书。

妥当,因为清朝没有继续征服西土耳其斯坦的绿洲。在西部绿洲独立的和卓部不时地企图在新疆,特别是在喀什,重建他们的势力。其中的一个原因是,喀什的哈萨拉阿帕的家庙是一个重要布施收入来源。①

当清朝的统治力量被回民叛乱所暂时切断时,这种企图又见活跃。但是,在这个叛乱中,和卓部首脑又被阿古柏伯克(Yakub Beg)——一个军事冒险家及从前的舞伎所篡夺。阿古柏伯克在喀什以纯粹绿洲回教的方式,自立为宗教及政府的首长,控制了莎车与和阗,并沿天山南路向东发展。②

在这个时期,回教的团结力与优越性使它在宁夏和陕西的一部、甘肃的大部以及整个新疆的绿洲环境中,在社会和政治方面超越了汉族。但在此之后,回教在西北及中国中亚的成功却迅速地崩溃了。绿洲回教徒在面对异教徒时达到了其最大的团结,其后各种经济及地方利益开始表现出来。甘肃回民对汉族的政治胜利却不能使他们在对外贸易上脱离对汉族的依赖。不同的政教家庭,以回教各宗派的名义,开始争夺回民内部的领导权及对外的回、汉关系控制权。新疆北路的回民无法向南路的绿洲移动,阿古柏伯克争夺领导权的企图造成了比反抗清朝统治所进行的争斗还要激烈的战争。准噶尔草原、天山及帕米尔高原上讲突厥语的游牧回民,则在进攻绿洲或完全回避绿洲的两个方向上犹豫不决。③

在此期间,清朝依靠直接或间接的外国援助,平定了太平天国运动。现在他们可以派遣大批中国军队,包括一部分受过西式训练并挟有新式武器的军队,开赴西部。这些军队由著名将领左宗棠指挥。④ 一般人认为,这支军队由甘肃一直胜利进军到新疆。事实上,在战争的初期,左宗

---

① 沙赫马托夫前引书。
② 关于阿古柏伯克(Yakub Beg)时期,参考沙敖前引书。
③ 同时,回民穿过阿尔泰山到了蒙古国的西北,参见爱莲斯(Elias, N.):《西蒙古旅行记》,1873年,第127页等。
④ 贝勒思前引书。

棠也被回民打败过,①此后他倍加小心,重新恢复了主动。甘肃的平定,全赖承认在回民聚居中心一些拥有实权的回人家族的地位。中国人可以向朝廷报捷,但是对回民施政和收税,却必须通过没有正式爵位但拥有实权的回教领袖。这种办法一直是甘肃回、汉合作的办法。

进到新疆以后,清朝军队又改变了政策。最重要的一点是阻止北路讲汉语的回民与南路讲突厥语的绿洲的联合。办法是以回民为叛逆,而与讲突厥语的被外来野心家阿古柏伯克所胁迫的回民妥协。这也很容易,因为和卓部还有人在某些绿洲中,他们惧怕阿古柏伯克比惧怕清朝统治还甚。这个政策的结果是,南路绿洲望风而降,阿古柏伯克从者星散,其本人自杀或是被人毒死。② 与此同时,北路的回民因为曾经虐待蒙古民族,使草原民族对之怀有敌意,③北路绿洲常被攻击,被杀的人很多。

中国军队恢复了清朝在新疆的统治,外表上与从前一样,而实际上却是一些汉人官僚家族执掌大权。在中央政府权力衰弱时,他们成为事实上的世袭的军事及政治首领。④

新疆的政治及经济状况(1911—1928)

这样,现代新疆建立了。在1911年的革命中,它没有什么变化,而实权很快被一位有内战经验的官员获取。直到1928年被刺身亡,他一直用民国的旗号,为自己统治这一省。

在这个时期,包括准噶尔盆地的新疆,与长城边疆的东北及蒙古两部分大不相同。中国军阀"亚帝国主义"利用新的铁路网超越了古代的"汉边",能够深入内蒙古及东北,但这种"亚帝国主义"在铁路经济势力不能到达的新疆,却不能活动。在新疆,外国帝国主义的直接压迫也不

---

① 沙赫马托夫前引书;安德鲁前引书第84页。
② 赛克斯(Sykes, E.):《穿越中亚的沙漠与绿洲》,1920年,第291页。
③ 但在爱莲斯前引书中提到,蒙古几乎不能作为可靠的帝国军队联盟来镇压可怕的回民。
④ 拉铁摩尔:《中国新疆》,1933年,第99页。

如在中国内地。在新疆的帝国主义者之间的相互斗争,只限于英、俄两国,他们的主要目的是侦察他们在俄属土耳其斯坦及印度的边界是否有被对方攻击的危险。① 当探险证明了在帕米尔和西藏都没有易于入侵的道路时,他们也就不再留意新疆的问题了。

汉人则继续用他们的旧方法统治下去,他们自信是征服者,可以镇压一切内部的叛乱。但事实上,他们不论是经济、政治或军事,并没有实际的力量,只是因为不太令人反感所以被接受。他们将绿洲与草原、山地与平原、城市居民与农民和部落居民、回教徒与异教徒分而治之,并监视当地所有的贸易活动。

从1916年袁世凯之死到1928年大革命建立民国政府的内战期间,汉人在新疆的征服者形象对统治者和人民都很重要。但"征服者"的军备极差,某些军队也没有受过近代训练。他们不可能向俄国或英国索取军备却不给他们进入并控制新疆的机会。军备不可能从内地获得,因为在路上会被沿途的军阀截留。这样,其唯一的统治方法只是尽可能地以保守的态度维护各被统治民族中重要人员的利益,维持各经济区域及民族间的平衡。

缺乏强制性的输入与输出贸易也有助于这个平衡的维持。与中国内地距离之远以及交通之困难②,使奢侈品贸易成为唯一有利可图的贸易,也促成了汉官与汉商间的特殊联系。在新疆必须推进传统式的繁荣,以免对汉族的统治产生怨言,这种怨气是汉族官员所不能以实力去压制的。因此,必须让绿洲中的要人积累土地,让草原上的要人积累牲畜,而粮食、衣着和其他的日用品又不能太贵,汉族官吏亦不能径直去"榨取"百姓。③

---

① 荣赫鹏:《大陆心脏》,1896年。
② 保持新疆贸易的稳定是关系到中国的利益的。要避免人们产生不满,要保持交流路线上的缓慢频率,防止外敌的入侵和省内的起义。拉铁摩尔前引书,第109页。
③ 同上,第110页。

这是一个很重要的问题,在传统中国,个人财富增加的办法是通过政治腐败——士大夫统治的必然结果。士大夫统治的基础不是军事的,也不是经济的,而是儒学道德标准。这个标准在事实上的表现是几个模范官员两袖清风地退职,而大多数人却是宦囊饱满地退休。因为他们直接以行政官员和地主的地位剥削人民,所以对于独立贸易获取利益,而把一部分本属他们的财富拿走的事情,颇感不满。因此,其趋势是对任何超出地方控制的商业活动,加重税收。

在新疆和在蒙古及其他边疆一样,直接对非汉族的民众收税,将使他们积怨于汉族政治的代表人物,这是一件危险的事。因此官吏自己放开手而让商人去剥削民众,他们并不剥削商人,却与他们合伙,就像蒙古王公活佛与突厥伯克和巴伊(财主)们一样。在新疆之所以不同,是因为对外的奢侈品贸易和对内的必需品贸易不能以所需要的货币支给利润。在中国的军阀式"亚帝国主义"时代,中国人所有的财富大量地集中于条约口岸,存在外国银行里,受外国的保护。在条约口岸的租界和外国人管理的地区以及香港、大连等地,也有反常的中国土地投资,而造成膨胀的虚构价值。从内地搜掠而来的财富都集中在外国旗帜之下,内地纸币的价值乃见低落。在新疆也有这种情形,虽有好几种纸币在流通,①而大家都没有储备金,其价值完全是虚构的。但是,因为距离太远和缺乏银行,新疆的钱很难汇到沿海来,所以官吏们唯一的聚财方法就是和商人合伙。商人又和各族的富人合伙。外来移民需要把他们的利润留在本地,官吏与合伙的商人把他们的利润投资于本地土产(特别是羊毛和棉花,这是这种货物维持轻税和低价的一个原因,也让他们出得起商队的运费)。当这些货物用商队运到中国内地铁路的起点,再转到条约口岸售出后,货款就可以存在一个安全的地方。

---

① 拉铁摩尔前引书。有多种货币使用,每一种只限制在一个地区,这就防止了出于政治目的从各地积蓄存款的行为。

如果不是生产能力的增加,这种剥削的结果一定是完全耗竭这个地区,尽管消耗过程是逐渐的。但是因为没有战争和大股土匪,也没有荒年——利用高山融雪灌溉的水量,在夏天是不缺乏的——人口就可以一直增加。就亚洲的情况而言,人口增加就是生产力的增加,因为由此可以多征集劳力从事挖渠工作,从而增加耕地的面积。

但是汉族在新疆的统治逐渐发生了动摇,要解释这个矛盾,我们需要详细说明。中国和绿洲社会自身的技术发展,都有一个自行的限制。如果以技术能力为常数,它有一个最高点,到了那一点之后,每个绿洲的灌溉工作就不能再增加。土地平坦使淤积增加,还有盐碱的积累,这在沙漠气候下是必然的。在这种情况下,一大部分边缘土地就需要长期休耕(淤泥和盐碱,以及洪水冲击被战争毁坏的渠道而造成的损失,是许多绿洲被放弃或沙掩的原因。而一般认为这种变化是气候变迁的结果①)。

绿洲繁荣到顶点时,就完成了草原与绿洲相互关系历史循环的一个阶段。在这个时期,绿洲居民不得不开始侵入草原。在草原上,有一些他们获得的土地——如果他们有力量能够从游牧民手中拿到的话——是过渡性的,可以耕种几年,直到肥沃性完全消耗为止。有些土地则在雨量充足时才可以耕种。另有一些土地是可以永远耕种的,只要改变耕作的方式,如前面讨论蒙古农业时所说的,用粗耕或耕牧并重的方式。结果,发生了一个脱离绿洲社会结构的趋势。

近年来新疆就发生了这种变化。讲突厥语的农民大量地向天山北路迁徙②,有一些人在天山北路绿洲中得到土地而从事农业,这些绿洲地区因为回民在叛乱后被大量残杀而人口减少,可以容纳移民。有些人却径直迁徙到游牧民族最适合耕种的牧场上去,这就立刻发生了经济影

---

① 关于气候因素,参考亨廷顿的关于潮湿与干旱交替变化的理论,见《亚洲的脉动》,1907年;以及斯坦因关于高山冰雪堆积逐渐减少的理论,见《亚洲腹地:历史中的地理因素》,1925年,第474—475、490页。
② 斯凯勒(Schuyler, E.):《土耳其斯坦旅行记》,1876年,第Ⅱ卷。

响,并引起政治上的紧张。在这种地区,可耕种的牧场是游牧民族极重要的冬季牧场。由于气候酷寒的关系,好的冬季牧场比好的夏季牧场要难得得多。①

中国边疆发展的高潮

在新疆和在其他边疆一样,1929年是中国"亚帝国主义"的高潮。②那一年,中央政府对半独立的长城诸省的统治力最大。移民运动在内蒙古及其以西和东北的蒙古平原极力推行。中国铁路的发展,特别是在东北的发展③,抵抗着外国控制的铁路的渗透,这就像是用一片火来抵抗森林火灾之蔓延一样。这些主要政策是国民党制定的。1927年与共产党决裂之后,国民党放弃了孙中山的一些重要原则。这个新政策的实质,就是我所谓的"亚帝国主义"④,是指他们放弃了1925—1927年大革命时期提出的推翻一切形式的帝国主义的目标。一个新的目标是,在新型(西方式的)实业家与银行家和旧地主的联盟下,在外国势力全面控制中国之前,抢先把整个内地及边疆都统一起来,而由组织严密的中国团体来领导并统治。在边疆方面,这就意味着对一切边疆民族加以统治,以在边疆的发展来补偿沿海地区丧失给外国帝国主义的权益。

1929年,这个政策在东北北部的冒险失败了。它企图使已经放弃旧日帝俄时代所得的一部分政治权益的苏联,无代价地放弃其中国东部铁路的经济利益。这个企图被苏联以武力打破。其结果证明,当某一个国家对中国使用武力时,诸列强不会再加干涉。苏联在打破这个企图后就

---

① 拉铁摩尔前引书,第113—115页。
② 这一年,中国在"满洲"的省级政府试图在中国中东铁路获取俄国人的利益。
③ 拉铁摩尔:《满洲:冲突的摇篮》,1932年,特别是第30页。
④ 这个名词并不完全确切,因为它可以令人误解整个中国为帝国主义。事实上,只有几个中国阶级是如此,他们的权益并不是整个国家的利益。在新疆还有除帝国主义以外的问题,其内部各团体权益的对立也导致省内繁荣的减退。

撤兵了,并没有提出什么特殊难堪的帝国主义条件。但是,在国际上,这个中苏问题的解决办法却没有被重视。反之,日本却把苏联1929—1930年的自卫改造成其1931年的公开侵略,并强占东北。

上述事变很重要,因为日本的侵略具有深远影响。其后几年,经过国内的几番艰苦斗争,证明国民党的亚帝国主义或国内帝国主义政策不能确保中国免受真正的帝国主义的侵略,这个政策乃被修正而且终于被放弃。① 中国反抗外来侵略的"统一战线"使中国内地与边疆的关系出现新转机,并造成了汉人与少数民族如蒙古族、回族等的共同防卫联盟,这样就又回到了孙中山最重要的原则上来了。②

这种转变的过程可以在新疆看出来。新疆与内地的距离以及在他们与中央政府之间的独立及半独立军阀的存在,使新疆的少数汉族人自外于中国的政治和内战。这就像是在印度的少数英国人在与英国断绝交通后企图继续其对印度的帝国主义统治一样。③

国民党没有能够直接统治这个省,但它所代表的思想却传播到新疆的汉族统治阶级。在这个时期,汉人统治下的各民族间原有的和谐,逐渐转变为紧张和敌视。这是长时间的和平与稳定的怪诞结果。在这个长时期内,一些人从南路移到北路,农业伸进了草原,土地所有权集中到绿洲内城镇的富翁之手,这些变化改变了各区域和民族间的经济及政治平衡。这种敌视状态之深刻,使统治者不能再如旧日那样,依赖于没有训练、武器不良的易地招募的军队,用一个地区统治另一个地区,一个民族压制另一个民族的方法。④ 它需要显示一支有力的中国武力,为此,当局开始购买军火。

---

① 一般可参考斯诺:《西行漫记》,1937年;贝特兰(Bertram, J.):《中国第一行动》,1937年,及《未被征服者》,1938年;拉铁摩尔:《外蒙古与内蒙古的交会处》,1938年;《和服与头巾》,1938年。
② 孙逸仙:《三民主义》(普里斯译),1929年,其中隐含着对于少数民族的态度,见"救弱扶衰"(第147页)。另一方面,孙逸仙认为蒙古和西藏是中国革命推翻清政府后所继承的领土(第256、258页)。
③ 拉铁摩尔:《中国新疆》,1933年,第99页。
④ 同上书,第116—117页。

这一详细的情形没有公开,大概是怕苏联的经济控制①,并利用英国担心"苏联教唆暴动"的弱点,而向在印度的英国人购买军火。② 这种军事示威的结果却是一个大失败,因为一下就暴露了其实力的空虚。

在长时期的汉族稳定(或貌似稳定)的统治下,蒙古王公、哈萨克和吉尔吉斯酋长、讲突厥语的和卓以及其他贵族的特权和俸禄都逐渐减少,当然他们仍可以与汉族商人和官吏勾结着弄钱。在天山南路诸绿洲中,还有一个"土邦"留存下来,那就是哈密。1925年左右,哈密王死,于是决定取消"土邦"制度,代之以中国的直接统治。这个决定的真正原因是要增加赋税收入,以支持汉族统治所需的军火。官方称在"中华民国"以内,世袭王公制度应该逐渐取消。对哈密人也立有保证,说在民国统治下税率不会增加。但是土地清丈以后,人们很清楚地知道税率虽未增加,可丈量的单位却减小了,实际上税收是增加了,于是叛乱乃起。③

在第一次接火中,中国的"新武力"就崩溃了。军队溃败,枪械则被叛军收缴。叛乱的危险散布到各地。地方军队中最精锐的蒙古军不肯与回教徒作战,因为他们最能干的领袖人物被汉人刺杀——汉人惧怕他的政治力量。④ 同时,甘肃和宁夏也发生了一场回教徒的战争——部分是两个回教领袖之争,部分是回汉之争。甘肃的一个领袖马仲英攻入哈密绿洲。绝望的新疆当局征用白俄——他们大多是俄国革命战争后逃到新疆来的。但是这些穷了多年的白俄一经武装,就立刻开始寻求自己的利益。后来,一支中国军队进入新疆,这支军队曾被日本人于1931、

---

① 拉铁摩尔:《中国新疆》,1935年,第40页等。
② 由于缺乏出版信息,很难将这个政治阶段的零星片断拼凑到一起。有报道称(口述,不可能核实),英国提供的武器一部分是来福枪,这些枪本来是1918—1919年给英属波斯地区使用的。后来这些来复枪被回收,撤出时被沉入波斯湾。采珠人将枪打捞出来出售,有些枪落入印度西北边疆敌视英国人的部落手中,有些枪被修整一番卖到中国。有些枪原是英国人从日本买的,所以,当穆斯林从汉人手中缴获到这些枪时,便加强了对日本欲干涉中亚的看法。
③ 拉铁摩尔前引书第43页,及《中国新疆》,第117页。
④ 哈斯隆德:《蒙古的人与神》,1935年,尤其是第325页等。

1932年逼出东北,退到苏联,先被扣留在西伯利亚,然后又遣送回新疆。① 这时,另一个因素开始发生作用。

苏联近期的影响

关于此后的事情,详细的资料很少而且并不可靠。但我们必须讨论长城以外与中国边疆广泛接壤的苏联。虽然缺乏新疆的详细资料,但这却是研究这个问题的最好起点。在东北边界上,苏联防备着日本侵略的威胁,外蒙古也被逼与苏联紧密联合。逼迫外蒙古的原因,首先是一个由日本支持的中国军阀的伐蒙企图②,另外,外蒙古又必须摆脱以外蒙古为反苏根据地的白俄。后来,日本侵略的危机使外蒙古喀尔喀部更倾向于苏联。但是在新疆,苏联并没有"推行政策"的必要。这里,我们需要研究苏联在新疆影响的特点,一方面可以判断它在中国历史的旧形态上施加了些什么影响,一方面也可以判断苏联是否自遥远的内陆侵入中国,以对抗日本在沿海的侵略。换句话说,苏联是否如日本在东北那样有一个控制中国外边疆历史的政策。

苏联自称其经济体制无须再进行出口市场的竞争,因此就不用在他的边界之外施加政治影响。但是,苏联在自己境内所做的事却大大改变了新疆的经济地位。从1917年到1930年,中国的内战和各省间相互征收的苛捐杂税,使内地经内蒙古至新疆沿路的贸易日渐衰落。外蒙古的独立及否认其对汉商的债务,又关闭了穿过蒙古的商路。新疆对印度的贸易也无法增加,因为越过昆仑山、喀喇昆仑山和喜马拉雅山的运输极为困难。③

---

① 赫定:《巨马飞腾》,1936年,尤其第1—17页。
② 徐树铮,这个1920年要征伐外蒙古的将军,是安福系军人,而安福系是与日本有关系的。在外蒙古活动的"疯子男爵"斯登堡(Ungern-Sternberg)与日本支持的间谍谢苗诺夫(Semenov)有关系。
③ 拉铁摩尔:《中国新疆》,第39—40页。

由于土西铁路的完成,五年计划整个地改变了进出新疆的运输问题。这一省最富足的地区是西部及西北部,从哈密经内蒙古到铁路起点的包头,最短的商路为 1 200 英里,如果一切顺利,约需 90 天,汽车平均至少是 12 天,但是没有固定的班期,价格也贵到只能经营客运和奢侈品运输。但是,从塔城或伊宁到土西铁路还不到 200 英里,而且公路良好,可以用低价运送大量货物。就连从喀什越过山地,商队也只要 12 天就能到苏联铁路线上。而从喀什到中国铁路线最少有 2 500 英里。

对外贸易是新疆的官吏和商人所必需的,在对中国内地的贸易日渐衰落、对印度的贸易不能增加的情况下,新疆就和外蒙古一样,不可避免地在经济上成为苏联的一省。①

在外蒙古,苏联的政策无疑是利用权力来解决蒙古族全体人民的利益。外蒙古内部的政治变革和社会结构变革推翻了作为统治阶级的王公和喇嘛,由苏联援助的经济变革更确定了这种政治变革。结果,在"蒙古人民共和国"统治下的喀尔喀蒙古获得其前所未有过的具有广泛代表性的政府,全国民众也享有了较高的生活水平。②

新疆的情形大体也是一样,虽然比较混乱一些,因为这儿有多种形态的经济,多种语言、宗教和种族团体。当新疆因其内部的情况而发生政治动荡时,情形大体如下。

苏联没有关闭边界而坐视中国境内各部的自相残杀。但是,新疆不再存在一个唯一的当局机构可以和苏联办理交涉。就连汉族统治阶级也分作了几派。各族之间也分为若干派别。有的派别中包括统治者和被统治者③,吁请苏联保护他们的利益,并实行干涉以"恢复秩序"。苏联以自己的方式来回答他们的吁请,确实来协助恢复秩序。苏联考虑的是

---

① 拉铁摩尔:《中国新疆》。
② 拉铁摩尔:《外蒙古与内蒙古的交汇处》,1938 年。
③ 据我所知,关于这一时期没有任何记载,无法将迷惑的片段组合在一起。但是赫定前引书中,生动地描绘了参与纷杂事物的回民、汉人、突厥人、蒙古人,以及红、白俄罗斯人,而他的报告也是不连贯的。

自己的利益,不希望边界有战事。

但是苏联所要的秩序并不是单纯地把来自甘肃的军队击败,扑灭各种叛乱,恢复原有的仍然会产生动乱的那种秩序。苏联也不愿意协助甘肃来的军队以武力建立一个回民的统治来代替非回教徒的汉人的统治。建立积极而永久的秩序必须开辟发展及进步的余地,消除过去逐渐形成对立最终酿成叛乱的不平等情况。如果简单地以苏联的统治代替中国的统治,则叛乱的根源依然存在。

所以苏联的利益在于促成一种稳定的社会形式,尽量消除以武力控制其他民族、宗教、文化或经济活动的做法,并开始建立省内各利益集团的平等的、比例合理的代表制。显然,被援助来恢复秩序的还是汉人,因为省内已经平定,其统治者仍然是汉人。我们不知道是哪一派汉人得势,也不知道他们的组织。但看起来是一个旧统治阶级、东北军人及过去没有显著参与政治活动的地方人士的大联合。①

至于恢复秩序的方法,我们知道苏联曾供给军火,甚至飞机。② 而且,苏联军队曾以阿尔泰军队的名义开进新疆。③ 由新疆汉人招募的白俄部队仍继续服务,④而这种人不会迅速布尔什维克化的。所以这个军事行动也是一种联合行动,目标也不是造成一场迅速而且深刻的革命。⑤

秩序恢复之后,苏联军队立即撤退。苏联军队没有留在新疆来一个日本式的征服,这里面有其他的意义。以中国人为主体的联合,在恢复秩序上不能完全靠武力。已经恢复的秩序也只能用清除严重不平之事的办法来维持,否则叛乱又会发生。

---

① 建立联合的盛世才是东北籍的军人,但是他并不是与从东北退入西伯利亚的东北军队一同入疆。他在南京国民政府下任职多年。他到新疆去的任务原是协助训练新疆军队的。
② 赫定前引书。
③ 同上;戈德曼(Goldman, B.):《穿越亚洲的红色道路》,1934 年。
④ 赫定前引书。
⑤ 同上,第 184 页:"当我们问为什么红俄和白俄可以一起合作时,一个体形强壮,金黄头发的人回答说:'为什么,当我们有了共同的目标的时候,我们就可以和平相处。'"

这样造成的改革之一是各民族间较大的平等。① 政府官员是依才能选任,而且各族的人都可以像汉人一样地被选任。② 为了帮助他们参与公共事务,要广泛推动教育。③ 而过去,回族和蒙古族的教育只限于宗教,汉人也只需要训练一些翻译来传达政令。④ 过去各族民众之所以受压迫——不仅被汉人,而且被他们自己的王公、酋长、活佛、伯克、巴依、地主等——是由于其知识的贫乏。可以想见,今后会出现一个迅速而广泛的民主化运动。

　　还有,因为这些改革是进步的,受到苏联政策的支持,苏联没有利用其势力对新疆进行帝国主义的统治,对苏贸易仍然在促进这种进步,其总的结果不是苏联强加过来的控制,而是新疆自己向苏联的靠拢。这就是我说过多次的"反式联合"现象。⑤ 苏联势力因此扩张到其边境以外,这不是一个用力量夺取的过程,而是苏联政策所鼓励的民众行动的结果。新疆没有在政治上或经济上归属于苏联,但学会了如何帮助自己,他们自愿地要寻求更紧密的合作。

　　如果这种倾向苏联的趋势与外蒙古一样地遇到汉族欲来征伐的事情,则新疆或不免公开与苏联联合,其结果将与外蒙古的情况类似。但是,日本对中国的侵略阻止了这种发展。中国放弃了"亚帝国主义"的政策,中国本身也开始向苏联接近。苏联也以经新疆运送军火的方式,援助中国保卫自己的独立。这一条生命线因为大半寄托在回(甘肃与新疆的回族)、汉关系的融合上,中国自然不会再来压制回民。⑥

　　广义地说,这些现代的变化也可以联系到中国在中亚的历史。草原

---

① 赫定前引书,第246页。
② 消息得自一些穆斯林朝圣者,他们绝大部分都是吐鲁番人,曾穿越俄罗斯到过麦加。1937年初,我在一艘从希腊去埃及的船上遇到过一个这样的人。
③ 盖群英(Cable, M.):《新"新统治"》,1938年。很明显,这是1936年的情形,尽管文中没有日期的记载。
④ 拉铁摩尔:《中国新疆》,1933年,第112页。
⑤ 拉铁摩尔:《日俄关系》,1936年,第534页。
⑥ 拉铁摩尔:《和服与头巾》,1938年。

的周期性崛兴,间之以中国的统治及绿洲的崛兴,这种模式是与草原和绿洲生活之不能协调有关系的。在草原经济与汉族及绿洲农业经济之间是混合与粗耕经济。草原居民、汉族、绿洲居民都不能向这种混合经济"进化",因为这种混合经济乃是立于单纯经济制度上的社会的"退化"。由于同样的理由,各种社会形式的内在的困难也阻止了中国机械化工业的兴起。然而,只有工业才能联合这些不同的经济形式,以建立一个更高级的社会结构。

我们可以说,汉人在中亚统治的结束代表着旧式绿洲崛兴循环的完成。但是,继之而起的并不是原来那种草原崛兴的反循环,而是一个完全不同的统一现象。其规模比过去历史上的任何循环都要大,并影响到草原、绿洲和中国内地。在这个新阶段中,苏联势力的侵入可以大略比之于昔日西部草原少数民族的侵入,①当然这只是一个大略的比较,因为苏联势力之进入蒙古、新疆及中国内地不是凭武力进入,而是由受其影响的民众所引入的。

按:在讨论蒙古的一章中,我试图尽可能利用直到最近的历史记录。但是在这里,要一直写到今日苏联的政策却不可能。因为 1939 年战争形势从亚洲扩展到欧洲后,苏联政策已有改变。这是很明显的事情,不过尚不知其详情。

1940 年 1 月 2 日《纽约时报》登载了其驻华记者德登(F. Tillman Durdin)的一则消息,其中写道:"与苏联在新疆的控制并进的有物质进步及政治现代化……有一个省参议会作为政府的顾问机构,各民族也派代表出席各种全省性会议。"

有一篇未署名的德语文章叫《中亚政治》(1939 年 2 月在维也纳及北

---

① 拉铁摩尔:《中国新疆》,1933 年,第 119 页。

平发表),被《皇家中亚协会杂志》(1939年10月号)的《俄国对新疆的控制》一文引用,其颇为不快的形容:何以"俄国跑进来运用他的阴谋和权力"。但是,它也提到日本派到新疆去的回教"先知",并提出其中三个名字。文中对于"反帝阵线"似乎存有一些公正。德登说"反帝阵线"在新疆是占有优势的。

同时,新疆的情况和蒙古并不完全一样。在这两个地方,日本的推进及威胁改变了他们的政治倾向。他们在其他情况下是不会接受和苏联亲近的主张的。他们和苏联的接近,是被事实所迫,并非是苏联思想及宣传引诱的结果。

蒙古与苏联的接近,使苏联的思想及政策可以在一个同类民族,同一经济中,广泛而均衡地发展。而在新疆,受其影响的人语言不一,宗教不同,各自有着不同的经济制度。苏联思想及力量的影响自然不会平衡。中国和苏联都需要以多种方法,处理众多民族。因为中苏两国的当前问题是要在一条辽远而困难的路上运输军火,可以预料,中国的统治及苏联影响的渗入都必须争取尽可能多的民族、区域及政治团体的支持。

第七章　西　藏　高　原

地理因素

  许多世纪以来,沿着北方长城边疆,中国不但抵御外来的侵略,也限制自己的人民向外发展。因为汉族过于深入草原环境时,就会与中国分离。相反地,在南方,无论怎样发展,汉族都不会与中国分离,而只能为中国增加新的土地,并逐渐同化吸收当地的居民。① 这个过程并没有结束,在云南、贵州等省,特殊民族仍然很多,他们的经济与社会表现出趋向汉化发展的不同阶段,但他们仍保持其固有的语言和某些独立的部落。所以,南方是一个开阔并有无限深度的边疆,而北方则是一个想要关闭却未能真正关闭的边疆。位于中国西南部的西藏则是第三种边疆地区,它的历史是受那个难以逾越、无法侵入的地理环境特征支配的。

  西藏那片高原分隔着中国和印度。它也是流入中国内地的长江与

---

① 丁文江:《中国如何形成自己的文明》,1931 年,第 10—11 页;在周代,汉族没有深入长江以南,他们在秦朝才向前扩展。四川的"中国化"是在汉朝(前 206—公元 220),广东是在唐朝(公元 618—907),福建和江西是在宋朝(960—1279),广西、贵州和云南在明朝(1368—1644)。

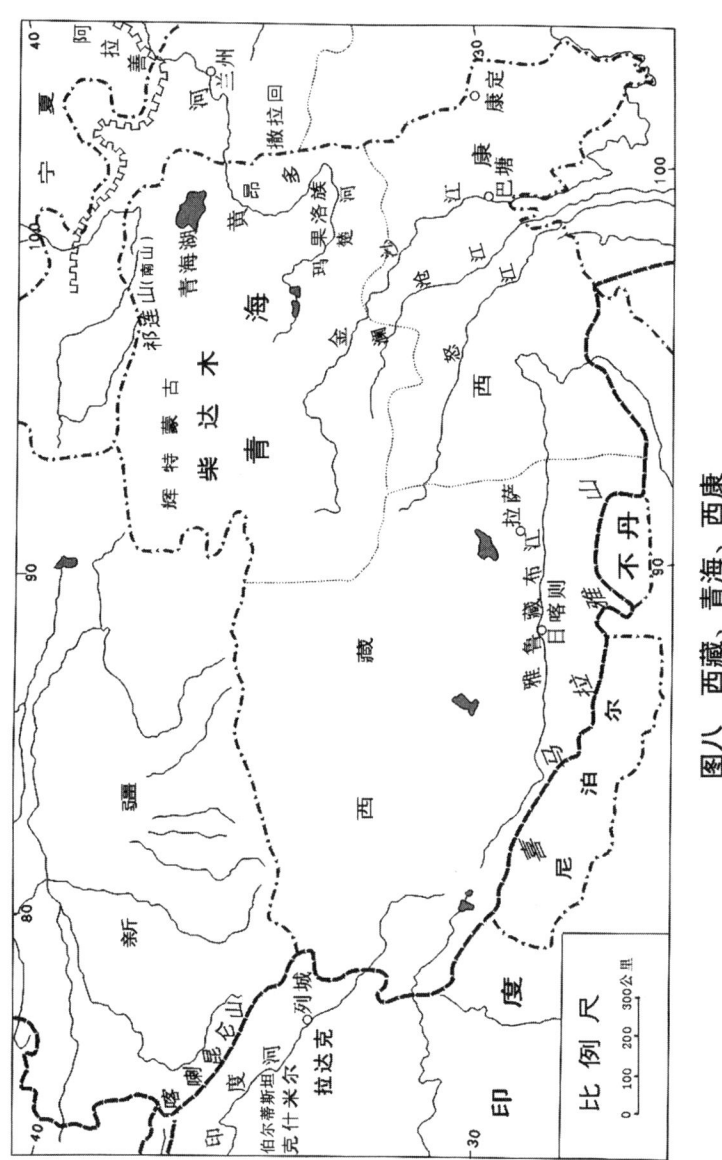

图八 西藏、青海、西康

黄河、流入印度的印度河与布拉马普特拉河、流入暹罗的湄公河、流入缅甸的萨尔温江的发源地。① 这些主要河流的上游直伸入西藏内部。还有

---

① 关于人文地理学及山志学的概要,参考格勒纳尔:《亚洲内陆》,1929 年。

许多较小的河流发源于高原的边缘。像那些大河一样,它们穿过峡谷,从高原流到低地。沿这些峡谷往来不是容易的事情,但其间有些地区也相当开阔,可供农耕。有的山谷有足够的雨量,有的则必须引水灌溉。①

作为供人类居住的西藏地区有如下述。它的中部是一片很高的高原,一部分是山,一部分是原地或起伏地。它的气候是介于干旱与半干旱之间,雨水被阻隔在四周俯瞰低地的群山之外,在中部起伏地的周围有许多河流(东部及东南部最多)从高处流下,可供农耕。但耕地没有连续大片的,它不过是大片山地周围的许多"袋"状地,一个个镶嵌在那个人类无法生存的大高原的周围。其五分之四的垦殖地区散布成一个弧形,从拉萨西部雅鲁藏布江河谷到东部,再绕到东北部的甘肃边境。② 交通非常困难,不论是邻近山谷之间还是横越中部高原以达远方山谷,都是一样艰难。

在中部高地有一些草地,可以支持游牧,但是其中很少有能与蒙古相比的草原。③ 每一片草地几乎都可以由一条或数条切开西藏边缘山地的河谷进入,所以除了游牧民族间的接触,中国及印度的社会、西藏外围的河谷居民及其内地,都与这里有社会接触。这种文化、经济及社会往还的汇合,使西藏中部成为来自远方各个地理区域及不同社会势力的集合点。

在西藏边缘的河谷居民大多——如果不是全部——可以说是非严格意义上的西藏人,这是从政治和语言等方面而言。在比较根本的意义上说,他们是一些"袋"中社会团体。他们起源于中亚、印度、黄河流域、中国西南部的长江森林区、缅甸边境,现在却从西藏高原的壁窗中俯瞰他们过去的土地与乡亲了。他们住在一种被山岭而不是沙漠包围的绿洲中,与印度、中亚、黄河流域建立于灌溉农业上的社会有联系,尽管这

---

① 格勒纳尔:《亚洲内陆》,第366页。
② 同上,第364页。
③ 同上,第365页。

种联系很脆弱而且古旧。通过伸向四川及云南的河谷中,他们也与古代长江流域的傣及其他部落有联系①,这些部落的后代现仍然以森林农业(比真正中国式农耕粗放得多)、狩猎以及与草原游牧不同的一种畜牧方法为生。

西藏人的社会起源

要说明像西藏民族这样散漫而血统复杂的民族的历史特点,我们需要用功能分析的方法。这些人最初为什么并如何迁徙到通向西藏各河谷的"袋"中来?他们又为什么并如何从河谷又迁徙到内部的高原并发展了必要的畜牧技术?在对环境的社会适应过程中,又引起了什么样的社会及政治发展?

山地居民,特别是当他们分裂为小团体时,时常会被看作由较强的部落逼迫到遥远山谷中的"难民",这并不一定完全正确。要想知道它的真正情况,我们必须先考察其社会结构。

例如,在草原的边缘地区,当农业进步代替了游牧社会时,原游牧社会中有些人会就地改事农耕,并被农业社会所同化。这些人一般不是原游牧社会的首领而急于"提高他们自己的地位"。相反,他们通常是原游牧民族中最弱最穷的、在游牧经济活动及游牧社会组织中没有什么特殊权益的人。而原来有钱有势,拥有大群牲畜,而且手下有人替他们干活的人,多半带着他们的家人部属远走,撤退到农业社会统治力量所不及的远方草原地带。② 至于游牧首领所提倡的农业,是一种附属农业,他们喜欢在武力监督之下,令外来的农民耕作。这种农民与居统治地位的游

---

① 关于西藏与云南边界的问题,约瑟夫·洛克(Joseph Rock)博士研究了很多年,可能在年内发表,应能极大丰富对这一地区的认识。其他有关中国西藏关系的参考书:柔克义:《喇嘛的土地》,1891年;格里高利(Gregory, J. W.):《中国西藏的阿尔卑斯山》,1923年;史蒂文森(Stevenson, P. H.):《中国—西藏边陲》,1927—1928年;《汉藏边境人文地理研究》,1932年。
② 拉铁摩尔:《中国新疆》,1933年,第115页。

牧民之间有很大的社会差别。①

上述情况可以让我们用来对比那些向深山"撤退"的居民的情形。我们可以假定，原来在山脚下的社会，受到内部变化或外来侵略的影响，发生了巨大变革。而反抗新秩序最卖力的人，正是其本身利益依托于旧秩序、在新秩序中损失大于所得的人。这大概就是领导向深山"撤退"的个人或阶级，他们也带着部属远撤，以维持他们所要维持的本身的地位。换句话说，这个"撤退"是代表着一个旧民族或旧社会在新民族或新社会之前的退却，同时却又代表着"撤退"团体的统治者的胜利。他们保存了本身的利益和地位，而不管他们所离开的地方会有什么样的社会变迁。

这就是西藏周围河谷中早期历史的特征，这可以由过去西藏境内保留的旧社会形式（如一妻多夫制及母性社会制度），和西藏社会的地方统治者，不论是贵族还是宗教领袖，都对其部属施行强力统治的事实来证明。

我这里所述只是一个梗概，因为缺乏早期历史材料和对西藏社会的特殊经济及社会的全面研究，我们不能说得更多。但是，大概地讲，我们可以很自信地假定一种历史过程：为了躲避其所敌视的社会变迁，以求适应新的环境，并在社会结构变化中维持他们原有的地位，他们必然要经历艰苦复杂的变革。由于这些变革，高原周围各地就进入了其自身发展的进程，而这些进程终于汇合为西藏的历史。

西藏的农业与游牧业

西藏农业不是本地起源的，它只代表了其他地方形成的农业制度向艰苦地区的推进。它的"原始"形态大半是由于其农具之简陋、收获之贫乏以及人民之穷苦而造成的技术退化。

---

① 参考本书第四、五章。

同样,西藏高原的气候和植物情况也不构成畜牧技术自发产生的条件。西藏的游牧民族一部分源自河谷居民,这可以在他们(尤其是东部和南部的人)常常在政治及社会上受河谷贵族及宗教团体的支配上看出来①,如果有机会,他们随时会转变或返回到农耕状态。② 另外,西藏游牧民族的帐篷、里面的火炉,具体而微地表现出在定居社会那种火炉上加盖一个临时住所的样子。③ 另一部分西藏游牧民族则起源于由北方移入的真正草原游牧民族,他们可以在比蒙古草原及甘肃半草原更坏的环境中生存,因为他们已经熟习了游牧经济的技术。真正的草原游牧与类似村落居民放牧家畜的半游牧的混合,也可以从今日散布在西藏北部的已经藏化的蒙古游牧民族中见到。④

西藏的游牧与农耕的关系虽然近似于中亚和蒙古的草原与绿洲关系,但这里也还有显著的分别。大部分的西藏河谷比中亚开阔的绿洲更易于抵御游牧民族的攻击,因此河谷成为权力与财富的中心,其南部及东部的游牧部落也就不可能脱离河谷部落,而只能在他们手下放牧牲畜,不能成为独立的草原势力的部属。只有玛楚河即黄河上游的果洛族(果洛的意思是叛逆)具有这种独立性质。他们对于西藏的独立,也是靠着与甘肃撒拉回的传统的同盟。⑤ 撒拉回的来源和语言都始于突厥⑥,他们也与回民及中国内地分离而自卫。再往北去,柴达木盆地的辉特蒙

---

① 格勒纳尔前引书,第367—368页。很多西藏牧民既放牧牦牛,也狩猎野牦牛,这件事使我们联想到放牧驯鹿是源于捕猎野生鹿的观点。参见哈特:《驯鹿游牧制度研究》,1919年。
② 格勒纳尔前引书,第364页。
③ 同上,第365页。
④ 参见勒里希(Roerich, G.N.):《亚洲腹地》,1931年。关于从蒙古—突厥游牧生活向农业定居生活的一系列复杂转变,以及一部分汉化,一部分藏化的问题,参考施拉姆(Schram, L.):《甘肃头人的婚姻》,1932年。
⑤ 格勒纳尔前引书,第376页。另外,爱克威尔(Robert B. Ekvall)的一项很有价值的研究(《甘肃西藏边界的文化关系》,1939年)清楚地证明,部分东北部藏民认为,山谷居民是"低等"的,而游牧民族是"高等"的。
⑥ 安德鲁:《中国西北的伊斯兰》,1921年,第15—18页。

古①,虽然是 16 世纪征服西藏的蒙古人的后裔,并仍然由草原力量统治,但其地位却日见低落。环境的贫乏使他们不能大规模地发展草原形式的财富,他们也不能如西藏游牧民族那样与绿洲发生联系。

因此,大体而言,西藏的草原经济次于农业经济,游牧民族次于农业居民。边缘上的游牧经济一方面使在各个河谷聚集的定居经济产生各自的差异,另一方面又维持着其间的交通,却不在政治上控制他们。所以,西藏的似绿洲的河谷社会并没有出现像土耳其斯坦各绿洲那样的极端分割状态。新疆中部的盆地及其周围的绿洲,正好与西藏中部隆起的高地及其周围的河谷村落相对照。但是塔克拉玛干却不似西藏高原那样具有联络性、流动性,以及拥有附属性的游牧部落。这一点很重要。不过,在西藏交通线上的移动极为缓慢,例如,从拉萨经巴塘到康定的牦牛商队需时三个半月,从拉萨到拉达克的阿里要 120 天。②

西藏各个分离的社会在内部结构上也不像中亚绿洲那样统一。除了因农业以外的畜牧副业所造成的差异,灌溉及非灌溉农业之间也存在若干差异。就地形说,在拉萨地区这两种农业是交错分布的。拉萨地区便于与许多农业地区联系,它又处在农业集中区与外围牧场之间,更重要的是,它是东北面的中国内地与西部拉达克的转接点,所以成为整个西藏的重心。

不过有趣的是,西藏各散漫部落的政治团结,并不起于拉萨,而起于拉达克③,这个地区一般不认为是西藏本部的一部分,因为它远在西面,在政治上属于印度帝国外围之一的克什米尔。在拉萨建立统治全西藏的王国的人是从拉达克来的征服者。我认为,其原因是灌溉发达的拉达克人在社会统一的进程上比西藏其他部分的人早。这给他们的统治者以较大的权力,使他们有力量对外,征服东部较大而组织较散漫的地区。

---

① Det 一词是"高"的意思——高原蒙古。
② 格勒纳尔前引书,第 370 页。关于从西宁北到拉萨的沙漠路线,参见古伯察、加贝:《鞑靼、西藏、中国旅行记》,1928 年。
③ 弗兰克(Francke, A. H.):《聂赤赞普的王国:西藏的第一个王》,1910 年。

不过,拉达克虽然是征伐的根据地,而拉萨却成了较好的政府所在地,因为它临近于自然中心,拉达克太偏于边界。这与中国的统一很相似。中国的统一战争发起于公元前3世纪,是西北边缘的秦国,其后却有一个把首都移到东部或南部的趋势。① 不过中国这种趋势比之西藏要曲折得多,因为中国建立首都于中部的内部理由,时常被长城边境的军事需要所推翻,在军事上需要一个偏于北方的首都以防御草原方面的侵扰。

早期西藏与中国内地的联系

在拉萨王国建立以后,西藏历史才有了系统的记载。值得注意的是,这些记载显然与公元7世纪一种较晚而且退化的佛教宗派的输入有关。② 西藏特有的喇嘛教并不是直接由这个宗派演变出来的。但是佛教在开始便与政治有关,其后的发展多半只是方法与细则的实施。

因此,西藏历史是晚熟的历史,远后于中国及中亚。西藏高原不是并入中国的边疆,而是中国边疆的延伸,它直到东三省、蒙古、新疆等地已经占有重要地位并开始发展其自己的历史"形态"之后,才加入长城边疆的历史中来。

在甘肃西藏边界上的非汉族,古代一律称之为"羌"或"姜",意思是"牧羊人"。他们是这个地区的少数民族,还没有进步成真正乘马的游牧民族,只有一种包括畜牧、狩猎、农耕及采集野生植物的混合经济。其中有一部分人与汉族同化合并,另有一部分则被挤到西部及西北部的甘藏边界。退到西藏高原来的人就叫作羌。他们一部分继续在边境河谷中从事农耕,其他则从事类似草原的游牧生活。③

---

① 冀朝鼎:《中国历史上的基本经济区与水利事业的发展》,1936年。
② 沃德尔(Waddell, L. A.):《西藏佛教》第二版,1934年,第13—14页及第19—20页。
③ 安特生:《黄土的子孙》,1934年,第242—243页。安特生认为他在甘肃西藏边界上所发掘遗址中,少猪骨而多野兽及牛骨,表示那里有一个晚期的新石器时代居民,是"狩猎及养牛的游牧民族"。但是,他们大概是混合文化的居民,而不是真正的草原游牧人。

其后,公元前2世纪时,汉族时常与散居于由玛楚河经青海及柴达木到中亚甘肃走廊南山(祁连山)地区的羌人发生关系。这些部落因为环境的贫乏,没有能够在人口及实力方面达到真正草原民族的阶段。因此,汉族在应对他们时,主要目标是防止他们与草原游牧民族联合。只要这个目标达到,则羌人对中国内地的威胁只是劫掠而非战争。① 在这个历史时期中,没有整个的西藏问题,只有西藏东北部的问题。

西藏的政治统一

西藏原来分作三部分:一个是东北部,其居民与历史都与甘肃古代半绿洲及半草原地带有关;一个是东部,与古代长江流域的掸族及藏—缅族有关;一个是南部及西南部,与不丹、尼泊尔、拉达克、伯尔蒂斯坦有关。拉萨王国崛起的重要性,是7世纪中叶对这些分裂地区的统一,以促成西藏历史的成熟。西藏每一部分环境之困难,产生许多不利影响,只有长时期的迟缓发展,才能在一个地区完成政治统一,然后推之于其他地区。因此,西藏政治统一的实现不但较迟,而且有一种人为的特征。就其东部及北部而言,这个统一不是自发,而是被迫接受的。

因为这些原因,西藏喇嘛教的历史作用就很显然了。传统的解释是:7世纪中拉萨王松赞干布(可能是他将首都从拉达克迁到拉萨②)从尼泊尔娶了一位妃子(输入了佛教及印度势力),又尚中国公主。③ 这表示当王权建立的时候,其文化是混合型的。

我的看法是,西藏民族生活共同点的形成包括多重历史过程,一般传统的意见对此并不否认,只是过于简单化。在这个过程中,每一个附在西藏边缘上的部落在努力扩展到高原中部或其邻近地区时,都有贡

---

① 参考本书第十五章。
② 弗兰克前引书。
③ 沃德尔前引书,第19—20页。

献。这样多种势力结成的网络,当然是在这些势力的中心地区已经达到较高的发展程度以后才形成的。这种事不是原始群体所能办到的,因为他们尚不能保全并组织其经济资源,社会团结不稳,且活动范围狭小。

到这些孤立的社会已经成熟,能够克服环境的困难,互相联系,协力促进其共同利益时,他们又很矛盾地被其各自发展的独特性——地方性自给自足——所限制。因为地理的原因,这种独特性不可能完全消除,因此就必须建立一个可以容许有限的独立,同时又能补偿这种情况的机构。这种社会又不像中国,它没有一个发达的少数游牧民族,它的农业地区也不像中国那样之互相连接。所以,要想发展一个中国式的国家官僚阶级以凌驾于各个地区之上是不可能的。西藏社会的分离主义不但与土耳其斯坦的绿洲的情形相似,而且更甚于后者。因此,西藏就出现了一个比新疆更强的统一的并具有共同利益的宗教象征。

喇嘛教的政治作用

这就是西藏喇嘛教的重要性。最初,它是世俗国君的工具,用来对付地方贵族的封建势力。寺院是合作的,它可以在每一个地点设立,并渗透到农耕或游牧社会。在这种过程中,它并不屈服于各处的特殊利益,而仍然保留其合作的、集中的利益与特征。它消减了由一个强族或地区统治其他家族或地区的不利局面,因为这种宗教权力的继承是非个人的。在喇嘛教中,如中世纪的基督教一样,教权的目的是取代将权力分给若干世袭家庭的封建办法。即使这种目的至今尚未完全达到,但家族权势已被改变或削弱。因为宗教一经建立,就有力量阻止父爵子袭的原则(不这样它就不能存在)。一个家族即使能暂时掌握教权,它也只能派一个次要成员担任最高教职,这个执掌教权的人不能控制本族的权益,因为他不是家长。所以,他不能集合家族势力与宗教统治于一体。因此,在某种情况下,他的家族利益可以压倒他的宗教利益;在另一种情况下,他的宗教利益却要使他脱离或压制其家族利益。

因为它的合作利益是持续的,同时又不受地方及家族的影响,喇嘛教终于取代了以它作工具的世俗君王。我们曾经说过,较晚的时期,在蒙古也出现教权要超越世俗政权的事情,但其未能真正解决。清朝在干涉蒙古事务时,阻止了喇嘛教的发展,把蒙古政务(分派给王公)和宗教(统一,有权力,但不是最高权力)永久分开,以阻止整个蒙古民族的统一。在欧洲,天主教最初也限制并在相当程度上压制了封建制度中家族权力的承袭。但后来,它统一全欧洲的希望却因优于封建王国的新国家组织的兴起而失败。这个新国家组织并继续蚕食着封建势力的残余和宗教的政治权力。

在西藏,宗教的地位比在蒙古优越。第一,它和拉萨的君王联合,协助西藏国家的建立,联合了许多直到那个时期仍由家族统治而不成国家的散漫部落。其后,它又将国家合并到宗教里来,替代了君王。在西藏,没有新国家组织来替代宗教,部分原因是内在因素——西藏各部落极端散漫,地方组织微弱,以及交通及协同行动的困难。部分原因是外部的,和在蒙古一样,西藏历史达到这样一个发展阶段时,就停止不前了,其理由也和在蒙古一样,是中国的边疆政治。宗教在一个固定不变的水准上维持其在西藏的既有优势,因为它对外和清朝的国朝利益及其已安定的边疆社会之利益相符合。

这是西藏宗教发展阶段的概述。事实上,我不相信可以把西藏宗教历史的每一个阶段分开来详细研究。有若干问题还不能详细解答。这不仅是因为关于喇嘛教功能与性质、它的发展与成熟的详情知识还不够,也是因为我们还不能深切了解西藏整个社会的构造及其功能。要获取这许多特殊的知识,我们必须再研究西藏经济的各个部门、西藏各个部落间的差异,特别是要了解那些阻碍统一而又被压制了的特点。这种研究在西藏尤其重要,因为关于这些问题的文字记载太贫乏了。

藏人对中国西部及新疆的占领(8世纪)

首先一个问题(提出问题比解答问题简单)是7世纪拉萨王国建立后的迅速发展。到了8世纪,藏族已经强盛到可以侵入中国西部及新疆。在西部,他们接触到以巴格达为根据地的阿拉伯帝国。[①] 这样广大的西藏疆土是怎样开拓的？为什么其发展仅限于向北及向西？其政治力量集中在最东南,那里的环境能够容纳最多和最密集的人口。但是他们却不从这个根据地向南方的印度发展,而越过他们领土中最荒凉、最困难的漫漫地区,向中国西部及中亚发展。

这些问题的答案只能是推测的。我们可以假定其原因是在西藏方面的而不是在中国或中亚方面。拉萨发展为一个都城,它集中了西藏的大多数重要群体的政务,把他们从类似绿洲的孤立状态提高到一个简单的国家水平。但这个新国家不能稳定在这个水平上。不向外发展而求稳,则必然要采取对内征服的形式,以一个地区压迫另一个地区。这样所引起的反感,再加上各地区难于克服的地理孤立,就可以导致这个新国家的分裂,把国王从他刚刚获得的凌驾于各地家族之上的统治地位上推倒。这个国家需要以扩大征服活动及范围的办法,让各地区也获得利益,以补偿其被压制的损失。

这种必要的征服活动却不能南向印度或喜马拉雅山麓。因为一个小的军事国家固然可以拉萨为根据地,翻越喜马拉雅山进行有利的出击,然后再退回山后以自保,但它不能保证其间受到西藏内部各地攻击时自身的安全。另外,西藏北部和东北部的居民尽管不多而且分散,不能成为统一西藏的中心,但他们却据有地理优势,可以乘拉萨的君王不注意时,攻击其统治下的其他边境藏族。就是说,拉萨所造成的联合,必

[①] 参见斯坦因:《中亚及中国西端调查报告》,1921年;及《中国沙漠中的遗址》,1912年;弗兰克前引书,第110—111页。

须把北部及西北部的边远藏民也拉进来,并驱使他们向中国西部及中亚扩展,使他们参加对外侵略,从而补偿他们屈服于拉萨所造成的损失。

这一分析可以解释拉萨的兴起,并解释为何不是由拉萨,而是由距拉萨最远、最不方便的地方发起对外扩张的问题。对那些边远藏民,只有用使他们为征服者的方法征服之,而不能把他们关闭在一个"西藏国"中,因为地形和交通太困难了。不过,这种地理上的困难,却不能阻止人数虽少却拥有拉萨的财富及人力作后援的北部及东北部藏族向新疆绿洲及中国西北半绿洲地区的入侵。那里每一个绿洲的范围与势力都很小,用小部兵力即可征服。而藏族自己的地势又有难于被敌人反击的优点。所以,到 8 世纪末,藏族统治了吐鲁番并控制了整个新疆南部,他们也是甘肃绿洲及半沃洲的主宰,并曾一度侵入中国传统的都城长安,虽然他们不能长久地占领那里。①

在这一时期,西藏的早期佛教经莲花生的改造而成为初期的喇嘛教。② 上师自克什米尔经拉达克入藏。这件事实可以支持我们的拉萨王国本以拉达克为根据地,后自拉达克移都拉萨的看法。并且,这个时期的佛教势力是从土耳其斯坦诸绿洲及印度传来的,已经很能适应西藏的政治发展。寺院佛教在一个宗教的社会中,可以连接地域上孤立的社会团体,利用在各地拥有财产的寺院来管理,把它们团结起来。

喇嘛教早期的支配地位

9—11 世纪是一个低潮的时期,藏族被逐出新疆,③这主要是回鹘及

---

① 富克斯:《吐鲁番地区唐和唐以前的对外关系史》,1926 年;赫尔曼:《公元前中国的西域诸国》,见赫定:《西藏南部》,第Ⅷ卷,1922 年,第 271 页(依据沙畹:《中国地图绘制的两个古代样本》,1903 年)。
② 施拉京特魏特(Schlagintweit, E.):《喇嘛教创始人印度僧莲花生传记》,第Ⅰ部分,1899 年,第 422 页;第Ⅱ部分,1903 年(他在印度);沃德尔前引书,第 24 页。
③ 参考斯坦因:《中亚及中国西端调查报告》中的参考资料;富克斯前引书。

其他突厥游牧民族兴起的结果。这些民族以草原为根据地,自然比以寒冷高原为根据地的藏族更易于控制绿洲地区。同时,西藏内部也有政治变化。原先北部藏族的对外发展是有南部支持的。这两部分藏民要保持联系,必须要越过中部那一片空旷地域。但在这个时期发生了一个分离运动。拉萨的藏族根据自己的势力范围重新调整了自己的疆界,而北部较小的集团——蒙古人叫他们唐古特,汉族称他们为党项、夏——则只能独立应付其东边的汉族和北边的游牧民族。他们占据着中国西北部的一个地区,若干世纪以来这个地区没有完全被汉族或草原民族统治。

在西藏社会及政治史上,这个时期非常重要,虽然我们对其发展过程还不能详知。藏族从新疆退出后,带回了许多绿洲宗教的影响,并将其合入已经很复杂的喇嘛教中。同时,寺院财产和权力的增加已经威胁到世俗政府。10世纪,在朗达玛赞普(喇嘛教认为他是邪恶的转世)统治下,发生了一个宗教反抗运动。① 对运动的镇压没有成功,寺院没有被毁,相反,被推翻的是王国,它分裂为许多小国。这种分裂是本应出现的,只是因8世纪以来征服西藏北部及向中亚和中国西部发展而被延缓。

自此,宗教在西藏的地位就超越了分裂的各邦。但是,它的权益虽然比任何邦国及贵族势力更普遍地散布于西藏民众中间,而宗教本身还没有在"教皇"的等级体制下统一起来。散布各地的寺院比其面对的众多邦国更能够一致行动。也许这个集权的宗教国家的形成,不全是西藏内部演进的结果。这里我们必须记住:西藏历史虽然以记载宗教事件为主,但历史的真正演进要更加深刻。这个时期是整个亚洲内部的重要转型期。一般说来,草原游牧民族正在崛起,但他们还不能完全征服绿洲及其他过渡地区。因此,基于这种中间地区的,像回教及喇嘛教这种宗教的解说历史,反映了演变、适应,以及在若干中间地带社会建立政治统一的企图。这些社

---

① 沃德尔前引书,第35页。

会在若干方面是互相一致的,而在其他方面却截然不同。

在 11 世纪中,喇嘛教产生了一个伟大的改革运动。传统的说法认为这是由于印度和克什米尔来的圣人(例如建立噶当派的阿底峡)努力的结果。① 宗派分裂的趋势造成了各个敌视的教权与各个敌视的世俗君王的联合,但这种趋势又被建立最高教权的努力所遏止。

这个时期回教已侵入新疆绿洲及中国西北部的过渡地区。草原及绿洲社会间的争执打破了草原民族普遍信教的可能,也阻止了中亚的绿洲及草原在回教领导下的永久结合。回教在游牧民族间的成功,只限于受东部及西部绿洲影响最深的西域及准噶尔草原。但是在绿洲中,它摧毁并替代了佛教、摩尼教和景教,以强力的方式改造其信徒的信仰——包括各地的宗教团体在内。

这些没落的宗教在甘肃及宁夏的次绿洲地区,在中国内地的贸易中心,也有同样的表现。这些宗教的信徒有一部分改信回教,但是,由于当时藏族在新疆及甘肃的政治地位,我们可以相信有一部分宗教团体是托庇于藏族保护之下的。它们也贡献了许多教义、仪式和哲学思想,成为喇嘛教的印度改革者们依托的内容。这件事说明,这个喇嘛教的改革在一定程度上是对回教的反改革。于是,一个大致的范围就建立起来,新疆的绿洲是回教的,而蒙古草原及西藏高地是非回教的。在这两者之间,一片双方都不能完全统治的地方是甘肃、宁夏和陕西的北部。这些地区的信仰有的像绿洲,有的却像草原。

蒙古势力控制时期(1206—1700)

上述发展为后来西藏在蒙古势力控制之下的历史做好了准备。成吉思汗于 1206 年及 1226—1227 年进攻并征服西夏党项(北部藏人)。

---

① 沃德尔前引书,第 35 页。

这时候的西夏统治着一个极大的、建立在农业及畜牧业基础上的国家。它的范围从西藏东北部直到宁夏和阿拉善的群山,包括许多种族、语言和宗教不同的民族。到 1270 年,忽必烈汗——成吉思汗的孙子、中国皇帝——与若干蒙古大君主决定了西藏的臣属地位,封萨迦派的教主为喇嘛教主,并兼任西藏的最高世俗统治者。①

在政治上,西藏的教主自始即为外间君主的代表,这就把区域政治变成了宗派政治。一个新宗派的兴起通常表现为一个地区势力的增加,如果其增加的力量很大,这个宗派就有可能控制整个宗教。因此,掌握宗教统治权的教主,往往要阻止西藏内部的这种变化,以免使某些地区及其所代表的宗派发展成过大的势力,产生过大的影响力。其中最简单的办法就是依赖于西藏以外的势力。换句话说,教主乃是西藏内部停滞不前,及外在帝国势力控制西藏的象征。

虽然这个制度在忽必烈汗时代已见实施,但尚未成熟。因为从 14 世纪到 17 世纪,不存在一个能够统治长城以内的中国内地及长城以外的草原的帝国。1368 年元朝灭亡后,西藏宗教随即发生分裂。各个宗派均要求其独立地位或优先权。每一个宗派都有一个著名的寺院领导,而这些寺院事实上又是所在地区的政治"首都"。② 有一些宗教党派和明朝交往,以求护佑,另一些则趋向于与在草原上占优势的蒙古民族建立联盟。

在明朝(1368—1644),汉族政治势力差不多完全自宁夏、甘肃及西藏北部的边区退出。他们和西藏,特别是拉萨的交通,完全依赖于四川及云南的道路。至于蒙古民族,他们已经分裂成西(厄鲁特)、北(喀尔喀)、南(鄂尔多斯—土默特—察哈尔)、东("满洲")各方的部落联盟。这

---

① 沃德尔前引书,第 38 页。
② 这些变化在沃德尔对藏族教会历史的说明中可以隐约看出,但是沃德尔没有用我在这里大致使用的解析和比较的方法。我尝试将藏族复杂历史压缩的做法是一种必要的理论手段。参考希治里恩(Hilarion, O.)《中国与西藏关系史概要》,1910 年再版,第 262—264 页(俄文)。他表明在清朝初期,中国政策是扶助很多红教当权者个人,同时蒙古的影响,随着宗喀巴的改革运动,促成了黄教在达赖喇嘛领导下的霸权。

种形势使西藏北部(安多)、甘肃及宁夏地区变得特别重要。这个范围包括西藏牧场和甘肃及宁夏的半绿洲与半草原地区,其居民包括藏族、蒙古族、汉族和回教徒,他们没有建立一个强大独立国家的团结性及条件,但是他们拥有一片诸方争夺的土地,一个可以建立包括西藏、中亚、蒙古草原和中国内地的大帝国的枢纽地区。

伟大的宗教改革家宗喀巴就来自这个地区。[①] 15世纪初,他创立了黄教,由此发源了现代西藏教主承继的两大系统——扎什伦布的班禅喇嘛和拉萨的达赖喇嘛。这个宗教的传统并未以宗喀巴的生地为其主要背景,而将其联系于拉萨附近的三大寺:甘丹、哲蚌、色拉寺等。这一宗教改革的结果之一是压倒了从印度输入的南部佛教的影响,而加强了自7世纪即盛行于中亚的佛教、摩尼教和景教所产生的北部宗教的势力。这些北部的宗教势力,曾受到10世纪西夏所具有的、并一直传到宗喀巴时代的各种宗教仪式的影响。这说明宗喀巴的宗教胜利并不简单是拉萨从西藏的北部输入的结果,而是反映了在拉萨及其控制区以北的一个新的区域的崛起。

16世纪及17世纪的蒙古历史可以证明这一点。蒙古民族信仰喇嘛教的热忱,自1367年元朝灭亡后即渐趋灭退。喇嘛教在蒙古的"复兴"是16世纪绥远—鄂尔多斯地区土默特蒙古的俺答汗努力的结果。这并不是一个单纯改教的结果,鄂尔多斯土默特蒙古与西蒙古(厄鲁特,其后为厄鲁特东翼或准噶尔)是政治仇敌,鄂尔多斯土默特部在扩展到今日的宁夏,并推向甘肃及西藏时,企图攻击西蒙古的侧翼。在这个过程中,他们开始信仰喇嘛教,企图在政治上利用它。这样,西藏,特别是西藏的东北边境,就更形重要了。[②]

[①] 沃德尔前引书,第38—39页。
[②] 这一部可与萨囊彻辰的编年衔接。萨囊彻辰因出现错误而遭到批评,而施密特的翻译,尽管在当时(1829)很有名,但也不理想——因为他没有在第六本书的开头给妥懽帖睦尔(元顺帝)的悼词以韵脚润色。但是萨囊彻辰有很特别的价值,他完美表达了他几十年草原贵族生活中的浪漫,并且让人们明白那个时候的方式和风格。

在这些部落战争的过程中,领导权最初由鄂尔多斯部转移到控有内蒙古中部的察哈尔部,然后又转移到西蒙古。① 到了 18 世纪,在西蒙古与北蒙古喀尔喀部的战争中,其控制之权却落在满人手里。所以,自 18 世纪起,满人把他们在中国的内蒙古地区的统治向蒙古北部及西部推进,这就发展成其对西藏的统治。清朝的疆域最后在 18 世纪征服新疆而进一步扩充。②

清朝统治下的达赖和班禅之地位

在第五世达赖喇嘛之时,正当西蒙古控制西藏,西藏的内部机构完全是清朝所核准及规定的最后形式。实际上,五世达赖是头一个具有完全大法王地位的达赖喇嘛,在他的地位确定后,他以前的四位才被追赠同样的封号。③

达赖喇嘛的统治权可以很简略地说明如下:它不代表拉萨权力向全西藏的扩展。相反地,它反映的是北部藏族势力向拉萨及其他重要藏族聚居地区的延伸。北部藏族虽然人数较少,但战略地位很强,他们先与蒙古族联合,之后又和征服中国的满族携手。达赖喇嘛的大法王地位,因为扎什伦布的班禅喇嘛任第二位法王的确立而有重要变化。班禅喇嘛的地位,在某些方面,被认为比达赖喇嘛还要神圣、崇高。④ 关于这件事,有一个神秘的宗教方面的解释。不过,其真正的解释也许是在 15 世纪,当北部藏族的势力开始进入南部时,扎什伦布地区的寺院领袖们和北部藏族建立联系,取得了相当高的权利地位。北

---

① 参考本书第四章。
② 库尔唐:《十七到十八世纪的中亚:卡尔梅克帝国还是满族帝国?》,1912 年;杜曼:《十八世纪末清政府在新疆的土地政策》,1936 年(俄文)。
③ 沃德尔前引书,第 229—232 页。
④ 同上;而另一方面格勒纳尔(前引书第 376 页)指出,实际上班禅喇嘛是很重要的,因为他控制着一个单独的领地,之所以暂时略次于达赖喇嘛,"只是因为他的领地稍小了点"。

部藏族和扎什伦布的藏民携手夺取首都拉萨,这与满族和若干黄河流域的汉人携手,征服中国内地,建都北京的情况很类似。这种类似还可以更进一步看到,由于清朝在北京建都,遂使东北降为行省,而拉萨的宗教首都的建立,也把过去占优势的西藏北部降为一个地方区域。

由此,我们可以看出运用喇嘛教的西藏内部统治机构的主要特点。教主"转世"继承制度的政治作用要比宗教作用大。达赖喇嘛和班禅喇嘛及其他活佛所用的转世制度,是选择实际掌握政权的人并确定宗教领袖的根据。这个制度是以藏人统治藏务,有可能发展裙带关系,以便将宗教机构掌握在有实权的家族手里。但另一方面,外来的帝国统治,特别是在清朝,却在推动宗教机构的非个人化,它选择小孩做教主继承人,而且选用不重要家庭的孩子,使他不能利用其新的地位来建立新的地区或贵族党派。①

当然,这种制度绝不是在历史中突然出现的,而是一个进化演变的结果。西藏教主承继的早期形式,远在达赖和班禅承继法的规范化之前就可以看出来。② 另外也存在自早期保留下来的不同形式。在一些寺院中,宗教承继还依然是世俗家族的事务,这种方法是利用宗教来确保世俗的贵族统治。③ 这种例子在蒙古和西藏都有。④ 但是,一般地说,清朝在蒙古和西藏都成功地控制着部落与地区的权力变更过程,使之停滞于一个固定状态。在外边疆社会中,是由皇权所规定并支持的特权阶级主持,其政治目的是维持一个平衡,既不令边疆压迫内地,也不令任何利益团体越出中国内地而进入边疆的旋涡,使汉族的发展不超出所认定的他

---

① 《卫藏通志》(1896年,第五卷)及《大清会典》(第七三八卷理藩院13)都记有清朝禁止选王公子嗣做活佛的规定,以及如何用金瓶掣签来"选择"达赖喇嘛、班禅喇嘛及其他转世活佛的规定。掣签之前要由教会权威选出一组候选人,掣签的手段使朝廷在进行选择时减少私怨矛盾。
② 忽必烈汗所提名的西藏至高教主,是由侄子继承的。见沃德尔前引书,第38页。
③ 同上,第233页。
④ 拉铁摩尔:《满洲的蒙古人》,第256页,引用《大清会典》卷七三八《理藩院13》。

们的地理环境范围,以免有害于帝国的平衡。

近代中英权益在西藏的冲突

这种停滞可以永远持续下去,不过,在西藏和在蒙古一样,这种人为的停顿不是绝对的。例如贸易就可以侵入并破坏官方所维持的经济及社会秩序。但是,最后产生新形势的还是西方帝国主义之侵入中国,影响了清朝衰弱的内在的"自然"变化,造成了一种中国前所未有的历史。

这种新形势的内容之一就是已经讨论过的"亚帝国主义"的问题。军阀政客不能在正面阻止西方帝国主义的政治及经济自条约口岸及沿长江侵入,就把这种压力的一部分转移给内陆边疆。① 他们采取了一部分西方办法,取得了早期汉族所没有的力量,并将他们自己曾蒙受其苦的一些做法施之于更软弱的人们。于是东北地区旧日满族及蒙古族聚居之地和辽河下游的"汉边",就被改为辽宁、吉林和黑龙江三省;内蒙古改成热河、察哈尔、绥远和宁夏四省;西藏也建立了邻近甘肃的青海省及邻近云南和四川的西康省。这两省形成了一个"内藏"地区,与内蒙古相似,而拉萨所统治的"外藏"则与外蒙古相似。

在东北地区和蒙古,汉族的新的发展要和活跃的日本及俄国帝国主义竞争。在西藏,汉族的活动是要置"内藏"于中国直接统治之下,使当地部落汉化,同时推行汉族移民。这种活动在"外藏"与正在印度的英国帝国主义发生了冲突。对这个问题需要单独加以研究。

印度各地的种族、语言、宗教、气候、农耕的方法,直接及间接施政的方式,虽很是不同,但是在英国的统治下是一个整体。在征服印度的时候,英国逐步推进到一个弧形的内陆自然边界。在达到这一条边界之前,每一次政治权力和土地的获得,都是一种有利的积累,逐步扩展一个

---

① 拉铁摩尔:《中国与蛮族》,1934 年。

第七章　西藏高原

帝国,并有一个自然的中心。但达到了这个边界之后的发展,就出现不利的东西了。因为它会演变为脱离中心的分裂势力。在这一点上,印度的内陆边疆很像中国的长城边境①,它必然分成两个不同的部分,一个是西北边疆,另一个是东北边疆。

其西北边疆极像中国的长城边疆,包含诸如"内蒙古"那样的许多部落及小邦,也就是说分作两类,统治较严的和统治较松的两种,这种情况一直到达都兰边界。② 在都兰边界之外,则是类似外蒙古的阿富汗。俾路支在其侧翼,如同满洲位于内、外蒙古的侧翼一样。英国为防止内外部落联合,推行部落等差政策,并可以避免直接征服与统治所付出的不利代价,这极近于中国的长城边疆政策。不过其不可克服的困难也是一样:在统治内部各部落时,英国根据各部落的功能选择并保护其酋长,但因这种功能是受一个外在主权的保护与支配,它就会产生蜕化。③ 结果是,本来想要的稳定却变成两种政策的交替使用:一方面要进入部落地区,以便纠正酋长们的不能忍受的恶政;另一方面又要从中撤退出来,以避免支付永久占领的代价。

沿印度东北边疆的情势却不相同。由陆路侵入印度的通道在西北边疆,而在东北,分隔印度与中亚及西藏的高山既高且险,没有在军事上被侵略的危险。19 世纪末,在帕米尔高原、喀喇昆仑山及西藏探险的诱因之一,就是怕那里有一条可供炮兵及运输车辆使用的通道。④ 这种恐惧消除之后,东北边疆可以说是死的,而唯一的要求就是要维持这个死的状态。只要中俄两国的势力能够被摒于这个地区之外,英国便可以保

---

① 拉铁摩尔:《中国长城的起源》,1937 年,第 548 页。
② 都兰边界是印度的政治边疆,在英国实际控制地区以外。在"行政边界"和都兰边界之间的这个地带被认为是"过渡边境"。
③ 参考一篇有意思的佚名文章:《今日部落问题(约翰·桑德曼爵士生涯记)》,1930 年;科特曼(Coatman, J.):《西北边疆省份》,1931 年;巴顿(Barton, Sir W.):《一个西北边疆责任政府之下的法律与秩序问题》,1932 年;另见本书第八章注 2。
④ 荣赫鹏:《大陆心脏》,1896 年。

持沉默,①一年可以省掉几百万英镑的军费。印度帝国如果要像在西北边疆那样沿西藏边界设防,则财政上就有破产的可能。

西藏边界在英国人看来是一个阻拦思想意识的边疆。在 1904 年,当荣赫鹏(Yaunghusband, Sir F.)到拉萨去的时候,其任务并不是防止俄国的军事威胁,而是要根绝帝俄威望的发展。英国统治印度所必要的威望不准许其臣属在任何方面看到一个能和英国相比的强国。这种要求也支配了英国在西藏的政策。中国对整个西藏的统治,在军事上并不能威胁印度,但是,当地居民可以脱离英国的势力圈,而投到一个亚洲国家如中国的势力圈中去的思想,却不能容许在印度人的头脑中存在。因此,英国在西藏的政策并不求大规模地探险及矿物资源的开发,而只在保持西藏现状,使它在依赖英国援助以阻止汉族及其他民族的侵入的当地统治者之下,保持原有的地位。

直到最近,中国的政策却完全相反。他们不能像对满洲及内蒙古那样有利地开发西藏,但是中国要在西藏建立一个向外发展的边疆,以提高其威望。同时,统治西藏的喇嘛教圣地,对于蒙古地区也有其政治价值。由于这些原因,而不是天然资源的争夺,造成了近年来英国援助达赖喇嘛以对抗中国支持班禅喇嘛的政策。现在,这个问题的性质改变了,部分原因是达赖于 1933 年,班禅于 1938 年圆寂之后,引发了继承转世的内部、外部的政策问题。而更重要的原因则是中国在其对日民族解放战争中,必然地放弃了对内发展的"亚帝国主义"。在西藏,和在长城边疆一样,今日的问题不是如何逃避中国,而是如何进到中国去共同携手,争取当前的政治自由,进而从过去遗存的压迫中解放出来。阻止思想传播的边界,在印度一方仍然由英国人坚守,但在中国这一方已经开放了。

---

① 贝尔(Bell, Sir C.):《印度东北边疆》,1930 年,第 221 页。

第八章 过渡地带

边疆与边界的区别

在讨论中国边疆的时候，我们必须分辨边疆（Frontier）与边界（Boundary）这两个名词。地图上所划的地理和历史的边界只代表一些地带——边疆——的边缘。长城的本身是历代相传的一个伟大政治努力的表现，它要保持一个界线，以求明确地分别可以包括在中国"天下"以内的土地与蛮夷之邦。但是事实上长城有许多不同的、交替变化的、附加的线路，这些变化可作为各个历史时期进退的标志来研究。这证明线的边界概念不能成为绝对的地理事实。政治上所认定的明确的边界，却被历史的起伏推广成一个广阔的边缘地带。

这种现象并不是中国历史所特有。罗马帝国在达到其对外发展的最高峰时，也曾企图划定明确的界线，把依附于罗马的欧洲部分与日耳曼及外多瑙河诸蛮邦分开，他们认为日耳曼及蛮邦不属于罗马的"天下"（orbis terrarum）。在近代，英国在将他们的印度帝国的疆界开拓之后，就企图使这个政治边界绝对化、永久化。在这一点上，东北有西藏群山作确定边界，地理帮了政治的忙；但是在西北方面，政治上的明确界线变成了一个过渡地带。印度西北边疆的都兰边界事实上分作"已治"及"未治"两个部落区域,与中国历史上的内蒙古及外蒙古非常相似。

在一般的研究中,无论是讨论罗马、中国还是英印的边界,都是片面地讨论一个方面的问题,认为帝国的边界政策,其最终目的只是阻止少数民族的侵入,诸如罗马帝国对日耳曼民族和斯拉夫民族,中华帝国对匈奴、突厥、蒙古族、满族,以及现代英印帝国对帕坦和其他部落。这些讨论掩蔽了这个边界在另一方面也是同样重要的事实:它代表一个帝国组织发展的最大限度。就地理概念说来,边界的划分可以很自然地包括若干地区并排除若干地区,而这种划分又是依据对域外居民和那些在语言、宗教、风俗和种族上不同少数民族的歧视。确认这种边界的帝国认为这个边界的存在是天经地义的,不能超越。而被排除地区中的少数民族时常被称为侵略民族,他们从事掠劫、袭击、侵略。这个事实足以证明在一个社会被认为是"自然"的地理界线,对其他社会却不一定是地理障碍,他们也许只认为它是一种政治障碍。

简言之,这儿所讨论的帝国边界,不只是划分地理区域及人类社会的界线,它也代表了一个社会发展的最大限度。换句话说,一个被认为是防御性的、用以隔绝少数民族的帝国界线,实际上有两种作用:它不但防止外面的人进来,也阻止里面的人出去。

关于中国的长城边疆,我想已经证明了这一点。中国的政治家们在从事于阻止少数民族自长城之外的攻击时,他们也在不十分自觉、却是相当努力地阻止汉族及其权益向长城以外的发展。即使在中国的统治已经推到长城以外,并设置戍军以支持的时候,其目的也不是对外发展,而是一种防御性占领,以填充可能被利用来攻击中国边界的缺口。要使这种政策发生效用,就必须限制长城以外的汉族事业。因为在长城以外的汉人会成为朝廷的负担,而他们的事业,不论其为农为商,对少数民族社会的贡献要比对中国社会的贡献大。他们已经脱离了汉族的范围。因此,为了阻止汉人从事于对少数民族人有利的活动,就必须把汉人限制在中国内地范围之内,并把少数民族人限制在边界之外。①

长城的这种历史也可以用其他的方法来解释。汉族的社会及国家建立在被限制于某种地理环境内的农业技术上。最初,这种限制还比较宽松。但技术日渐进步之后,它就越来越严格,所适应的环境越来越少。其最重要的条件是灌溉所需要的水。并且,当某种最主要的经济渐渐依赖于某种基本的条件时,建立于这些条件上的社会及国家在适应性及扩张性上就受到限制。当经济、社会和国家互相影响结合,便会达到一个最有利、最适合于它们的活动范围,也就造成了它们发展的地理与环境的限度。"中国"的发展与繁荣正是在达到这个限度。在经济上,这个过程是累积,因为每得到一块新土地,就可以扩大一次农耕。在社会上,这个过程是回报的增加,因为它支持了大量家庭对财富及权力的占有,同时给已经有财有势的家庭以更多的财富、更多的权势。在政治上,这个过程是向心式的发展,因为对于国家来说,扩张所获得的利益大大多于所付出的代价。

向南方,汉族的发展是没有限制的,在北方和西方却不然。蒙古和东北西部的草原以及西藏高原没有标准的中国经济所需要的灌溉农业。东北东部及北部的森林地带和新疆的绿洲地带又不能有适合于政治及经济需要的大量集中人口。在这些边疆区域中,累积的过程就变为分散的方式。因为在进入非汉族的地区时,汉人必须改变或放弃其中国式的经济,并减少与其他中国人的联系。社会回报的增加逐渐转变为利益的减少,因为在中国社会秩序中,拥有统治权并富有的人,在利于建立少数民族社会的环境中,不能保持他们的优势。向心式的政治发展因此变成离心式的丧失。因为离开汉族集团的汉人,生存于非汉族的经济与社会秩序之下,必然地会依存于少数民族的统治者,或者他们自己以少数

---

① 公元前1世纪,在把握边疆的问题上,中国政治家认为控制好中国比防止外敌入侵更为重要。参考本书第十五章。

民族的方式来统治别人——这二者都不利于中国。

印度西北边疆的情况及政策

相似的情况,也适用于罗马帝国,甚至适用于产生于外来征服而非自身形成的英印帝国。印度对于帝国主义者的利益在于其大量的人口及低价的劳工。整个印度落后的经济和英国高度发展的经济可给英国资本提供所觊觎的利润。资本是不知道爱国的。确实有些英国企业在英国所不愿直接统治的西北边疆的过渡地带牟利赚钱。这里,管理者要考虑的主要是利润的多少而不是利润的有无问题。在印度境内,行政的费用及开发的利润必须平均分配于各个贫富地区。但是在西北边疆的过渡地带,很显然地,个人的利润不会用来偿付政府为征服、守卫及建设扩展地区所需要的支出。因此,一个英国投资者可以把钱投资于帝国统治下的印度,或是以特权的方式投资到中国及波斯等地,但在西北边疆的过渡地带这两种方式都不行。在那儿发展英国实业,只会脱离印度帝国中心,对于中心帝国,它们没有多少贡献。无论是帝国的政治发展还是经济发展,西北边疆都标志着利益减退的限度。

这种边疆的形成,是有意识的实施政策与半无意识的政治趋势的总结果。地图上的界线只是帝国从中心向外发展的限度表现,这种表现也只是一个大概。一个帝国可以凭借有意识操作或无意识的趋势延缓其自身向外的发展,但这种讲法并没有考虑到被摒除在界外的民族自身的发展过程与速度。在这一点上,抽象的观念应当让位给实事求是的认识。边疆这边的社会和国家必须考虑到边疆那边的民族的社会和国家。界线的划分就是承认在外面的民族不受控制,对他们不能以命令的办法来管理,而只能以外交的方式去交涉。

这种交涉谈判不完全依据于帝国的利益,虽然它是划定边界的主角,它也要依据于界外人们的要求,虽然在名义上这些人被消极地定位为被摒除的对象。实际上,他们可以是很软弱而且很顺服的,在这种情况下,他们可以吸引接纳帝国内个人或团体的企业,特别是商业。这就造成帝国内部少数人利益与多数人利益的冲突。国家的一般政策是设立一个范围,使它维持一种向心性的利益,而阻止过度的对外发展,以免造成离心的分裂状态。但一些有特殊利益的商人、移民、有野心的职业政客及军人以及其他在边界外边寻找机会的人,却要反对或摆脱这样的政策。因此,就产生了一个边疆利益者的联合,反对中央利益。这种边疆社会与整个国家不协和的现象,在历史上一切时间及许多地方都存在。

或者,这个着重点也许越过了边疆而并非在边疆之内。有时外面的"少数民族"强大到可以从事征战,可以越边袭击,或坚持要他们索求的贸易,在这种情况下,作为边疆维持者的帝国可以采取的政策包括:严守边境,只和边外来的代表交涉;或者积极干涉,坚持监管和控制边外政务的权力。英国在印度称第一种做法为"闭边政策",这是一种严格的边界概念,绝对的对内限制并对外摒除。第二种做法英国称之为"前进政策",在事实上,它等于否认存在严格的边界概念。其结果会造成一种局面:

> 严格地说,有两个边疆……一个是所谓行政边疆,将五个正式的行政区域……与部落区域分开。……现在,这些山地部落居民又被我们所谓的都兰边界与阿富汗分开。……那些部落地区,虽然没有被我们如统治边省那样地统治着,却仍是大印度的一部分。①

---

① 科特曼:《西北边疆省份》,1931 年,第 336 页。参考本书第七章注 45 所列参考文献。所有的这些文章都在《皇家中亚杂志》(到 1930 年底前)、《中亚学会杂志》上。它们对一些问题的准专业水平的讨论很有价值,这些问题都是负责执行英国皇家在亚洲政策的人员一年到头遇到的问题。在此刊物中还有未被单独引证的参考资料:威格拉姆(Wigram):《西北边疆的防卫》,1937 年;坎宁安(Cunningham, Sir G.):《印度西北边疆的改造》,1937 年;布洛克(Brock, H. LeM.):《西北边疆的空中行动》,1930 年、1932 年。

245 在这个主体边界以外的不规范的边疆地区内,统治的方法可以从"桑德曼制度"的协商和仲裁(并提供津贴)①,到近于闭边政策的"保留惩罚权的不干涉制度"。②

一个边疆政策无论其怎样在两极之间摇动,其长时间的平均结果却必然是否定该边界在包容或隔绝方面的作用。无可避免地,维持边界的国家必然要干预到边界以外的本来要隔绝的人们的事务。于是,显然会出现一个很重要的现象:线状边界概念中的限制或隔绝意义,会渐渐变得缓和中立,而且这种边界也会从一条物理边界本身转变为边疆地带的人群。边疆政策的发展是要寻求将边外少数民族中立化的方法,令他们不对边界产生压迫,但也不退出这个维持边界国家的干涉调节的范围。

很自然地,这种中立政策的真实属性是随着策略而变化的。它受地形、军事干预的代价、维持边界国家及边外部落的特定发展程度、贸易风险和利润以及许多其他问题的影响。大体说来,罗马帝国、中国、英印帝国都

246 是一样,最佳的方法是谋求那些本应被边界隔绝的民族的帮忙,使他们掉转方向,背向边界而不是面向边界。这样,绝对边界的概念,在管理上及政治上就变成一个地区体系,它包括边界的本身与其不同的居民、邻近边界的边疆部落(这些部落的外缘被认为外边疆地区)、更外面的不能改良的少数民族社会。这个政策的功效和过去一样,因为它代表着维持边界的国家的利益、国内若干特殊团体的利益、边疆部落团体利益的调和。但是,它又令推行这个政策的帝国感觉不安,因为它形成一柄双刃剑,在有力者的手里,它可以对外攻击,而在一双无力的手中,它会向内砍来。

在这种边疆社会与维持边界的帝国的结合中,产生了罗马帝国的"野蛮附庸"和中国的"进贡蛮邦"。从同样的边疆社会中,大英帝国在印

---

① 布鲁斯(Bruce, C.E.):《用于今日部落问题的桑德曼政策》,1932年。
②《今日部落问题》(佚名),1930年。

度征募正规军队及部落军队。但是,从同样的边疆社会中,也产生过侵入并征服罗马及中国的民族。英国现在所应付的民族,其危险的程度与有用的程度是一样的:

> 西北边疆,正像发生的那样,是世界上我们英国人会遭受重大打击的少数地区之一。它就像是一个拳师的太阳穴或牙床骨,在那儿挨一下打就会失败。西北边疆的问题……不但有着利害关系,而且是一种对我们有着痛苦的、生死攸关的利害关系。①

由于这类历史现象贯穿很久的岁月并遍及很大的地区,从中获得的推论必然有广泛的适用性。

亚洲内陆部落南侵的"贮存地"

直到现在,我所讨论的多半限于印度的西北边疆,以说明这个问题的广泛性。根据以前各章的叙述,其在中国长城边疆的地理结构和历史过程的适用性是无可怀疑的。边界本身的自然结构,即内边疆区域和外边疆区域,在长城与内蒙古和外蒙古的关系中表现得最为清楚。此外,它也存在于东北地区(长城、"汉边"、柳条边、蒙古族聚居的西部及西北部、满族聚居的东部及东北部)、新疆地区(甘肃和宁夏的"回边"也算在内)、②西藏地区。在西藏地区,山岭代替了长城,所以其表现的形式也较为模糊。

几年以前,在试图分析内蒙古型的各个不同边疆部落,并说明其地理位置上的历史功能时,我使用了"贮存地"或"部落南侵的贮存地"一词。③ 其理由如下:2000年来,中国经历了北部入侵民族的攻击。这些入侵的民族时常建立国家,占有中国的一部分土地,有时还建立统治全

---

① 科特曼前引书,第335页。
② 拉铁摩尔:《中国新疆》,1933年,第98页。
③ 拉铁摩尔:《满洲:冲突的摇篮》,1932年,第36—42页。

中国的帝国。在这种时候,一部分入侵民族是进到中国之内了,但有一部分仍留在北部邻近长城的地区。这些入侵民族的后卫是在保护其原有的土地,以免遭受从更北部下来的敌对部落的攻击。然而,它也是一个"贮存地",供给统治中国所需的官吏及守军。"贮存地"以北是"不能进化民族的土地",这些民族并没有追随"贮存地"的领袖们从事征战。因为这个原因,内蒙古(边疆地区的一个典型)有一个超越于其民族及文化重要性的地域重要性:它是黄河流域,有时也是全中国统治权的关键。的确,在中国强盛的时候,它是中国政治及文化势力向外发展最有效力的地区,但更重要的是,它是入侵者进入中国的始发线。

我相信这种看法不会有什么错,但是它还不够深入。历史上的问题不限于汉族向外发展(对游牧地区的政治征服)与游牧民族自有利于畜牧经济的草原向南的侵入(甚至征服环境有利于农耕的中国)的交替。在中国内部所产生的一种趋势以限制汉族在长城线上的发展,也须考虑在内。这种趋势又造成其自身的对立物,因为它强化了大多数人的利益(其反对任何将农耕灌溉地区与草原游牧地区进行政治统一的努力)与少数人的利益(基于农耕土地与非农耕草原间的政治经济交流)之间的差异。

同样地,在外边疆的草原上,多半时期是一个普遍和谐的游牧社会占着优势,而掌握内边疆的游牧人则有时依附于草原上的同宗,有时却依附于中国的农业与城市。与边疆汉人存在脱离中国主体的趋势(强度并不总是一样)相对应,也存在边界牧人脱离远方游牧民族的趋势。

对于问题的整体性必须要重说一遍。基本的社会形态必须建立于基本的环境中,这里,最重要的是中国的农田和蒙古的草原。其他环境也很重要并可以形成特殊社会,例如东北的森林地带和中亚的绿洲与沙漠,但是它们在历史上并不是主要的社会形态。那些基本社会形态之间会产生过渡性的、次要的社会,部分原因是其相互的影响,部分原因则来自它们内部。因为每一种社会都有其发展的限度,要受到收益递减原则的支配。这样,游牧民族及农业民族的简单行动及反馈行为,就演化为极复杂的过程,而其次要的形态又会分解成第三、第四层次的发展。

由此,就可以分派出许多的国家政治形态来。在公元前 4 和公元前 3 世纪,陕西的秦国和山西的赵国就从边疆汉族战胜游牧民族中取得他们的实力。① 公元 1 世纪汉族最强盛的时期,整个中国要比整个草原与中亚强大。4—6 世纪,北魏把它对外边疆南部的主要部分的统治推广到华北的最重要部分。在 13 世纪蒙古民族的统治下,最北方而最不能进化的民族侵入到这个内边疆或"贮存地"中,把草原上主要的和次要的民族联合起来,征服了全中国。②

此外,社会的每一个层次分化,无论它是自身环境的产物或是其他社会的影响,都要对其环境发生反馈,企图在它所占有的地理范围内巩固其占优势的社会秩序。混合的社会在调整其本身时,会扩展或改变其地域,也可能改变它们经济和政治组织的内容和比例。边疆地区汉人,或者是自发地,或者是在全国力量的支持下,时常想把农耕推广到草原上去。从另一方面讲,农业不仅是被推进到草原,有时也被出生于草原的统治者招引到草原上去。农业在草原的出现不只是传播的结果。8 世纪,在鄂尔浑突厥民族统治下,一个很精深的灌溉农业便被培育形成于草原的远北方,即外蒙古地区。③ 另一方面,成吉思汗也有完全消灭黄河流域农业居民而代之以游牧民族的主张。④ 侵入中国的草原统治者多半

---

① 拉铁摩尔:《中国长城的起源》,1937 年。
② 关于 4—14 世纪少数民族在中国建立政权的名单概要,参考拉铁摩尔:《满洲:冲突的摇篮》,1932 年,第 37 页。
③ 拉德洛夫(Radlov, V.V.):《蒙古的突厥文石碑》,1984 年;汤姆森(Thomsen, V.):《鄂尔浑碑文》,1896 年;都复原了鄂尔浑突厥文的原文。其生动地展现了森林部落文化与汉化文化的反差,但没有提到农业。不过这正是唯一期待的东西,语言是"传统的"和尊贵的,其源于突厥历史的成分比后来文化借入的要多,尽管他们很明显受到过中国的影响。汤姆森(前引书,第 67—68 页)引用了一个中文的翻译本,其中提到了送给突厥谷粟及农业工具。
④ 福克斯:《成吉思汗》,1936 年,第 244—245 页。耶律楚材(一个契丹血统的中国人)说服他相信对一个种族进行统治并征收赋税是更有利的事情。见《元史》卷一四六。

会变成中国式的统治者,而边疆汉人在进入草原后,也会把他们的政治力量参加到草原部落组织里去。

　　在这许多简单与复杂的经济制度、生活方式、社会组织中,可以从哪里找到历史演变的主要动力呢?有了对地理区域及环境的宏观分类,我们可以把它们很粗略地分作农业民族、游牧民族和森林民族。我们也可以假定各种主要社会形态的扩展,直到它们在长城线上互相接触、重叠,我们进而可以推断过渡社会的形成。但是,在这以后,长城历史的重心应该放在什么地方——在中国,在草原,还是在边疆地带?这些都是本书下面所要讨论的问题。

第二部分
传说时代与早期历史时代

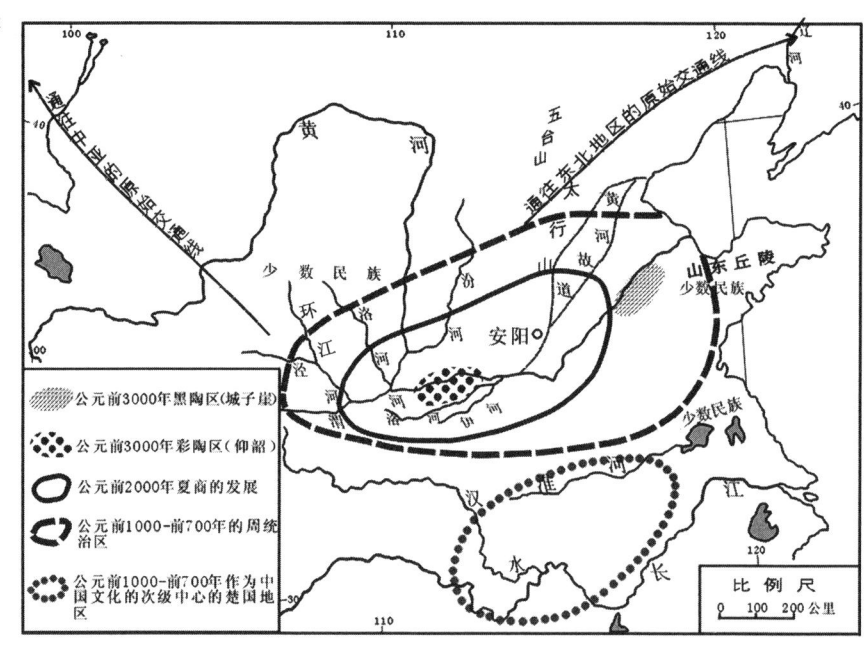

图九 公元前3000—前700年黄河及长江流域的汉族文化中心

第九章　汉族与少数民族的区别

从对长城边疆分区域的地理及历史的联合检讨,转移到对整个边疆历史起源的研究,我们立刻又面临许多困难的问题。长城的主要沿线在政治上为地理的分界,它的南面是中国的农耕土地,北面是游牧社会的草原,西北是中国中亚的绿洲。在长城西端以外是西藏高原,在东端以外是满洲的南部——这个地区由于其地理上的特性,时时有变成"小中国"的趋势——和满洲东部及北部的森林。

但是,这并不是说我们可以分别研究草原、森林、绿洲及西藏社会的原始历史,研究其各自的生成与扩展,直到它们接触到发展扩张的汉族,于是他们必须划分出长城边疆。虽然我们对于在黄河流域、东北、蒙古、中亚也许还有西藏的互相接触的新石器及其更早的文化有确实的知识,但这些都是一般的原始文化,而不是特殊的"汉族"或"草原"文化。①

因此,在考察历史时,我们需要先研究原始社会的广泛分布。这种社会的发展可以利用中国的环境、草原的环境及其邻近区域,其间差异很小。所以,所谓特定文化起源的问题就是差异产生的问题。其第一步

---

① 毕士博:《拉犁的起源与早期传播》,1936年,将蒙古游牧出现的最早时间定为约"公元前一千年中叶"。此前,在新石器时期,蒙古地区的文化是一种"定居的'农夫'类型"。

历史发展是,大体相同的原始民族以何种方式向各自不同的方向进化,我们既要考察他们进化的不同途径,也要考察他们进化的不同速度。中国早期的历史资料(或者似历史资料)比其他社会丰富,我们有必要先研究整个中国历史的起源,然后再分别研究长城边疆各部的历史。因为汉族在中国发展历史的某一时期,在长城沿线,不是接触到了和它不同的社会,在某种意义上说,是其本身的进化造就了这些对峙的边疆社会。

中国新石器文化的特征

中国人所持有的生活文化可以不间断地一直追溯到石器时代。现在若干日常的器具,如刀、纺锤和陶器等,仍然保持着该地理区域中金属时代以前的样子。① 不但如此,中国最古老的文献记载,可追溯到公元前第一个千年的初期,如加上更古的材料,其历史则可以和公元前14世纪的甲骨文联系起来。这种文字,由于其形式之复杂,可以推断它已有很久的发展过程。它将中国的历史上溯到一些文化的传承,证明石器的使用一直延续到铜器及铁器时代。这些文化传承的某些特征与更早的没有遗下任何金属的居民所居住的地方相关联。

这个连续历史的细节还有许多不明之处,关于中国的新石器时代也还知之不多。不过,有绝对必要去了解的事情并不多,基于我们目前所知,已经可以建立一些一般性的原则,可以适用这些原则的"中国"是在黄河流域的中部。在后面的讨论中可以看出,长江流域只是逐渐进入古代中国的历史视野的。

在体格上,黄河流域的新石器时代居民与今日的居民有某些相同之处,此外,他们还扩展到了东北、蒙古和从甘肃到中亚的西北走廊中。② 他

---

① 顾立雅:《中国早期文化研究》,1937年,第173—174页;安特生:《黄土的子孙》,1934年,第204—223页。
② 顾立雅前引书,第153—155页;布莱克:《沙锅屯洞穴层中的人骨遗存》,1925年;及《史前甘肃人类》,载安特生《甘肃考古记》,1925年。

们在长江及华南地区的分布有多远,还很难说,但我们有理由假定,在晚些时候出现了变化,变化产生了体格的差异,但仍然存在血缘联系。在远古祖先这一点上,因"北京人"的发现出现了一种可能性,即黄河流域的新石器时代居民是该地区的旧石器时代居民的后裔。①

在文化上,根据我们仅知的有限的新石器时代狩猎、捕鱼及农耕的活动,就可以分别出原始的与成熟的不同阶段。在原始阶段,是一种普遍一致的发展形式,这个时候的地区特殊性还不重要。在这个时期,人们是尽力地捕鱼和猎取鸟兽,也去采摘可食的植物及野果。可能也有农业在这个阶段中起源,那是无目的地推广种植已知的野生植物。在这个阶段,首先是狗,然后是猪,已被广泛驯养。②

可以说,这个阶段的人类社会仍然很简陋,还没有出现对各种不同环境的特别利用方式。它能够在多种环境中生存,但对其所进入的每一个新环境的利用方式却是一样的。一个部落和另一部落的区别,只在偶然的习惯上,例如兽多的地方就多依赖于狩猎,而鱼多的地方就多依赖于捕鱼。

驱赶被驯化的牲畜,从一个牧场转移到另一牧场的游牧制度,尚未发生于草原。迁徙移动是存在的,因为把当地的动物打完,或土地的沃力耗尽时,部落就会搬家。这种迁徙移动自然会增大战争、交易和技术学习的范围。这种迁徙移动的群体大概是小规模的,单独个人在迁徙时所面临的危险是可以想象的,而整个种族的移动又是极为困难的事。文化低下的意义在于缺乏组织能力,不能积蓄或运输大团体移动时所必需的资源。即使在一个比较进步的新石器社会,1000 个人移动 100 英里比 100 个人移动 10 英里,其困难程度一定不止扩大 10 倍,也许要有 100 倍。

要估计一个漫长而迟缓的进化过程中重要的演化阶段,我们必须先有

---

① 顾立雅,上述引文。
② 毕士博:《华北新石器时代》,1933 年,第 394—396 页:"无论如何,没有游牧生活方式的痕迹。"

一个概念,即个人及家庭的经验会逐渐累积而成为社会的资源,并将能量积蓄而成为社会发展的动力。我们必须想象这样一个世界,其中没有人知道如何炼制金属,其一切文化都属于新石器时代。有一部分石器使用者极为先进,而另一部分则十分落后,二者间的差距很可能造成一种实质性的差别。在低水平的一方,社会经验的积累是可能的,人们之间可以传习知识,但不一定会迅速导致有意义的社会变化。而在高水平的一方,这种社会资源的积累却被利用。整个社会是向前进的,他们会在某个阶段的发展中尽其所能,随后,突然进入一个更新、更高的阶段。

新石器文化的两个区域

从现在已有的关于中国新石器时代的材料,我们至少可以勾画出一个大概面貌来。中国新石器文化可以分作两个主要区域。在黄河流域的西部有一个比较简朴的"彩陶"文化区,城堡与坚固的房屋很少,不过吴金鼎(G. D. Wu)最近描述了这个文化区中的一个"大"城,位置在一个"从这个时期直到商代都有人居住"的地方。① 在黄河流域东部有一个"黑陶"文化区,它比较进步一些。有城墙的城堡已经建立起来,其中已经发掘的一个城堡有 450 米长,390 米宽。② 这两个文化区在黄河河曲地带相遇。在安阳(商代铜器文化的中心)附近的后冈有一个铜器时代以前的"彩陶"地层,上面压着一个"黑陶"地层,也属于铜器时代以前。只是这两个地层没有联系,显然这里有一个时期是没有人居住的。③

在比较这两个新石器文化时,我们可以说"彩陶"较早,因为它进化较低,而"黑陶"则较晚,进化亦较高。这是否意味着:由"彩陶"进化到"黑陶",其进化过程又是由"彩陶"区的东部边缘向外移民和扩张的呢?

---

① 吴金鼎:《中国史前陶器》,1938 年,第 77 页;顾立雅前引书,第 179 页。
② 顾立雅,上述引书。
③ 同上,第 171 页。

还是说这两种文化完全独立,并肩生存,最后进化较高的"黑陶"居民西向侵入到"彩陶"居民呢?吴氏认为,从简朴的"彩陶"到比较进步的"黑陶",确实有时间上的——也就是进化的——前后发展。这就可以假定,当一个"黑陶"遗址被发现而下面没有"彩陶"地层时,这个地方一定是在"彩陶"时代以后才有人居住,至少在这个地区是这样。①

吴氏的意见也许是对的。但这并不能否定在"黑陶"文化以进化的姿态起源于"彩陶"地区的东部,然后向东发展,而落后的"彩陶"文化还可能在西部存在相当长的时间。不论其假定是两个文化区域各自独立的,或是其中一个是从另一个区域发展并分离出来,我们必须承认一个较高的文化中心及一个较低的文化中心同时并存的可能。

这里,我们也要考虑到作为社会进化发生背景的地理环境。对一个石器时代的居民,环境是非常重要的。潜在资源并不是重要的问题,重要的是那些可以被这种组织及发展均感脆弱的居民所能利用的东西。如果这种资源有限,这些居民就可能永远没有变化,例如因纽特人及原始的澳洲土人。就是在潜在资源雄厚的环境中,石器时代的居民也会因进化第一步之难以完成而长时间地停滞。这种现象的社会原因比技术原因更为重要。例如,一个居住分散、组织散漫的森林社会,虽然可以用贸易的方式取得金属用具,却不能迅速地转变成一个新的社会。仅仅学会使用金属工具,把他们从前没有办法应付或只会用火烧掉树木的办法,改为利用金属工具来砍伐树木、清理土地,这是不够的。他们只能缓慢地改变着他们的方法,除非他们改变其思想习惯,利用金属工具的优势,满足其过去生活方式中发展出来的社会组织及个人的欲望。这些问题在考察开阔的黄河流域与江南丛莽地区的差别时,特别重要。

另一方面,一个丝毫不知金属的居民,假如环境使他们进化的第一步的各个方面来得很容易,他们也可以进步到文化成熟、社会组织复杂

---

① 吴金鼎前引书。

的阶段。在黄河流域,特别在黄河河曲地区,就是这种情况。这儿野兽很多,有很多带种子的草类,也许是粟类,麻供给其所需要的纺织纤维。①松软的黄土,②可以用石器耕种,促成了从采摘野生植物到早期农耕的转变。在东部,黄河下游毫无疑义地时常改道,形成许多湖沼,必须排水方能耕作。③ 不过山东群山附近是个例外,④所以山东山地也是中国的一个主要的新石器文化中心。在西部,气候类似草原气候,虽然它还在草原的这一边,当时的雨量也许和现在一样不如东部那样稳定,所以农业收益也不稳定。

在黄河中游河曲地区及山东地区,即使在新石器时代,也是农业占着优势,人口集中,并走向聚居性甚至城市性的政治组织,由军人阶级(封建贵族的前身)统治,由个体或群体的农奴(受压迫的封建农奴的祖先)种田供养。这就是整个华北的情况,那儿的人已经准备如何使用金属品了。只要有了使用的准备,那么,是他们自己来发现金属或是从别处学来,就只是个小问题了。

铜器文化的产生

在中国,铜器时代是新石器时代与商代之间的一环。但这一环是如何连接成进化的链子的,却需要用历史方法来证明。极精美的铜器被认为与河南安阳的商朝文化有关,时期大约是公元前14世纪。⑤ 这是一个

---

① 魏特夫:《中国经济史的基础与舞台》,1935年,第37页。
② 魏特夫:《中国经济与社会》,1931年,第35页。
③ 同上,第36页。
④ 顾立雅前引书,第176页;毕士博前引书第392页:"如同在欧洲一样,在中国,新石器时代的人们总是寻找较干燥及较开阔的露天地方定居下来,因为这些地方较容易耕种,那时人们还没有有效的清除树林或排干沼泽的方法。"
⑤ 最好的参考材料是顾立雅的《中国早期文化研究》,我从中汲取了很多东西。后来更有雄心的工作是吴金鼎对陶器的分类(书见注6)。对整个问题的进一步讨论,见魏特夫的《中国经济社会史》(1940)。这本书是以考古资料、古文献材料及现代中文文献为基础的。

很进步的文化,有很优美的文字(中文的一种古代形式,多半可以认识)。这里有两个历史问题:青铜文化从新石器文化进化的问题,以及铜器本身的问题。这种技术是从以前的中国新石器时代中发展出来的,还是自中国新石器文化范围以外输入进来的?

无可怀疑地,商朝文化有一个强有力的根源,即"黑陶"新石器文化,①它另外还有一个较弱的根源,即"彩陶"文化。② 顾立雅提到一个"黑陶"文化地层,它"无疑是商朝文化的遗迹",③但其中并没有铜器。在安阳及其附近各县,已经发现30处"黑陶"遗迹。④ 顾立雅的结论是:"根据现有的材料,商朝文化很显然是黑陶文化之一支,其上又添加了制铜技术及其他文化特征"。⑤ 此外,他又提到在两个"黑陶"文化层下面的"彩陶"文化层。⑥ 这里表现出一个从新石器时代到铜器时代的相当完整的时间序列,但其中却没有补足进化的阶段,"彩陶"及"黑陶"层之间,有一个空白,两个文化层相叠却不相连。而且,被认为是"毫无疑义的没有铜器的商文化遗迹"的"黑陶"遗址,⑦与有铜器的商朝遗址也不相连。

商朝文化与"彩陶"新石器文化的联系虽然微弱,却仍可以追溯出来。顾立雅说:"就在这个文化中,我们可以找到在商代文化中也存在,而在欧洲或近东却不能发现的制品。"⑧

尽管对其进化过程还不能完全了解,但我们可以说商文化在某些方面是由黄河流域主要新石器文化进化而来的。下面我们要考虑铜器的问题。中国使用铜器的知识是否是输入的?如果是的,那么,是交换学习而得的呢,还是一些用铜制武器征服中国新石器居民的侵略者所带入

---

① 顾立雅前引书,第191—194页。
② 同上,第173页。
③ 同上,第172页。
④ 同上,第193页。
⑤ 同上,第194页。
⑥ 同上,第171页。
⑦ 同上,第172页。
⑧ 同上,第173页。

的优良工具？或者这个技术是独立地产生于中国？这些都是问题的要点。

回答这每一个要点都是困难的。商朝铜器的质地不但高,而且一般都公认中国铜器的年代愈古老,其制作与艺术愈精。① 这是一个强有力的理由,使人相信中国铜器的使用是突发的,铜器技术是以很发达的形式输入中国,也许是由入侵者带进来的。入侵的路线,则是由中亚的绿洲到中国的西北。② 但在商朝文化中心的安阳及中国的西北部,或是在安阳及中国其他各地之间,没有新石器时代遗址能够提供一个侵略,或逐渐征服,甚至文化输入的证据。只是在这一条文化传播线上的甘肃,安特生曾发现过极粗糙的铜器。③

对于中国独立产生铜器的使用技术的说法,有一个很简单而且有力的反面理由:我们还找不出进化的证据来。④

一般来说,对这个问题的研究到此为止,但我想还可以向前推进一步。反对铜器以很发达的形式自西北传入的看法的主要理由是,这个入侵者或输入者应有很高的文化,如果这些假定的入侵者或输入者可以迅速地自近东或中亚进入中国西北却不留任何痕迹,则其文化必极优良。如果他们不能如此迅速移动,而在他们居住中国的地点找不到痕迹,也找不到他们以征服或贸易的形式进入中国西北部时在新石器文化上的

---

① 顾立雅前引书,第 233 页:"中国青铜器是当时人力所能制造的最杰出的器物,而商代青铜器,作为一个器物群,大概是中国青铜器中最上乘者。"
② 丁文江:《中国如何形成自己的文明》,1931 年,第 3 页;毕士博:《中国南北的开端》,1934 年,第 307 页。
③ 安特生《甘肃考古记》,1925 年,第 30 页,讲他在甘肃发现的青铜器是"体型小且无纹饰"。见顾立雅前引书,第 232—234 页。进一步的参考见安特生的《草原之路》,1929 年。
④ 丁文江前引书,第 11 页。毕士博(前引书)确信"青铜文化,作为一种复杂的联合体,通过中亚草原纽带而到达中国"。相反,伯格曼在《新疆考古学研究》(1939)上指出,将 1928—1931 年斯文·赫定探险的有价值的发现与先前的材料作比较,由于甘肃与中西亚之间的缺环,反映出其联系的薄弱性(第 22—25 页)。吐鲁番是最有可能有进一步发现的地点,但是伯格曼似乎认为文化发明并不是随着民族本身的迁移而进行,而是通过许多已经建立农业定居的聚落筛选而留下来的。

影响,这真是一件奇怪的事。在"黑陶"文化及商文化的遗址中,我们也找不到可以与铜器突然出现相对应的突然征服事件的证据。

因此,我认为应该从一个折中的假设来入手研究。铜器输入中国时,其技术的发展还很低,其输入的原因不是由于高水平文化的征服,而是经由一个文化传播、文化学习的过程。这就牵涉到一个重要的假定:制作铜器的知识在经过黄河流域西部新石器时代居民的地区时,由于极低落的文化水平,他们无法对其进行利用。而到黄河中游地带时,那儿的新石器文化进化得很高,[①]这些高文化的居民不但在他们得到铜器的知识时即能利用,而且其文化之进步使他们在短时期内就对这个粗陋的输入技术进行了改良,致使今天的考古学家凭据现存的材料,以为这个技术在输入中国时就已经很发达了。

这虽然只是推测,但我相信这个看法是值得认真考虑的。黄河流域西部的新石器文化较东部为低的事实,加上我们所知道的新石器时代的一般知识,使我们可以假定那个时期存在着大范围的贸易与文化学习,时常发生少数人群的广泛的迁徙。根据这种推断,在不同的情况下,其发展的性质可以不同。如果铜器是"黑陶"居民独立发现的,我们应该看到一个早期的实验阶段。由于这些人在没有任何金属知识时就能够建筑城市,我们可以假定,他们能够接受一个简单的新技术,并迅速地将其提高,使之适合他们已经很高的新石器文化。正是这个高水平的文化,可以迅速推进到我们在安阳看到的那种商文化。

"发明"铜器的社会及经济影响

对这个时期的社会情形也应该加以关注。铜器的发明——不论是

---

① 这种推理是不矛盾的,事实上,就整体而言是确定的,因为安特生在《草原之路》中指出了中国西北青铜及黄铜的简单初步使用。安特生的观点是,这些粗陋的青铜技术是在向东到达更先进的新石器文明中心前,越过"文化沙漠",而传播到中国。

自己发现的,还是得之于贸易及学习,或是由征服者带入——对新石器社会有什么影响？获得这种技术以后,什么条件可以造成其进一步的发展提高？

在原始社会中,金属品制造的知识在各处的发展程度并不相同。如果它是在当地发现的,铜矿资源的获取可以使一部分团体占得有利地位。而如果这个知识是由贸易及学习得到的,那么在靠近贸易或迁徙路线上的居民则占得利益。好战的部落若有了金属武器,这些侵略者便在所有手拿石器的人们面前占得便宜。在每一种情况下,总会形成一个大体类似的社会优势：像在两个财富、实力、地位及文化大致相同的原始居民部落之间,哪一个部落先能制造或保有金属品,可能是偶然的事。但只要取得了金属品,不管他是如何取得的,他就占有比另一个部落更大的优势。

若是另一种情况,这两部分居民的发展程度自始便不相等,那么比较进步的一方就能先取得金属品。因此,不论某一个原始社会中是否在取得金属知识之前即产生了统治者与被统治者这样的阶级分化,由于金属器的出现,足以使已有的阶级分化更为确定,或在没有阶级分化的社会中造成阶级分化。无论是一个使用金属的居民征服了使用石器的居民,还是一个用金属器的部落从一个用石器的社会中兴起,其结果都是一样,会形成一个新的社会组织,它包括一个被统治而且仍然使用石器的社会底层,以及一个使用金属器的作为统治者的上层。也许,这个社会中已经形成了统治者与被统治者的分别,那么新的金属知识必然归统治者所掌握,他们可以因此迅速进步,强化其已占据优势的地位。

在中国,新石器历史社会的结构中包括一个较低和一个较高的社会群体。最早的铜器使用应该追溯到较高的社会群体中间。因此,在发现晚期高水平铜器技术的地区却缺少早期粗陋技术的现象,是很值得怀疑的一点。

在这个问题上,顾立雅发现了很重要的一个现象。周朝镌有年份的铜器,比商朝文化要晚好几个世纪,但其精美的程度反不如商代铜器。汉代铜器又次于较早的周代铜器。从艺术制品到工具制品,铜器制作技术无疑是在退步。这个过程恰与经济水平较高、较为发达的中国社会的不断进步相并行。从粗陋的铜器技术到商文化的较高技术间的进步过程,还是一个谜。但是,对于一般所认为的最早的铜器在技术上最精美的问题,顾立雅的意见如下:

> 认为在中国没有找到可以表现早期粗陋铜器铸造技术的看法,不一定可靠。在中国,铜器被正式作为有系统的科学发掘的地方还很少。……如果我们能找到比安阳遗存还要早的铜器,我们可以相信那上面不会有文字。……较原始的铜器大概不会有修饰,就连商朝居民也制造了一些没有文字的器具。如果早期的粗陋而且没有文字的铜器被农夫无意中挖到,卖给古玩商人,它们也许会被认为是晚期——也许是汉朝——的东西。……1934年,"国立中央研究院"就在一个商朝古墓里发掘到这样的一件,与其他许多商朝铜器及制品同在一处。
>
> 事实上,我看到许多商朝铜器,要比商朝工匠的最好作品粗陋得多。从最粗陋的技术发展到我们所知道的商朝铜器的最精美的制作技术,其转变也许要好几个世纪。但我们也有理由假定:安阳的最粗陋铜器与最精美的铜器同时被生产出来,是要供给文化或经济地位不同的人。①

顾立雅的结论是:"铜器制造者的艺术及铸造的进步,是输入铜器技术至中国东北部的人所不能知道的。"②如果这个结论是正确的,那么造成初期进化及其后的铜器制作技术退化的条件是什么呢?

也许,影响最大、最重要的原因是:铜器只用作武器及祭祀用具。一

---

① 顾立雅前引书,第222—224页。
② 同上,第252页。

柄铜刀可以同时被看作武器和工具。但除此以外,直到公元前5世纪之后,我们没有中国人使用金属工具的证据。中国农民(有别于封建贵族)似乎一直没有铜器时代,而径直从新石器时代进入铁器时代,就像许多其他民族一样。① 商文化中的铜制兵器、车辆零件、祭祀用品都是属于统治阶级的。他们所统治下的农民及其他劳力所使用的是骨器、石器和木器。农耕可能主要是木器,今天已经见不到了。② 牛耕还没有使用,而主要是人工拉犁。③

所以,在考虑上述各种问题后,我们可以说,在商文化范围中,铜器制作技术是在很粗陋的水平下,被传入到较高文化的居民中。经济上促成这种较高文化的是农业——已经专门化的精深农业,已可以供养集中在一些小城市中的人口。这种城市是某些地区的统治与自卫中心。这些地区各有不同。它们的农业较黄河流域其他地区发达。它们的社会分工,比那种只有简陋的狩猎、捕鱼、采集并伴有一些农业的新石器社会,要专门化得多。居住在城墙保护内的多数居民耕种其附近的土地,所以他们职业是农业,只是住在城里面。但是,这种城市的建设产生了新的社会作用,造成了种田者与负有保卫城市及其附近耕地的责任者的社会差异。我们可以假定,后者或许是土地及农民的主人,或即将成为他们的主人。

假定这是个可能的而且有理由的分化,或是分化的开始,社会分化出统治者与被统治者,分化出占据城市者与耕种土地者,那么,我认为可以很容易地推想出原始的制铜器技术是如何迅速发展到极高精的水平的。在一个仍然完全属于新石器的文化中,城市的修建表明一个较狩猎掠劫更为重要的农业的出现,这种农业不是无计划地临时在几片土地上耕种一两年,而是有计划地在永久性的田地上耕作。它又表明出现了较

---

① 毕士博:《华北新石器时代》,1933年,第404页。
② 埃伯哈德:《早期中国文化及其发展:一个新的研究假设》,1936年,第524页。
③ 同上,第525页。毕士博在《拉犁的起源与早期传播》(1936)中指出,牛耕传到中国大概是在战国时期中叶(前403—前255)。关于早期中国步犁的讨论,见徐中舒《耒耜考》,1930年(中文)。

高的亩产量,可以有余粟囤积在城市里。虽然在这样早的历史时代是否会出现灌溉的问题,仍存疑问,但在华北那种气候及土地条件下,①用石器开掘小规模的水沟引水灌田并不是不可能的事。也许是先出现试验,后来继续施行,因为它可以造成较好的收成。

铜器传到这种社会中的主要影响是社会的,还是经济的?当时铜器的利用方式似乎表现其影响是社会的,它并没有被制成工具以增加农业的产量,或减轻人的劳动,而只制成武器使统治者增加其统治的范围及效率。有了更好的武器,他们可以统治更多的土地与人民,并组织更多的军队。所以金属的主要功用是武器制造,其次是制作奢侈的装饰品及祭祀用品。这又反映了金属的贮藏积累功能,在不必立即制成兵器时,可以做成宝物。这种宝物等于是贵族所储藏的一种货币,作为武力与贵族价值的象征。

因此,金属制品,虽然它在征收与保存赋税上有其实用经济价值,却被非经济的社会等级所控制。因为不是有效利用,所以,开掘和运输矿石的代价,以及制作的时间和人力,都不是由一般的市场供求原则来决定。一切都取决于社会发展的水平,发展水平低,每个人都要做一般人所做的一切工作,其技术自然难以进步。但是在发展水平高的社会,社会已经分化为统治者及被统治者,统治者住在安全的城市里,并有余粮供养他的辅佐人员。这时,统治者便可以指定一些部属或奴隶利用新学得的技术制作金属品。制作的时间和劳动都不必依价格和利润来计算,他们唯一要达到的标准就是武器杀伤的效力,装饰品可供观赏的满意程度。他们在技术上可以自由地发展,工作已经专门化,其技术进步可以是逐渐累积的,也可以是突发前进的。

在区别社会因素和经济因素之后,我们就可以解释初期的技术进步和后来的技术退步现象。首先是经济因素,农业经济的特别发达,造成

---

① 魏特夫:《中国经济史的基础与舞台》,1935年,第38页,注3。

了社会的阶层分化。第二,这个分化的社会虽然不能独立地发现金属品的使用,却可能从别处学到简单的技术,并迅速地将其改良提高。因为它可以令一部分人专门地,在社会的而非经济的驱动下,从事金属制作。而同样简单的技术,在到达先进的新石器居民之前所经过的落后的新石器居民手里,却仍然保存其简单的形式。

第三,发展金属制作技术的核心人员——他们多半集中在出现早期农业专门化地区的中心区——反过来又被他们自己所造成的政治力量所影响。受武士保护的工匠造出较好的武器,这种较好的武器又使武士更勇猛。武士群体在社会中的地位日渐提高,而逐渐变成贵族。这种发展在纵的方面可能分化出君王、贵族、自由战士,等等。在横的方面可能在一个较大的区域内建立金属居民对石器居民的统治。这两个方面发展的程度到底有多大,现在还不清楚。

第四,在军事贵族保护下的技术改良,逐渐变成产量的增加,以及武器及奢侈品以外的物品的生产。最后,当铁器时代在中国取代铜器时代的时候,①就连被统治阶级也从石器时代脱出而取得金属用具。这也许是因为铁矿比铜矿及其他制作铜器所需的合金更容易大量地获取。它也许还受到社会结构的影响,社会构造是金字塔形的,统治者和贵族高居于广大农民之上,极为稳固,不再受金属制作知识普及化的威胁。

第五,随着技术知识普及化而来的是艺术精工及技巧的丧失。周、汉两朝最好的铜器不如商朝最好的铜器,这是因为其重点从社会转到了经济。商朝制作铜器的人是艺术家,不是工匠,他们可以维持极高的艺术标准,因为他们是在保护下工作,并不依赖于制成品在市场上的销售。② 等到技术普及化以后,新的统治阶级所依赖的,是对整个社会组织的控制而不是对武器的独占,这时,艺术家就丧失了他们的经济护佑,变

---

① 丁文江(前引书,第4页)提出铁器传入中国"不会早于公元前6世纪,比埃及或美索不达米亚铁器时代开始要晚几百年,比印度可能晚上千年"。
② 当然粗糙的东西也有,参考顾立雅前引书,第224页。

成工匠,为开放的市场生产,因此就必须计算时间和价格、供给和需求。类似的情况也出现在欧洲,文艺复兴时代在贵族保护下的金属工艺者可以熟练地制作精美的产品。到欧洲商业经济发达后,他们的地位从艺术家降到工匠,产品的质地也随之衰落。

汉人与少数民族的分化

根据上述分析,我们可以假定一些较广泛的原则。一方面不必否认迁徙、侵入、贸易交换和其他文化传播因素在即使是比较落后的新石器社会组织中的重要作用。事实上,我们有理由相信,所有这一类活动都能够推动社会的逐渐进化。在另一方面,却不必假定其中某个因素,或者其他什么因素,是造成中国历史起源的动因。我们不必"证明"已知的中国新石器文化中每个单独方面的确定意义及它们之间确定的历史顺序,历史的发展很可能是一种复合过程。

其中的一个过程是中国地理范围内逐渐加速的人类群体的"前进"与"落后"的分化。这种分化多半集中在同一地理环境中存在地方差异的范围内。从这个过程中出现了两个起初模糊,但后来变得清晰的趋向:落后地区的社会组织逐渐形成一个进化迟缓的原始集团,而活跃地区的社会组织则与之分离,自行成为一个迅速进化的集团。到了后来,一个就成了"蛮夷",一个就是"中国"。

我并不是说少数民族人完全没有进化。绝非如此。问题只是两个集团进化的程度不同。早期的少数民族和汉族又重行分化组合。少数民族可以分作好几种,汉族的地理中心以及文化、社会或政治的中心,也因为各种因素的复杂影响,而从一个地区及一种过程转变到另一个地区和另一种过程。

应当肯定地说,这两个集团并没有持续地分离。汉族在比较活跃的历史时期,很自然地对外发展。结果,一个一个的少数民族部落又合并到逐渐扩大的汉族中来。在某种情况下,这意味着自身没有积极进化动力的社会,从汉族获得了推动力,并变成汉族的成员。在另一种情况下,自始即为"反汉族"(而不是"非汉族")的少数民族,虽然不会变成汉族,却在汉族的影响下变成一种新型少数民族。这些人中的一部分最终也有变成汉族的,但也有些人从"反汉族"转变到"非汉族"。

此外要看到,地理环境具有长期的影响力。典型的汉族发展趋向及特性日见明确。和一切强大文化一样,汉族要为自己创造一个共同的亲缘关系以形成最佳的环境。因此,当汉族成为独立的历史势力时,就继续不断地寻求一个更大的"汉族环境"。在某些地区,他们找到了这种等待他们发展的环境。在某些地区,他们可以改造环境,利用中国精耕农业的灌溉及排水方法,去满足他们的需要。[①] 有一些地区只能勉强达到他们的环境标准,而另有些地区,则完全不容许汉族生活方式进入。

只要了解地理位置各种因素的总和,以及任何历史时代最典型的中国文化所赖以发展的条件的总和及比例,了解环境与社会的相互关系,我们就可以,至少在广义上,指出中国历史在任何发展水平上的重心及边缘。在每一个历史时期,"典型"的中国发展都集中在一个历史的重心(不一定与地理中心相合)。环绕其边缘的是一个个不全是汉族但受中国势力支配的民族团体,在他们的外面,就是拒绝向中国靠拢,而趋向于汉族生活方式不能立足的地带的民族。但是,这种抵抗的力量并不能完全避免中国势力的影响,其抵抗的过程会促成一种新的发展,这种发展与这个社会原有的"自然"进化不同。

拒绝汉人的主要环境是草原,草原社会是抵抗中国社会的最坚决的组织。与草原相似的还有亚洲内陆边疆的其他地区,它们更易于接受来自草原而不是来自中国的影响。真正的草原社会和历史比较中国的社会和历史,其起源及进化都要迟缓。它们事实上是中国历史的副产品。

---

① 参考本书第三章。

并不是所有的草原游牧民族都邻近中国,但是汉族所面对的第一个真正的游牧民族——开始于公元前 5 世纪——却是因汉族的发展而被迫自中国北部及西北部的贫瘠地区,退到草原上去的少数民族的后裔。因此,后来汉族所面对的草原游牧民族,其古代的起源,可以追溯到发生在中国黄河流域附近的一个环境中的变化,这是个有限却还满意的环境。在那里,一些进步的新石器居民学会了制作铜器,并利用它征伐较落后的新石器居民,以壮大自己。这样,他们便开启了一个宽广的历史范畴:创造了"汉族",也创造了"蛮夷"。

第十章　农业的进化与游牧业的反复

现代学者与中国历史传统

在中国古代文献叙述的历史与刚才所讨论的新石器文化所呈现的历史之间,存在真实的联系吗?最早的文献材料可能出自西周,即公元前1122年(一般认为的纪年)或前1050年(毕士博的看法)到公元前770年。① 有些书,或书中的一些部分,按照中国传统的看法,属于公元前2000年代的商朝,甚至公元前2000年代初期的夏朝。② 对这些问题,本书只能简略进行讨论。

正统的中国历史包括一个完整的古史体系。③ 19世纪末,有一派中国批评家开始怀疑这个传统历史。他们用比较研究的方法证明古代材

---

① 关于年代,参考毕士博《古代中国年谱》,1932年;其第237页列举了列国公伯世系,说明"公元前9世纪中期开始纪年是不间断的、可靠的"。另可参考顾立雅《中国早期文化研究》,1937年,第XVI – XXII。
② 顾立雅前引书,第49—100页。
③ 关于后面中国思想派别的简要概括,我要特别感谢魏特夫,他允许我参考他将要问世的《中国经济社会史》的手稿。中国学者关于古代社会的主要理论,见王毓铨《中国现代社会科学进展》,1938年;恒慕义翻译的《顾颉刚自述》(即《古史辩序》),1931年;伯希和:《王国维作品集的编订》,1929年。

料并不属于一般所公认的时期或来源。在这种廓清前说以便重新估价古史的工作中,康有为、胡适、顾颉刚的名字最为显赫。

这自然形成强烈的疑古主义,即当某个文献的真实性产生疑问时,其中的材料就有一种绝不可再相信的趋势。这种趋势后来被纠正了。新的材料和标准被发现,其中包括安阳及其他各地发现的铜器时代与新石器时代的遗物,特别是那些由中国政府主持的以科学方法发掘出来的遗物。传说的商朝各世君王的名字,大体都有安阳出土的甲骨文可资证明,就连其继承的前后次序也得到了证明。

因此,又产生了一个使用文字记载的传说材料的趋势。过去对文献的批评,其正确性并没有人怀疑,但文献研究仍可以用新方法进行。这种方法的原则是:某一文献虽然不是那个时代的作品,但仍包含有价值的参考材料。这主要是分析和比较方法的问题。民间故事的价值被特别重视。因为不是正式记载,民间故事虽然不能用来证实历史事件,但它可以表现那时社会的观念,甚至是那些已无法复原其政治事件的社会的观念。

目前在中国的权威学者中,存在多种观点和多样的方法,反映了过去几十年的各种趋势。王国维,一位伟大的甲骨文专家,可与那几位考辨传统文献的批评家齐名。那些人研究的是传世的文献材料,而王国维则确立了一套新的文献材料。罗振玉也是一位古文字学家。在实际考古工作上享有盛名的是董作宾、徐中舒、丁山和许多其他人,他们不但对新材料进行了分类,并尝试建立了一些考古工作的规范。

偏于理论研究的有傅斯年、陶希圣,而特别突出的是郭沫若。这些理论家在将传说时代作为信史研究的工作上是极大胆的。因为大胆,他们的工作不一定能令各方同意,但他们的论断,尽管经常因新的发现而要加以修改,但在对新发现的评价上却有极大价值。

西方学者关注的是中国的文献研究学者,而不是中国的理论家。福兰阁对于古代传说中的"传奇"人物,①不敢使用人类学和民间故事的方法。顾立雅,一位对中国考古学家的著作最熟悉的学者,所做多半是对他们成果的分类,而并不注重他们的论点。② 毕士博细心持续地收集并利用经济学及社会学的统计材料。③ 埃伯哈德最近出版了一本有关古代中国的"工作假设"(working hypothesis)的著作,此书内容并没有集中在历史时期,而是集中于文化类型。④ 魏特夫则是专力研究原始材料以及有关汉族起源问题的中、西方理论。⑤

古代传说中的"帝王"

在中国历史最古老的边际上,有一些模糊的人物出现,或者似乎出现。其中有"创世传说"的盘古、"畜牧时代"的伏羲、"农业时代"的神农。这里所说的畜牧和农业自然是习惯的说法。其后还有黄帝、少昊、颛顼、帝喾、帝挚。⑥ 接下就是中国黄金时代的尧和舜。舜把帝位禅让给他的"贤臣"禹。禹建立夏朝,这个朝代的时代按习惯的纪年是公元前2205—前1766年,而按照毕士博的纪年则为公元前1989—前1559年。夏之后为商(习惯纪年为公元前1765—前1123年,毕士博的纪年为公元前1558—前1051年),商之后为周(习惯纪年是公元前1122—前256年,毕士博的纪年为公元前1050—前256年)。商代有一个相对的纪年,有确定的商王排序。但中国历史的绝对纪年是公元前841年,⑦早此30年前,为西周、东周的分期。

---

① 福兰阁:《中华帝国史》,第Ⅲ卷,1937年,第53页。
② 顾立雅前引书。
③ 见本书所列毕士博的著述。
④ 埃伯哈德:《早期中国文化及其发展》,1936年。
⑤ 见《中国经济社会史》,即刊,见注3。
⑥ 帝挚被列为帝喾诸子之一,其重要性仅在于是尧的兄弟,是尧的没有作为的前任。
⑦ 毕士博《古代中国年谱》,1932年,第235页;福兰阁前引书,第Ⅲ卷,1937年,第71页,提出842年说。这是他书中第Ⅰ卷(1930)第101页的一个注。

第十章 农业的进化与游牧业的反复

丁文江认为,关于中国传说中的古代"帝王"的文字记载,迟至公元前4世纪方才出现。① 事实上,传说中人物的时代越远,他的名字在文献中出现得就越晚。而且,有一些传说并非产生于上古可靠的中国史的地域,而是从四周或远方流传来的。

盘古在公元6世纪方见于中国书籍,他也见于南方很远的非汉族的瑶族传说中。② 所以这个传说也许源于"蛮夷"。

伏羲是从黄河流域与长江流域之间的淮河流域的夷人传说中流传到汉族传说中来的,而在早期的中国著作中,并没有提过他的名字。③ 神农是直到孟子时代(公元前4世纪)才见之于书。④ 黄河流域中部的中国历史的主要中心人物是后稷,被认为是周人的祖先。神农的名字出现于中国书籍的时代可以证明,对他的崇拜是在黄河的真正中国中心与长江中游的次要中心有了相当交流后才被树立起来的。黄帝虽然生活的时代极古老,但他却直到公元前3世纪才在中国史书中出现。⑤ 他的"陵"——在这个传说与它建立联系之前一定也是一个圣地——在今日的陕西省,位于一条黄河支流的河谷中,靠近古代中国历史的重心。

这些传说当然不是没有价值的。远古汉族的后裔输入远古少数民族后裔的传说的事实,自然可以引起一种假定,即这种文化的输入,在古代是极为重要的。并且,如果说汉族和少数民族都源自于同一个史前民族,那么,真正的中国古代传说也可以包括某些细节,它们更像"原始少数民族"的文化,而不像"原始汉族"的文化。

对随后传说人物的考察正是要基于这一认识。有几位中国古代史

---

① 丁文江:《中国如何形成自己的文明》,第2页。丁文江曾属于中国的疑古派。自从1931年发表文章后,倾向于相信晚时记录的传说中保留了早期的真实材料。
② 顾颉刚《古史辨》,第一册,1926年,第121页(中文)。他所引用的较古的材料中也显示出与"南蛮"的关系。另见颜复礼和商承祖《广西凌云瑶人调查报告》,1929年,第21—22页(中文)。
③ 毕士博1938年7月12日私人信函。
④ 同上。
⑤ 同上。

专家试图考证出商王的世系。① 王国维把他的世系研究结合到一篇有关中国古代史的论文中。他认为,中国文化起源的最早地理中心是华北的东部,其后在尧、舜、禹(传说中的夏朝的立国者)的时代则转向了西北(山西)。到了夏朝,又返回到黄河下游来。商朝则集中于安阳(河南的北部)地区。在地理研究中,他利用了传说中太昊(伏羲)的材料。我在前面说过,这是一个取之于黄河流域与长江流域之间(今日京汉铁道以东地区)的少数民族的传说。

在他的世系研究中,王国维追溯商王的世系直至帝喾及他的儿子契(契也是帝喾的儿子,如同尧一样)。董作宾继承了王国维的这一部分工作。朱芳圃也是一位根据甲骨文从事商朝历史研究的学者。郭沫若所指出的世系大体和王国维的研究相同,不过他主张商朝世系还有一个传说的"始祖",这位祖先后来分作三人——帝喾、俊(经典中帝喾的名字)、舜(一位贤相,尧的继任者)。

于是,一条不很确定的链条就出现在最早的中国信史(前1000)与新石器时代之间。中国第一个绝对确定的纪年是公元前841年。但周朝的早期作品却保存了商朝的帝王世系。安阳的出土遗物至少证明了这个世系内较后的帝王。安阳文化可以早到公元前第二个千年的中期。它的绝对纪年未能确立,其相对纪年却是可靠的,甲骨文中商王的次序印证了文字记载的次序。虽然安阳的商朝铜器文化很发达,但它还是保存了许多较早的新石器文化的因素。因此,如果可以合理利用一切有关商朝早期帝王的传说、关于他们以前的夏朝的传说,以及夏朝以前更古老更模糊的"帝王",那么就应当认可,这些传说可一直上溯到真正的新石器时代,也许还可以达到更早的时代。

---

① 我读过的中国现代学者关于古史研究的文献很有限,这可以从本书的注释中看出来。我的想法在很大程度上是在与毕士博及魏特夫的讨论和通信中形成的,他们在这一领域都有不寻常的研究。在没有直接给出参考文献的地方,我都是参考了魏特夫的原始资料,但这不会影响他的即将面世的《中国经济社会史》一书在中国研究中的权威地位。

在"原史"的商朝与"史前"的夏朝之间,有一个重大的分别。周朝的著作中记载了商以前的朝代,而在商朝的文字中却没有任何关于夏的记载。但是这并不意味着要把夏从历史中拿走。就连对中国起源的纪年十分怀疑的丁文江也承认,甲骨文对于商朝传说的证实,足以提出一种可能性,即用相同的方法去证实夏朝的传说。① 郭沫若并不视夏朝的传说为神话,而认为是一个可识别的古代时期。丁山、徐中舒、曾謇也有同样的主张。②

古代传说的地理证据

各种传说的本身包含两类证据:地理的及社会的。可谨慎利用。

盘古,因为他大概是后来自南部少数民族传入的人物,可以不必再谈。

伏羲(太昊),上文说过,大概是由淮夷——淮河流域的少数民族——传入的。这一片低平的湿地是从黄河下游向长江下游沿海岸移动的战略障碍。它的少数民族居民直到战国时代——这个时代是公元前3世纪秦始皇统一中国的前奏——才被征服。而这个征服也不是北方汉族的成绩,而是长江流域的楚国的胜利。③ 王国维在提出中国最古文化起源于黄河流域以东的论断时,即利用这个传说人物与淮河流域的关系来证明他的主张。不过,王国维没有充分考虑到环境对经济生活、社会组织及原始居民进化的重要影响。

神农是由长江流域传入的,他属于那个较晚而且是次级的中国历史重心,这个重心当然也是重要的。他的传说很可能与一般所承认的黄河中下游的主要历史重心的传说相混合。

---

① 丁文江前引书,第10页。
② 详见魏特夫前引书。
③ 毕士博:《中国南北方的开端》,1934年,第318—319页。

黄帝在文字记载上是一个较晚的人物。但他传说中的陵墓却位于陕西省的一个古代遗址上,这里我们看到一个古代真实的传统与较晚而且不大可靠的传说相混合了。无论如何,陶希圣相信黄帝的故事有一点真实历史在内。郭沫若比较特殊,他认为传说中的黄帝是商王世系的先祖,并相信这个古代人物以及他的子孙,在较晚时期的传说中被分化成许多人,有许多名字,诸如帝喾,舜,等等。①

我想,对这些名字可以不必逐一地去研究,除了帝喾,他是一个特别重要的人物。根据较晚的传说,公元前最后一千年的周朝天子,是帝喾大妻之子的后裔,而商朝各王则是其次妻之子的后裔。他第三个妻子的儿子是尧,第四个妻子的儿子是帝挚。

其次是夏朝,即大禹所建立的朝代。禹的名字联系着夏朝的传说以及一些更古老的名字。禹和其他名字都列在商王远祖世系——或者应该说世系崇拜——之中,一些中国学者企图把这个世系重建起来。这样,尽管在商朝文字中没有夏朝甚至夏这个名字的记载,在夏和商之间,还是有了一个假定的联系。这里,纪年或严格的历史真实性的问题,可以暂时撇开。

这些传说中的若干地理材料,若依据中国文化及历史起源于黄河中游附近地区的假定,是很有成立的理由的。其他材料也很有趣味,因为它们提到了长江与黄河中游以西的黄土地区之间、长江与黄河以东的大平原之间的自然障碍和通道。这些地方在早期中国核心向外发展的历史过程中的重要性,应当和在后期历史中的重要性一样。最后,还有一些材料没有什么参考用处,因为它们很明显地处在原始中国的范围以外。但是,我们不能因为一些不可用的材料而完全否定那些具有合理性的材料。汉族在后来的发展中,很自然地挟带着古代的传说,并添加上新的地名,使它们显得更为真实。他们也

---

① 魏特夫前引书。

很自然地会把其所征服或同化的少数民族传说中的地名,搬移到中国的传说中来。

撇开不可用的材料不谈,我们可以列出下面的一些地方:

伏羲据说是出生在陕西黄土地区的渭水流域,①伏羲的传说可能是一个少数民族的神话,这或许反映了中国及少数民族的传说在后来的混合。

神农被认为出生于汉水河谷——陕西黄土地区及长江中游的天然走廊。② 据传说,他最初统治渭水河谷,然后到黄河下游及长江下游之间的淮河流域,其后又到山东。神农的传说源于长江流域,这大概也是一个各种传说的混合。

在神农与黄帝之间(一般认为这个时期很长)是一个纷扰和起义的时期。③ 这个起义的发展一般假定是从黄河中游至山东,统治者则从山东向北退却。恢复社会秩序的人物是黄帝。他的出生地被认为在河南,④在那个时期,他活跃于淮河流域,建都于大平原上靠近今日北平的地方,最终葬在陕西。与其说是很早,其实可能很晚,而且发生过混合的传说一样,根据这些说法并不能确定那些起源中心或扩张线路。

其次是那个模糊的时代。中国学者们企图从中追溯出商王的世系来。关于少昊和颛顼(他们神话式的统治有时被合而为一),据说他们的"国都"在山东和黄河平原间变换,⑤也有说在河南北部及河北南部邻近黄河的地区。颛顼,如果承认他是另外一个人物的话,系生于四川。这种说法相当重要,因为在较晚的时期,从陕西西部及甘肃南部

---

① 沙畹:《司马迁〈史记〉》(《史记》前47卷译本),第Ⅰ卷,1895年,第5页注4、注5及第8页。另参见维格(Wieger, L.):《历史文献:从初始形成到1912年的中国政治史》第Ⅰ卷,1929年,第19页。又可参考见维格,18页及第30页的地图。
② 沙畹前引书,第14页注6;维格前引书第21页。
③ 沙畹前引书,第29页;维格前引书,第22—23页。
④ 沙畹前引书,第26页注2及第36页注3;维格前引书;理雅各《中国经典》,第Ⅲ卷,第Ⅰ部分,第108页(竹书)绪言。
⑤ 沙畹前引书,第78页1;维格前引书,第25页;理雅各前引书,第109页绪言。

确有一条入川的重要交通线。这种晚期与早期传说的混合,是很难分辨的。

关于帝喾,传说在淮河流域及河南北部流入黄河的洛河河谷。① 然后是尧,他被看作帝喾的儿子。② 虽然长在淮河流域"他母亲的家乡",但他后来活动在黄河下游的平原,分隔今日河北及山西的群山中,即山西的南部。传说他征服了东方的少数民族,最后葬在山东。

舜,继尧为帝的贤臣,其生地在山西的西南角,汾河流入黄河的地方。③ 他被认为是把"中国"推广到东北南部辽河下游平原的人。他有一个大臣,一直征伐到长江以南辽远的少数民族地区,而他自己在巡视长江以南时驾崩,于是葬在那个地方。这后一部分传说并不可信,除开这些附会而外,他的事业多半集中在黄河中游。

舜的继承者也是一个贤臣,即禹,夏"朝"的建立者,④他是一位擅长灌溉和开发的农业英雄。这个传说的年代是很值得怀疑的,但其内容反映了某种真实的传说。

地理的叙述至此为止,很显然,它们本身不足以验证什么理论框架,但很适合于一般公认的意见,即中国历史的起源应该在黄河中游地带——黄土高原接临大平原的地区去寻找。它们也不与下面的看法冲突,即在中国文化及历史发展之前,有一批原始居民,或者说许多原始居民,散居在从长江以南直至黄土高原和草原的广阔地带。就最小意义来说,它们也许代表了一个极早的动荡时期,是黄土高原的东部还是大平原的西部应该成为历史的重心,还不能确定。很可能,在历史重心确定之前,最终汇集到这个重心的居民可以利用天然地理通道与最终成为周边"蛮夷"的居民发生接触。

---

① 沙畹前引书,第39页注4;维格前引书,第28页;理雅各前引书,第111页。
② 沙畹前引书,第40页及以下;维格前引书,第28页;理雅各前引书,第112页。
③ 沙畹前引书,第52页注3等;维格前引书,第35页;理雅各前引书,第114页。
④ 沙畹前引书,第81页及以下;维格前引书,第37页及以下;理雅各前引书,第117页。

传说中的社会及文化证据

大体说来,社会和文化的材料,比不甚可靠的地理叙述要重要得多。首先,根据传说,帝喾的长子是他的第四位妻子所出,这似乎不可能,但是只要略做修正,这段材料就可以成立。我们可以推测这个传说中本来包含了一个幼子继承制的故事,按照这个制度,是最小的儿子继承家业。后来这种制度失传,传说中的幼子换成了长子。但这个改换却没有把传说的原形完全遮蔽。

幼子继承制的原则是,每一个儿子在成年之后,就给以家产之一部分,使之独立,只有最小的儿子与父母同居,并继承家产的主要部分。这种原则并不限于某一种环境或社会。它可以在任何社会的早期阶段发生,只要那个社会还没有进化到出现大量人口的集中,只要它还有发展的余地,就很容易从小家庭单位分离并扩散出去。这种制度的痕迹还存在于草原蒙古民族、①中国南方森林土著、②周朝的初期,③还有早期秦人之中。④ 秦人早时居住在今日的陕西和甘肃,他们于公元前3世纪转移到中国的中心,建立了第一个统一的帝国。有意思的问题是,这种制度竟在以后的中国社会中完全消失了。正统派的中国历史学家都不承认这是中国的制度。可以证明,上古的中国传说,虽然其字句很晚,而且内容与古代原形有相当大的差别,却仍然保留着一些确实存在过的原始时代模糊而真实的史迹。

---

① 弗拉基米尔佐夫:《蒙古社会结构》,1931年,第49、54—55、98及111页(俄文)。蒙古语中的 *ejen*,意思是"所有者""主人",后又用作"统治者",来源于古老名词"小儿子",从而是"火塘继承人"的意思。
② 毕士博:《中国南北方的开端》,1934年,第319页。引证了《左传》及《史记》第四十卷。《左传》包括的时期是前722—前468年,它是"重要的古典中国文化第一个成熟期的历史资料"。高本汉:《左传一书与其真实性》,1926年。
③ 毕士博前引书,第311页,引《史记》卷三一。
④ 魏特夫1938年8月5日信函。

更重要的还有,从尧传舜、舜传禹的非父子相承的禅让继承制中,能够看出社会组织的变化。这也许是后世的"合理"的修正,因为后世对古代母系继承社会的事实已经不知道了。男子可以统治,掌握实权,但继承权仍然在女子手里。例如舜是尧的贤臣,但他也娶了尧的女儿。所以,他的继承权也许是因为娶了尧的妻子的女儿。这个故事在后世男子继承制度确立后,必须加以修正以求取信。当禹继舜的时候,其故事也是大同小异。故事没有说禹娶了舜的女儿,但说禹比舜的儿子更适宜于继承帝位。在禹以后,夏朝各帝王的传袭是由儿子或侄子继承(男系的),表现出一个男性继承的社会。继承权由这一代的男子转到下一代的男子,在男性一边的儿子和侄子都属于相同的亲属关系。这种制度在今日中国社会仍然存在。

在原始社会中,母性继承制度普遍存在,但并不一定与女子耕作(亚洲的女子饲养屋旁的鸡和猪),男子狩猎、捕鱼、劫掠的经济社会制度有关。在这种社会中,儿子可以继承父亲个人的用品——网和船(除非这条船是属于许多人的)、猎具及渔具,甚至某种地位。至于土地的继承则属于女子及其女儿,这就是说土地应由家里的女性继承。她们被看作一个群体,依照世系分级。①

在这种情况下,所谓女性统治是很容易被夸大的。所谓女"权",包括土地产品的出售权,一般来说,她们也被假定为附加在土地上的劳力,

---

① 关于这个问题的大概情况,参见魏特夫《家庭权威产生的经济史基础》,1936 年。毕士博在 1938 年 7 月 12 日信中指出,在美国印第安人中,阿尔冈琴族及易洛魁族人是相邻部落,他们的文化处于同一水平,男人打仗和狩猎,女人耕种。一个部落是父系氏族,而另一个是母系氏族,差异如此鲜明,可能是一个部落的社会与环境和谐稳定,而另一个的和谐被破坏,或者随着社会的变化正在被破坏。理雅各前引书,第Ⅱ卷《孟子》,第 345—346 页,表示,在舜的时候出现社会变化的线索。有问:为何尧舜在尧之女嫁给舜一事上没有请示舜的父母,孟子回答:因为如果其父母知道,会反对这门婚事。但这门婚事是有理由的,哪怕没有父母的允许,因为人们都需要子孙后代(第 313 页)。这样的争论,依照男系标准而确定孝行,是一种伦理判断。对我来说,重要的不是解释本身,而是解释的必要性,它显示的是对一种东西的不安,这种东西对于后代来说,是反常的社会现象。我们关注的只是,是否确实存在从男子婚配到女子部落的方式转变为女子婚配到男子部落的方式的变化。

没有劳力则土地就不会有完全的价值。因此,虽然土地是由女子继承,但事实上,她和土地都会转移到她所嫁的男子手里。这个人的儿子,到了适当时候,就和其他家族的女性继承人结婚。这个人和他的妻子的土地则传给自己的女儿,以女儿与其他男子结婚的办法增加一个新的男丁。

这个制度的某些特点会在制度本身丧失后仍然保留下来,只是已经没有什么重要意义了。要分析中国文化及历史的起源,需要确定的问题是,社会中的男子在什么时候为了自己的利益而夺取女子的土地所有权。这个变革大约是在男子开始比女子更多从事农耕的时候。变革发生的途径是多样的,也许是农业利益的增加所致,也许是被人征服,而被迫偿付比仅由女子工作所能提供的更高额的贡赋,也许是由于农业技术上的进步。

无论如何,这场变革的影响是把过去作为混合经济的辅助部分的农耕,变为主要的生产活动。因此,男子取代女子在土地上工作,而女子在被出卖、赠予、婚嫁或继承时,便脱离了与土地的联系。女子开始担任次要的家庭副业,如织布和其他家务。与此同时,男子的工作也有一个重新的分配。当女子担任农耕劳动时,所有的男子都从事差不多的工作:狩猎、捕鱼、作战。可是,当男子也担任农耕劳动时,一部分男子就取得了旧日女子的地位,变作纯粹的农夫,而另一部分男子仍然保持旧日男子的工作,特别是在狩猎与作战方面。在这类"工作"中会逐步建立起一种威望,具有贵族性质的优越,它们不再是"工作"。同时,这种新的在社会中占有优越地位的阶级,便开始享有并扩大新型所有权,特别是对土地的所有权,而没有特殊权益的男子,则成为土地上的劳力。①

将神秘的古代中国的地理和社会的内容结合在一起,就产生了一个

---

① 参考本书第五章。可以推测,在女人为土地耕种上的主要劳力时,女人的实际地位可能随着与种植有关的技术和"学问"的变化而变化。如果所有真实的或者看起来的技术足以使男人感到耕种是神秘的事情,那么女人的地位和权威可能会较高。

较为实际的、依稀而重要的轮廓。在地理方面，有几个不很确定的中心，它们是黄土高原、黄河下游平原和低湿的淮河流域。在社会方面，有一个建立于母系之上的农耕制度。到了禹的时候，这个制度行告结束，大约在夏朝的时候，转变为男子继承制度。

虽然只是一些微弱的信息，但我认为它们可以支持一个总体性的结论：在特殊的汉族文化进化过程开始之前，在今日中国的范围内有着广泛分布的原始居民。古代进化的发源地，黄河中游地带的居民，其历史之早或密度之大，并不一定超过时有淤塞而时常泛滥的黄河下游地区，或沼泽分布的淮河流域，或森林茂盛的长江流域。"汉族"与"蛮夷"还没有分化，虽然如此广大范围内的居民也许在人种上存在差异，不同环境中的居民也会有文化上的差异，但这些只是同一层次上的差异，而不是"高级"文化与"低级"文化的差异。

一个显著的地理范围的收缩伴随着一场变化而出现，而这场变化则造成了中国历史的起源。这种地理收缩并不是指黄河中游地带的中心与其周围地区联系的中断。这一点已由埃伯哈德在考察一些原始文化群体与对中国文化起源的研究中指出。① 造成这个时期特点的，很可能是黄河中游黄土高原与黄河下游大平原之间地理分野线上的加速变化，并伴之以居民从低湿、水患的地区向少树的黄土地带的移动。还有母系农耕向男子农耕的转变，它至少表明，虽然不能证明，这场转变影响了生活方式的改变，使黄土地区能够较黄河流域其他地区容纳更多的人口。这些变化本身也许是首次用石器或木器在松软的黄土上从事灌溉的结果，或者只是清除黄土上的少量天然植被，以广耕作，其后再继之以灌溉，以补救雨量之不调和。

---

① 埃伯哈德：《早期中国文化及其发展》，1938年。埃伯哈德对于大量文化群体的分类，很大程度上是从地理分布方面做的，但是缺少不同时期的文化演变的不同水平，他自己已经注意到这一点（第515页）。例如，西方文化地区的形成是重要的，它从开始就一直带有"强烈的游牧因素，并伴随严格组织的族长制"，这是不容怀疑的。

当然，在这个时候，虽然已经有了民族间的迁徙和接触，但社会分化还没有造成"汉族"和"蛮夷"的对垒。很可能，过程的主体是某些少数民族转变为原始的"汉族"，而其他少数民族则仍然维持原状。① 在此之后，历史范围的收缩才转变为扩展，随后是原始汉族逐渐侵入少数民族地区，这又伴随着黄土农业技术的发展，使它能够推广到其他土地上去。

到此为止，我们这种讨论的基础，是汇集了若干原则性的研究。其中任何看法都可以进行大的修正，但不至于影响这个讨论的总的认识。这里所进行的推论，并不是因循一个单一的证据链条，因为在这种单一链条中，只要有一个环节被破坏，整个的链条就断了。

夏、商时期

但是，这里我们必须焊接起一个环节。中国学者们企图把商王的世系追溯到夏朝的传说人物上去。这是否意味着果真有一个夏代，而商朝乃是直接或间接从那里演化出来的呢？或者说，夏代是否可能就是我所假定的经济与社会突变，母系农耕变成男子农耕，原始中国的广大中心收缩而集中在黄河中游的中心地区的阶段呢？或者，"夏"是否与中国晚期新石器时代的"彩陶"或"黑陶"的遗址有关系呢？

顾立雅（他的谨慎使他成为一位可贵的向导）没有走到这样远。他尤其反对徐中舒把"彩陶"文化认作夏朝居民文化的主张。② 在这一点上顾立雅也许是对的，因为徐氏的主张太偏重于字源的考证，这种考证在如此遥远的历史问题中的力量自然是有限的。但顾立雅自己也认为"夏朝的纪年、帝王以及史事，虽然都是传说"，这个朝代却"一定是存在的"。③ 虽然甲骨文中找不到夏这个名词，④但是"很可能地，夏这个词有

---

① 马伯乐：《古代中国》，第10—11页。
② 顾立雅前引书，第127页，引用了徐中舒在李济编辑的《安阳发掘报告》中的文章。（中文）
③ 顾立雅前引书，第131页。
④ 同上，第130页。

一定程度的语言学上的意义"。① 它也是一个文化,是真正中国文化的祖先。② 它的地理中心"在黄河流域下游",③一个"大体上椭圆的地区,东西较长,略偏于东北",④从今日的河南中部延伸到河北,东到山东,西北到山西。此外,"后来'夏'字被持续地用来指称'汉族'和'中国'的事实,令我们相信这个国家是当时中国文化最主要的代表"。⑤ 顾立雅也强调,夏是一个很早并经常被提到的名字。⑥

在较早的时期,"夏"是"汉族"的雅称,但在极早的时期,这个名字的存在还得不到证明。对这样一个有点奇特的事实,应该给予合理的解释。关于这个问题,有一个解释,看起来有道理,也很简单。人们时常自己有一个名字,但别人却叫他另一个名字。商又叫作殷。至少,我们可以猜测"夏"这个名字起源于周代。周人本身原是一种比较落后的民族,住在早期中国重心的边缘。周人用"夏"作为人种上与文化上的名称来指称那一个人类群体,用"殷"作为政治上的名称来指称一个更限定的群体,这个群体曾在早期汉族人口的核心区中,掌握过相当一个时期的霸权。但是这个群体的人对自己既不叫夏,也不叫殷,而叫商。⑦

以上只是一种推测,而不是汉族起源的理论。我在这里提出来为的是强调一些关于早期汉族进化及分化的观点。这些观点我想也许是有道理的。这些观点的某个特别部分也许不对,但我所注意的只是其总体性的看法。如我在前一章的末尾所说,这是一个多重历史过程和不同演变速度的概念。如果新石器时代的居民——还没有分化成"汉族"和"蛮夷"——在中国的分布很广,如果在黄河流域有一些群体很迅速地"成为

---

① 顾立雅前引书,第118页。
② 同上,第117页。
③ 同上,第131页。
④ 同上,第116页。
⑤ 同上,第130页。
⑥ 同上,第100页。
⑦ 关于作为商"朝"别称的"殷"最初是周人使用的讨论。参考顾立雅前引书,第64-66页。

第十章 农业的进化与游牧业的反复

汉族",而其他群体则较迟缓地也"成为汉族";如果还有其他群体没有跟随这种趋势,而另取一条使他们"成为蛮夷"的发展道路,那么,夏、商、周这几个名词就可以用来说明这整个过程,并指示出地理的分布及时间的顺序。

夏,也许是黄河流域"彩陶"及"黑陶"新石器时代文化晚期的一般代表,也许是"黑陶"及一个比较进步的新石器时代晚期发展的特别代表。但是,这与徐中舒把夏和"彩陶"联系起来的做法并不一样。① 徐氏的理由太偏执,其目标是要把某种假定的夏代特点与特定的"彩陶"遗址联系起来。比较靠得住的说法是,有许多关于夏朝的说法可以支持一个初步的理论,夏朝一定有许多特点,而与整个的晚期新石器文化及时代有所不同。但也得承认,这些特点还不能被确定为一个完整的文化机制。

从地理角度说,顾立雅所标出的夏朝领地,②很有意义地大致分布在一个地区中。这个地区,处于黄河下游大平原的边缘,处于低部黄土高原和高于原始沼泽及洪水的丘地的俯瞰之下。这可以使我们推断,夏时期可能是分化的开始,那些处于有利于农业发展环境中的群体,与那些处于不利环境中的群体开始分化,后者本来与前者没有什么区别,但逐渐落伍。如果"黑陶"能够被确认为是比较迅速进化的文化,而"彩陶"被认为是这个相同文化的发展迟缓的一部分,那么,我们就可以初步假定,夏朝应当与"黑陶"——特别是后来成为商文化组成部分的"黑陶"——有所联系,而不是如徐中舒所主张的夏与"彩陶"有联系。

其次,商的时代及文化可以用更确实的农业发展来说明:由围墙城市所体现得更稳定的经济与社会,城市是农业地区的政治中心;铜器制造中高技术的迅速发展;使用铜器的统治阶级与使用石器的被统治阶级之间鲜明而重要的分化。我们也有理由相信出现了一个转变,母系农业

---

① 顾立雅前引书,第 127 页。
② 同上,第 116—131 页。

转变为父系农业。如果这样,在适合于男子的各种活动中也必然出现新的重要的差异。接受了旧日为女子工作的农耕,这些男子的家系就"落"到过去女子的地位。其他个体男性或男性家族则继续从事传统的战争和狩猎。这样,在某种意义上说他们是不变的,但同时他们却在"上升",因为除去以前的活动外,他们负起了新的任务,即保护——因此可以统治与剥削——那些在社会中"下落"的人。由于整个社会在经济上的"上升",农业技术的改良及分工,一部人就要把他们整个的时间用在土地上,这样做是有利的,也是必须的。于是,作为男子传统工作的狩猎与战争,在经济上变得次要,但同时却成为奢侈与较高社会地位的象征。

这些变化有多少是同时进行并互相影响的,有多少是先后孕育彼此衔接的,我们无法说清。安阳出土的铜器时代的材料很丰富,近年来已有许多研究,但还不能追溯到商朝的早期。所以,商朝发展最重要的初期形态,与它以前的整个夏代一样地不明了。标出商朝发展路线的稳妥方法,大略如下:夏朝与商朝之间,也许有某些方面的联系。商朝的世系可以追溯到夏的时代,但不一定追溯到夏朝之内。商的继承者周人,认为商是夏的继承者。① 但是这种继承不一定是直接的。商朝历史并不一定是整个夏朝的土地、居民、文化的持续或发展的产物。

相反地,它可能是一种加速发展的结果,这种发展或者在夏朝文化的中心,或者在它的边缘而只影响到夏朝的一部分。换句话说,也许是旧有夏朝的一部分,迅速发展而成为一个新的政治实体——商,而其他部分仍保留着比较死板的夏的人文方式。但是,"夏"这个词也许还没有出现,它也许是后来用以指称商朝从其中兴起,而其自身在进化过程上却被抛在商朝后面的居民及文化。商人较早地从母系氏族社会转变为父系氏族社会和由被统治的男子农民阶级所从事的发达农业,也许是这个分化过程一个方面。但是,在汉族的起源上,是把这场变革作为整体

---

① 关于这方面的"政治宣传",参考同书第51—52页。

社会发展而定在夏朝末年,还是当作一个局部发展而定在商朝初年,却不要紧。

对于周朝起源的问题也是同样。我们说商朝历史主要代表了汉族起源时核心区的收缩,却并不是说夏朝的其他各部都被抛在后面而沦为少数民族。有些被留在新发展的核心区之外的群体,也许的确会成为少数民族,但其他群体,在适当时期也会成为汉族,只是比突进的商朝居民落后一点。这样的分化日渐复杂,而且会有两个以上的文化阶层,于是各种程度的相互影响过程,就变得十分重要了。

很明显,在商朝铜器时代,财富的增加与财富的集中,都超过黄河流域新石器时代晚期社会的各个方面。可以确切地说,这种财富造成了商朝社会上层的精致文化。商朝居民,至少是他们的贵族,是优秀的武士。但这并不能证明商朝的财富和文化造成了那个时代最高的军事优势或效率。也许商朝初期有一个军事优势,但到商朝末年却变成了劣势。我们可以假定以下几个阶段:

一、在一个有限的区域内的加速发展,使商从夏朝的整体文化中脱颖而出。新石器时代的狩猎、采摘及粗耕的混合经济,变成精耕并且专门化的农业经济。一部分人完全在土地上工作,成为农夫或奴隶。另一部分人则成为农夫及土地的所有者或统治者。这些人有闲暇而继续狩猎,因为狩猎技术与战争技术有关,这就是造成贵族封建阶级——武士、猎人、奴隶主、占有土地的氏族首长——的第一步。这种体制,加上在监护下的金属工匠为武士们制造的铜质武器的迅速进步,就造成了军事上的绝大优势。迅速发展的商族可以侵掠过去是同类现在却落后了的人们,将他们抓来做牺牲,①或者做奴隶。

二、其他居民也开始沿着商族发展的路线进化,只是要慢一点。他们之中有些人成了商族的附属,有些人则还保持其独立与仇视的态度,

---

① 顾立雅前引书,第214—218页。

但仍然竭力仿效那些导致商朝强盛的做法。有的人,虽然其整体文化还没有进步到自行发展出商朝那样的铜器制造技术,却可以拿来那些已经发展的技术。这就缩小了落后的或"弱中国化"的部落与进步的商族或"强中国化"部落之间的军事差异。由学习而得的进步与独立发展进步是一样的。

三、落后的部落在战争中日渐强大时,进步及文化较高的部落就日渐危险。对商族来说,战争的意义不仅是侵掠别人,也是要保护其本身的奴隶、仓库、财富和土地。耕种奴隶与统治武士间的差别,意味着战争的利益对于整个社会来说并不均等。比较落后的部落,奴隶较少,而自由战士较多,尽管他们不如商朝的贵族"尊贵",却可以在对商的战争中保持自己的地位。

四、当这种平衡过程发展到相当的程度时,商朝被一个较为落后的民族所推翻,就只是一个时间的问题了。这个民族并不一定是从早期中国文化圈之外进来的侵入者,而是一个已经属于中国文化圈——只是不够精深,不够发达——的民族。

周代

周朝的中国人就是启动这个新阶段的民族。早期周人的历史水平并不高于晚期的商朝,正如早期商朝的历史水平并不高于晚期的夏朝一样。但周朝是极重要的,因为正是在它的第二个阶段(前770—前221)之前,开始了中国历史上长期记录的准确纪年。

直到这里为止,我着重讨论的是中国文化的进化形成。进化的过程,是由黄河流域的新石器时代社会在许多进步的或落后的水准上的差异而促成的。此时,我并不是完全漠视中国在极早时期受到入侵或迁徙的影响的可能。中国传说中称周人带有一些少数民族的气味,是很清楚的。毕士博认为,晚期中国文化中有许多主要成分,都是从中亚及近东

第十章 农业的进化与游牧业的反复

传入中国的。这是随着迁徙、入侵及文化接触而来的。他认为,小麦、粟类及灌溉,都不起源于汉族,牛耕直到公元前 4 世纪才传入中国。① 与此相关联,他认为早期周人"与中亚的边远区域有过接触"。②

这也许是事实。非汉族的文化特征和技术"渗入"早期的周人之中,是很有可能的事。正如铜器制造技术在新石器时代由黄河流域西部输入,直到环境有利于其继续发展的地区。但是,我认为,周人在总体上无疑与商朝一样地属于汉族文化,③并且严格说来,他们并不是从商朝取得的这种文化,虽然在某些方面他们向商朝学习以发展其自己的文化。我这个似乎矛盾的主张的意思是,商周两朝,其文化的主要传统都来自同一个前期文化,商朝进步发展得较早、较高,而周朝文化的成熟较晚,它以学习商朝来加速自身的进步。周人在政治上战胜商朝时,在文化总体上却仍然处于一个较低的水平。在这个意义上说,周人是属于这个文化而不是获得这种文化。反之,如果周人有什么"蛮族"特征,是"反汉族"而不是"前汉族"的,那么,我们就必须假定,这些特征是周人在文化传播或与迁徙民族接触中得来的,而不是周人原来社会及文化中固有的。

如果我的想法正确,那么,周人从商朝历史范围内移动到商朝政治中心时,自然不会认为自己是侵略者,而会认为自己是过去那个由商朝掌握政治领导权的整个文化的合法继承人。他们同商朝一样,源于夏朝,只是其承传的世系是"地方的"。为了确立他们的领导权,他们自然地会漠视集中于商朝的政治及文化的各种优势权力,而坚持他们自己在一些起源相同而处于不同进化水准上的部落中的合法领导地位。这也许又引导到着意推崇夏朝为一切中国事物的起源,和上古黄金时代唯有夏朝的政治宣教。事实上,夏只是一个区域,相对来说,这个区域在黄河

---

① 毕士博:《拉犁的起源与早期传播》,1936 年,第 545 页;关于灌溉(水稻种植),见《中国南北方的开端》,1934 年,第 299 页。
② 同上,见第 312 页及注。
③ 毕士博(前引书,第 310 页)坚持认为:相反,周可能与藏缅语系祖先有着远亲关系。关于语言群体和文化群体的问题,参考本书第十四章。

流域新石器时代晚期获得了较迅速的文化与社会发展。在这一点上,我认为顾立雅是对的,他认为周人创造了夏的神话。① 他相信周人是地方性的、边缘性的族群,但属于当时的中国文化圈,他们并不是一个侵略的"非中国"的民族,在"获取"中国文化后,又得以推翻商朝。

黄土高原及大平原居民的早期分化

基于以上讨论,就可以提出一个研究中国问题的方法,即将夏、商、周看作同族同源之人。事实上,我已经否认"中国"是原始草原牧民侵略并征服原始农业民族的结果。但是,这里被否认的只有大规模的侵略和长距离的大量迁徙,而不包括随小部分群体迁移而来的文化传播。这种迁移并不一定需要长途旅行。某一个部落的迁徙范围也许是有限制的,但是,当一个个部落之间都发生接触时,文化传播就随着一系列的接触学习而来了。草原游牧社会在后来的中国历史中是极为重要的,有必要研究草原游牧民族在什么时候、以什么方式在中国内陆边疆活动的,关于这些问题我准备在下一章讨论。我们首先要重新检讨整个中国古代地理的问题,并研究农业社会及游牧社会的主要历史特征。②

傅斯年有一篇不错的研究论文。③ 他认为汉族和"蛮夷"在初期的分化是东西分裂,这与以后诸世纪的南北分裂完全不同。他把黄土高原的居民与大平原的居民分开。黄土地区的居民聚居在河谷中,平原居民则

---

① 顾立雅前引书,第51页等。
② 如果了解"移殖"和"游牧"之间的区别,这整个问题会变得更清晰。目前据我所知,中国或者西方学者都没有做过。有从一地到另一地迁移的社会也从事农业,虽然地方不固定,但这是一种固定的习惯,它同游牧活动是不同的。如果他们也进行狩猎、捕鱼及采集野生植物,这也是正常的。一些族群饲养一些驯化动物,部分作为食用,部分作为运输工具,他们是介于移民类与游牧类之间的边缘性族群。真正的游牧民族应该是明确的。他们有在地理环境与人类社会之间处置动物的技术:人们完全地,或在主要程度上,依赖他们放牧的牲畜的产品为生,他们也必须沿着季节性的迁移轨道(迁移放牧)移动,他们要适应牲畜的需要,满足畜群对食物、栖身地及草场的需要。
③ 傅斯年:《夷夏东西说》,1936年(中文)。

住在高地上以避洪水。黄土地区易于防守,并且是对外扩张的良好基地。大平原则很容易被侵入,也不是良好的对外发展的根据地。黄土地区的农业生产力较差,但可以结合牲畜饲养。平原的生产力要高得多,但不利于牲畜饲养,在黄河下游的沼泽排干之前,是很难饲养牲畜的。在大平原上有向满洲南部迁徙的自然趋势。在黄土高原则有向蒙古草原迁移的趋势。

平原和高原的居民互相影响。黄土地区的居民有两大群体:一个是集中于汾河河谷并发展到河南的夏;另一个是陕西三大河流——上游均达甘肃的渭水、泾水和洛河——谷地的周。平原居民也有两大群体:住在河南北部及河北的商,住在山东、河南东部、江苏北部及满洲南部与高丽的夷。商族控制着黄河下游平原的北部,夷(后来被认为是东方少数民族)则自这个平原的南部伸展到淮河流域,并通过短近易行的海程,与满洲南部及高丽沿海保持原始的交流。商人和夷人不但土地接壤,而且时代相同。但在黄土地区中,夏和周之间有一段时间上的空缺。

这些民族的交替兴起形成了中国。其过程是:夏朝统治下的第一黄土高原时期,此期有夏和夷的战争;商朝统治下的平原时期,商族利用夷的人力和经济资源加强了自己的力量;周人统治下的第二黄土高原时期。

公元前770—前769年间,周朝的首都从陕西迁到大平原上,从此,周朝的政治势力即见衰微。在公元前3世纪,西部的势力在秦国领导下兴起。这个黄土高原上的秦国的最大敌人是长江流域的楚国。虽然秦征服了楚,并建立了第一个统一的中华帝国,但这个朝代并不长。反抗它的势力都集中在淮河及长江流域。利用这些反抗的势力,汉朝于公元前206年建立起来。这个朝代立刻建都于黄土地区,同时又完成对长江流域的征服,确立了帝国的统一与北方的优势。

由于少数民族的反抗从华北的沿海逐渐转到南部的长江流域,东西的分裂逐渐转变成南北的对立。这个转变的中枢是长江流域的楚国。

这样便形成了传统的次序:极北部的草原少数民族到北部的"真正"汉族,然后到长江流域的汉族(古代的南方民族),然后是长江以南,这里的近代南方汉族是在不同时期转变成汉人的"南蛮"的后裔,最后是中国南部及西南部现在仍然存在的土人。

关于这个问题的说法虽略有不同,却是得到广泛赞同的。① 这是一个不错的适用假说,②因为虽然每一个细节在有新证据时必须重新检讨,但其核心显然是主张在黄土高原及大平原相遇的交接线上,很早就出现了分化。在这里,真正的中国秩序,即农业日渐获得支配性地位,从各种不同的原始活动中兴起。这些活动包括狩猎、捕鱼、采摘食物、粗耕农业和驯化牲畜——先是狗和猪(它们可以很容易地用渣滓饲养),然后是羊和牛。

文化发展与灌溉起源的关系

推动农业社会的进步与专门化的力量是什么?它们能否适应我们所描述的原始时代的中国?这里有很多的可能性。一个农业社会可以有不同的发展方向,例如,可以像在西欧那样出现工业化;也可像中国(以及埃及)那样地专门化,着重灌溉和排水技术,其整个经济建立在持久的大量人力的利用上,这阻碍了向工业化的发展;它也可以一个世纪又一个世纪地停留在同一个水准上,就像今日仍未完全变成汉族的古代长江以南的民族一样。

灌溉是中国农业及中国生活方式的核心,但不一定是自古已然。魏

---

① 参考冯家升:《原始时代之东北》,1936 年(中文)。这是一篇很有价值的综述,不仅列出了中国学者的主要观点,还有很多日文及欧洲语言的重要成果。
② 傅斯年善于将别人的观点组合成他自己的更庞大的理论模式,这种做法有纯理论化的危险,而最大的问题是太哲学化或想象化。比如,他强调有共同传说的民族必然有着相同的历史渊源。李济在其《历史上的满洲》一书中(1932 年),讨论神话的流传时,也有同样的错误。但是,傅斯年的工作,对全面了解近期关于古代社会起源研究的中文文献,还是很有价值的。

特夫相信周人在他们推翻商朝之前,已有了灌溉农业,他认为商族也有实行灌溉制度的可能。但是,这些还都未经证明,所以对这个问题的讨论必须谨慎。① 同样,我们也可以说,像我在前面指出的那样,小型灌溉沟渠也可以用石器在松软的黄土上掘成。不过,这并不能证明黄河流域最先进的新石器居民已经灌溉他们的土地了。徐中舒对这个问题有很适当的看法,他认为中国灌溉制度的起源,比一般假定的为早。像灌溉及筑坝以拦洪水这样的复杂事业,不会迅速地发展到很高的阶段,而公元前4世纪的战国时代,这两类水利工程在中国已占了很重要的地位,可见其起源一定很早。②

灌溉技术不可能很早就在中国出现,除非有极特殊的条件。无论这种技术是独立产生于中国的,还是如毕士博所设想的由中东或中亚传到中国的,都是一样。灌溉出现的必要条件包括:(1) 一个有猎物和野生植物、水果及浆果的环境;(2) 植物品种使人类易于从采摘野生植物转变到种植改良品种;(3) 气候少雨或者雨泽不调,同时有河流,足以促成在短距离内引水到缺水农田去的办法;(4) 地面上没有简单工具所不能清理的茂林,土壤很容易以简单工具耕种,在灌水之后,不必耕作施肥,也能出产。

黄土高原的河谷刚好具备这些条件。不过,我们还要注意一点,即使没有灌溉,这些条件也会导致一个原来是狩猎与采集的混合经济向偏重于农业的方向发展。因此,我们不必假定灌溉一定与中国农业同时起源。大体说来,第一步的发展很可能是从没有灌溉的原始小块田地中增加收成。这样,改进粮食永久供给的第一个努力的成功,增强了人数较多、固定耕地面积较大的部落的凝聚力和社会力量,而胜过那些人数较少的移动群体,这些群体要经常从一个猎场移到另一个猎场,从一个采

---

① 参考魏特夫:《中国经济社会史》(1940),可了解近来在这个问题上中国学者的观点。
② 徐中舒的一篇文章,载于《史语所集刊》(第Ⅴ卷,第Ⅱ部分,北平,1935年)。我还没有亲自看这篇东西,所以我得感谢魏特夫。

集地移到另一个采集地。

捕鱼不用像狩猎那样地游动。因此,从杂乱农业到较有次序的农业的第一个转变,很可能发生在易于耕作的黄土地区。在这之后,却是在黄土高原与大平原的交界地带得到较高成功。这里人们的优势是,他们可以在河流及湖沼中捕鱼,可以在水与高地之间种地,也可以继续到山地打猎。也许就是这些,造成了在中国历史的朦胧起源时代,其重心徘徊于黄土高原与大平原之间,造成"彩陶"及"黑陶"居民的分野,造就了新石器时代晚期到商朝初期的转型期的夏朝。

随着灌溉的开始,即使开始得很晚,其发展的重点一定又回到黄土地区。黄土地区的河谷越小,只要有水,其初次的小规模灌溉工程就越容易。但是河谷及河流越大,效益越高。因此,虽然较迅速的进化从平原转移到黄土地区,但第一个灌溉成功的社会又必须向下游移动,他们又集中在黄河中游一带,在陕西的渭水、泾水、洛河河谷,在山西的汾河河谷,以及河南的洛水河谷。① 进化的重心因此又回到大平原范围以内,并开始了另一个发展阶段。

灌溉的进展必然促成生活群体及工作群体的不断增大。同时,生产规模的扩大也会导致更好的工作方法及更好的工具。就逻辑说,向平原发展可以造成更大规模的生产,但这首先要有改良的社会组织,平原不但需要灌溉,而且还要有排水及防御洪水的堤岸。② 最初的灌溉可以由一家或几家简单联手完成,但是在被"泛滥之父"黄河所控制的华北平原上,其所必需的排水及堤坝工作,却需要一个强力统治的社会。

因此,在中国文化的早期发展中,地理分布与社会发展之间一定有密切的相互影响。把灌溉之法应用到排水和筑坝上去,并不需要很大的技术进步。这种方法的发展一定简单而自然。但是如果没有社会变化,

---

① 注意陕西的洛河与河南的洛河是不同的。
② 关于灌溉技术与排水筑堤技术的不同(尤其是操作规模上),参考魏特夫的"细流"与"大水"的分类,见《中国经济与社会》,1931年,第189页及以下。

使个人和其生活都出现差别——在工作及报酬的分配上,在责任及服务上,在财富、财产、地位以及结婚、继承及家族与家庭的组织上,排水筑坝这样的工程就不能实现。

所以进化的过程,就不能止于自没有灌溉的原始农业转变到原始灌溉农业这一点上。发展已经启动。灌溉农业尽管原始,却不能像以前的农业那样没有时间性及平均发展。它的过程还带来其他变化,包括工程规模方面和劳动回报率方面。

规模的问题影响到个人、家庭、当地社会和国家。大规模的工程——特别是平原上的筑坝与排水,与自给的河谷灌溉有很显著的区别——需要权威的不断壮大。这种发展就造成了新的问题。久之,中国人所谓"水利"的基本技术,就包括了大的运河工程,它同时可以供灌溉、防洪(筑高其堤岸)、排水及运输的需要。这又影响到各地区间的联系。① 一个自给自足的地区中的灌溉农业,可以由当地封建贵族管理,而各个地区间的交通及工程的范围大到足以影响其他地区时,就需要一个中央权威来统领封建贵族。

效益的问题会影响社会机构及权力的分配,工程的规模会与之产生相互影响,但更特别的原因是发展进度的加速。例如,从石器进步到金属器,在能够迅速利用金属器的较高效率的进步原始族群,与不能利用金属器潜力的落后的原始族群之间,就会有很大的差异。这可以用平衡的原则来说明。越落后的社会越静止而均衡,其结果是不接受变化或改革,即令接受,也是消极地使其平衡的破坏减至最小。越进步的社会,其变迁与进化的过程就越会打破旧的平衡——社会内部的平衡及社会与环境间的平衡。其结果是,这种改革更强化了其已有的变革力量,不但增大变革的范围,而且增快其变革的速度。

特别是战争,它和其他社会活动联合起来的影响力,要大于它单独

---

① 冀朝鼎:《中国历史上的基本经济区与水利事业的发展》,1936年。

发生时的影响力。在一个稳定的原始社会中,战争只是一种维持平衡的活动,它消耗社会的资源却保持原来的社会。但是在一个变化中的社会,却不相同。战争胜利的意义是扩大领土,增加隶属人口。军事优势与经济手段及社会组织权势联合起来,就能取得并享受更多的贡赋。在这种情况下,迅速的专门化及改良,不但推动武器的改变,而且造成整个战争的概念与战术的改变。不论灌溉技术与制作金属品的技术是在历史的哪一个阶段开始出现的,我们可以肯定,先出现的技术会为另一种技术开路,之后两者又会相互促进发展。

根据这些考虑,我们有一个完全合理而现实的标准,对商朝与部分自商朝产生、部分与之并存的周文化的估价。在商朝居民间,金属品还没有完全取代石器,利用金属做武器、车辆和奢侈品造成了统治阶级的重要地位。武士们在战车上作战,对步兵占有极大的优势。我们不能怀疑在商朝居民社会中,农业技术也有迅速的发展,财富有所集中,社会中大多数人成为臣属以满足少数统治阶级的需要。同时他们在与其他部落的战争中,占着上风。结果,一部分邻近部落服从商的统治,成为商的新臣属,其他部落虽然敌视或畏惧商朝,却也得向商族学习以求自强。

像商族文化的发展,以及其他部落向商朝学习的深浅,一定受到地理因素如距离、气候、水源、土壤以及在若干地区间存在而在若干地区间不存在的天然边界的很大控制。这又证实了两重过程的假设:一个是从黄土居民与平原居民相遇并相互影响的重心地区向外的地理扩展过程,部分经过征服,部分经过学习;另一个过程相反,是收缩,新的重心会在任何有利的环境中形成。

汉族第一次向东、西两方的横向扩展

既然两个最大的广阔地区是东部的大平原和西部的黄土高原,那么"汉族"范围的第一次扩展就很可能是向东、西两方,同时伴以多个小的趋势，向山西及陕西的北部及西北，向淮河流域的南部及东南发展。在第一个阶段中，东部的夷和西部的戎是被看作东部及西部的蛮族，[①]还是被看作与商同族而在文化上没有那样进步的部落——比如说是商民祖先的兄弟的后裔，这并不是重要的问题。我们可以推断，在历史上，从"弱汉化"与"强汉化"的关系，转变到"汉族"与"非汉族"的关系，其过程是渐进的。

我认为这种变化的经过是这样的：在第一次东、西方向的发展中，重点是黄土高原与大平原上环境类似的地区，发展成同样的经济方式及社会形态。其后，由于发展的范围变广，两种环境的差异开始表现出来。黄土地区的地形有利于各主要河谷地带的政治独立，而大平原的地形则有利于大规模的统一的国家。但是在政治上形成这种国家，需要一个迟缓的进化过程，包括发展长距离的交通、人数较多及范围较广的战争以及建立能覆盖广大地域的政治管理形式。这个结果正是这样，经过了许多世纪之后，才出现一个能够有效地统治在文化及社会上已成为"中国"的国家。同时，傅斯年所指出那些因素中，也有影响很大的。黄土高原虽然在经济上较贫乏，但在攻击及防御上却较强。大平原在经济上比较富足，但受攻击的危险较大，也不能有效地组织进攻。

因此，黄土高原较小而且贫乏的国家，却可以在各种进化上——经济、政治以及军事——比大平原的富足国家更为迅速地发展。平原上的地理单元的规模，有利于造成联合，因为它们更适合于尚未成熟的进化水准。促成每一个新的政治发展的决定性步骤，都来自西部，来自陕西。起初是公元前最后一个千年的初期的周朝，其后是公元前3世纪的秦朝。每一次进步的后面，都跟随着一个反动，因为小范围发展的办法要

[①] 傅斯年（前引书）假设，早期夷族分布非常广阔；一些作者（不是一般的跟随）也相信，"原始通古斯人"从山东迁移到西伯利亚（冯家升前引书）。毕士博在1938年7月27日的信中指出，"夷"一词广泛而不严格的使用是后来的事，真正的夷族的分布范围是从山东向南到长江口，而不是向北到满洲。

应用到大的范围去,会出现困难。周、秦两朝之所以能出人头地,也是因为它们能够脱离它们所属的中国文化圈而独立前进。但是因为大平原上的统一需要违反黄土高原独立的传统,周、秦两朝就得在对大中国负责的情况下,一方面要保持其对中国其他各地的独立,一方面还要施行其所改革的社会机制。照傅斯年的说法,东、西两部的起落变动与回应,未能造成全中国的平衡,直到汉朝(公元前最后的两个世纪到公元2世纪)才把理论上久已知道的机制,最终在事实上按照需要的规模有效地建立起来。

南方——中国第二中心的兴起

整个过程的另一方面也需要讨论。早期的向西发展与向东发展有一个重要的差异。大平原的西部边缘及东部边缘在环境方面没有大的分别,在西部边缘靠近黄河中游地带所发展的方法,可以向东发展到海边。这里各个不同社会及早期国家间的差异,并不是地理差异的结果,而是一种被中心征服而改变的部落与学习中心而改变的部落之间的社会差异。在发展到海边以前,情况都是如此。到了海边之后,再发展就只能转向南方及北方了。①

在南方淮河流域,特别是在长江流域,要进入新的土地,那里的气候与作物条件都有显著的变化。在这个地区中,在黄土高原及平原边境起源,又在平原上被修正的"中国"方法,仍然可以应用,但必须再加以修正。文化传播要滞后于政治的发展与统一,于是在直接征服与学习的差异之上又加上了一重差异。

中国南部(以长江流域为古代的南方)的稻米种植文化,建立在灌溉

---

① 从东向转到南向,从西向转到北向的移动,始于周代中晚期(公元前最后一个千年的后半),后来比早期推移得要远。本章是讨论早期问题,晚期发展虽然超出了讨论的范围,但它的先河是早期的移动,所以在这里要提一下。

基础上。它的技术方法不会是得自黄河流域,或从更远的地方经过黄河流域传来。如果这些技术不是产生于江南,那么有可能是从印度经阿萨姆邦和缅甸的南部文化传播路线,传入中国。① 比起源问题更重要的还有另一个灌溉稻作的问题。即使没有灌溉,只要雨量充足,雨泽平均,并且有地方蓄水,原始居民仍然可以种植水稻。灌溉的重要性在于它可以改进稻种的种植,使一年两熟的制度成为可能,并且增加亩产。如果没有其他力量的推动,不论其有没有灌溉,或只有一种原始灌溉,建立在稻作上的原始社会可以无限期地维持平衡或静止状态,不会自行产生进化的趋势。

因此,我们可以说早期黄河流域势力达到长江流域,其重要意义不在灌溉制度的传播,或者说不单是灌溉制度的传播。黄河流域社会因发展活跃,而出现"不平衡",因此要采用新办法以适应其高速的发展。北方的粟和小麦比南方的稻类在生产潜力上要低,但北方的实际生产力及生活方式和社会组织的复杂性,在这个时期要比南方发展得高而且成熟。② 不过,北方的居民虽然比较进步,但还没有到能够占领南方的程度。早期影响的表现只是北方社会组织与统治的方法进入长江及淮河流域,使南方能够改革其生产方法及社会与经济的组织。

这样,在南方的淮河及长江流域就产生了整个中国文化的第二个中心。③ 在政府力量能够强大到从北到南统治整个中国文化地域以前的多个世纪,这个次要中心能够积极地独立发展。事实上,长江南部由它丰富的稻作而促成的发展,是极为有力的,它甚至可以积极地向北扩展。

---

① 毕士博:《中国南北的开端》,1934 年,第 316 页。
② 毕士博在 1938 年 7 月 27 日信中说:"我认为,优势——可能有一些——是高水平的组织的结果,而不是高水平的技术的结果。"
③ 当然不排除这样的可能性,即在更早的在最原始的水平上,石器时代的南方人文化的许多特征上不同于北方人(埃伯哈德的《早期中国文化》中所阐述的理论)。这代表了一种"静态"的分化,即各文化群体都密切地适应着(甚至从属于)各自的环境。而晚期的分化属于另一种,是更"动态的",是日益控制自然的结果。在不同群体中开始的早晚不同,进化的速度也不一样,后来因不同的进化路线的交互作用而变得更复杂。

公元前 3 世纪,秦国成北方之雄,楚国为南方之长,秦楚战争把古代东西对峙的情势改变为南方与北方、长江与黄河间统一中国的战争。①

中国文化向西方及西北方发展的障碍

在原始中国文化向西方及西北方发展,从黄土高原及平原会合的边境向黄土高原深处发展中,会有地形、土地及气候的逐渐变化。黄土高原的北方和西北方连接着蒙古草原。傅斯年根据传统的草原骑马游牧民族的军事优势(虽然这个时期还没有骑马作战),推断出军事的重要性,而没有提到其他影响。但是,在黄土高原的北部"内地"及华北平原的南部"内地"间,有一个具有决定性的重要历史差异。在大平原发展出来的经济及社会进化路线,可以适应长江流域的需要,某些改革是必要的,但这种改革为长江流域的丰富稻作带来了更有利的结果。所以,进化的路线不但带来相似的收获,而且增加其收获。相反,在黄土高原的贫乏"内地",在较大河谷中出现的有利的进化路线,当其灌溉技术被推进到草原边缘时,其回报反见减少。可灌溉的河流愈趋狭小,灌溉技术终于被阻于草原,草原上河流的缺乏使之完全不能灌溉。

灌溉的精耕农业也不能"退色"为不要灌溉只靠雨泽的粗耕农业。事实上在草原的中间地带实施粗耕是可能的。雨泽虽然不平均,但是丰年的收成可以储存供荒年之用,特别是,如果能实施混合农业,便有足够的牲畜以改变其经济方式并减缓危机。但是在中国新的社会中,这却不可能。中国社会偏重于灌溉,人口不集中就不能发展,人口集中可以提供所需要的大量劳力,开展必要的重大工程。运河也需要作为整个社会的共同资源去开凿管理,以供每块私田所需的水源。

由此,就要有纯粹依据季节的简单而专门化的活动。在季节之间,

---

① 参考本书第十二章。

可以召集空闲的劳力,从事运河网的维持、清理、疏浚和扩充。潜在的空闲劳力越多,维持和新开工程的价格就越便宜。因此,就连耕牛也不能大量增加来当作辅助经济,使之供给牛乳和牛肉,因为养牛所需要的人工,有从必要的储备劳力中被取用的趋势。

因之,社会的政治控制有它自己的进化路线。它的趋向于复杂化的发展需要更多的劳动力储备。因为这个原因,它终于建立了一个庞大的佃农及无地农民的阶级,他们的经济需要使其成为顺服而低贱的劳工。这是要说,政治传统自始就敌视基本的精耕农业经济的任何改变,并视那些为着本地利益而从事粗耕,繁殖牲畜,尽力于多样活动,没有空闲,而各自独立的边缘群体为反叛。

游牧经济的起源

这一切都说明了一件事实的重要性。沿中国的草原边疆,从来没有一个建立在粗耕或农牧混合经济基础上的重要的独立社会,立足于中国的精耕经济及草原的游牧经济之间。在不同的时期,在沿边疆的不同地点,边缘部落有很大的作用。但是这种边缘部落只是这样一种社会:部分基于草原资源,部分基于中国资源的地方势力之间的政治的而非经济上的颇不稳定的媾和社会。它们自身并不是具有独立形态的不同于中国及草原历史形态的社会。

这里,我们必须认识到草原历史的一般性质及其与中国历史的关系。假定有一条主要的北部中国的历史进化线路,和一条较次要的南部中国的历史进化线路,它们起初是互相平行,到公元前4及3世纪的战国时代,两者互相冲突,之后在秦、汉两朝间汇合成为共同的历史形态。那么,在草原社会有什么样的进化或发展的历史方式呢?中国整个历史的决定因素是基于灌溉制的精耕农业的发展。灌溉技术在特定的环境中发展而成,反过来,它们又因不同效益,改变了那里的土地和人民,使他们逐渐成为典型的汉族。在草原历史中也有相应的推动因素吗？

石器时代的居民，特别是在较原始的阶段，会尽一切办法利用其环境。他们的经济是混合经济，没有专门化。农业是混合经济的某些方面的进步与专门化，以及其他方面的退化而造成的。草原游牧经济虽然也是这种高度专门化的结果，但不像是直接从原有的混合经济中产生出来的。它很可能是比农业更晚的专门化的形式。其晚出的原因大概是：人类先要学会驯化牲畜。在人类能够依赖放牧牲畜在广大草原上生活以前，必须先知道如何管理牲畜，而在知道这种管理牲畜的技术之前，又必须依赖其他方法生活。因此，驯化牲畜不是孤立发展的技术，而是在其他生活方式的保障下逐渐发展而成的。

所以，专门化的狩猎社会和农业社会可以直接产生于混合的、非专门的生活方式，而游牧经济多半起源于森林狩猎社会，或起源于部分专门化的以农业为主的中间社会。东北北部森林及西伯利亚与唐努乌梁海南部森林中的猎户，可以驯化少量的鹿。① 他们可以从森林到达两处地方：向北，可以将鹿带出森林，生活在广阔的冻土地带，放牧更大的驯鹿群；向满洲西部和向西伯利亚与唐努乌梁海南部，就到了蒙古草原的边缘，在那里，他们改养驯鹿为放牧马、牛、羊。

毫无疑义，草原游牧经济的主要来源，不是狩猎与森林，而是农业，是草原边缘上的一种特殊的农业。从事这种农业的社会群体，由于不能向更好的土地迁移，所以无法发展专业化的农业。较好的土地已被较为进步的社会占据了。我们必须认识到，这些过渡社会是被更为强盛的农业社会排挤到草原上来的。否则，他们没有理由到草原上来。他们既然到草原上来，就一定有理由，因为草原环境对一个有一些农业特点的社会，即使它也有畜牧，也是太贫乏而且太危险了。较弱的部落，在受到富

---

① 野生鹿比野马更容易驯养，这归功于它们对人类尿液的嗅觉辨别，可以教会它们待在营地附近，而不用拴住它们或把它们关进圈里。参见哈特：《驯鹿游牧制度研究》，1919年，第108页及注5。

足而且组织坚强的农耕者的威胁时,就会被迫退到草原。在那儿,他们学会大量地放牧牲畜,并把放牧牲畜从辅助性技能变为一个自给自足的技能。①

游牧与定居人口的关系

因此,游牧经济可以说是脱离了旧有专业化或半专业化路线而产生的一种新的专业化与进化的路线。它是一种进化,一种需要高度特殊熟练技术的进化,它造成了草原游牧经济。虽然如此,一般仍认为,真正草原居民在一经建立其特殊的社会形态于一个适宜的牧场、半沙漠或沙漠环境之中后,就不再进化了,而只是在一个有限的部落集中与分散的循环中交替变化。所以,有人主张,游牧民族对定居民族的突然入侵,完全是自然现象造成的结果,例如气候的变化及牧场的干枯,逼迫游牧民族迁移,并从事战争。②

有些游牧经济的特性,在初看时,似乎可以证实这种主张。它的经济是自给自足的,它的牲畜可以供应所需的衣、食、住、燃料和运输。而一个定居社会,特别是农业社会,因为气候及其他环境的缺陷,却不能满足其某些根本的需要。游牧生活并不妨碍某些工匠小规模地从事金属制造,必要的熔炼工具和原料可以带着走。确实,这种移动社会中的人可以比定居社会的居民更自由地得到不是各地都有的必需品——如盐、金属、木材。

经济力量与政治力量,单就它们的本身说,在定居及游牧社会中,其

---

① 参考本书第四章。在这一点上,原始的迁移习性与原始的游牧是一回事这种危险的假设可能会再次提出。顾立雅(前引书,第183—189页)清楚地说明放养牛群是商代人的一项重要经济来源,并引用安特生《黄土的子孙》(第242页)认为在甘肃——西藏交界地带存在着"狩猎与放养牛群的游牧人"。这里使用"游牧人"一词,我认为安特生和顾立雅用这个词存在很宽泛的,他们是形容一个混合的社会,而不是真正的游牧社会。参考本章注56。
② 参考汤因比(Toynbee, A.J.)《历史研究》,1934年,第Ⅲ卷,第7—50页、第395—454页。我的批评意见,见《蒙古历史中的地理因素》,1938年。

运作方式略有不同。积谷——中国这类农业国家中最重要的财富形式——有多种资本价值。以低价收购新粮的方式可以影响市场,它可用作军粮,或供养从事筑堤、掘渠、排水、灌溉、运输的大量集中的工人。这样,它又推动进一步的粮食积蓄和管理的社会机制的形成。因为最高水平的生产地区不一定就是战略上最有利的地点,中国国家在其后的成熟形式中,趋向于根据战略理由选择首都的位置,而以河流及运河(低价运输)与产粮的"重要经济区"保持交通。① 粮食,在日常生活及国家政策上代表积累的最高形式:它有一个比生产它的土地还要高的象征价值。

另一方面,在游牧社会中,牛却不是积累的重要形式。谷物的价值不会跌落,而牛最后要死亡。这并不否认牛在其价值最高时的繁殖。粮食在成为整个社会的指标后,可以促进政治的改革和发展。通常,控制粮食的人一定要尽力利用这种权力以增加他们的利益,因为这是削弱企图从他们手里夺取社会统治权的对手的有效办法。基于这种经济制度的国家,也不容许其邻近地区的独立,它一定要扩入那个地区,为的是占有那里的粮食的实际价值与象征价值。由于进入了新的地区,就需要进一步的政治调整,进化的范围是极宽广的,虽然中国历史证明这种发展并不是无限的。

在游牧社会中,这种范围在理论上说——也只有在理论上说——是很有限的。当一位伟大的游牧首领累积的牲畜多到死亡的价值损失足以抵消繁殖的价值增加时,则进一步的累积就会得不偿失。到了某一个阶段,这个经济组织中的剩余价值既不能消费,又不能积蓄,又不能保存。这位首领,如果他能在他势力所达到的地方保有并管理多数的牲畜,附近又没有敌人,便不再有扩展权力基础的欲望。他的统治便倾向于稳定,而不是发展。他的牲畜以及在他的保护下放自己的牲畜或为他放牲畜的臣属,就代表了最大的社会集中。由于已经达到了这种集中的

---

① 冀朝鼎前引书。

最高利益程度,所以就开始了分散的趋势,以追求假想的利益。这个大的社会集中就会分裂成许多小的集中,又开始一个新的循环。这些分裂后的单位又开始积累,于是又造成大的集中。

这种推断在追溯游牧社会的历史趋势上,具有一定的理论价值,而它主要是基于对游牧经济的"封闭的世界"的假定上。但是,"封闭的世界"却从来没有过。[1] 例如,在中国的草原边疆,汉族经济的扩展必然要以不同的方式影响天然富足或天然贫乏的农业地区。长江流域的居民可以接受汉族经济及社会的体系,学习汉族文化,却长期保持其政治独立。在较坏的环境中,汉族的制度多半以直接征服的方式传播。因此,在亚洲内陆边疆,从畜养牲畜发展到真正的游牧经济,部分原因是早期非游牧的"少数民族"不愿意沦为农业的臣仆,而产生一种历史动力。因此,即使在游牧经济的起源上,草原也不是"封闭的世界"。

而且,游牧经济开始发展之后,一定会出现农民与牧人之间为占有沿边疆分布的中间地带的使用权的竞争。在这些地方没有中国那样的入海河流,代之者是草原上的内流小河。这也许就是在中国的灌溉农业及草原游牧之间,没有一个强力的、独立的农耕兼畜牧的混合经济的原因。极端"精深"与"粗放"的经济间的对立,使任何过渡的混合经济部落不得不在政治上或依存于草原,或依存于中国。[2]

没有一个绝对闭关自守的边疆。我们必须承认,游牧生活不可能完全自给自足或独立。任何种类的剩余牲畜、毛、皮及其他生活用品,其不能在游牧社会中消费的剩余者,可以用来与农业社会交易。同时,在农业地区的边缘地带,将粮食运到草原比运到中国便宜,因此可以卖得较大利润。这两个社会对这种财富交易的管理权的竞争,自然会出现政治

---

[1] "可能存在这样的游牧民族,他们只食用牲畜的肉、奶及毛皮,但是我们并不知道历史时期有谁是这样的游牧民族。"参见迦恩(Cahun, L.):《亚洲史入门:回教徒与蒙古人,从原始社会到1405年》,1896年,第49—50页。
[2] 参考本书第十六章。

的形式。到底是农业社会剥削辅助的游牧经济呢？还是游牧首领保护并剥削辅助的农耕人口呢？

在这种斗争中，游牧民族有两种东西的协助：一个是整个人口及财产的机动性，使之能够躲避从定居社会侵入草原的远征。另一个是游牧骑兵的机动性，使他们能够有力地袭击定居社会。这两件事除去完全的军事重要性外，还有其经济的重要性。定居民族要装备一个机动的远征，其代价较游牧民族要高得多。游牧民族可以用毁坏作物、掠劫谷仓、俘掳居民的方式向对方加以重创。而他们自己在逃避攻击时，移走帐幕，赶开牲畜，就可以少受损失。

因为这些原因，我们可以很容易地假定游牧民族在攻击及征服力量上比定居民族有内在的优势。① 但是，这件事并不很简单，游牧民族首领在要求任何定居地区向他纳贡时，不论他是征服还是掠劫，他最终得牺牲一部分本来的优势。他也许得保卫他的统治权，或者与其他敌对的游牧民族斗争。因此，他就要建立一个地位的优势，在这样做的时候，他就得牺牲一部分机动性的优势。这种情况还会有其他结果。一个游牧社会在根据其一部分得自非游牧社会的财富及权力以调整其经济时，就必须同时修改其社会机构。这种新的既得权益的性质使它不再成为纯粹的游牧社会。②

结果，关于游牧经济的进化问题，或说缺少进化的问题，不能单独讨论，而要与它势力所达的定居社会的发展状况一同研究。这并不是说游牧社会可以严格地划分为掠劫的社会或寄生的社会。我的意思是说，在历史上每一个主要的游牧民族与若干定居社会（也许不止一个）之间虽然互相敌视，却有相互依存的关系。其相互依存的程度当然根据距离及直接、间接接触之不同而有差异。如果这个现象不被重视，则对任何游

---

① 我自己曾有很长时间过分强调军事和政治的优势，比如在《中国与蛮族》一书中。
② 拉铁摩尔：《评格勒纳尔〈成吉思汗〉》，1937年。

牧民族的一般经济与社会机构及其特殊的政治历史都不能有正确的了解。

在研究商朝中国到周朝中国的转变时,我们必须记住这些条件:在黄河流域有一个主要中心,在长江流域有一个时间稍晚的次要中心;东西的扩展与抵抗变成南北的对峙,以及在中国内陆边疆草原上的游牧民族的兴起。

第三部分
列国时代

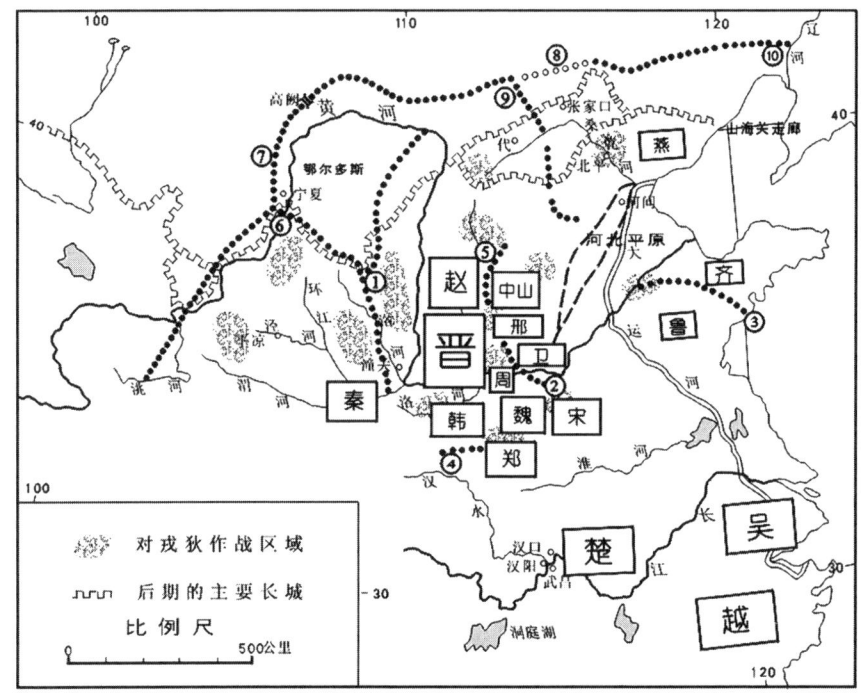

图十 黄河及长江流域的封建列国及不同时期的长城

说明:图中仅标文中提到的封国。封国边界未标,因边界屡有变迁,如韩、赵、魏本为中国之一部。

1.魏长城;2.魏长城(后期);3.齐长城;4.楚长城;5.中山长城;6.帝国成立前的秦长城;7.帝国成立后的秦长城(推测);8.秦赵燕长城连线(推测);9.赵长城;10.燕长城。

秦始皇长城大约是6至10。鄂尔多斯草原以西的晚期长城线多半是汉朝所建,鄂尔多斯以东则为明边墙。在汉朝,汉族统治界线在秦始皇长城(6—10)与晚期长城线之间,时有进退。

第十一章　北方与南方汉族的历史

周朝的主要列国

周朝可以分作两个时期。第一期自公元前1050到前771年(或者照传统的说法从公元前1122到前771年);第二期自公元前770到前221年。① 一般认为,周朝是代表一个落后或是由落后起源而取得中国文化的民族,②但是不论周朝的野蛮来源如何,它却不是游牧民族,也不是乘马的战士,周朝贵族用战车作战。真正的游牧民族进入中国历史范围是周代的事。从中国内陆边疆历史的观点看,草原游牧的兴起,是周

---

① 关于年代,参考毕士博:《古代中国年谱》,1932年;顾立雅:《中国早期文化研究》,1937年,第XVI-XXII页。
② 丁山:《开国前周人文化与西域关系》,1937年(中文),认为周族虽然起源于中国西部,但他们与中亚及近东并没有联系。商代是以十天为一周,周人则是每周7天制。丁山将此与闪族人的算法做了比较。周人在其文献中根据重大事件纪年,而商人则用世系纪年。这里他将周人的系统与巴比伦系统做了比较。周人在文献开头记录日期,而商人则在末尾记日期。顾立雅(前引书,第18页,注2)指出,商周之间一个"显著区别"是周人坟墓用封土做标记,但商人没有。他还指出,T'ien 一词,即"天",源自周人,但对商人来说是陌生的,商人的神是帝(第56页)。毕士博(《中国南北方的开端》第312页及脚注)相信,早期周人是"与远方中亚的一些地区有联系的",但是这种联系在公元前10世纪中叶中断。

代最重要的现象。

周人在商朝(或殷商)西部及西北部,即今日的陕西兴起。当商朝社会衰败的时候,他们从外围突入当时中国的中心,沿渭水而下,到黄河中游的陕西、山西、河南交界地区。他们夺得中华"帝国"后,首都却仍然留在渭水流域,因此,有好几个世纪中国的文化中心移向了西边,在黄土地带的中心。周朝统治的"帝国"相当有力而且权力集中。不过我们必须记住,有关的记录并不完全,记年也不一定准确。

公元前771年,周朝被"西方蛮族"——周朝过去也是蛮族——所击败。① 这次战败后,周朝将国都迁到东边。于是河南北部,昔日商朝的京畿地区,又成为中国文化的中心。陕西黄土河谷成为边境地区,由一家世袭的贵族统治。这家贵族曾是掩护周朝自西方蛮族的攻击下退却的小诸侯②,它在后来发展成为秦国,最后于公元前3世纪它推翻周朝,建立了一个新的,而且更加集权的帝国。

周朝的第二个阶段,有关记录比较完全,纪年也更见确实。根据传统的记载,虽然在这个时期周朝王室衰微,"封建列国"独立,且互相斗争以谋控制日趋衰弱的周朝天子,同时周室仅剩河南北部的一个不大的范围,在政治及军事上都不如其他主要列国。不过,对周天子的控制还不能说是改朝换代。

与政治统一衰微并行的,是中国文化区以及中国历史事件多发区的地理范围的不断扩展。这一现象在"南方"长江流域尤为突出。事实上,南方长江流域列国的战争,在若干世纪中,是与北方黄河流域的列国战争分离而另成为一个传统。它形成了一个强大的楚国,位于汉水入长江的地区,也就是今日汉口所在的地方。这个地方在长江流域就像潼关在黄河中游地带一样。楚国的统治家族源于周朝第二个天子的臣子,但楚

---

① 《史记》卷二八;沙畹:《司马迁〈史记〉》,第Ⅲ卷,第2部分,第419页。这些蛮人是戎,在《史记》卷一一〇,戎被认为是匈奴的祖先。
② 《史记》卷五;沙畹前引书,第Ⅱ卷,第14页。

国的居民却不同于北方的汉族。① 沿着长江向海岸发展,楚国终于征服了若干其他国家,如具有南蛮性格的吴国和越国。② 这个发展的结果,使楚国在某个国家取得北方领导权之先,控制了南方。因此,周朝末年最后的混战,具有两种性质:不但北方的领导权需要决定,中国应集权于黄河流域还是长江流域的问题,也须决定。获得最后胜利的秦国之所以能解决这个问题,原因之一是它从陕西攻入了长江上游极为富足的四川盆地,从而占据了楚国所掌握的由北部到长江中游通道的侧翼。

对少数民族侵周的传统观念的修正

以上是最简短的概述。我们必须记住,文献材料多半是政治性记录,而且零散、模糊。因此,学者们多半从文本批评入手,试图把政治记载拼凑起来,使之能够连贯一气。这种工作是必要的,但有一点是不能超越的,政治事件只是社会的表面现象,造成这些现象的力量则在深层,也多半来自社会与环境的交互影响。历史的起源,依据于环境对较弱的原始人的影响程度,环境促进或妨碍社会发展的程度,及社会挣脱环境控制时所建立的对环境的控制程度。后面的发展是前期发展的复杂产物。因此,关于周朝这种正式记载永远不能完全知道的时代,一个宏观的历史了解——以别于专家的细节考辨知识——需要时时考虑到环境的一般性质及社会的一般性质。

采用这个办法的时候,首先要建立若干参考指标。周代无疑表现了历史上地理区域的收缩与扩展的交替。这种特征,商朝就有,但比较模糊,而在夏朝就更模糊。有时,重心似乎在中国历史事件所分布的日渐扩大的地区中,但是这里并没有与它同时发生的政治集中。因此,重心又似乎在各个国家形成。它们最初的疆域并不大,其后互相争斗。但整

---

① 毕士博前引书,第318页。
② 同上,第322—324页。

个领土的扩展并不大,这可以说是周朝的主要现象。事实上,如果周朝的兴起,按照传统的观点,起源于少数民族,而在进入征服中国前接受了一部分汉文化,那么就必须回答一个重要的问题:地理变化为什么不彻底?从边疆直接征服中心后为什么没有采用新的形式,而仍继续旧日的发展与收缩的交替过程?

研究周朝的"戎狄"战争更增加了这个问题的重要性。第一,这些战争并不集中在周人起源的中国西北边境,它们包括了整个黄河流域的东部,即传统认为的周人所征服的汉族地区。第二,周朝开始时,还没有明确的整个中国和整个草原社会的分化。这种分化要经过好几个世纪的时间,直到周朝末年才完成。在周代的绝大多数时间里,没有哪些中国的少数民族敌人被描述为草原游牧人。真正的草原游牧民族战争直到周末才出现。而当它出现之后,关于中国本身及中国与草原间的长城分界线的整个历史记载的性质,都迅速地改变。因此,我们的问题变得更明确:周朝的少数民族战争是否是草原民族大规模入侵统一的农业中国的产物?

中国古代及现代历史学家,都认为汉族是抵御侵略的。和他们斗争的部落被广泛地称为戎(华北西部)及狄(华北东部)。这些部落还有许多不同的分化出来的名字。有的音同字不同,有的音、字都不同。

王国维在研究过这许多名字之后,认为秽貉、昆夷、熏鬻、戎和狄都互相有关,他们分布于从甘肃东部、陕西北部到山西、河北间的山地的范围内,逼迫中国。他们的名称随汉族与他们接触的时代与地点而变化,有的是汉族为这些部落所起的名字(戎和狄),有的是那些部落的自称(如昆夷、熏鬻)。匈奴和胡则是这些部落后来的名字。① 这使我们想到赫尔曼用字源学的方法,将匈(Hun)与匈奴(Hsiungnu)对应为昆夷、熏

---

① 王国维《观堂集林》第13卷。这本书我没有看过,我是转引自董贵庭(音)先生几年前为我作的注解中,见《中国长城的起源》,第529页注1。另参考伯希和《王国维作品集的编订》,1929年,第114页及以下。

鬻的尝试。① 方庭赞同王国维的看法,并补充说,在晋(山西)和秦(陕西)这两个周朝的主要汉族国家中,掺杂着不少狄的部落。但他仍然主张在周朝汉族是抵御少数民族入侵的。②

蒙文通根据原始材料,在两篇论文中,依照历史次序,对戎和狄进行了详细研究,认为他们是北部少数民族的主要成分。他记述了许多反复对陕西戎族的战争,戎族最终被秦的向东发展与晋的向西发展而逐出陕西东北部。有一部分戎逃到河南北部,那些地方的一些低矮的山地,是北方洛河、黄河与南方及东南的长江、淮河流域的分水岭。③ 在那里,他们形成北方的秦与长江流域的楚国之间的缓冲势力。他们与东部的列国战争,例如淮河北部今日山东的鲁和宋。最终他们亡于秦楚战争。陕西西北部的一部分戎族则因秦的发展而被逐至内蒙古地区,成为匈奴。④

蒙文通把狄的起源也放在陕西。和戎一样,狄人绕过山西北部,到达南北纵列的太行山区。太行山西有富庶的汾河河谷,东有河北平原。由这个根据地,他们与黄河下游的汉族"封建"列国战争,有时是单独作战,有时和其他的汉族国家同盟。某些戎与狄也有关系。⑤

同样地,哥罗荷也认为山西与河北间的太行山是狄的活动根据地。他的依据是,文献中与狄的战争,多半见于晋(山西)、燕(河北平原北部)、齐(山东)、卫(黄河北岸今河北的南部)、宋(淮河流域)、郑(河南)、邢(晋燕齐之间的小国)及公元前770年以后的周王畿地区(在河北的卫与河南的郑之间)。虽然他承认没有材料可以证明狄与蒙古草原民族有接触,但认为他们一定有关系。与戎在一起,他们在北方一定有一个重要的根据地,否则他们很难与汉族作百年的战争。他认为这种战争不是

---

① 赫尔曼:《公元前中国的西域诸国》等,见赫定:《南部西藏》,第Ⅷ卷,1922年,第134页。
② 方庭(Fang T'ing):《论狄》(On the Ti),1934年。
③ 注意"狄"是向南"逃",这里所说的洛水是河南的,而不是陕西的。
④ 蒙文通:《犬戎东侵考》,1936年,第7页;引用了《左传》,第16页;引用了《史记》卷一一〇及《后汉书》卷一一七,将晚期的西羌与戎、狄联系起来。
⑤ 蒙文通:《赤狄白狄东侵考》,1937年。

小股人马的劫掠,而定是受到一个企图征服当日中国的主要部落强国的驱使。他并且认为,如果不是公元前7世纪最强的齐国的抗战,也许那时候就可以在中国建立一个少数民族的统治,如后世的拓跋、契丹、女真、蒙古及满族一样。①

是汉族发展而不是蛮族入侵

现代中国及西方学者都一致支持中国传统的说法,认为戎狄侵入中国,是少数民族企图由北方及西北方草原侵入中国的前锋。我认为这是错误的。这些民族,与东南及南方的少数民族一样,是残留于中国文化发展所及地区的后卫。他们在人种学上也许与汉族差别不大。也许他们就是古代住在整个华北的——包括西部黄土高原、东部大平原,也许还有蒙古及东三省南部的——汉族本源的民族中比较落后的一支。现代中国历史批评家们也受旧传统的影响,以为东亚文化的创始者汉族只有在保卫文化时才从事战争,他们与"戎狄"的战争都起因于"戎狄的攻击"。西方学者们则被他们所相信的中国文化大半是由中亚"输入""迁移"及"文化传播"的偏见所影响。

这里所提出的新看法,是依据那些战争本身的记载及当时历史总的形势。

在对戎与狄的材料进行搜集比较(如蒙文通和哥罗荷的工作一样),再详细研究其地理及历史顺序后,我们可以很明显地看到两件事。第一,虽然文献记载的目的是强调汉族在自卫,但对具体的攻击、征伐及扩张的记载中,却表现出汉族主动侵略的时候比他们自卫的时候要多。第二,在这个时期,汉族所统治的土地无疑在增加。这个过程是与中国"封建列国"间均势的时常变迁并行的。称霸的国家就是对少数民族战争最

---

① 哥罗荷:《公元前的匈奴》,1921年,第13、28页。

多,掠地最广的国家。

不错,这种趋势并不是完全稳定的。但是汉族的退败,多半是因为他们前进过猛,引发了他们当时所不能克服的抵抗。这个结论有一个事实可以证明:在早期的记载中,多半是汉族及少数民族的直接冲突,而在后期的记载中,"少数民族威胁"多半是汉族国家联合少数民族盟国对那些与少数民族同盟较弱或没有盟国的国家的战争。如果这种混合战争的结果是少数民族势力的高涨与汉族势力的低落,我们可以说这是少数民族的侵略。但事实上的结果却正相反。我们只能说是汉族在发展进步,而利用少数民族从事各地区间的混战。

地理上,如果将这些战争都标到地图上,其分布形势颇为重要。汉族以农业发达的河谷及平原为根据地,少数民族则以农业较差,不能灌溉或者需要高度技术才能灌溉的山地为根据地。他们以防御而非进攻的姿态保有这些土地。汉族的发展路线有好几条。他们可沿着黄河向下游发展,伸入大平原地区。在河南的洛河及山西的汾河谷地中,他们溯流而上,从宽阔的灌溉垦殖地区进入上游及支流的河谷里去。他们在人口增加及技术进步后,这种移殖成为有利的行动。在陕西,他们从一个河谷迁移到另一个河谷,起初占据自西部流入黄河的诸支流的河谷,然后又进入到陕西西北部、甘肃东部及宁夏西部。在地理上,这个地区的"半绿洲"具有草原河谷与新疆真正绿洲之间的过渡面貌,①散布在鄂尔多斯高原以北的河套地带。

对汉族所征服的社会也应加以检讨。在这一点上,史书的记载并不完全。因为汉族对他们自己文化的优越性非常自负,只当他们的敌人为落后民族而不再加以分析。这一点也可以证明,这个时期的压迫是来自汉族而非少数民族,因为是被征服民族,其特征才并不值得多说。而对可能成为侵略民族者,虽然仇恨极深,却也要详细记述。汉族记载少数

---

① 关于这一名词的使用,参考本书第四章。

民族的有价值的材料,出现在后来中国真正被侵略的时期。

不过,在不经意中,也保留了若干详细的记载。在公元前8世纪郑(河南北部)与戎的战争中,汉族用车而戎族徒步。① 公元前6世纪晋胜狄的时候,狄也只有步兵。② 因之,狄与戎都不能像典型的游牧民族那样能在长距离间迅速移动,并乘马掠劫从事战争。另一方面,公元前9世纪的一位周朝贵族却从戎族取得一千匹马,③在公元前5世纪时,山西北部汾河上游以北有一位戎族首领送了一批马给汾河上游流域的赵国。④

但是这种大量马匹的记载,并不能证明游牧经济的存在。根据其他证据,这只是一种混合经济。周朝一位较早而比较可信的王(周穆王)征戎,得四白狼、四白鹿而归。⑤ 如果它们是贡品,说明他们是狩猎而非游牧民族。如果是战利品,我们就更可以相信戎族的主要财富不是牲畜。而且,还有一个很有趣味的记载,说有一部分戎族被秦国逐出陕西之后,由山西的晋国给予荒地,他们开始从事耕植,成为农夫。⑥ 看来这个记载视戎族之属于汉族的国家是理所当然的事,只表述他们的组织不如汉族,或者其他的地位有所不及,却没有讲从游牧生活到农业生活的转变。

对这些表述虽然不能推论得很远,但它们与赫尔曼对中国古代关于西北及中亚的知识的研究是相符合的。周朝的政治势力虽然起源于陕西,赫尔曼却认为在周朝末年以前,汉族很少了解陕西西北部、甘肃东部、宁夏地区,更不了解西域。⑦ 如果戎、狄两族真是从蒙古及中亚已经

---

① 蒙文通和哥罗荷都没有列出这一段。维格(《历史文献》,1929年,第I卷,第109页)提到,郑伯很害怕戎的步卒包围郑的战车,他的儿子告诉他如何将戎人引入埋伏区。但维格没有列出《左传》的原始资料。参考理雅各《中国经典》第V卷,第I部分,《春秋》和《左传》,第28页。
② 哥罗荷前引书,第30—31页,引《左传》。
③ 维格前引书,第I卷,第95页,未引原始资料。
④ 蒙文通前引书,第76页,引《吕氏春秋》。
⑤ 蒙文通:《犬戎东侵考》,第1页,引《国语·周语》。另见赫尔曼前引书,第178—188页,此传说没有证明早期中国对中亚的了解。参考沙畹前引书,第I卷,第259页。
⑥ 蒙文通前引书,第7页,引《左传》。资料提到清除野生动物的土地,而没有提到放牧。
⑦ 这是赫尔曼在《公元前中国的西域诸国》(见赫定前引书)中的主要论点。

发展的游牧社会侵入中国的,在如此多的材料中,就不能没有关于汉族与戎狄战争背后的草原地区及游牧社会的记载。但是,事实上,整个记载只提供了肤浅的印象。汉族与戎狄在许多地方接触,但是这些记载从没有提到从敌方内地出来的敌人。关于戎狄地域的深度以及戎狄活动范围的观念,只是后来依据各作战地点及历次攻击顺序而建立起来的。其并没有注意到,"戎狄入侵"的累积结果其实是中国的土地扩张。

汉族扩张特征与环境的关系

既然如此,为什么坚持少数民族入侵的传说呢?我想,答案就在文化进步民族与文化落后民族间战争的特点,以及记述并保留历史材料的是比较进步的民族。一个自命为文明的民族,虽然事实上是在侵略一个落后的民族,但仍说自己不过是"巩固自身的地位"。另外,尽管落后民族实际上是在自卫,但其战争的方式却是突袭,于是常常被看作是攻击者,而成为优越民族的借口。

根据地理的证据及历次战争的政治记录,我想以下关于整个周代的解释是合理的:在公元前1000年的时候,一种真正"中国"式的农业建立起来。它起源于过去一种包括农业在内的混合经济。新农业的特点是灌溉,雨量虽不调和,却可以每年有比较可靠的收获。它也使亩产得到提高,财富的积累及集中也在增加。因此,灌溉区的人口就比旧式混合经济地区的人口稠密。旧式经济下的社会比较稳定,而在新的农业地区中,人口比较稠密,财富比较集中,这两种力量合作的结果,推动社会变化。到了一定的程度,便终于形成"中国"与"少数民族"的分化。

最初,社会进化重于地理扩张。这种新社会需要在技术与组织上进步到某个水平,才能从条件较好的地区发展到条件较为困难的地区。因此,第一次扩张是向相同的地区,而把比较难于开发的土地丢开。第二次的扩张也许是向易于发展灌溉的地区,这个地区可以令一个尚未成熟的社会实行规模不太大的排水灌溉。

因此,在商末和周初,这种新的集中的社会如岛屿一般出现在旧的散漫社会的广大区域中。这种新的经济与社会的需要与利益推动社会迅速发展,不仅是灌溉农业本身的实施,而且表现在各种有关的技术及文化活动上。例如金属、文字的使用,以及政治组织的建立。

之后是第二次发展。这一次不是在原来区域中建立的新核心,而是灌溉区的扩大。这个时候的人已经进步到能够在原始方法所不能奏效的土地上进行灌溉与排水。新旧社会的对立已经开始,但也许只限于对"中国人"仓库及其他累积财富的偶然掠劫,或从少数民族那里偶然夺取一片易于灌溉的土地。此后,这种对立逐渐尖锐,因为新社会控制下地区日渐扩大,旧社会所剩的地方则日渐缩小。

我想这里有两类冲突。一类是在旧社会以内,许多人开始脱离旧式社会生活,而接受新的中国式的生活方式,他们或者加入已经建立的中国社会中去,或者自己建立类似而独立的社会。这些部落被称为"少数民族",只因为它们改奉中国文化的时间较晚。以上看法很可以说明周人在商朝(中国)的边缘的兴起。在这种征服与改变的混合过程中,第二类冲突开始发生并渐趋重要,这就是坚持原来社会生活方式的"戎狄"对中国的抵抗。

这些部落的抵抗,也许是因为那些旧社会的首领,他们宁愿以退却来保全他们自身的权益,而不愿加入新社会去做一个臣属。① 为了维持本身的权益,他们从中国占优势的地区退却到还没有受到中国压迫,并可以支撑旧式混合经济的地区去。黄河流域的范围极大,要把这些反抗的少数民族推到中国地理环境的自然范围以外的地方去,需要好几个世纪的时间。同时,旧社会的土地日见缩小,斗争则日见激烈。汉族(中

---

① 参考本书第七章;参见史蒂文森《汉藏边境人文地理研究》(1932年)关于边缘族群的孤立态度的评论。

国)在扩展其统治的同时,也改良他们的技术。而且,精耕农业在一个地方建立起来之后,人口的增加又造成新的土地要求,包括以前认为不怎么样的土地。可用土地的标准在下降,占据次等土地的必要性与汉族开发它们的能力在同时发展。

终于,这个过程把后退的少数民族以及前进的汉族都带到草原的边缘上来,使他们共同面对着新的地理环境。在华北黄土高原及山地的大部分地区,汉族的发展被阻滞于河流缺乏或河谷深峻的地方。这样,就很难造成一个建立于灌溉精耕农业之上的紧密的社会。但是,这种地区是过渡性的,技术的改进可以使人对它作某种程度的利用。虽然不能在每一个地方都实行灌溉,但可以在部分地区实施这种制度,并足以决定整个社会的性质,使不能改进农业技术的社会臣属于能够实施灌溉的社会。

新环境的起点是隆起的草原边缘地带。在这个地带以外,河流稀少而短小,不再流向中国及黄河流域,而注入一片广大的内陆区域。草原南部的一大片土地可以用粗耕的方式耕植,因此仍可以说是汉族精耕农业地带的过渡地区。但是,有一个不同点是,这里可以在很大程度上从事于真正的游牧经济。就历史方面说,这个差异是:里面靠近汉族的族群会自然地倾向于中国,倾向于农业,有密集的聚落,在一定程度上受中国精耕经济规范的影响,虽然比中国差一些。在外部靠近草原的族群则自然脱离中国而倾向于草原,脱离农业而倾向于游牧,他们人口比较分散,并在一定程度上受干旱草原的粗放经济的规范影响,却不是那种典型的干旱草原经济。①

汉族与少数民族冲突的两个时期

如果考虑到这两种过渡地区的分界,后来成为主要的长城沿线地

---

① 关于中国边缘地带向草原边缘地带的过渡,参考拉铁摩尔《中国长城的起源》,1937年。

区,又考虑到在后来的历史中所记载的中国与真正草原游牧民族间的战争,我们便有必要将汉族与北方少数民族的冲突仔细地分为两个时期。在第一个时期,有一种专门化的文化,基于灌溉和排水的精耕农业,在一片广泛分布的、原始的、尚未分工的文化中建立起来。原来的原始文化包括采集、狩猎、捕鱼和原始农业。发展在不同的地区当然有所不同。精耕农业所造成的社会团结使这个部落能够向外发展,这个部落就成了"汉族",而那些拒绝或逃避新生活的就成了"蛮族"。

后来,少数民族中南、北两大部分的差异日渐显著。南方的地理环境有利于"前汉族"的少数民族的长期存在。在北方,汉族的发展把保留的少数民族推到一个新环境中。在那儿,他们不是"前汉族"而成了"非汉族"。这就开始了中国农业与草原游牧间的第二期斗争。

这种解释并不是说中亚及蒙古的游牧经济完全是原始民族自黄河流域后退到草原的结果。亚洲内部游牧经济的起源地至少有三处:西伯利亚森林的边缘、①中亚绿洲的边缘、②中国北部草原的边缘。③ 我们必须认识到,中国的高度文化在最初并不需要与时起时落的草原游牧社会斗争,在其成熟以后,也没有被其本身历史与中国没有直接关系的草原游牧民族偶然或无意义地攻击。相反,中国长城边疆历史上的"边患",至少有一部分是汉族文化的质的进步与其统治地区的量的发展的结果。④

从第一期转入第二期的过程非常重要,需要另作讨论。而在讨论这个问题之前,我们又须检讨汉族发展其经济、社会与国家政治结构的

---

① 伏拉基米尔佐夫:《蒙古社会结构》,1934年,第33—46页(俄文),对早期草原和森林生活的重合地带进行了很好的描述。
② 参考本书第六章。
③ 关于草原游牧民族的几种不同起源的汇合问题,参考拉铁摩尔《蒙古历史中的地理因素》,1938年。
④ 魏特夫对我关于这个问题一些早期想法做有评论,他比我认识得更好,而且比我先得出某些结论。参考他的《东方社会理论》,1938年,第111页及注4。

方法。

周代权力中心的变化

如果中国历史的创立不能被认为是入侵的草原游牧民族与农业中国斗争的结果,那么,征服商朝的周民族就不能被认为是来自草原的征服者。他们并不是一个在中国边缘上取得根据地,有一定程度的汉化,然后以他们残余的少数民族精力并结合汉化的特性,向内推进并建立统治当日中国的王朝的侵略者。相反,他们产生于黄土高原东方的商朝汉族与西方缺水而贫瘠的少数社会之间的地方。这就是说,他们是中国文化扩展后的信从者,而不是侵略汉族的侵略者。这个主张也许很简单,但我认为极重要。重要之点不在于它改变了一般所承认的周人是落后或半落后民族的看法,而在于它提出了对这个历史时代动力的新认识,和历史发展过程的新方向。

在这一点上,我们要注意到,最传统的记载也说周朝是由商朝"封建"的边疆诸侯发展而成的。① 同样,建立秦朝的嬴秦,其历史与周朝历史平行发展数个世纪。开始它是附庸的贵族,其后发展成诸侯,日渐独立。待周朝被少数民族打败,从陕西退到大平原,于陕西、山西、河南交会之地建都,秦"掩护"了这次退却,并继续对少数民族进行战争。② 周朝的退却并没有使土地长久沦陷于少数民族,相反,秦逐渐夺取了少数民族土地。由此,我们至少可以推测,当时秦在周的边境上建立起来,处在周朝与旧社会形态的少数民族之间。它产生压力,一方面是向少数民族夺取土地,另一方面使周向东退却。显然,这种现象是周人在商朝与旧社会形态的少数民族间兴起的重演。只是其形式随着几个世纪来新社

---

① 《史记》卷四;沙畹前引书,第Ⅰ卷,第209页及以下。
② 《史记》卷五《秦本纪》。关于秦人几分为"汉人"几分为"蛮族"的问题,或如我所说为"古老社会",参考蒙文通《秦为戎族考》,1936年(中文)。

会的发展而变得更趋复杂。

这又使我们注意到周代中国地理重心的几次转移。从公元前1100年或1000年到征战不已的公元前第5、第4和第3世纪,周朝社会衰败而又重建为秦的过渡社会,之后是汉朝社会,一个新秩序的中国。

第一个重心点是在西部。周朝由此兴起,其优势超越了在黄土高原及大平原交界处的商朝文化中心,周人在陕西最大的渭水河谷中建立了自己的新中心。这个重心一直维持到周朝自陕西东迁河南的时候。然而这一次东迁并不是重心的转移,因为与东边周朝平行的有秦的兴起。这一个时期大体上表现为对陕西北部的戎和狄的战争。① 在汉族中,没有一个政治中心能够发展到与周天子争权,但要承认,这个时代末期的周室东迁,其原因除了少数民族的压迫,还有秦的兴起。

继之而起的第二个时期是公元前770年到前636年。这时的重心移到齐国。它的土地多半在山东,从黄河下游之北达到淮河流域。在这个时期中,对戎和狄的战争仍然在山西、陕西,不过新的战争又在河北、山东和河南发生,这多半是对狄的战争。② 各地的列国也明显地逐渐强盛起来。周室则困于"王畿"之内,东面是齐,北面是山西的晋,西面是陕西的秦。到了公元前636年,战争已不限于汉族及少数民族之间的冲突,各少数民族已经分别成为汉族国家的盟国或附庸而作战。在这一年,周天子娶了狄族酋长的女儿,情势更见混乱,直到山西的晋和陕西的秦联盟之后,才把这种混乱的情势清除。③

这就造成第三个重心,它从东部的齐移到了北部的晋,这个情形一直维持到公元前453年。周室继续衰落,列国间的战争仍在继续进行,不过,与少数民族的重要战争多半发生于山西和陕西的北部。④ 秦国与

---

① 蒙文通:《犬戎东侵考》,1936年,及《赤狄白狄东侵考》,1937年;哥罗荷前引书。
② 蒙文通前引书;哥罗荷前引书。
③ 蒙文通前引书;哥罗荷前引书,第14—19页,引《左传》和《史记》卷四、卷三二等。
④ 蒙文通前引书;哥罗荷前引书。

晋国继续北进,占领了整个中国土地,直达草原边缘。这个结果改变了整个中国的历史。晋国后来分裂成三个国家——北部为赵,西南部为韩,东南部为魏。①

赵国所产生的变化是这一分裂的关键。在山西北部,汉族虽然能够打败少数民族并扩展他们的土地,他们却不能使被征服的人改从汉族的农业与社会。反之,他们自己却转变为少数民族。由于这种性质的社会变化,以及赵国直达内蒙古边缘的扩张,显然一个很重要的新的边疆形成了。以前晋国的发展是合并并同化每一次新征服的民族。而一旦达到并越过这个边疆之后,经由赵国向外发展的汉族文化就越过了有利于其发展的环境。在新到达的土地上,汉族不再能同化当地的居民,反而要被他们拉走而离开中国,虽然整个形势依旧,构成中国生活方式的农业技术、社会组织和政治机构,都在随着其他主要汉族国家的发展扩张而强力地增长着。赵国掌握着山西汾河上游河谷——一个老的典型的汉族环境,和汾河以北、蒙古草原以南的山地。在地理特征上,山西北部是典型的中国式土地与草原的过渡地区。赵国少数民族化的意义是:首次出现了过渡地区不被汉化,而典型的汉族反要受它影响的情况。②

在秦国,虽然它也发展到过渡性的草原地区,但情势却不相同。这儿,最重要的地理条件是黄河的河套,河套包围着秦国所征服的鄂尔多斯草原。但是在鄂尔多斯草原的西部及西北部,黄河链接着许多类似绿洲的地区,它们比较接近甘肃的半绿洲,而不大像新疆的绿洲。它们易于灌溉并极其肥沃。我相信这就是秦国没有像晋国那样因边疆的占领而分裂的原因。虽然它也深入到过渡地区,但其总的形势仍然倾向于中国,限制脱离中国的趋势,虽然事实上秦国也要受它所征服的地区的影响。③

---

① 哥罗荷前引书,第32页。
② 拉铁摩尔:《中国长城的起源》,1937年。
③ 同上。

从公元前453年又开始了一个时期,这可以算是第四次重心的转移,重心又转移到周朝所兴起的西部或西北部。这可以说是另一个新阶段的开始。与秦国同时兴起并和它不断冲突的边疆少数民族成了毫无问题的游牧民族,与秦国本身发展成新的汉族国家一样地迅速。同时,中国的春秋、战国时代的战争也开始了,整个中国的历史已经成熟并进化到一个新的形式。①

游牧经济与汉族社会及国家的兴起

上面所说的每一次重心的转移,都是综合若干方面的历史发展的结果。单从与少数民族战争的历史看,可以说这个时期是一个"边患"的时期,先是渐渐激烈,然后又是渐渐消退。少数民族的攻击最初在西北,其后从北部转到东北,再深入中国内部,最后终于被汉族逐渐增强的抵抗力所击退。但是,这种解释却不如将少数民族战争与中国列国发展结合起来的解释有力。与少数民族战争的重心的变化,正是反映了北部中国的列国的领土扩张与交替在西部、东部、北部、又回到西部的政治称霸。因此,真正的主要现象是中国新社会秩序的成熟,它的基础是一个逐渐熟练、逐渐专门化、并广泛实施的农业。一种产生于旧的散漫社会地区中的组织严密的新群体的压力,施加到散漫的旧社会上。而旧社会的抵抗,表现为一些具有破坏性的突击和偶然性的自汉族扩展地区边界上一些地点的可怕的突入。这使人感觉是少数民族的时起时伏的进攻,好像他们要侵入并征服汉族的有秩序的疆域。

另外,这种解释也应包括少数民族的迁移,以及少数民族进化成汉族后,又创造出新的敌人的历史。这个新敌人是真正游牧民族的社会。他们至少有一部分是从旧社会的"前汉族"少数民族演化而成的,虽然他

---

① 参考本书第十三章。

们也有另外的来源。少数民族的迁移,是因为汉族所建立的一些政治国家并不是同时开始的,更不是以相同的速度发展的。因此汉族发展的最快速的形势,会在不同的时间出现在不同的地点,每一个不同的形势会造成少数民族激烈抵抗的不同的重心,其结果就像是游牧民族大范围地压向中国。当然这种压迫也不完全是想象的,因为汉族的发展,显然会使那些不愿被同化的少数民族进行可观的迁移迁徙。

虽然这种迁移是退却,而不是一般想象的那种进攻,但任何自北向南的迁移都会被认为是侵略。这里,正确的看法不但要注意其移动的方向,而且还要看到地区的形势。例如,蒙文通指出,公元前770年周室东迁以前,伊水(河南北部洛河的支流)上游河谷中没有戎族。到了春秋时代,在公元前第5及第4世纪,这些地区成了少数民族的主要据点。① 这说明,周室东迁,随之以戎族的向南及东南的移动,汉族自然就是在少数民族前退却。但是,蒙文通又很明白地说过,这一部分戎族原住在山西东部,因为陕西的秦与山西的晋的同时发展,而被挤出原来的河谷。②

显然,这件事要重新考察一下。秦、晋两国对戎族的压迫,比周室对戎族的抵抗力强。因此,戎族之侵略周室,是因为他们被迫从秦、晋之间退出来,而并非因为他们是单纯的侵略性游牧民族。并且,由于这种退却的侵略,戎族所获得的新土地不是有利于汉族经济迅速发展的开阔的河谷与平原,而是河南的山地,那是最难以实行灌溉农业作大规模发展的地方。所以,戎族的整个"侵略",事实上是被迫把较好的土地让给一部分汉族,而向另一部分汉族取得较贫瘠的土地。

这一个迁移的过程有两点很重要。第一,它证明前面所指出的,公元前770年周室东迁主要是由于新汉族国家的兴起,而非少数民

---

① 蒙文通前引书,第7页,引《国语·郑语》及《左传》,参考本章注40。
② 蒙文通前引书,第1—6页。

族的压迫。第二，它证明了少数民族被逐入比较贫瘠地区的看法。这又提出了游牧经济是从混合经济中演化出来的可能途径。汉族农业这时已经由另一条途径演化出来了。少数民族既然被从有利于精耕农业的地区中逐出，他们就被迫依赖狩猎及畜牧。汉族更进一步的发展，又把他们从汉族所要的山地及河源逐出，他们又丧失了森林里的猎物，而退到草原边缘。靠近真正草原的民族因而必须发展管理大群牲畜的技术。这种技术发展之后，便铺平了通往真正草原游牧经济的道路。

我相信，这是将汉族社会和国家的兴起与中国草原边缘真正游牧经济起源相结合的新的解释。在现代中国著作中，也有类似的思路。钱穆特别强调，周代的中国不是一片完整的土地，并没有划出与戎、狄两族的边界，因为戎和狄都很坚强地立足于中国的内部。从这点出发，他提出了一个很有趣味的理论：公元前 770 年的周室东迁不完全是由于西方少数民族的攻击，而是由于东部一个封建国家的影响。公元前 771 年周天子被弑之后，这个国家在战后就把继任的周天子拉到它的势力范围内加以保护。而这个封建国家也有少数民族的盟国。[1] 这个看法只是基于对文献的解读，没有提到社会秩序发展的差异。但它不自觉地接近了我所提出来的解释。在中国历史考辨家的著作中广泛检索一下，我们很可能找出与这种解释相似的新的开阔思路，即把汉族及少数民族的早期历史联系起来，而不是维持二者绝对分离的旧理论。

周朝列国的发展

在回到以前所提到过的汉族列国的一般发展时，我们首先要注意

---

[1] 钱穆：《西周戎祸考》，1934—1935 年。讨论至此已到极点，但是它的价值，作为一个对中国传统的反叛，却进一步证明了在中原有小股蛮人的存在。事实上，比较钱穆与蒙文通的观点，可以认为，前面提到的从陕西向河南的"移民"，在很大程度上反映了这样一个假设：由于汉人占据了好地，山里人就变得更加特别、更加艰难了。

到,各个国家国运的不同,可以用在黄土高原及大平原上的重心的变化来说明。周朝自陕西一个最大的黄土河谷中兴起,取代了建立于河南黄土高原及平原交界地带的商朝。周朝的优势地位从公元前1100年(或1000年)保持到公元前771年。他们不是突然被推翻的。因为这个时期,秦室在他们身边兴起。所以公元前771年周室东迁虽似突然,且十分危急,但事实上却并不是整个汉族自西部的退却。相反,周朝的退出只给秦以更大的活动范围。从公元前770年到前636年,政治重心在齐国,这是一个大平原的国家,但这也不是表示汉族势力在西部的减退。事实上,秦国仍然在继续发展。齐国为重心的意义是,在这个时期内,大平原的发展速率高于黄土高原。其后重心移到山西的晋国,最后又回到陕西的秦国。重心移动的原因,是由于某个地区发展的加速。一个地区的发展不一定是由于其他地区的衰落。

这个看法可以由长江流域各国的历史来证明。那里,原建立于长江中游的楚,发展出比黄河流域任何国家都要伟大的政治组织。它自长江以南今日湖南洞庭湖的水田地带,及长江以北今日湖北的汉水流域,取得了极大的财富。在公元前5世纪,它开始吞并汉水及淮河间的土地,以及淮河流域的本身。① 在公元前4世纪,它扩展到长江下游,吞并了征服吴国的越国。② 从这个时期起,楚不但统治长江三角洲,还统治沿海及自江南直达淮河的地区。在中国历史中,整个长江流域或南部形成一个第二位的地区,黄河流域是首要的地区。在南方,汉族文化的发展较北方为晚,而且多半是少数民族的同化。可是,虽说这个地区,在大体上,其政治重要性的发展次于主要的北部地区,但楚国政治发展上的成熟却早于北部各国。显然,它统治着一片较广阔的土地,在它自己的区域中维持了一个长期不断的优势。

---

① 关于楚的简要说明,见毕士博:《中国南北方的开端》,1934年,第318—322页。
② 同上,第324页。

将整个长江流域的历史与整个黄河流域的历史以及黄河流域各个地理区域及政治国家的交替兴起相比较，就可以证明，公元前最后的1000年的历史，不能仅以一条假定的发展路线来说明，而要有若干平行的发展路线。其中有一些是主要的，有一些是次要的，有一些起源较晚。但是，其中没有一条是突然摧毁或取代另一条的。虽然周朝推翻并取代了商朝，但商朝衰落的时期也可以说是周朝渐趋强盛的时期。更明确一点，东部齐国的兴起和其后北部晋国的兴起，并不说明西部秦国的衰落，而只是重心的转移，表示一个地区的重要性的暂时增进，及其历史发展速率的增加，而不一定是取代其他地区的发展。长江流域和楚国重要性的增高，更不能表示黄河流域诸国的衰败。

换句话说，这整个时期是属于一个共同文化的列国的发展时期，不过它们的文化、政治以及其他机构的发展速度并不一定是一样的。发展速度的不同及重心从一个地区转移到另一个地区，可以用地理及社会条件来详细说明。黄土地带河谷的较小范围，有利于精耕的高度发展、社会的高度团结，以及建立在这些条件上的机构的早期出现。大平原的较大地理范围以及更大规模的灌溉排水事业，必须要由大的经济与社会组织来从事，这促进了以前在黄土地带社会中完成的方法与机构的进一步发展。长江流域的水运比北方容易，这一点，再加上稻米收获比北方小麦及粟类富足，使其发展特别迅速，虽然其所建立的政治机构终究未能在对北方的战争中保存下来。

显然，周朝不曾建立一个集权帝国以统治这许多不同区域和许多不同程度发展的社会。这个"帝国"是封建的，它的帝王起初有很大的权力，其后却衰微到没有什么意义。而各个强有力的封建贵族的后裔，却逐渐地发展成独立国家的君王。有的时候，这些国家可以在封建制度下相安无事，由最强的一国控制没有实权的王室。但是，到了后来，因为政治及军事机构在对少数民族及各国互相战争中的发展，因为共同文化的统一逐渐需要各地区经济生活与政治统治的合并，就需要建立一个新的、中央集权的帝国,来代替这种封建的、名义上的帝国。就是说要把旧的、独立的、平行的历史发展路线,强迫合并成一条主线,一条只允许有微小变化的主线。

第十二章　古代中国的列国与帝国

中国与欧洲封建制度

一般认为周朝的社会是封建的。① 但中国的封建制度,和历史上所有的封建制度一样,是不稳定的。在不同的区域和不同的时间,存在很大的差异,并有自身发展的特点。因此,我们可以说公元前最后的1000年初期的原始封建制度,不同于公元前第4与第3世纪的成熟的封建制度。这个制度即将变为中央集权的帝国制度。在这个长时期中,我们却不能选出一个最典型,或最完备的封建制度阶段来。

欧洲的封建制度有两种,一种是退化的过程,一种是进化的。② 罗马帝国的覆亡虽然导致了野蛮制度的"黑暗时代",但罗马文明的成就并没有完全被毁掉。一部分城市及商路体系被保存下来,土地并非完全荒凉,还有几种基本的农业,学术也有残留。当皇权衰弱的时候,一部分中

---

① 参考王毓铨在《中国现代社会科学进展》(1938)中所列中国著名学者的各家理论观点。
② 关于欧洲封建制中的诸多不同因素,参考布洛赫(Bloch, M.)《欧洲的封建主义》,1931年;福兰阁在同书发表的关于中国封建制的文章,仍然是传统观点,而没有考虑到近来中国人自己的热烈讨论。朝川(Asakawa)关于日本封建制的文章,可作对比。

心就被地方人物或当时极复杂的军队长官所攫取。其他地方则成为日耳曼民族、凯尔特民族、以及其他酋长的战利品,使他们在部落权力之外,又获得新的权力,推动并促成自部落制度进步到封建制度的发展。其结果就形成一种封建制度,虽然每个地方都有封建制度,但它们环境、气候、时代有很大的差别,农业并不普遍,城市生活在各地的发展也不一样。畜牧经济和农业结合的程度,也有很大的差异。军队对劫掠的依赖程度也有不同。因此,在欧洲的封建制度内,差异极多。结果是,民族国家自封建制度中产生的时间,有先有后,差异很大,而各个国家的内涵,也有很大的分别。

中国的封建制度发展于一个虽然不是完全相同,却比较单一的地理背景中。其前期的社会也颇协调,它没有从较高而腐化的社会退化过程与从原始社会发展的进化过程的混合现象。因此,在中国封建制度史中,共同性比欧洲显著,差异的方面是不大重要的。其发展的过程与历史变化是均衡的,当然不是一种单调的均衡。这就可以比较容易地找出它们进化与发展的主要条件。魏特夫对这些条件已经有很专门的分析。①

不规则的雨量、易于引水的河流,以及一个虽然没有肥料,浇水便能生长的土壤,左右着自原始混合经济中发源的中国精耕农业的发展。这种环境最初产生小规模的灌溉,其后又促成大规模的灌溉以及排水防洪等工程。由此,同时发展出显著分工的与专断的经济和社会组织的交替。

除去极小规模者外,灌溉制度需要合作组织,不但是开凿水道,而且要调整受益地的主权、用水权益,还要保护灌溉农业自行产生的利益。即使在条件最有利的地区,那种引水便易、可以由一个家庭小规模地耕作、并且容易抵御攻击的土地也是有限的。所以,以集团及合作方式利

---

① 参考他的《中国经济史的基础与舞台》,1935 年。

用大片土地的事情,起源一定很早。我们不难看到封建制度在中国如何起源,以及如何在它的初期便发展出一种自我限制的趋势,而最终倾覆。

在中国的黄土高原各河谷中,有极适合封建制度发展的地区。它们不太大,也不太小,在封建战争中很容易自卫。如果中国形成发展的社会——我所谓的"新社会",一开始便与"旧社会"冲突,封建组织就不可避免。灌溉制度提高了每亩的生产量,增大了每平方公里的人口密度。新社会也需要组织起来,以防范掠夺。他们的仓库是抢劫的对象,其灌溉设施虽不能被移动,却容易被破坏。不像旧社会那样,任何地点都可以种上一点作物,移动性较大,而且在一次战败或损失一部分土地后,很容易恢复起来。在新环境下,精耕农业的和平发展就必须由武士阶层来保卫。由于军事领袖下属的兵员分配,必须与建筑并保管灌溉的集团的工作相协调,这就造成了地方贵族的发展,由他们包办军事的和民事的统治管理。

当这种贵族权益偏爱安全的黄土地区的河谷时,与他们密切相连的管理水源的技术方法及发展的精耕农业——这些技术与发展先造就了新的社会,然后又造就了那些统治贵族——则会推动形成一个有宽大基础的社会。灌溉一条大河流域所需要的工具、方法和集团组织,可以很简单而且容易地应用于黄河下游大平原的开发。这里的大部分地区需要挖沟排水,并且筑堤防洪。将要获得的利润使这种发展不可避免,虽然它把贵族阶级自他们偏爱的环境中转移到一个脱离封建社会发展的地区中来。

一位小贵族可以在很小的河谷中维持他的地位,只要这个河谷易于防卫,并且能够从事灌溉,稳定地出产足够的粮食。但是大平原上事业的范围,自然会发展到没有一位封建贵族可以在他的领域四周划出一个安定而永久的疆界来。事业越大——特别是防洪工程——利益越大。封建贵族们必须共同行动,以形成新的更大的联合。到了一定时候,因为它是建立于公用事业共同利益之上的,于是就出现了民族国家的形式。

走出封建制度

既然联合起来可以完成更大的事业工程,于是列国发展成胃口更大的王国。封建制度则被这种生长的力量所粉碎。封建贵族被他的土地、奴隶及地方财富限制在一个地点,但是战争和维持秩序的机制却超越了封建组织的范围。在封建制度下面,即使一位大的贵族,他所统辖的常备军在他的总人口中也只占很小的比例。因为超过一个特定标准后,费用的增加和多数男子脱离生产的损失,是颇为不利的。封建战争都发生在农活的间隙,队伍以有训练的战士为中心,佐以征丁。战事不能涉及太远的距离,也不能进行太长的时间。所以,不论是在战争还是民政中,封建制度不能应付日渐扩展的经济与政治事业。

中央集权帝国的建立是无法避免的。因为没有别的办法可以维持一个国家机构来创制、实施,并监督大规模的公共事业,这种事业涉及许多地区,并将精耕农业建立在一个更有利的共同水准上。这种阶段的最高发展,与水上运输的进步有密切关系,因为长江是一条优于上游航行极难而没有利益的黄河的天然运输干线。南方的稻作比北方的小麦和粟类可以供给更多的剩余粮食,南方于是重要起来。南方的发展不完全是靠天然水道,一个最重要的、需要高度社会协调的因素,是开凿长可以联络自然水道,宽可以通行粮船,并还可以做灌溉或排水主要渠道之用的运河。

一项单一的技术——用沟渠和堤坝来控制水,可以用来维持西北雨滴不调地区的庄稼、防范黄河下游平原的洪水和南方高度精耕的农业。南方地区的雨季条件可以种稻,再加上灌溉技术的运用,一年可以种植两季甚至四季作物。从简单灌溉技术进步到灌溉、排水与防洪,最后又进步到灌溉、排水、防洪和运输。① 但是,如果运用这些技术的人没有适当的组织,

---

① 冀朝鼎:《中国历史上的基本经济区和水利事业的发展》,1936年,书中多处可见。

它们就无法被有利地使用,更不可能由简单发展到复杂的形式。

其主要条件是:足以补偿水利工程成本的精耕农业;个人利益附属于公共利益,因此可以动员人力进行工程的开凿及随后的维护;使用大量人力以减少"可见"资本,并尽量广泛地使用"不可见"资本;强调每平方公里的最大可能的人口密度,以求在最短的期间内动员最大数量的劳动力。①

这些条件的每一项都牵涉到一种相应的消极因素。这许多的消极因素又互相影响,就像那些条件的积极的相互影响一样。坚持精耕就必须放弃粗耕及混合农业;可见的低价人工则需要建立强迫劳役制度,从而阻碍了资本投资的机制的发展;人口的集中,像精耕一样,就必须放弃山地以及其他不能以沟渠或水井灌溉的土地;最大可能的人口需要会造成早婚及"孝道",为童工制度建立道德依据。这许多用来供给并增加廉价劳力的制度,又与其他维持人工标准的条件互相影响,并阻碍了劳力节省措施的发展。

封建制度、建立在比真正封建制度所能组织的更大地区上的政治国家,以及最后由官僚阶级管理的并包括许多彼此结合的地区的帝国,这些就是中国社会一步步满足其本身要求的进化阶段。但是,我们不能完全分隔这些历史阶段,因为它们每一个阶段都是由相同的经济制度支持的。各阶段的技术方法、社会组织,以及政治机构发展的程度,并不完全一样,尽管它们都是互相影响的。

中国封建制度一定在很早的时候就发展了一种机制,而这种机制只有到帝国取代封建制度以后时才达到其重要性的顶峰。这就是一种欧洲封建制度所没有的对公共事业的重视。封建贵族土地上的农奴劳动,不能适应建立在灌溉上的经济制度的需要,整个社会的劳力都要加以管理以维持公共事业——水权分配、谷物的储藏与分派。在中国,即使封

---

① 参考本书第三章。

建时期,对管理职员的需要,也要比在欧洲迫切。

文官、宦官、士大夫

在欧洲封建制度中,文官(书吏)长期被认为与教士,特别是修道院牧师有关联。教会基金与寺院产业多半被国王用来对付大封建家族的地方势力。作为非私人的永久性组织机构,教堂是稳定而持久的,没有家族继承问题。因此,它们为着自己的利益要维护中央权力的稳定与持续,他们的人员可以做书吏而不愿做与贵族家族太接近的官吏。至少,这是主要的趋势,虽然也有相反的趋势使政治变得复杂。值得注意的是,贵族家庭会把他们的小儿子送到教堂里去,以便取得两方面的权力。

在欧洲,中央政府比贵族们需要更多的书吏服务。在中国,精耕农业和灌溉需要复杂的账目、册据和计算,那么封建贵族所需要的书吏至少和政府的一样多。为了适应这种需要并同时把权力保持在自己手里,他们就必须发展一种学问及行政能力的传统,使他们不像欧洲封建贵族那样地粗鲁。所以,中国的第一批职业官吏,其起始并不像欧洲那样以反封建为其职能,而是从封建制度中发展出来的。这种发展逐渐削弱并破坏了中国的封建制度,但是它也减少了中央行政与地方行政的对立,因此延缓了从多个王国转变到一个帝国的斗争过程。

中国也有一个不在世袭原则内建立行政人事的努力。这个努力中最初取得重要地位的是宦官的采用。他们最初是贵族或统治阶级的家庭侍从,许多机密事件就很自然地经过他们的手。因为他们多半是来自贫苦或无名家庭的奴隶或俘虏,为了自己的利益他们也必须忠诚。这里最可注意的一点是,宦官最初发展成一种重要体制是在秦国。① 秦国曾

---

① 他们在周代已经存在。见毕士博:《中国南北方的开端》,1934年,第313页。魏特夫(前引书,第55页及注2)引用大量原始资料并指出,宦官最初是闺房和宫中的佣人,后来才成为"朝臣"。李济(《历史上的满洲》,1932年,第32页)谈到,在1411年是宦官将明朝在东北的统治扩大到最北端,直至西伯利亚境内。这补充了魏特夫的资料。

率先进行了各种政治、军事和经济改革,首先使封建国家变成半民族国家,其后再发展成超越民族国家的中央集权帝国。

从此之后,宦官就成为限制中国顽固的家族政治势力的有力武器。但是,这个武器是双刃的,朝中一旦有了腐化宦官,其对国家的危害,与腐化的大家族在各省谋篡权力一样严重。不过从长远来看,中国家族力量是能够深入并控制宦官制度的。在最后一个王朝——清朝,宦官差不多完全来自河北省的河间府,这是因为有钱有势的宦官和无钱无势的宦官都叫他们的侄子或其他近亲来做宦官,带入宫廷。这样,就可以保持家庭关系,并积蓄金钱,从事投资。

像欧洲一样,中国所应用的另一个办法是单身僧侣们的非私人机构,但是它到汉朝(公元前最后两个世纪到公元最初的两世纪)末年才见重要。佛教寺院以及略次一点的道教寺院成了大地主。它们在各省的势力,可以对抗那些自然倾向于封建制度残余(虽然大体上封建制度已被新秩序取代)的大家族势力。特别是佛教,于汉朝在朝廷的庇护下自印度传入中国,起初它是帝国利益的助手,帮助它压制仍有相当势力的封建残余。[①] 但是,像在欧洲一样,这种作用引起了一种反作用,形成了宗教封建制度。多数僧侣虽然来自平民阶级,但寺院本身却是既得利益者,看起来有些像那些在其他方面与其为敌的大家族。

最后,影响一切发展的是,从原来的封建家族中出现了一个新的群体——士大夫阶级。[②] 这种新的社会群体在形成自身时,也形成了取代封建家族和民族国家而兴的帝国的特点。此后,帝国与士大夫阶级互相影响,其互相影响的方式在国家强盛时形成国家的力量,但在国家被士大夫阶级的家庭利益所破坏时,就造成国家的衰弱。这是后来的发展,但其根源则在周朝后期的封建制度。

---

① 佛教遭受几次重创,在宋代以后就不再是官僚们的对手了。关于中国的佛教的一般情况,可参考福兰阁的《中华帝国史》,第Ⅱ卷,1936年(文献索引见第Ⅲ卷,1937年)。
② 参考本书第三章。

草原部落与封建制度的关系

我们必须根据这个背景来考虑中国的内陆边疆——它的形成方式,它在中国历史潮流中的得与失。这个落后边疆的部落制度与造成欧洲封建制度的部落制度并不相同。

自欧洲西部侵入、掠劫,并占领罗马帝国残余的多半是森林少数民族。他们有一个包括畜牧、农耕及狩猎的混合经济。猪的驯化十分重要,因为猪可以用欧洲树林中的槲子和橡子喂食。① 因此,供国王及贵族游猎的森林,也可以有经济收入。对这些部落的作战首领们来说,转变到封建制度是件很容易的事。只要其部下能保得住,他们就可以尽可能夺取土地。这种移民及土地占有的方法,即使在罗马人占领并管理的地域之外的地方,也是易于仿效的。贵族占有土地是封建制度主要的现象。欧洲的贵族有真正的统治权,②他们按照自己的想法作战或议和,自己设立民事法庭及刑事法庭,自行征收赋税。最初是自由战士的自由人,从他们的贵族首领那里分得土地,以为其服兵役为代价。农奴是附属于土地的劳动者,属于土地,他唯一的保障是法律上所规定的不能自由买卖。国王很正确地被称为"首席贵族"。他原来只是一位大的战争首领。也许只在"王畿"内他才是真正的统治者。从贵族那里,国王可以在战时征募士兵,并收取赋税,但是这并不影响贵族们对自己的土地及人民收税的权力。国王在民法、刑法及征收赋税方面的权力,是逐渐侵蚀这些贵族半独立的主权而建立起来的。这种侵蚀可以累积并造成一些新东西。国王以其中枢的地位,可以操纵这些贵族,使之彼此对立。因此,内战也就成了封建制度必有而且不断的现象。

在中国,封建制度的这些现象属于"前汉族"的少数民族出现的时

---

① 关于欧洲放养猪与亚洲圈养猪的区别,见本书第五章。
② 布赖斯(Bryce, J.):《神圣罗马帝国》,第122—124页(10世纪)、第299页(12—14世纪)。

期。它们也有一些痕迹存在于西南的"尚非汉族"的少数民族中。在某种程度上,也存在于云南、四川、西藏的边区。① 黄河流域新石器时代晚期及铜器时代的部分居民,因发展其原始混合经济中的农业,使之变成一种专门的经济,而成为汉族。他们同时也趋于封建。草原边疆的"部落问题"是这种进化的副产品。早期封建汉族在发展到其新社会所能取得并开发的一切土地时,在他们前面,驱赶着一些在文化上,或许血统上,与早期汉族相近的边缘居民。他们不愿意以被征服的代价而成为封建制度的一部分,所以自行脱离向封建制度的进化过程,坚持其旧的社会方式和旧的混合经济。

逐渐地,被驱赶到草原上的人认识了他们的环境,知道它既不能容许整个的混合经济,也不容许着重去发展"汉族"式的农业。于是,他们不得不自己发展一条新的专门方向,在辽阔的草原上管理牲畜。这种对单独技术的偏重②,到了一定时期,就产生了一个比中国还要偏重一方的社会。但它与中国的社会有显著的不同,并且互相对立。欧洲的森林部落是倾向于封建制度的,而亚洲的草原部落制度却与封建制度相分离。

草原部落,一个游牧经济的社会,即使在它的初期也不能叫作封建。但是,它却具有若干封建的性质。虽然它是从与封建的斗争中演化而来,并且成为一种不同的社会秩序,但游牧制度并没有完全与封建中国绝缘。因为它变成了游牧民族,这些新的部落却可以转过身来,不再后退,反而对汉族施行压迫。这种中国封建制度的发展所产生的反馈压力,是造成后来的为时并不长久的中国封建社会的一个因素。但是,草原部落社会的性质,在历史上不同的时期,却徘徊于真正的游牧制度与部分的封建制度的选择之间,③这完全要看草原部落是退到草原里去,还

---

① 关于一些边疆"封地",约瑟夫·洛克博士即将有关这些地区的著作出版,可参考。
② 狩猎在草原经济中是重要而有意义的,但它仅仅是游牧生活的一种补充,而没有大到成为另一种经济形态。
③ 拉铁摩尔:《评格勒纳尔〈成吉思汗〉》。

是从草原向中国发展而定。但是,即使草原社会实行了封建制度,它能否变成真正的封建体制,也还是问题。

战国(前453—前361)

在前面一章里,关于黄河流域少数民族战争的概述截止在公元前453年。在那个时候,晋国分解成韩、魏、赵三国。这三个国家又叫作"三晋"。过去,汉族向草原发展时,他们在所取得的每一个地区中,都把少数民族部落改变成为汉族。但现在他们遇到了一个麻烦:一个新型的草原社会的发展。① 过去与"新社会"汉族打交道的"旧社会"少数民族,这时被看成落后的。新出现的草原社会,与汉族社会不同,并独立于汉族社会之外。中国农业社会与草原游牧社会间的互相影响,造成了新的历史现象。还没有丧失扩张动力的汉族,企图控制面前的新的社会群体。但这些新的社会群体不仅仅可以抵抗汉族的扩张,还可以把一部分汉族拉到草原上来,使他们变成"少数民族"人。

公元前461年,秦国打败了今日陕西北部及甘肃东部的一个戎族部落。② 继而,公元前444年又打败了在甘肃东部湟水流域的一个戎族部落。③ 这是渭水上游水系地区。公元前430年,④这个部落反攻秦国,侵入到渭水以南的秦国本境。⑤(因此,当秦国向北部及西北部的新地区发展时,少数民族也侵入到其几世纪以来即与汉族争夺的地区中。)

以渭水为根据的秦国向东方及西方发展而获利,其间当然也有几

---

① 参考本书第十三章。
② 蒙文通:《犬戎东侵考》,1936年,第12页;哥罗荷:《公元前的匈奴》,1921年,第33页;均引《史记》卷五。见沙畹:《司马迁〈史记〉》第Ⅱ卷,第55页及注1。
③ 蒙文通前引书,第13页;哥罗荷前引;沙畹前引书,第55页及56页注1。
④ 蒙文通前引书;哥罗荷前引;沙畹前引书,第56页。
⑤ 当秦人向北和西北扩大新的领土时,蛮人仍然有能力与汉人争夺已经争了几个世纪的土地。

次失败。秦国向东占领分隔山西和陕西的黄河流域,威胁了黄河流域的均势。这时的周室是被山西的晋国所控制。晋国也在西方获取新的土地。因此,在大体上,秦的发展并没有将它从中国内部事物的范畴中拉出去,相反,其新的边疆势力的累积却使秦国可以对中国施压。秦国取得的土地都还在草原的这一边,汉族可以比少数民族更为充分地利用它。

同时,陕西的秦国在对边地的占领中开始获得回报。公元前457年,晋国北部的赵襄子进军分割山西中部与北部的山区,令其势力扩展至内蒙古高原边缘的代地(今大同一带),与偏远的狄人部落接壤。①

其后不久是晋国分裂为赵、魏、韩三国。在这三个国之中,赵国占有山西北部的山地,直接连到内蒙古。它也占据了分隔河北和山西并曾经为少数民族部落巢穴的太行山,②但不包括北平(北京)平原,这一片地方属于燕国。魏国占领了汾河河谷,一个最老的灌溉精耕农业地区,还有黄河西岸陕西境内的一片土地,这块地方备受秦国的威胁,并最终被它攻占。韩国占领了晋国最汉化、最不落后的地区,它在河南及其南部,与长江流域的楚国交界,东部直到淮河上游。因此,它成为决定黄河流域封建列国及长江流域列国间均势的关键。

公元前444年,韩和魏联合起来,把河南北部山地的戎族部落"消灭"。③ 这是公元前7世纪汉族在这个地区与之斗争的戎及狄的残部。也许这次战争只是以前经济及文化同化过程的政治性结果。虽然被征服的民族仍然被认为是少数民族,但这个战争却不能被认为是中国边疆扩展的一步。因为这一部戎狄是被甩在后面的孤立者,而真正的汉族与

---

① 参考拉铁摩尔:《中国长城的起源》(1937),比较晋国扩张与秦国扩张之不同,晋人扩张是离开适宜汉人的地区,而秦人扩张是增加了汉人的力量。
② 哥罗荷前引书,第28页。
③ 维格:《历史文献》第Ⅰ卷,1929年,第155页(没有引用原始资料)。蒙文通(前引书,引证《左传》)清楚地指出,经过一系列战争,河南戎人残部被挤到楚国北疆与魏、韩国之间的地方。魏、韩两国原为晋国。

第十二章 古代中国的列国与帝国

少数民族间的边界已经北移了。

即使是北方的战争也变得不重要了。据说秦国在公元前417年也采行少数民族的办法,以少女投入黄河作牺牲。① 这大概发生在山西及陕西之间由北向南流的黄河的北段。这件事显示,秦国进入到一种地区,那里是在汉族进化的过程中却易于保持若干少数民族生活方式的地区。那里的少数民族不但不会完全遵守汉族的生活方式,而且秦国的居民反倒学习了许多野蛮特性。② 少数民族也还能对汉族反攻。因为在公元前378年,他们打败过山西汾河河谷的魏国。③ 秦国继续向甘肃发展,于公元前361年打败了那里的戎族。④

但是,就大体而言,从公元前5世纪末年到前4世纪末年,历史重心很显然自汉族与少数民族的战争转移到中国列国之间的战争。由此,可以有力地证明,与少数民族的战争并不完全是少数民族从遥远的草原侵略中国的结果,而是汉族对外扩张的结果。汉族的扩张把原来一种比较"落后的汉族"居民逼走,使他们逐渐转变成一种草原社会。如果这个时期有一个真正的草原社会建立在蒙古及中亚,则中国列国间逐渐激烈的战争就会造成草原铁骑侵入定居地区的绝好机会。因此,我们也可以有理由假定,在中国当时所发生的事,乃是建立草原过渡社会的关键。

---

① 维格上述引文中(没有原始资料)。参考《史记》卷一二六。
② 在内蒙古西部,我听到很多流传于民间的关于成吉思汗死因(1227)的不同说法。成吉思汗在征服西夏后去世。西夏都城在宁夏。(夏是唐古特的汉语名称)据传说,成吉思汗获得了西夏王的一位妃子,这位妃子暗藏匕首,刺了他一刀,他却没有死,伤口痊愈,继续领导蒙古民众。妃子逃到黄河边,投河自杀。因此,蒙古人叫黄河为"公主河"。她跳河地点的上游,水是清的,下游水是浊的。我相信这个传说是来自古代以女子投入黄河祭河神的习俗。参考萨囊彻辰书,蒙古文,第100页及102页;施密特的翻译本,第101页及103页。
③ 维格前引书,第159页(无原始资料)。蒙文通(《赤狄白狄东侵考》,1937年,第85页)引大量原始资料,特别是《史记》卷四四,将狄蛮与30年前被灭掉的小国中山联系在一起。另参考沙畹前引书,第V卷,第148页。
④ 哥罗荷前引书,第33页;引《史记》卷五;见沙畹前引书,第Ⅱ卷,第63页。

少数民族战争与长城的修建(前4世纪末)

公元前4世纪末,出现了一种新的少数民族战争,这再一次证明上述论点。一百年来,中国北方列国转而对内,互相斗争。其部分原因是,北方列国的发展虽然还没有达到草原,却已经被难以用灌溉及精耕的方法开发的土地所阻止。在这个时期和这样的地区,后退的"旧社会"群体就有机会发展它们自己的"新型社会"——可以抵抗中国农业社会的初期的草原社会。和中国比较起来,如维持原始混合经济,草原环境是太贫乏而艰苦了。但在这种混合经济演化成新的专门游牧经济时,草原就成为比较富足的地方。从此,少数民族的汉化与汉族的少数民族化交替发生,这时的少数民族化不是回到旧的、原始的、混合经济的落后制度,而是转变成新的、专门化的、单一文化的落后制度,这个制度是由草原游牧经济支撑的。

因此,在公元前4世纪末很生动地记载了真正的游牧战争。在早期少数民族战争中,虽然也提到马,却没有明白说到专门的游牧经济,而少数民族的兵士则称为步兵。这个新的时期开始于赵武灵王,他易赵俗,"胡服骑射"。在一次战役中,他着胡装,率领将士征伐西北,夺取胡地,准备转而南征入秦。他还装扮成使臣,企图面谒秦君,以探明虚实,结果被人发觉,乘马逃去。①

赵将李牧在公元前3世纪的前半期,仍然继续这种新方法的发展。他派遣将吏,征收实物赋税,送到军营。牲畜一定和农产品一样重要,因为军中每天杀牛做食。他训练将士从事骑射,并设置烽火台,以便迅速动员。在一次与胡人的战斗中,他把大群的牛畜放入原野,以示无备。野有牛群的事被到边境来贸易的小股游牧民报告回去,于是,游牧民族

---

① 《史记》卷四三、一一〇;参考哥罗荷前引书,第34—36页;另见拉铁摩尔:《中国长城的起源》;沙畹前引书,第Ⅴ卷,第70—88页。

即从事攻击,结果中埋伏大败,损失惨重。赵国则将其势力推向草原,与过去被认为化外的部落接壤。①

这些记载显然表明,赵国有一种边疆的农业与畜牧混合的经济——不是典型的汉族精耕经济。军队也类似于后来标准的草原骑士:他们是乘马的射手,军中肉食成分很高,他们也习惯于草原游牧生活,战时踊跃攻击。边疆的情况是属于游牧社会的——小股人马可以自由来往,但具有危险性的大队人马却不能。因为是半畜牧的混合经济,家畜多到足以引诱游牧民族的进攻和掩蔽一支军队。当汉族从事攻击时,他们也利用游牧民族的战术——在开阔地区迅速行动、调动、埋伏和突击。②

赵国并不是唯一采取这些新制度和新战术的国家。西方的秦国也逐渐以骑射驰名——汉族在战争方法上也像少数民族一样了。事实上,骑马的射手摧毁了在战车上作战的中国旧封建贵族,正如威尔士及英国的长弓(步兵用的)击败法国的贵族一样。赵国东方的燕国,以北平平原为基地,在公元前3世纪产生了一位伟大的骑兵领袖。他曾经为质于胡,学到他们的战术,他在燕国组织了一支军队,攻入今日热河南部的山地。③

与骑兵战争同时,有一个新的、似乎完全相反的发展——数百里城墙的修筑。这个伟大的修筑长城的时代开始于公元前第4及第3世纪,④在那个时期,汉族的扩张已经达到真正草原边缘,因此逐渐缓慢下来。

在秦昭王的时期(前306—前250),秦国筑了一条长城,自甘肃的洮

---

① 《史记》卷八一;哥罗荷前引书,第37页。
② 拉铁摩尔前引书。
③ 《史记》卷一一〇;哥罗荷前引书,第37页。
④ 赫尔曼:《公元前中国的西域诸国》(见赫定《南部西藏》,第Ⅷ卷,1922年),第268页注1,列出一类在不大可能的时期即公元前1169年的"原始长城"。有很多关于"修筑"的很早的文献记载,其一被赫尔曼和蒙文通(《犬戎东侵考》,第1页)引用,尽管没有作为边疆长城修建的实例。关于这一问题的常识是,只有能用特殊的方式集中必需的劳动力的社会,才能修筑长城。所以,早期文献说的应是聚落与防御工事的修建。

河谷北至黄河,然后沿黄河至宁夏的绿洲或半绿洲地区,再从宁夏折向东南,绕鄂尔多斯草原之南而达黄河。① 在赵武灵王(即那位变胡俗的赵王)时期(前325—前298),赵国在公元前300年左右,建造了一条长城,从宁夏东北部的高阙延至内蒙古高原边缘的张家口及北平的山地。② 在公元前290年左右,燕国也建造了一条长城,从赵国长城东端的附近直达辽河下游河谷。这一条长城不是沿热河山地的南麓而是沿其北麓,从而保证东北地区辽河下游农业平原及华北大平原间的交通。③ 几十年后所修造的长城主线,并不是完全依照这个秦、赵、燕及草原游牧民族间的界线。不过,它确实反映了一个观念,即封闭的中国农业世界与开放的草原游牧世界。

这种集中于短短几年间的异常活跃的活动,预示了一个长期而缓慢的实力的集中过程——几种发展趋势,当彼此推动而取得充分力量之后,突然以新的表现发挥出它们的合力。如果只看到汉族发展到了草原的边缘,一部分汉族采行少数民族的生活方式,以及确定了汉族及少数民族间的永久边界,这是不够的。这两种趋势都很明显,但它们只是在中国中心及其边缘所发生的规模更大、包含更复杂的发展、分离、再混合的过程的一部分。边界上的长城,不但修造在汉族及少数民族之间,并且也修造在中国境内的列国之间,和黄河下游及长江流域之间。城墙的修筑及农业中国与游牧草原的逐渐分离,是一个总体伟大变化中的一部分,在这个总体变化中,列国合并为一个大帝国,并结束了封建社会时代。在亚洲内陆边疆上所发生的事件,是这个变化的一部分,却不是它的主要部分。④

---

① 赫尔曼前引书;哥罗荷前引书,第34页;《史记》卷一一〇。
② 赫尔曼前引书;哥罗荷前引书,《史记》前引卷。据《史记》卷四三(沙畹前引书,第V卷,第64页),这一城墙是赵武灵王的父亲修筑的,这是一个有趣的建设者年龄的记录。另见《汉书》卷六四,第一部分。
③ 赫尔曼前引书;哥罗荷前引书,第36页;《史记》卷一一〇。
④ 拉铁摩尔前引书,见本书第十三章。

中国封建制度及城乡"细胞"

像封建欧洲一样,封建中国的真正主权单位不是国家而是封建贵族的采邑。① 周朝的天子代表着一个广泛文化的重心,但是他们并不以对每一地区进行直接统治的方法去治理一个结合紧密的帝国。他们所有的,只是在封建制度范围内许多大贵族的服从,这些大贵族又同样取得许多小贵族的服从。赋税、民法、刑法和兵役在每一个封建国家中都是自主的,而并非集中于一个帝国。周朝天子也有王畿,但是他们是以大封建贵族而非帝王的姿态去治理。所以严格说来,周朝天子只具有"首席贵族"的封建地位。

很可能,早期的周朝征服者在从商朝文化地区的西北边缘进入中国时,未能完全征服黄河流域。虽然他们促成了商朝时代的初期封建(或"前封建")的长足发展,他们所统治的地区却还不如其影响的地区大。因此,我们可以推想,邻近渭水流域周王畿的封建国家,是在周朝天子的统治之下(依据封建统治的标准),而在黄河流域其他地区,虽然也有同样封建,却不那样受周天子的统治。换句话说,历史上的封建阶段真正开始之后,封建贵族间的战争与叛上的封建现象,就与企图建立一个由天子、封君、贵族构建的金字塔的努力同时出现了。

并且,因为周朝的征服促成黄河流域东部封建制度的发展,所以就出现了周朝要应付一大批新的、不完全由它统治的封建权贵的问题,对那些权贵很难都能进行很好的控制。对东部地区发展的关注,给了陕西的秦国在周朝天子身边壮大的机会,就像过去周人在商朝身边发展并强盛起来一样。周王室于公元前771至前770年自陕西东迁河南,史称是

---

① 所引权威学者关于封建主义的讨论,多强调封建领主的宗主地位。但可以说这只是理想状况,在实际上,包括课税、法规及兵役等方面的主权,是在一块块分隔的封地上实现的。

受到自西北侵入的少数民族的压迫的结果。忠诚的秦国则留在陕西护卫周朝的退却。①

从其后的历史看,很显然,这不是周朝居民而只是周朝王室成员自陕西的退却。陕西的汉族仍然留在陕西,他们成了秦国的臣民而不再是周的臣民。他们非但没有在少数民族前退却或被征服,反而夺取少数民族的土地,扩展了秦国领土。所以周室东迁的原因,很可能是其"忠诚"的封国——秦国——出现的令人不安的发展壮大,使周天子不得不以其东部封国的支持来对抗其西部的封国。但这一个策略没有成功,周天子的权力也就从此衰落。

这件事表现了中国与欧洲封建制度的差异。在欧洲,是王权对贵族主权逐渐侵蚀,直到王室与王权能够名实相符。这种情况对于封建制度的转化,有很大的关系。其成功,多半由于王权与其他权益不同于贵族的阶级——僧侣和市民——的联合,以及在贵族间的战争中,采用轮换支持不同的贵族的手段。

中国的发展途径与此不同。在周朝的后几个世纪中,贵族剥夺了王室的权力。民族国家的产生不是经由帝王的权力,而是由若干地区的封君的推动。城市及新兴的职业官僚阶级力量的发展,至少部分地是源于贵族的权益。他们开始就得到贵族的支持,而不是被王室操纵,用以限制贵族的权力。因此,我们可以说中国封建制度转变成一个新的社会秩序时,不是因为贵族被王室所压制而成为王室的附庸,而是因为贵族自己变了,变成士大夫阶级。

欧洲封建制可以转变到货币经济及工业化的路上去,而中国的转变却造成一个中央集权的官吏制度,这种官吏来自世代相传的地主绅士阶级,他们的土地利益与政治利益抑制了资本制度,并完全阻止了工业的发展。这种差别并不是偶然的事。在欧洲,一片环境不同的土地可以促

---

① 《史记》卷五;沙畹前引书,第Ⅱ卷,第14页。

成许多不同的粗耕农业及混合农业。就是在封建制度下也相当需要必需品及奢侈品的贸易。农业产品及副业产品逐渐地在各地城市里加工,互相交易。城市在事实上除成为分配中心外,又有生产的作用。在中国,土地的环境比较统一,经济即使在封建制度下也是单一的。谷类是最重要的剩余产物。各城市间也不必互售余谷。

因此,中国社会就出现了一种由许多小单位结成的经济和社会结构。自新石器时代晚期以来就有的城池,在封建制度时代(如欧洲一样)以及后代各世都很显著。虽然中国经济是农业的,城池却是农村景观中的基本特征。① 军队的给养及水利工人的口粮,都仰仗设立在核心城市中的仓库。因此,当运河及灌溉工作更趋复杂时,那些"农村中的城市"也更成为政府与行政的牢固的支柱。

在这些城乡联合的"细胞"中,贸易只在短距离间活动。村落一般是没有围墙的农业生产单位,但是村落土地所生产的粮食却集中在城里保存。城市是有驻军的,它也是手工业中心,生产布匹、工具、用品,以及其他乡村贸易所需的商品。只有少数物品——例如盐、铁、茶、丝——产地有限,②需要长距离的贸易。除此之外,这种细胞结构可以在中国各地无限地产生,它的某些功能,在封建制度中以及在后来的帝国制度中,都是一样的。③

不仅如此。这种含有统治的城市及依存的乡村的区域单元,极适合于封建制度的社会活动规模,但这只限于其灌溉工程的范围是在城乡地域单元以内的情况。根据后来的中国经济范围指标,这种区域单元的最大距离是30至60英里——步行或乘车一两天的路程。在更大的距离

---

① 粪便是中国最重要的肥料,而从城里才能得到最多的粪肥,最集中和最发达的农业就是在城墙之外。因此"最乡村的"和"最城市的",乃是最紧密地联系在一起的。参考桑普:《中国土壤地理》,1936年,第430—432页。
② 但是,茶叶在唐朝(7世纪、8世纪)以前并没有在中国普遍流行。参考《中国百科全书》,1917年,"茶"条。
③ 参考本书第三章。

间运输日用粮食及其他低价商品是不经济的,因为喂养拉车的牲畜的代价可能比利润要大。

灌溉工程的范围很早就超过了这个距离,而其他经济活动的范围却不变。特别是在较大的平原上,灌溉的水流及防水堤的修建,最好是能在超过一个细胞单元(包括城市及附近地区)以上的范围去管理。也许封建制度开始自行演变,容许若干超出一个贵族的控制范围的活动,同时仍保持封建制度的其他有限制的、地域性的主权特征。

我相信是因为这种原因,后来取代封建贵族的阶级就产生在封建贵族之中,而不是与他们竞争的另一阶级。我已经说过,即使在封建制度下,中国也有需要书吏作业的理由——这种需要在中国、美索不达米亚和埃及文明中是共同的,而在欧洲文明中则不然。① 劳动力必须集中并担任凿渠筑堤的工作,水量必须计算,用水权必须指定,水量必须依照田地的大小分配。在封建体制的社会中,贵族本身并没有理由不参与这种工作,以获取一部分灌溉的利益。很自然地,在这种活动的范围大到可以将封建土地连接成片时,贵族们会尽可能地持续这种工作。这样,他们一方面希望维持封建的分隔制度、分设的主权,以及对中央集权的抗拒,同时他们又从事于可以超越这种限制的工作。这种双重性越明显,则将一个制度附属于另一个制度的需要就越迫切。

孔子与封建制度的关系

周朝的政治发展证实了这些假定。周人最初自西边征服中国的商朝,完成"帝国"的统一。但这只是有限的封建的统一,它并不是政治的中央集权,而只是军事的优势,其实力能够使当时的封建诸侯承认周天子,但他们仍然统治自己的领土。随后就有一个显著的,趋向分

---

① 魏特夫:《东方社会理论》,1938年。

离的反向发展。到了公元前 8 世纪,周室被迫自陕西东迁河南。从此,封建势力逐渐侵蚀天子权力,直到周室的"政策"只是表示哪一个列国为霸主。

但是,在公元前 7 世纪,又开始了新的集中。封建列国相互斗争,这是封建制度下必有的战争状态。在战争中开始出现结盟,这种结盟的主要特征是地域性的。长江流域的盟主是楚国。① 黄河流域的盟主起初是东部的齐国,②其后是北部的晋国。③ 西北部的秦国为当时的盟外之国,对这两个同盟以及同盟内的国家,都分别作战。每一个同盟控制一个主要的地理区域,而秦国控制西北黄土高原重要地区的事实,表示在中国的封建制度中又有一个新的秩序在发展,一个新的行动规模在产生。封建列国的自动政治联合——不是在中央权力的压迫下形成的联合——摧毁了旧的分离运动。这个政治联合的新权力建立的条件,是在较大范围内完成经济活动及社会聚合的能力。这种活动还不能有效地在中国各地推行,但它足以在这些地理大区内控制区内的各国。

在公元前 6 世纪末,孔子的活动反映了若干方面的转变。④ 孔子是封建制度的产物,同时也是产生于封建制度并取代它的制度的预言家。他是一位伟大的、具有创造性的思想家。他对家庭与国家的意见,以及以非世袭的职业行政阶级来代替封建贵族的主张,是此后中国建立一种新"天下"帝国的依据。⑤

孔子对于家庭的主张尤其具有摧毁封建制度的影响。他所主张的

---

① 福兰阁:《中华帝国史》,第Ⅰ卷,1930 年,第 159 页。
② 同上,第 160—161 页。福兰阁强调盐业与冶铁对于齐国经济和实力强大的重要性。铁,很明显在这一时期迅速普及,但此前没有被认识和经营。参考高本汉:《古代文献的真实性》,1929 年,第 173 页。
③ 福兰阁前引书,第 165 页。福兰阁认为这时期主要现象是黄河流域的中国防范长江流域还远没有中国化的楚国的迅速扩张。
④ 孔子生于公元前 551 年,卒于公元前 479 年。参考福兰阁前引书,第 203 页及以下,另有很多其他参考文献,见第Ⅰ卷。
⑤ 关于其他儒家思想与哲学的文献,参考理雅各《中国经典》。

儿子对父亲的孝道,以及臣民对官吏,官吏对国家的忠,其本身就是一种道德制度。这种道德制度的重要意义是,它丢开了封建时代所规定一个人依据他出生的阶级与出生的地方而产生的义务,放弃了他应服的劳役及应享的权利的封建标准。孔子用忠诚及改变秩序来取代封建观念。简言之,孔子的道德,主张直接征收赋税,从最高政府逐级到纳税者。孝道准许有大的家庭、童工(孩子对父母负责而不是父母对孩子负责),以及父亲对甚至已经成年的儿子的权力。① 这种制度极符合中国精耕农业对大量人口及廉价劳动力的需要。②

孔子从他所在的社会里寻求支持他的非封建制度的主张。在摧毁封建分离主义樊篱的趋势中,已经显示了这种新制度的萌芽。也许,孔子认为这种萌芽是过去曾经存在过的更好制度的遗存,因为一位哲学家总是认为他所想象的事情应该是人类的本性。无论怎样,孔子在重新解释中国的上古史,认为那是一个黄金时代,孔子向当代及后代帝王所宣教的主张,正是黄金时代的圣贤所垂下的规范。孔子站在中国历史的一个刚有征兆的新时代与一个他认为是理想的却未曾存在过的时代之间,他在一种预言性的推测中,却表现出一种保守的姿态。

在尊崇一个虚构的过去的思想上,孔子是开路先锋。他创始了后世有"文化"的君子的"上流"观念。他所想象并开始塑造的制度是代替封建制的,但那是他死后的几个世纪才完成的事。另外,最后以帝国制度取代封建制度的秦国,同时却反对儒教的学术。孔子的信徒在那个时候太习惯于理想的制度,以至于当一个真实的新制度诞生时,他们却不能认识。在秦国混乱时代之后,在新制度成为一般公认的规范时,孔子被

---

① 在孔子的理论中,子女要对自己和父母负责,而父母只是对自己的而不对子女的罪行或债务负责。
② 除了福兰阁前引书,关于那一时期孔子对社会变化的看法,参考魏特夫:《中国经济史的基础与舞台》,1935年,第48—50页及脚注。

社会尊崇为保守派,这大概是由于他对稳定性的强调。

秦与帝国制度的诞生

新制度的产生,必须经过一些过渡的阶段。在公元前 6—前 5 世纪,长江下游的国家已经向黄河流域列国要求联盟,来抵抗要对长江流域汉族进行控制的楚国。① 但楚也与邻近黄河流域的国家联盟。② 黄河流域及长江流域这两个主要地区的封建分离主义已被摧毁,历史的主流正徘徊于这两大地区之间。

公元前 4 世纪,西北的秦国开始其最后阶段的发展。③ 楚国虽然并吞了先前灭了吴国的越国,④但还不能取得绝对的优势。如果西北秦国的黄土高原不是那样便于防卫,楚国也许有大获成功的可能。北方开始重建优势,而这种优势却只是靠秦国一国的力量,而不是靠黄河下游诸列国的联盟。

秦国于公元前 364 年击败了韩、赵、魏三国,⑤帝国的征服与统一的战争由此开始,战争的本质开始转变。封建制度那种冗长持久的战争变为具有决定意义的战争。在封建战争中,战败的贵族的"被征服"是有限的。他"承认"胜利者的地位,并一次付给赎款或是分期纳贡。但他自己仍然可以征收赋税,他的土地仍然是自己的。他只是作为"外围"而"加入"到战胜者地盘中,并且,这种关系也只是暂时的。一个封建国家,就是在最强盛的时候,它的外围国家也有投到敌方去的可能。而这种变化,只改变了力量的组合,没有改变力量的结构。

---

① 参考福兰阁前引书,第 167 页及以下,有很好的介绍。
② 这一时期的斗争,在很大程度上转向了对长江与黄河之间的淮河流域的控制。
③ 秦人兴起是与晋解体(前 453)有关联。参考福兰阁前引书,第 180、182 页。
④ 越于公元前 473 年打败了吴(福兰阁前引书,第 177 页);楚于公元前 333 年打败了越(第 188—189 页)。
⑤ 《史记》卷五;沙畹前引书,第 II 卷,第 59 页。

秦国所充分利用的历史新趋势,是整个地摧毁被征服国的结构及其独立性。这种趋势的本身原来已经存在,并且不限于秦国。从公元前5世纪起,①把被征服国的统治家族完全杀掉,并吞并其土地——不只以它为附庸,而是合并到战胜国中去,这样的事已经很普通了。秦国依照这种趋势建立自己的政策。这种新政策的一个表现是,秦国有斩敌人首级而获奖赏的制度。② 因为这种制度,封建战争的"文雅"传统被打破。战败国的兵士,无论死活,全被斩首,以邀奖赏。军队的瓦解摧毁了封建的忠诚,而比较容易地把被征服人口归并到直接统治的、扩大了的国家里去。这种冷血政策的一个后果是中国历史上持久的恐秦意识,这种杀戮政策被认为是秦国半野蛮民族的特性。③ 这个政策的本身也许是产生于秦与其边境少数民族间的战争,但它也是中国内部社会、国家、战争目标的复杂变化的一部分。

在那个时期所发生的其他变化可以证明这种看法。从封建贵族中间产生了一个新的阶级,公元前4世纪时,出现了一批职业军人及政客,还有一批游说列国的人。他们来自小贵族家庭,不像大贵族那样要极力维护封建制度,他们知道治国的方法。他们不是封建的,因为他们没有土地与封建扈从。他们的工作是贡献他们对政治管理、征收赋税及训练军队的知识。孔子自己就是这种职业化的早期代表,不过他的愿望只是提供做事的理论。公元前4世纪的那些人都是实干的职业家。其中最伟大的是公孙鞅。他在秦国服务,封为商君。④ 他的爵位并不意味着他是一个封建贵族,他实际上是全国的宰相。

---

① 比较分裂晋国的贵族之间的"无义"战争,与齐国的篡位。见福兰阁前引书,第180—182页。
② 在上面谈到的公元前364年的胜利战争中,秦获首级6万;公元前318年,获首级8.2万,等等。关于斩获首级的奖赏,见戴闻达(Duyvendak, J. J. L):《商君书》,1928年,第297—302页。
③ 关于传统中国历史学家对秦的指责(尤其是对秦始皇的),参考福兰阁前引书,第225页。
④ 戴闻达前引书。

秦国有一个政策:促进并改良灌溉农业中必需的公共工程,是国家的直属事业。① 征税的办法也逐渐改变,家庭被认为是社会单位,家长是国家的臣民,而不是国家不能直接管理,属于封建贵族的,束缚在土地上的"低等"人。② 国家这种无所不包的主权日益扩大,此时的义务要比在封建制度下更加具体,而封建的保护制度与特权则被破坏。

从封建制度到帝国秩序的转变

从封建制度到帝国秩序的转变自然不是按照一种成功的理论逻辑而顺利进行的。前进的"摩擦力"磨灭了封建制度的一部分东西,但也使另一部分产生更坚决的抵抗。列国对周室王权的侵蚀早已不再重要,周天子只是一位毫无实力的象征。现在,由于秦国的兴起,重要的发展反倒是秦国对列国主权及生存的吞蚀。我相信在松散的联盟中有一个要确定主权界限的反向趋势,阻碍着在主要地理区域中有共同利益的各国团结的趋势。筑长城就是这种趋势的表现。那些众多城—乡"细胞"单位,集结成细胞群,每个群体中也都有长城,标志着一个包括许多小单位的大团体。

除了在草原边疆修筑的秦、赵、燕长城,魏国在陕西也修了一条由北到南的长城,时间是公元前4世纪。③ 这不是一道防备草原民族而是防备秦国的长城,它保卫着魏国在黄河以西的一部分土地(原属戎族)。虽然有这一道长城,秦国不久还是侵入并占领了这一片土地。④ 其后魏国又修筑了

---

① 商鞅确立法律,改变风俗习惯,鼓励人们日夜从事农业生产(同上,第235页);谷物受到重视,非农人口需交纳重税(以提高农业的利润)(第313页);为了开垦秦国更多的土地,鼓励外来人口迁入(第266页及以下)。关于水利灌溉促使秦强大的重要作用,参考《史记》卷二九;沙畹前引书,第Ⅲ卷,第Ⅱ部分,第524—525页。
② 依谷物收成(而非土地)纳税,戴闻达前引书,第176页;除官员外没有等级(第185页);等级要与谷物的生产相符(第205、253页)。
③ 赫尔曼上述引文;哥罗荷前引书,第33页。
④ 福兰格前引书,第181—182、184页。

一道城,跨过黄河由北到南,以保护其已经损失很多的土地。①

山东北部的齐国修筑了一道由东到西横跨山东的长城。② 它的北侧墙体被认为是防止黄河下游的洪水的堤岸。南侧则面朝淮河流域,在那里,长江流域的楚国在发展到海岸之后,征服若干小国,又向北伸展它的势力。

最后,在公元前3世纪初期,楚国也修筑了一道长城。关于这道长城的记载比其他长城都少。它大致是在淮河上游及汉水(长江的重要支流)河谷之间,③控制着由北到南的交通线。

显然,长城的修筑并不能作为中国内陆边疆形成的特殊现象,它是中国封建制度末期的一般现象。但是,在草原的边缘已逐渐形成了永久化的亚洲内陆边疆。北方的初期长城的特殊重要性是:中国的统一大体上消除了中国内部区域间的城墙障碍。同时,整个的中国边疆与整个的亚洲内陆分离。因此,北方的初期长城就必然被更新、更大的,具有防御工事的边疆所代替。

在中国,这种列国分离的结束阶段称为纵横时期。④ 长江流域的楚国和黄河流域列国纵的联盟,企图阻止秦国自西而东的横的征服。在这个时期的战争中,秦国的每一个胜利,都是封建制度的又一次破坏,而新的帝国也就向前跨越一步。但是,秦之灭楚,是数十年争夺帝国权力的战争。因为楚国要在长江流域集结起一个帝国,可以对抗,甚至抢在黄河流域的秦帝国的前面。楚的帝国是由水系连接起来的,它从长江中游发展到海岸。值得注意的是,运河已经成为集权工具的一个重要部分。

---

① 另一道城墙是中山国的,中山是个小国,位于今山西与河北之间的山区。参考哥罗荷前引书,第46页;福兰阁前引书,第188页。有两篇中文论文,可惜我无法参考:徐琚清(Hsu Chu—ch'ing):《北边长城考》,1929年;王国良:《中国长城沿革考》,1928年。
② 哥罗荷前引书,第45页;福兰阁前引书,第187—188页。
③ 哥罗荷前引书,第46页;福兰阁前引书,第188页。这很可能是一组防御据点,而不是一道城墙。
④ 福兰阁前引书,第193页。

在公元前 5 世纪,吴国——后来被越所灭,其地最终被楚并吞——开凿了从长江到淮河流域的大运河。①

因为水上交通的重要,楚国的征战大半是用战船。② 毫无疑义,水战是秦国最后胜利的一个条件,因为秦国改变战争方法,使之适合于多水的南方,要比楚国向干旱的西北侵略更容易。一个更重要的条件是,秦国在公元前 4 世纪末征服了今日四川省的大部。③ 由此,秦转攻楚国防卫集团的侧翼,自陕西、甘肃和四川边境的山地侵入楚地,然后从富足的农业根据地四川,沿长江而下以攻楚。同时,秦军也沿汉水及汉水与淮河间的缺口侵入楚地。

楚亡于公元前 223 年。④ 在公元前 221 年,整个山东降秦,⑤秦王自立为始皇帝,新型的中国的第一位皇帝。以下,我们来讨论这个新的中国内陆边疆的情势。

---

① 毕士博:《中国南北方的开端》,1934 年,第 325 页。
② 同上,第 320 页;另第 324 页(越国);及其《长屋与龙船》,1938 年。
③ 福兰阁前引书,第 186—187 页。
④ 福兰阁,第 198—199 页。
⑤ 同上。

第十三章　中国历史上边疆形态的起源

中国不是由于征服者侵入大河平原而被"创造"出来的,也不是因少数民族对具有较高文化的早期中国人的"压迫"而形成的。汉族与少数民族的起源同在一个上古时期,一切文化都同样原始,只是因各地的自然资源的不同,在文化表现上存在若干差异。我们也不能说汉族和少数民族起源于不同的种族。现在被认为是典型汉人的体格特征可以追溯到很古远的时候。① 不过,很可能在出现中国文化之前,就有体格及其他方面各异的不同人种的集团在中国范围内活动。

最初造成文化差异,其后显著地分化为"先进"与"落后",最终分离为汉族与少数民族的原因,并不是单纯地在于种族、或社会、或地理环境,而是由于群体间各自不同的情况,诸如:环境中的一些因素,使原始居民容易或者难于生活;在利用环境时,是大集团好还是小集团好,是分散居住还是集中居住好;在最原始的水平上正常地利用环境,是促成一个不易变化的固定社会,还是倾向于一个尝试、变化及进化的社会。

变化一经开始,它就一定在不同的地区,受整个环境及社会条件的影响,以不同的发展速度向前推进。而且,变化发展速度的差异,一定会

---

① 参考顾立雅:《中国早期文化研究》中的讨论,1937年,第153页等。

加深人类集团之间的或时代之间的差异。各种差异一定具有互相促进或刺激的趋势。因此,我们可以说,中国的建立不能归功于任何一个民族的侵入或文化的迁移,中国的发展,只要分化及变化的过程一旦开始,就一定会受人们的各种各样活动的影响,受到进入中国范围的技术与文化的刺激及影响。

同样,我们不能说,农业中国自古代封建制度进步到中央集权的帝国,完全是被征服或草原民族压迫的结果。但我们可以断定,从中国的农业生活方式与草原的游牧生活方式相分离的时期起,一个社会所发生的事件便影响着另一个社会的发展。大体上,我已经在前面说过,中国的封建时代不是草原乘马游牧战士征服农业居民的结果。很可能,中国人从其赖以立足的精耕农业的环境中,逐出了一些原来与汉族祖先同族的"落后"部落,促成了草原社会的建立。①

但是,当这些部落不再是落后的、边缘的,而发展成一个独立的草原社会时,就又出现了一个新的问题:谁应在政治上占得优势?是草原及其机动的社会,还是中国及其定居的社会?不过这个问题仅仅涉及中国的亚洲内陆边疆。在南方,长江以南,也有广大的"少数民族"地区,汉族经过若干世纪才能进入那里并使之汉化(事实上这个过程还没有结束)。但长江以南没有草原,因此南方的少数民族至多是落后和尚未汉化的状态。在历史上有重要意义的是北方。这里,在分隔河流、运河之乡的中国与内陆流域、沙漠、绿洲和草原之乡的亚洲内陆边界上,游牧民族与农业居民互相接触。他们的相互影响极其重要,在后来的几个世纪中,我们如果不考察中国的朝代对长城边疆的控制,就不能判断它的强弱。事实上,在中国历史中,可以看出一个显著的"边疆形态":或者是一个王朝建立在边疆以外或边疆之上,然后向内地推进,建立其对中国的统治;或者是在中国以内建立王朝,然后向外推进,建立其对边疆及边疆以外的

---

① 参考本书第十一章。

统治。

边疆形态与过渡地区的关系

在某种意义上,周人在商朝的边缘上兴起,商朝在黄土高原与大平原之间兴起,都可以说是这种边疆形态的前兆。但是,在较早的时期,其主要过程是推动较进步的、迅速变化的部落的出现,以及这些进步部落与落后部落的相互影响。真正边疆形态是在周朝末年才显著起来。在这个时期,中国农业的专门化与进步,再加上农业向仍然保持旧式混合经济的地区的发展,使一部分余下的混合经济的群体转变为真正的草原游牧民族。在中国边缘上诞生的这些游牧民族,他们游牧经济之逐渐专门化,以及他们无法永久地和以农业为基础的汉族相融合,是与秦国兴起同时出现的现象。草原游牧民族与秦国汉族势力之同时发展,就形成了真正的边疆形态。

在公元前4—前3世纪,赵国经今日的山西向北发展到内蒙古草原的边缘,赵国的汉族开始采用骑马民族的战争方式。[①] 而他们要想成功,就必须哪怕是部分地采纳游牧民族的经济及游牧生活方式。这样,他们掀开了一个新的历史阶段。

直到这个时期,汉族依靠农业及水利的技术实施,来发展一个逐渐专门化的社会。因此,在社会学上,"野蛮民族"其实只是指还没有像汉族这样进化,或是比汉族进化得迟缓的少数民族。在北方若干野蛮民族发展成一个明显的游牧社会与经济之前,北方和南方的少数民族并没有什么分别。他们所建立的是与汉族进化方式不同的进化。照中国的说法,草原少数民族和中国境内尚未进化的少数民族一样"野蛮"。但是从草原民族自己的观点看,他们所得到的成绩是从旧式混合经济的少数民

---

① 参考本书第十二章。

族制度的巨大进步,这个进步依据于特殊的技术,就如同汉族的农业的情况一样。

因此,山西北部所发生的晋国分为韩、赵、魏三国的事件,可以用两种方法来解释。从汉族的立场说,赵国的汉族停止了他们的进化,开始退回少数民族制度。而事实上,这并不是退到旧日非专门化的混合经济的少数民族制度,而是转移到一个新的具有专门化经济的少数民族制度。但这一点在汉族看来并没有什么分别。在另一方面,从草原历史的观点看,赵国的部分转变是很重要的,这表明草原上的专门化,在它自己的土地内,可以抗衡汉族的专门化。而且草原的生活方式,在中国过渡地区的某个范围内,也可以胜过汉族的生活方式。

换句话说,历史上的边疆形态,是与在草原及农业中国之间的过渡地区有密切关系的。汉族若干世纪以来的对外发展,是因为他们控制了水及农业方法的进步,使每一代都能取得上一代所不能取得的土地。在这一时期,"过渡地区"的意思是指仍然还没有转归汉族的土地。同样,少数民族历史研究,最好是先区分有哪些少数民族部落虽然在汉族面前退却,但仍能维持他们旧的生活方式;又有哪些部落放弃争斗,而变成汉族的。

当这些旧少数民族的一部分残余被逼到草原边缘,不能继续保持其旧的混合经济与生活方式时,他们只有变成一种新的少数民族继续抵抗,而拒绝变成汉族。他们从草原的边缘进入到草原之中,成为真正的游牧民族。其中一个结果是具有历史价值的地理环境的重新分隔。关于地理环境,以前只有一套系统:形成早期汉族农业发展的良好土地,当灌溉及其他技术相当发展后也能如良好土地一样有利的次等土地,及汉族农业还没有发展过去的"过渡地区"。现在却又有了一套系统:只能支持游牧业的真正草原,游牧业比粗耕或农牧混合业都占优势的"次草原",及必须靠实践来确定农业和畜牧孰优孰劣的过渡地区。因此,在这两个地理体系衔接的地方,两种过渡地区就总是发生问题:一个是条件比较有利于汉族,而汉族却倾向于粗放经济;另一个是条件较有利于草原民族,而草原民族在某些方面受汉族的影响,却倾向于发展较精深的经济。

秦、赵、燕

考虑到土地的条件,我们就可以明了位于后来中国长城沿线的秦、赵、燕三国间的差异。

赵国在独立之前,属山西晋国的北部,晋国发展的核心区是汾河河谷,是中国灌溉农业最早的一个中心。在山西的北部有一个分水岭,那是一片高地,最高的山是五台山,高约1万米。在这个分水岭之南,汾河的诸源均流入汾河河谷,可以灌溉大量土地。分水岭之北是桑干河谷,这条河先流向东北,再折向东南,汇入平津平原的海河。但是,这里以及其他黄河流域北部的河谷地带,灌溉和雨水都不能支持如山西南部那样的农业。

这个北部地区被赵国统治后,又称作代。一个世纪接着一个世纪,这一片高地都有亚洲内陆游牧民族与中国农业民族在此争夺。这里的环境对这两种生活方式都不适宜。对于游牧民族,它不够封闭,在他们进入这里之后,会有一部分人从大团体中分裂出去,寻找最有利的地点从事耕种。而这些地点多半具有军事战略价值,因此游牧社会便丧失了其社会传统与军事安全。另一方面,对于汉族的农业居民,这一片土地多半比较高旱而且贫瘠。农业在这里不能支持像南方那样的坚实的国家机构,农耕的统一性有被畜牧——主要是放养绵羊和山羊——破坏的趋势,因为这类地区的畜牧多于一般的汉族经济。绵羊和山羊虽然与草原游牧民族的机动性没有多少关系,但在草原经济上它们比马还要重要。

代这片地区,是属于中国还是属于亚洲内陆,这是个不易确定的问

第十三章　中国历史上边疆形态的起源

题。所以在山西北部,主要的长城线就有两条,随历史的潮流而变化。一个是沿着内蒙古高原的边缘,一个在山西北部与南部间的分水岭上。当年赵国的战略中心在以后的诸世纪中都被包在了长城的里面。

代地曾数度被突厥人和蒙古人侵入并占领,但是他们不能在此久居。公元618—907年建立唐朝的李氏家族就产生在这里,[①]他们虽然自认为是汉族,实际上却有突厥血统。他们的王朝是利用突厥及半突厥的骑兵而建立起来,其后则利用包括蒙古、新疆、东北及西藏诸部落的联盟制度以维持其帝国。从唐朝起,才充分利用前代隋朝所开凿的大运河体系,利用南部长江流域的余粮,供给并保护帝国北部的重地。[②] 唐朝开始建立了文官考试制度。在许多方面,它是中国最汉化的朝代。但是它的建立与维持,都依赖于受中国资助的"蛮族"军队,这种中国及亚洲内陆边疆互相交流的一个传统遗存是五台山,这里,信徒们从几千里外的蒙古和西藏来朝拜,就和他们的祖先一样。近年来,管理五台山最重要的寺院的喇嘛是南俄罗斯伏尔加流域土尔扈特部落的人。

根据以上所述,我们可以重建赵国的历史如下:晋国的强盛时代是从公元前6世纪中叶至公元前5世纪中叶。在此以前,在公元前8—前7世纪时,汾河河谷的晋国汉族逐渐地战胜了汾河东、北及西部群山中的狄和戎。到公元前541年,山西南部最后的一些狄被消灭了。[③] 从这个时候直到公元前457年,晋是中国最强大的国家。在那一年,后来建立赵国的晋国贵族开始了对山西北部的征伐。

这就是说,晋国的发展是汉族对汾河两岸统治的扩展。从野蛮民族那里获取的山地,对于重视灌溉的汉族农业,并非理想。但是,如果他们不能控制汾河的四周,他们就不能安全地开发汾河流域。所以,夺取过

[①] 参考翟理思:《中国传记辞典》,编号1239、1196,关于李渊(唐朝的始建者)及其子李世民的介绍。关于与突厥人的往来关系,参考帕凯尔(Parker, E. H.):《鞑靼千年史》,1895年,第194页。
[②] 冀朝鼎:《中国历史上的基本经济区和水利事业的发展》,1936年,第112—121页。
[③] 参见本书第十一章。

渡地区是有利于汉族的,它加强了他们的军事地位,而肥沃的汾河河谷是他们的经济中心。虽然晋国其他地方的农业不能获得同样的发展,但汾河河谷的精耕灌溉农业却可以成为全国的典范。

当军事发展越过了北部分水岭之后,就出现了一批新的条件。这里的地势较高,土地零碎,不利于灌溉。这里很可能是旧的少数民族在被汉族从肥沃的河谷地区赶出来,开始转变成新的少数民族——后世的真正游牧民族——的地点。而且,驱逐他们到这一片地区的汉族也受同样条件的影响:当旧的少数民族开始进化成草原游牧民族时,和他们接触的汉族也开始从汉族生活方式的高水准退化到较低的混合经济。在某种意义上,这并不完全是退化,而是转移到历史的另一个范畴。在这个范畴之中,"进化"是朝向粗放的草原游牧经济的一端,而不是精耕的灌溉农业的一端。而"退化"的意义却是指退向旧的、混合的、没有分化的经济,这种经济曾是专门的草原游牧制度及专门的灌溉农业制度的前身。

同时,在政治方面,汉族取得新的土地及同化其居民的累积过程,也就是使边地汉族与河谷中心相分离的趋势。汾河上游以北的新得地区并不倾向于晋国,反而要和它分离,形成新的赵国。赵国并不只是在晋国原来的边缘上分离出来的。相反,赵国也带走了一部分晋国最好的土地,边疆势力超过了中央。晋国的其他土地也分裂为韩国和魏国,它们的势力,在比例上,远不如当年的晋国。

这种从晋到赵的转变的最好解释是:汾河河谷的汉族从他们的农业根据地向外扩张时,在达到某一程度之前,是有利可获的。其统治地区政治力量的累积,大于经济利益的增加,因为边疆土地不像控制着整个社会的中心地区那样适宜于精耕农业。但是进一步的扩张,会使收获减少。中心的经济力量不能控制边疆的政治力量,其结果就不可避免地出现一个新的由主要地区与次级地区所构成的地域群体。

在这个时期,整个中国是向心发展的趋势。历史的主要潮流有利于更大、更集权的国家的发展,这些国家群体都集中在有大量收入的精耕灌溉农业的土地上。晋赵结构的转变是这种趋势的反动,它代表开始"减少汉化"的边疆居民对于倾向"更汉化"的中心地区的逼迫。一场内部冲突由此发生,起初在晋国,然后在赵国。这是农业经济的进化趋势与边疆军事根据地的经济退化趋势间的冲突。这种冲突削弱了国家的机构。虽然赵国军队在赵武灵王及李牧的领导下获得许多胜利,①但赵国终于被秦国所灭。

同样的情况也发生于燕国。我们对燕国的边疆战争不知其详,因为它不像晋及其后的韩、赵、魏那样地与黄河流域的发展有关联。在地理上,燕的中心是平津平原,狭窄的山海关走廊挟在山和海之间,连接着这个平原及东三省南部的辽河流域。由于地理的原因,华北与满洲南部的农业国家曾有过密切的关系,并且一有可能,便在政治上互相合并。因为同样的原因,热河高原虽然不是农业或游牧的理想地区,却是控制这个地带的政治及军事的要津,因为它俯临平津平原、辽河下游,以及联系二者的山海关走廊。

今日的热河省包括两个主要地理单元:南部的山地及北部的草原。②南部的山地是一片过渡地带,可以与山西北部的代地相比,它对农业比对游牧更适宜。但是其面积极大,即便汉族的农业能在那儿占得优势,也会因北方草原势力的侵入而使汉族的水平退化。中国的向心趋势被自中国分离的趋势所修正,所以整个历史的政治支配优势就必须取决于第三个条件——活动范围与远程控制的力量,③这种远程控制力是中国社会与草原社会在特定的时期所建立起来的。附带地说,热河群山在有的时期森林很密,特别在西部。一些森林狩猎部落也许对内蒙古东部草

---

① 参考本书第十二章;拉铁摩尔:《中国长城的起源》,1937年。
② 书绪九(Fumio Tada):《热河地理》,1937年;(日文版,德文提要)分出第三个地区,即满洲边缘。
③ 参考本书第十五章。

原上的游牧制度之兴起,有相当贡献。①

因此,我们有理由说,汉族封建国家的燕国的历史大体上与晋、赵的历史相同。从封建组织水平上说,燕的活动范围还不足以牢固地控制热河群山,结果,它的边疆军人就有把燕国从当时中国历史的主要轨道拉开的趋势。当秦国征服黄河流域及长江流域时,燕也随着三晋国家的覆亡而覆亡。

秦的兴起

了解赵国和燕国的情况,就可以启发我们对秦国兴起的了解。在地理上,亚洲内陆边疆上秦国的一段,与赵国和燕国都不同。秦的中心是陕西的渭水流域,和晋及其以后的赵的中心是汾河流域一样。渭水以北,大体和它平行的还有两条河——泾水和洛河。泾水流入渭水下游。渭水及洛河则同在黄河河曲地带流入黄河。

因为这种地形,秦国的扩张就可以不削弱其农业的进步,同时也改进政治方法,在封建制度所允许的最大范围内联合各个农业地区。当渭水、泾水及洛河下游均被开发后,秦在陕西便统治了一片很大的地区,这个地区与黄河下游的农业中国连为一体,但在政治上却和它们分离。

另外,渭水、泾水及洛河全都流入黄河由北到南的一段,它们的源头又都直达鄂尔多斯河套以西的黄河上游。在这里,黄河流经于南部的农业中国与北部的内蒙古草原之间,而这两类土地的分界并不明显。在兰州及宁夏之间,有若干河流自南部流入黄河,这些河流的源头直达六盘山的黄土高原。由这同一个高原,渭水和泾水流向东南。若干向北流的河和向东南流的河交错地流着。沿着从兰州到宁夏的黄河及自南部流

---

① 参考这一地区的"林胡"(始见于汉代司马迁《史记》卷一一〇)。另外,就像很远的唐努地区,在这一地区长期保留下来的部落乌梁海(或称 Oriyangghan、Oriyangkit),也反映着森林地区起源的特点。

来的支流,散布着许多可以灌溉的土地,它们不能叫作绿洲,因为它们并不很孤立,但它们又很像绿洲,所以最好叫作"半绿洲"。①

秦国的汉族向渭水、泾水及洛河上游扩展,征服少数民族,使他们一部分人被同化,其他人则退到草原,转变成游牧民族。秦国的这种扩张,没有接触到一个像代地或热河山地那样的存在与其中心基地相脱离的危险的土地。甚至在他们到达草原时,他们仍能占领甘肃及宁夏的半绿洲。这里,其规模不足以形成独立的国家,但可以造成过渡地区的经济平衡,其灌溉农业的富足,可以继续并增进倾向中心的发展,而不会出现一个相反的与中心分离的动向。

这种领土累积的一个结果是迅速地增加新的少数民族臣属。汉族的传统观念认为,秦国的蛮族成分大于汉族成分,我不相信这是事实。同时存在两种变化是比较可能的。第一,在大规模发展灌溉及精耕农业上,秦国在中国其他各部之前。这就可以反驳秦国的兴起是蛮族自西北侵入之说。第二,秦国由于向西北的扩张,使大量少数民族进入到中国的一部分地域,这里是中国进化最快的一部分,因此,他们不用停下来被代表旧封建中国的那一些人所接纳,而可以直接参加新的帝国的建立。他们的"野蛮性"增加了这种历史转变的速度与确定性,并且阻止了具有牢固地位的特权阶级的形成。

简言之,中国传统主张所坚持的秦国的"野蛮性",事实上不是秦国汉族野蛮化的结果,而是由于大量收容氏族部落的结果。这些部落一方面在转变为新的汉族,一方面又被用来摧毁封建制度。② 我们知道秦国的骑兵中少数民族很多,这是造成中原人不喜欢秦国(一个顽固的历史传统)的原因之一。少数民族骑兵是一件"非中国"的东西,他们把封建

---

① 参考本书第六章及第十五章。
② 大概牛耕方式的传入对于秦地有很重要的意义。半绿洲地区以前不能开发农业,现在则也可以耕种。除农作面积的扩展,人口有了较均匀的增长。牛耕在中原很晚才使用的。丁文江《中国如何形成自己的文明》(1931)引徐中舒文章《耒耜考》,认为年代应在公元前3世纪。毕士博《拉犁的起源与早期传播》,1936年)认为年代应是"公元前4世纪后半叶"。

的、保守的及文化的社会摧毁了。他们在边疆战争中训练有素,其运动之迅速与攻击力之强,为秦国造就了一支帝国骑兵。秦国骑兵与赵国的边疆骑兵有一个很小却很重要的区别。

秦国骑兵是一种工具,用以完成中央集权及从封建制度转变到统一帝国的过程,这是中国历史的内在过程。他们具有这种作用,因为他们是在广大的过渡地区中遵行中国生活方式的附产品。相反,赵国的骑兵是起源于边疆那些部分采取游牧生活方式的汉族,用这种军队攻击铁拳的社会,不能促进中国社会及国家内在的进步,因为它建立在一个倾向于与中国中心脱离的边疆上。在封建制度被摧毁,新帝国被建立的战争中,边疆的作用对于秦、赵两国大不相同。赵国的边疆脱离中国,它的边疆居民是离心的。而秦国,边疆是向心调整过程的一部分,它对于秦国向中国其他各地的征伐,也有贡献。

边疆地区本身的政治重要性

中国历史的"边疆形态",包括两件事:汉族扩张性质的改变,以及可以促进集中化或分裂化的新的政治因素的活动。在此以前,汉族的扩张是占领可以用封建标准组织的土地单位。这种组织结构的细胞单位是城池及其四周的农村。最大的封建单位是一个大的河谷或平原,有一条河流,与其他相似的地区以自然边界(如分水岭等)相隔,政治相当稳定。而在此之后,同样的发展可以无限制地在南方继续,城乡细胞单位也占有优势。但是在北方,汉族到达了一个不同的土地的边缘,它不是一块块地改从汉族的方法,反而要修正汉族的生活方式。

在中国式的农业完全不能存在的真正草原与游牧显然不如农耕的多水的中国土地之间,有一个过渡地区。汉族逐渐占领这类地区,加速造成北面真正草原上专门化的游牧社会。但游牧民族在有利于他们的地区中强盛起来之后,便与汉族争夺中国与草原之间的过渡地区的统治权。所以,显然有一些过渡地区是有利于中国的,而其他地区则对草原民族更有利。

在政治上,处在这种争夺中的边疆地区开始获得他们自己的重要性,因为它们可以影响农业世界及草原世界的历史进程。它们不完全与中国或草原同类,所以它们也不完全具有中国的特点(城池及附属的农村)或草原的特点(氏族或家族部落在有限的区域内要求牧场的权利)。因此,他们倾向于中国,是因为历史的发展反对分离而有利于政治统一。同样地,他们倾向于草原,是因为部落统一运动压倒了地方家族的移动自由。

因此,边疆形态的公理是,它可以对任何历史时期作正面及反面的说明。当边疆或边疆的任何一部分在脱离中国时,它企图使中国分裂,阻止统一,但它同时却投入于草原的某种统一活动。另一方面,当边疆倾向于中国时,它大概会对中国的统一有所贡献,并使草原部落或部落的一部分脱离草原范畴,加入中国。

秦国的征服有一个特点,它造成许多可以逐一解决而不能同时解决的问题。统一帝国的理想也可以推论为就是稳定与永恒的理想。但是推动统一的势力却不是一种受任何稳定习惯控制的力量。同样,包括所有汉族特征的帝国理想,也可推论为就是一个与中国完全无关的草原世界的理想。但是没有什么东西可以阻止草原世界向中国世界的侵入。

由于这些原因,秦朝在它的开国君王儿子的统治下,即告覆灭。它所留下来的东西有:一个统一帝国的信念,不是要争取,而是要恢复的帝国;统一的边疆等同于统一的帝国的观念;不以边疆为一条固定的界线,而以它为中国重要的部分之一,于是出现了不与中国相混的地区的实际统治问题;关于"边疆形态"的本身,以不完全是中国的办法来处理对中国极重要的问题。如何处理秦朝留下的遗产,是造成汉朝(前 206—220)历史性质的主要原因。

第四部分

帝国时代

第十四章　统一帝国与统一边疆——中国的长城

前帝国时代的长城

秦国虽然自边疆取得实力,转而内侵并征服列国,但它也在其统治下的亚洲内陆边疆修造了一道长城。① 在这一点上它与赵国、燕国相同,而在其他方面,它们边疆发展的方向并不一样。因此,我们要尽可能地了解秦国那一段设防的边疆与赵、燕的边疆有什么不同。

首先,我已经指出,修筑长城并不是某地的个别现象,而是那个时代的特征。② 在公元前 4 世纪的最后一二十年及公元前 3 世纪的头十年,中国及亚洲内陆边疆出现的突然并广泛的修筑长城运动,也许根本上就是封建制度达到其发展尽头的表现。每一个重要地区的统治者在其领土扩展到封建制度政治范围的最大限制时,就感觉有必要使他们的边疆"永久"化。修筑长城是最自然的方法,因为汉族封建制度是建立在纯粹农业经济及由城池控制的单元地区之上的。结果,战争的主要形式也变

---

① 秦在这一时期迅速强大,不仅进攻东方诸国,还进入现在的四川境内,控制了长江上游地区,因此它的长城边疆成为后方和侧翼的防线。
② 参考本书第十三章。

成缓慢的战役与围城。

建筑长逾几千里的长城,其所需的人工比封建欧洲构筑城堡所需要的要多,它很像是罗马帝国的边城。这说明中国成熟的封建主义已经充分发展了强迫劳役的使用。这种做法是其后统一帝国的一个特征,也与自封建制度转变成帝国的过程有关,因为它在中央集权的统治下,比在分散的封建制度下更有效。但强迫劳役虽然已经大规模地使用,却没有无限制地推行。因此,修筑长城的国家并没有用长城把它们围绕起来,而只在最感侵略威胁的一部分边疆上设防。

一般所谓"最方便的政治结合"的观念,在亚洲内陆边疆上,受到当地地形及社会特点的制约。建筑长城的意义是假定一个社会或国家可以用一条确定的界线划定其占有的土地,但亚洲内陆边疆有一个重要特征:它是不能用界线划定的。中国北部逐渐伸入亚洲内陆,它的边缘并不确定。历史的变迁可以证明,要想区别有利于汉族及其农耕的地区与有利于游牧民族及帐幕居民的地区,是如何的困难。

这里我们又可以用赵国的历史(燕国的也可以,只是不大明显),来解释秦国的历史。当赵国"胡服骑射"时,山西北部的汉族已经越过了一个分水岭。在他们的后面,是一个最富裕、最典型的中国农业重镇,一个灌溉制度久已实施并相当发达的区域。经过几个世纪的战争后,所有的少数民族都从汾河河谷被驱逐出去,或是同化为汉族。在这个过程中,汉族自己没有少数民族化,因为在这个地区,历史的主要趋势不但要使少数民族汉化,而且要使汉族更加汉化。但是,在这些更趋汉化的汉族前面,这一片土地却不完全对他们有利,它反而在某些方面有利于他们过去所能战胜或同化的少数民族。

在这个地区,汉族要继续前进,就必须在若干方面减小其"汉化"的程度。但是他们虽然在某些方面可以少数民族化,而在其他重要方面则仍然保持汉族特征。他们对于财富、权力及统治的回报观念,仍然是汉族的,是封建汉族的。他们少数民族化的部分中,最主要的是在军事方面,因此他们仍然保持其封建主义的观念,而不会在汉族特征与少数民族特征的混合之中演化出一个新的秩序来。他们发展成好战的边民的结果,是有能力转回头来,向原来的土地强征贡赋——他们认为最有价值的中国式贡赋。

赵国的实力构成要依赖对边疆兵员的掌握。每一个边疆贵族及其部属都准备为保护封建制度而战。有了这种封建形态的社会,统治赵国的边疆贵族自然就会在北方建造一道长城,供封建制度之用。虽然他们因为边疆社会的变化而在一定程度上脱离中国,但他们并不希望这样走得太远。过渡地区的有限发展对他们是有利的,必要时,以人为的办法来限制,因为这样他们就可以继续向那些汉化程度深的南部居民征取贡赋,同时阻止更野蛮的北部居民向南部贡赋地区的推进。

秦国的边疆特点

秦国的边疆扩张,没有超越过决定其内地性质的河流的源头以外。秦人所侵入的边疆地区也与山西的代地不同。它不是逐渐过渡到有利于游牧地带的中间地区,而是一些比较相近的黄河上游的半绿洲,精耕农业在这些小区域中可以发展。它的生产规模不足以供给一个独立的农业国家,却可以供给一个正在壮大中的农业国家的外围。对这些外围绿洲的统治,使秦国边疆形成了一个牢固的特点:它强调了一种大体是线状边界的观念,边界线的外面是草原。秦国边民并不需要经过一个会使人减少汉族特性的过渡地区才达到草原。他们沿一条边界线驻扎,这条边界线强化了他们的社会与草原社会的区别。也许秦国边疆最不确定的部分是鄂尔多斯草原,而秦人在这里遇到的是一条边缘而非一片过渡地区。在陕西北部分水岭的外面,并不是像山西北部那样的混合地形,而只是一片干旱草原。它不会引诱边民继续前进,而只警告他们需要停止。

于是,边外及内地就可以共同合作。秦国扩张所止步的地方以外的地区是一个异质世界。在边界与蛮族相遇的秦人,比起赵国和燕国的边民来,是十足的、没有变更过的汉族。他们在文化的某些方面也许不如黄河中、下游的汉族,但他们的发展趋势却毫无疑义地朝向汉化。他们的边疆形势使他们不能倾向草原,同时内地的河流区及农业区的变化,也使军人和政客系连于国家的主体,不会企图分裂以建立自己的边疆据点。秦国的河谷地区全都联合在一个强有力的王国统治之下。中国边缘的封建制度的崩溃,比中国内地要快。边疆军队,甚至边疆蛮族,都可以由国家征集,向中部进军,摧毁封建军事体系的残余。

因为所有这些聚集一起的变化,秦国超越封建制度的发展更见迅速。随着一统制度的发展,秦国转向中国内部,进攻企图保持封建后期僵化形式的各国。对于整个秦国来说,这样做的利益大于那种听任边疆首领割据一方,自立为一半汉族一半蛮族性质的边疆国家的情况。因此,秦国虽然大量征用少数民族及半少数民族,它的进化并未减少其汉族特性。也许这些人在推翻秦国的封建制度上,比受传统观念影响的汉族还要有用。他们也能像汉族那样迅速地采纳并实施必要的新观念。由于这些原因,秦在灭掉最后一个封建王国,建立统一帝国(前 221)以前,不需"据守"自己的亚洲内陆边疆去对抗亚洲内陆,而只需将它作为中国内部力量的附属。

早期修筑长城的劳工的社会意义

中国居民及草原居民之间界限的逐渐形成,是由于中国内部进化的过程。与此类似,大规模的人造长城(其规模之巨犹如大自然的创造物),其起因也是由于中国内部情势的发展,而不是草原对中国的压迫。长城的军事作用自然是最令人关注的,这一点掩盖了它的真正的历史意义,因为它有一种特殊的社会目的,自别于它所要隔绝的社会。我们应该考察支持这个伟大工程的经济制度和组织所需劳工的办法。

当赵国和燕国在公元前4世纪末及前3世纪初建造边境长城的时候,这个工作是怎样做的?赵国是由军人统治的,燕国可能也是一样。他们本身有部分的少数民族化,却对北部的少数民族进行战争,并从南部未少数民族化的汉族征取贡赋。赵国北部的军队组织很显明地反映了这种地区社会的特点,比较分散,居住中心是非农业的,距离相去也很远;居民赖以为生的经济制度中包括畜牧;地形开阔,可以采用乘马游牧民族的战术,而不是汉族封建制度的阵地和围城战术。如果是这样,其人口一定稀少,无法提供延绵几千里的工程所需的劳力。这表明燕、赵两国北部从南部征取的贡赋中,很可能有一部分是强迫劳役。①

另一方面,秦国的边疆长城是在其整个封建制度崩溃时建造的。税制已经改良,使在贵族土地上以劳动支付地租和赋税的农奴,变成向地主纳地租、对国家纳赋税的农夫。② 在封建制度下,贵族与国家是冲突的,因为如果国家征集农奴,他们便不能同时为贵族服役。在新的制度下面,国家可以剥削贵族与农民以增强其实力。贵族不能再要求农奴的劳役(在旧制度下他们可以用农奴组织私人军队),而只能取得地租。被政府征集的农民劳工也不能免除缴纳地租的义务,他的家人必须重新安排工作,以代他支付地租。显然,这种变化可以使国家在公共事业中获得大量的劳力。③ 因此,在秦国,长城的建造可能不是边疆贵族向内地征收的一种封建贡赋,而是一部分制度的整个改组,使国家能够增强对边疆及内地的统治力量。

至于魏国和齐国所筑的长城④,其情形又有不同。这里的问题不是

---

① 参考《史记》卷八一,李牧。
② 关于秦中央集权制的暴行及法西斯观念,参考戴闻达《商君书》,1928年。
③ 魏特夫:《中国经济史的基础与舞台》,1935年,第42—44页。
④ 参考本书第十二章。

分隔中国农业与草原游牧,而是要划定在封建制度下所能统治的最大土地范围。在这些长城的修筑中,国家权力与封建权力的冲突一定很厉害,因为在这种情况下,即使是维持封建制度的努力,也必须削减封建贵族的势力,以加强国家的力量,最低限度也要使国家有大量征工的优先权。

最后,还有楚国在黄河平原与长江流域之间,在靠近淮河上源处所筑的长城。① 这道长城在某些方面与当时的其他长城相同,但也有不同的地方。楚国的中心是今日的汉口、武昌、汉阳一带,是汉水自北而来流入长江的汇合点。沿着长江向下发展,楚国建立起自己的帝国,如果不是公元前3世纪秦国在最后的战争中对楚国的致命打击,楚国很有可能建立起中国第一个统一的帝国。楚的失败是因为它的军事力量多半建立在长江及长江三角洲的战船上。但是,楚国当时所统治的已经是一个帝国,它的沿海臣民有别于当时其他各国的汉族整体。

因为楚国的军队不能很快地从战船的使用转移到陆上大军的训练,它在北方的"帝国政策"就必须利用盟国。秦楚最后的冲突是在纵横时代,楚国由南到北建立起一个合纵的组织,企图阻止秦国在公元前3世纪中向东的连横发展。因此,楚国的长城是分隔其直接统治的区域与其势力范围区域的界线,这表明楚国建造长城是一个混乱时期的现象,在这个时期内,封建制度受到保护,但同时也就被其唯一的保护方法所破坏。

秦国军事的过度发展

秦国完成其中国境内的军事征服后,就必须修改其军士在社会上的地位及作用。这就造成了秦国所不能解决的问题。这个新的帝国不得

---

① 或为一组要塞。参考本书第十二章引用资料。

第十四章 统一帝国与统一边疆——中国的长城

不维持一个庞大的军队,它被发展成当时最伟大的攻击力量,然而并没有要继续攻击的目标。它也不易于复员解散,封建制度已经摧毁,这些军人无法分散到封建的首领之下。这个胜利的军队是国家军队,一切责任只有国家去负担。

我们不能说出急待处理的军队有多少人,但其人数一定相当多。史籍记载每一次大的战役、战争及死伤人数时,总是几十万人。① 我们虽然不能完全相信这些数字,但其实际的数字一定很高,在秦国采取的战术中,人数与机动性都很重要。封建制度下虽然常有战争,却不能长期保有大量军队,每个贵族只有一小部分永久性的职业军队,大量的军士可以被招集起来参加短暂的战役,如果短期战役不能决定胜败,大军即行解散,战争就变成一种长时期的围城或突围。大批军队必须解散的原因,是因为封建经济以农奴为基础,他们用一部分时间在自己的地上干活,另一部分时间要到贵族的地上干活。被征集作战之后,他两方面的工作都不能做。即使是自由战士,以在军队中服役而取得土地者,也不能长期服役,而只能短期作战。但战争在继续,征兵已经完成应服的义务而回家了,有城池的封建据点仍然被少数人围攻及防守着。当被围困的形势紧急时,仍然可以招集军士,以一个短促的战役把围攻者击退。

因此,摧毁封建制度的方法是发展国家指挥的职业军队,他们可以在任何时间从事战争,可以大范围地运动,令封建军队无法追及,因为封建军队的每一单位都是从不同的地区来的,他们不愿意离开自己的地区太远。国家军队也可以利用其实力及人数,战胜封建贵族的时时有数量变化的军队。秦国在征服的战争中对这些问题都已了解,且有实施。但战事结束后,它却很难继续保持一个庞大的战争力量,它必须要找一些事做。

---

① 《史记》卷五;沙畹:《司马迁〈史记〉》,第Ⅱ卷:公元前293年战争,秦称斩首24万(第82页);公元前256年战役,一次战斗秦斩首4万,另一次战斗俘虏9万。这些数字可能有些夸张,但它们象征着非常庞大的军队及军事行动。

驻防用军的数量很有限,因为成军太多就会引起封建制度的复发。继续在南方从事长期战争也不可能,从这个时期起,汉族在长江以南地区的发展并不以军事为主。南方部落中虽然有许多很好的武人,却不是用来组编军队作战。这在多丛林、多湖沼、多山的地方尤其如此。有许多小股队伍,一步一步作战,为的都是小块土地,那里的战争不过如此。所以汉族在这里发展所要解决的是联合社会、组织经济、排水、灌溉、修路、贸易、管理等问题。这是每一代向南发展的汉族,随着各地人口的增加与财富的累积,总要不断做好的事情。

向草原边疆扩张的大规模作战也不能解决问题。秦国军队的过度发展是很明显而且很难应付的。这也可以解释秦朝崩溃之迅速,以及崩溃过程所造成的混乱比建立帝国时还要严重。当时还有其他更重要的问题。首先,从封建制到帝国制的转变,也引起了整个社会结构的变化,变化的趋向是中央集权的强化,并能够有效地统治逐渐增加的人口。这些人口聚居颇密,并依托于一个包含更精深、更大规模的公共工程的经济体制。秦国不可能在中国内部完成这些变化的同时,又向仅仅利于粗放经济和地方分权统治的草原地区发展。所以,秦国没有向草原发展,而是要尽可能地把中国及草原绝对、永久地隔离开。

为何秦朝能统一边疆却国运不长

这些都是必须注意的重要条件,以解释秦国为什么在短短几十年内,在边疆上完成长城的巨大工程,而不能在中国内部把广大的军事征服成功地联合起来,造就一个永久帝国。

秦始皇长城自甘肃直达东北海岸。它遮蔽了俯临甘肃的西藏高原及俯临黄河流域的整个内蒙古高原。它有一部分是秦、赵、燕长城的原线,有一部分却在其前或在其后。关于这个工程的修筑有传奇式的故事。不过我们必须记住,这并不是当时唯一的公共工程。当时除长城

第十四章　统一帝国与统一边疆——中国的长城

外,还开辟了很多军事道路。①

这些工程虽然有浓厚的军事性质,实际上秦朝在原有封建列国领土以外的军事扩张并不大。它唯一向草原的重要发展是进入鄂尔多斯高原,②把整个河套收入版图,调直亚洲内陆边疆,使其也包括了甘肃、宁夏的绿洲与半绿洲地区,还有山西北部的代郡。

考虑到当时所能用以对外扩张的兵力,这并不算多。当时并没有受草原攻击的危险,所有对内陆边疆上蛮族的战争都是扫荡战,以调整新的长城走向。③ 长城虽极坚固,但当时并没有真正的边疆危机。筑长城与筑路的真正目的,是稳定中国内部被征服的地区,并建立新的社会秩序。

这可以由秦朝废止农奴制度的政策来证明。秦始皇没有用他的功臣及宗族来建立一个新的封建制度,相反,他把帝国分作郡县,指派职官。④ 同时农民自有其田,向国家纳税,不再为贵族服劳役。这种政策完成了秦国在征服中国各地时就开始的赋税及行政制度的改革。⑤ 它的一个结果是,使许多不是贵族或族长,因此不是征税对象的人,脱离土地而自立。

这种机动的剩余人力,在统治者及其统治机构的指挥下,是秦国征服列国的最主要工具。同样的办法现在必须推广到中国其他各地,一方面摧毁旧日的社会结构,另一方面使新的结构统一。但是,在没有封建国家可供征服,这种新增的剩余人力的利用,就成了问题。毫无疑义,这是真正的动力,推动着长城的修筑,联系帝国各地的大路的开

---

① 《史记》卷六;沙畹前引书,第 168、174 页。
② 《史记》上引卷;沙畹前引书,第 168 页。
③ 《史记》卷一一〇。司马迁清楚地记载了秦朝将军蒙恬进军鄂尔多斯并占领了鄂尔多斯以远的地方,其目标是吞并土地,而不是毁灭"蛮族"社会。这些军事行动与在中原的战争不同,那些战争不只是要取得胜利,而是要实现变革。
④ 福兰阁:《中华帝国史》第 I 卷,1930 年,第 229—230 页,其引证《史记》卷六。
⑤ 魏特夫前引书,第 50—51 页,脚注中引用了大量早期及晚期的资料。

辟,以及对长江以南地区的征伐。对江南的征伐,虽没有完全开发长江以南的落后地区,却清除了许多旧的武装和新的无地农民。①

这也就是秦朝能够成功地在长城边疆加强其实力(虽然在大体上是不必要的),而在中国内部却遭到失败的关键。秦朝的攻击力量在这些年的征伐中已经十分壮大,但还缺乏必要的习惯及经验,以使这个攻击力量转变成一种固定的开发及统治制度。一定还要保持摧毁的力量,否则已被打倒的封建势力也许会复兴。新制度虽然比封建制度好,却不能立刻提供粮食、工作及财富,使从封建制度下解放出来的人有事可做而接受统治。在新制度下,几个纳税家庭,以全力在他们自己的土地上工作,其生产量足可以与在贵族土地及本村土地上工作的整村农奴的生产量相比。但是在封建制度下,生产力虽然低下,工作却是分配给所有的人,大家都附属在土地上,无法集结叛变。他们也有一种安全的初级的生活状态。而在新制度下,几十万人被迫在监工首领下干活,他们习惯于暴行,同时他们又与土地分离,解除了此前那种传统的束缚。

在这种情况下,新的帝国必然要分裂,但不是由于封建贵族恢复旧秩序的企图,因为旧秩序已经相当彻底地瓦解了,尽管有少许残存。瓦解是由于军队的叛变,②他们夺取了为之充当工具的人们的权力。许多没有土地的农民及不满现状的人,都参加进来。还有一点值得注意,这个崩溃过程并不是始于长城边疆。帝国的崩溃始于淮河流域,即黄河流域与长江流域之间旧的冲突地区。改朝换代的战争及边疆战役,对中国社会结构变化的推动作用,比草原少数民族南侵的影响作用要大。

秦朝的灭亡及汉朝的建立(前206)

秦朝的创立者于公元前246年,他13岁的时候,继承秦国王位,公

---

① 新帝国的南方界限模糊不清,参考福兰格前引书,第228页。
② 德效骞(Dubs, H. H.):班固《汉书》,1938年,第4,37页。

元前238年亲政。公元前221年完成对封建列国的征服,自立为秦始皇帝。他死于公元前210年,寿50岁。计为王25年,为帝12年。① 帝位由他的一个儿子承袭,自公元前209年至前207年。② 叛乱起于公元前209年,其后争战连年,直到公元前202年汉朝的创立者打败其他雄心勃勃的军事首领,自立为皇帝为止。但是汉朝正式纪年是起于公元前206年,那一年秦朝第二个皇帝自杀,第三个皇帝投降。

汉朝的建立者是用一种新的战争,一步步地夺取权力。③ 秦朝征服列国的战争既是破坏性的,也是创造性的。封建制度即使在崩溃中,也是一个军事力量不能按比例分配的社会:最需要摧毁的那部分封建社会,最能保护自己。因此,秦国虽然比列国率先发展起一个新的、更有效率的经济制度,但它的军事化程度要领先得更多。从历史上看,秦国是中国最富有创造性发展的中心,由于创建帝国的需要,其军事的发展大大超过了经济及行政方面,以至于在战事结束后,它不能把完成了军事使命,并在征伐过程中攫取了大量社会生产及分配权力的军队,分派作其他的用途。

以此为标准来作比较,我们可以说,汉朝的战争,虽然在经济上和其他战争一样的浪费,却不是破坏性的。它们的历史任务不是消除秦始皇所建立的那种帝国体制,而是再行确立这种帝国,并要确立支持它的那种社会及国家的行政制度。

在秦始皇之前,建立中央集权的帝国可能性有两个,一个是长江流域的楚国,另一个是西北的秦国。秦的攻击力很强,特别是它机动的骑兵。而楚国富足,赋税收入多,同时它对长江流域诸小国的征服,使它差不多具有了帝国的性质,所以比黄河流域的封建列国难于征服。秦帝国建立后,楚国也比黄河流域诸国难以统治,对建立于中国亚洲内陆边缘

---

① 关于他生平的最早记录见《史记》卷六;翻译见沙畹前引书,第Ⅱ卷。
② 见《史记》上引卷,及沙畹前引书,秦始皇卷的末尾。
③ 德效骞前引书,从王朝史中翻译的详细记录。

上的秦朝来说,楚国太大,也太远了。

由于秦与楚这种内在的长处与短处,当时最成问题的地方是以楚为基础的势力与以秦为基础的势力的交接地带。这就是黄河与长江间的淮河流域。秦朝的崩溃就是从这个地区开始的。也正是因为跨越这个地区,足以影响黄河流域和长江流域,一个新的朝代汉朝建立起来。

这里我们不能详细叙述汉朝的整个历史,但我的分析是基于若干事实的。当时战争的口号是恢复正统,即旧秩序。有一些封建列国确实暂时得到恢复。其中最重要的领袖们是来自楚国的贵族家庭。渐渐地,这些贵族野心家们彼此耗尽,于是为刘邦,即汉朝的建立者,扫清了道路。①

刘邦是淮河流域的人,他对这个南北势力交汇的地区有相当了解,并能够驾驭。另外,他不是一个怀有恢复封建制度偏见的封建贵族,也不是只有军事野心的职业军人。他是一个小官吏。以一个势力均衡地区的小官的地位,他了解在他以下的平民社会和在他以上的特权阶级——世袭贵族残余以及尚未完全站稳的官僚阶级。② 他在这些势力之间,建立了那个时期可能的平衡,于是开创了稳固的帝国。

因为是建立在若干可用的联合势力上,汉朝虽然在开国时有战争留下的消耗与创伤,仍然立即产生了一个伟大的文化。当时有一部分倾向于封建制度的趋势,但是封建秩序并没有恢复,这已经不可能了。封建贵族残余已经没有能力把握唯一现存的国家体制。这个体制的成功已经由封建势力的失败、刘邦战争的胜利证明了。作为皇帝,刘邦把土地及爵位封给功臣,这些人的地位到后来又多半被他的亲戚拿去③,只有完全臣服于国家才能保全这些封地及封号。同样,这个朝代的首都设在中国的边疆,在旧日秦国的领土内,而不在这个朝代立国的淮河中部地区。这是因为帝国已经建立了一个帝国权力及地方权力的平衡。

---

① 德效骞前引书。
② 关于这类有着双重社会身份的人物的重要性,参考本书第十七章。
③ 德效骞前引书;福兰格前引书,第269页及以下。

司马迁的边疆记载

从中国历史研究,进入到长城历史的考察,可以看出,这个修建从西藏到海边的设防地区的伟大想法,只是中国社会形态的投影。在秦朝覆亡及汉朝立国的战争中,都没有抗拒游牧少数民族部落自草原侵入的必要。长城也不是唯一或最好的阻止草原游牧民族入侵的办法。这已经由公元4世纪末赵国山西北部的边疆情况证明,那里的居民成分表明,边疆地区最易被部分游牧化的汉族所占据。这些人在赵、燕、秦修筑了界定他们所占据的土地的长城。长城的意义,主要是使他们获得控制南部"汉族土地"的力量,而不在于对草原的控制。它们标志着一个处于真正中国与真正草原之间的地区。

从秦朝进入汉朝,草原历史也进入到一个新的时期。我们对这个时期的知识多半是根据司马迁《史记》的第一百一十卷。司马迁在这一卷里提到许多从周朝留下来的关于早期少数民族的材料。

幸运的是有司马迁把他当时(汉朝初期)所知道的史事都记载下来,但问题是这许多材料都经这一位作家之手写出,因而无法作比较研究。从司马迁联系上古和近古的方式,以及他对草原居民的习惯及社会的描写,可以知道,汉朝初年的汉族对草原游牧民族已经有了一种牢固的传统看法,已经很流行用几个定型的术语,描述他们的英勇与恶行,还有平时及战时的习惯。

但是,这种连贯的记述提供了一个要人相信的完整的历史纲要。司马迁所记载的从戎、狄到胡、匈奴的层序,在顺序上至少与我们推测的旧少数民族被进化的汉族逼到草原边缘,变成新少数民族或真正游牧民族的过程相同。当然,他没有提到从原始的非游牧的经济到高度专门化的游牧经济的进化。不过,他在周朝封建时代末期,将戎、狄改用胡及匈奴的名称,这说明新的名称并不代表新的民族,而只是从旧民族中发展出来的新团体。①

司马迁的记载也提到,只是没有详细说明,当中国由封建制度转变到统一帝国时,北方少数民族中也有一个同时的平行的变化,即从草原边境山谷中分散的地方部落制度,进步到整个草原的整体部落制度。

秦始皇在中国建立帝国之后,扫荡了草原边缘地区,把各国的长城连接起来并重加修筑。这个工程是他最伟大的将军蒙恬以数十万之众完成的。② 草原居民被从若干地区逐出。但是秦始皇并没有侵入草原,他的目标并不是要建立一个联合帝国,联系起农业的汉族和游牧民族。他的长城和早期的长城一样,确立了他对中国内部的统治,但并没有取得对草原的统治。

在秦汉交替时代的 7 年恶战中,游牧民族重又回到某些他们曾被逐出的过渡地区,特别是黄河河套内的鄂尔多斯高原。③ 但是他们并没有对中国进行整体的攻击。汉朝的名称很好,汉人是中国的主人。汉朝的建立并不是反抗侵略和保卫中国的产物,但在它刚刚被公认为一个皇朝之后,即公元前 201 年,它就开始了对游牧民族的战争。④ 认识这些战争的性质,对于了解是什么力量造成了整个中国的历史与整个草原历史的分化上,有极大的价值。

匈奴与草原新式统治者的出现

从秦国背靠一个稳固的边疆,出动大军征服中国开始,仅仅过了大约一代人的时间,在这个短期间内,人们目睹了封建制度被推翻,过去封建列国所修建的面对亚洲内陆的较小规模的长城,被一条从西藏边境直达海边的伟大长城所取代。在这个新时代中生活和活动的人们,

---

① 《史记》卷一一〇。
② 同上。
③ 同上。
④ 同上;德效骞前引书,第 115—117 页。

第十四章 统一帝国与统一边疆——中国的长城

仍记得过去的那一个时代。在读中国历史学家所记游牧民族首领"不胜秦,北徙"时,①必须要想到这一点。蒙恬逝世及秦朝帝国崩溃后,迁徙到鄂尔多斯的居民纷纷离散。在秦始皇时代迁走的匈奴,在旧日首领的子孙率领之下,又"复稍度河南与中国界于故塞"。②

这两位伟大匈奴首领的第一位名字叫头曼,这一定是蒙古文中的"土默特",其义为"一万"或"无数",常被用为个人或部落的名字。他的称号是撑犁孤塗单于,义为"天之骄子",和中国皇帝之称"天子"极相似。撑犁一定就是蒙古文中的腾格里——"天"。③ 这里,我们第一次在中国历史中看到以少数民族而非汉族的形式,记载一位少数民族首领的名字。并且,我们也首次看到一位少数民族首领不只被简单地以汉语称为"酋长"(或其他类似的称呼),而将其原来的名字及其称号都汉译出来。他们的语言必定与后来的突厥语及蒙古语同源。

在叙述匈奴及汉朝的关系时,司马迁不但说"头曼不胜秦",而且"当是之时,东胡强而月氏盛"。④ 东胡初见于公元前 4—前 3 世纪间,⑤那时汉族开始遇到乘马游牧民族。"胡"是一般的名词,并不限于某一个部落,只指示一类少数民族。"东胡"却是部落的名字,它位于燕与赵(北平地区及山西地区)之北。匈奴也是部落的名字,指鄂尔多斯以北的各部。根据记载的次序,很明显,他们中至少有一部分原是

---

① 《史记》卷一一○。
② 同上;这当然是指鄂尔多斯,而不是黄河以南的其他地区。
③ 写这些时,我发现哥罗荷在《公元前的匈奴》(1921 年,第 47 页)中,将"T'uman"说成"T'oban"。在这些问题上哥罗荷不可能一贯正确,我也不会。缪勒(F. W. K. Müller),一个非常伟大的学者,在《托克斯里与贵霜》(1918)中似乎认为,我下文转录的那个名称 Modun,其实就是 Moduk, Mokduk, Makdur 或者 Bakdur,等同于现代形式的 Bagatur。因此,最好不要说我读的这两个名字是纠正了什么错误。毫无疑问,匈奴是讲突厥语(Turkic)的(Bagatur 的读音再次证明这一点)。关于 tengri 的读法也没错。最后,福兰阁(前引书,第Ⅲ卷,1937 年,第 180 页)引缪勒的另一篇文章(我没有看过),将 ku—t'u 读成 qut,意思是"陛下(majesty)",因此,tengri qut 即"天之陛下"的意思。
④ 《史记》卷一一○。
⑤ 同上。

秦国北部边疆前游牧时期的戎、狄。月氏的名字是第一次出现,他们的地域包括新疆、甘肃西部及西藏边缘的绿洲、沙漠及草原。

在政治上,司马迁的记载提出在草原中产生了类似中国皇帝的游牧民族的统治者。这不但与秦朝统一中国同时,而且还有相当的关系。他的记载也留下了亚洲内陆历史新阶段的纪年,他从专门记载中国边缘的草原历史,进入到记载与中国历史有关,但还保持其独立性的整个草原历史。这个时期,同时发生两种现象:一个自称草原最高权威的草原统治者以及一些草原部落,不时地对中国发动战争;此外他们又为争夺草原的最高权力而内战。对这两种现象,应该从草原及中国两方面的立场来进行考察。

从边缘游牧制度转变到完全游牧制度

考虑到草原游牧制度起源的多样性,①我们有理由相信,这个时期有许多不同的游牧民族,在草原的不同边缘发展了游牧技术,然后逐渐进入草原中部,建立了一个不再是边缘性质的草原社会,而且能在较大的地理范围内发展。弗拉基米尔佐夫指出,西伯利亚、乌梁海及阿尔泰边缘的北方蒙古人的起源与森林狩猎居民有关。② 在西伯利亚阿尔泰的巴泽雷克所发现的墓葬遗物,可以有力地证明,森林中以狩猎为生并利用驯鹿运输的居民,可以在草原边缘上把放牧驯鹿,发展为大量放牧其他动物,使他们自己转变为真正的游牧民族。③其他游牧民族无疑起源于新疆及土耳其斯坦的绿洲边缘。④ 东胡之成为草原游牧民族,部分原因可能是要适应热河森林及内蒙古草原

---

① 参考本书第四章及第六章。
② 弗拉基米尔佐夫:《蒙古社会结构》,1934 年,第 33 页及以下(俄文)。
③ 格里亚兹诺夫、戈洛姆什托克:《阿尔泰巴泽雷克黄金冢》,1933 年;拉铁摩尔:《蒙古历史上的地理因素》,1938 年。
④ 参考本书第六章。

边缘的环境,也是由于燕国汉族向外扩张的压力。其他部落也可以同样地在东北森林和东蒙古及东北西部草原的边缘上发展形成。最后,还有一类在历史上很有可能的起源方式,即一批旧少数民族如戎、狄等,被汉族农业社会的扩张逐出中国北部后,转变为草原的新少数民族。

我们不知道散布在大草原的西伯利亚、东北、中国及土耳其斯坦边缘的早期游牧民族之间,或是与草原另一方的游牧民族,最早的接触是在什么时候。我们也许不可能推究出从边缘游牧经济到完全游牧经济的转变点是在什么地方。这种转变是在草原不同的地方,在不同的时期开始的。但很可能的是,转变一经开始,其发展便非常迅速,其影响力是突然而广泛的。从第一个依存于绿洲和草原边缘牧场的边缘游牧民族,放弃他们过渡性的边缘生活方式,闯入真正草原的时候起,就迅速释放出极大的新的力量。

人们的迁徙,也就从迟缓的移动,从沿草原边缘的人口、文化及社会习惯的缓慢移动,迅速变成大量人口的、长距离的、直接并迅速地移动。在农耕世界边缘的许多小部落,可以迅速联合起来,形成一种新的凝聚。这样形成的新社会,虽然依赖于狭窄的专门技术而生存,却统辖着一个广泛而更一致化的区域。虽然整个游牧民族的人口并没有显著的增加,但其活动范围之宽广,以及迅速集、散的能力,使草原游牧人在他们新的社会形式中,能够更有力地攻击,更迅速地退守。

中国史籍记载了这个时期迅速转变的结果,但没有分析其转变的性质,这没有什么奇怪。当游牧制度的中心,从中国边境移到草原深处去时,正统派的中国历史学家就无法了解游牧社会的情况了。因此,司马迁的书中没有解释,只叙述了从旧的边境少数民族制度到新的广阔草原的少数民族制度的变化。它保存了事情的连续性,却习用传统的做法,对新的少数民族制度仍是如此,就好像少数民族的起源问题不值得深究。

边疆民族语言差异的推测

虽然司马迁追溯了古代部落到匈奴的延续关系,对其他一些问题,他却没有回答。戎、狄与匈奴、胡之间虽有连续性,却也有显著的差异。混夷、猃狁等一类的名字提示我们,①匈奴部落的一般名称可以追溯到戎族的分支。另一方面,分化的问题,被遮蔽在另外一件事实的后面,汉族虽然与戎、狄有许多世纪的接触,但记述北方民族的语言突然出现于公元前2世纪的初年。匈奴语言属于一个语系,它与汉族语言连间接的关系都没有。语言问题与部落名字问题是有关的。②

根据语言和部落名称,可以在分化中找到联系。如果草原社会的形成是基于一部分"旧社会"边境的残余人群,而这些人群又与中国人同源,那么,为什么草原的主要语言属乌拉尔——阿尔泰语系,与中国语言完全不同呢?

中国对非汉族的各民族的称呼,甚至在最古老的文献中,没有一个可以概括一切的名字,③就像希腊文中的 barbaroi(野蛮民族),只有几个供分类使用的名称。羌是牧羊民族,荆是丛林居民。但是这些名字并不能证明这些民族是"非汉族"的。其他的名字多半是部落的,还有一些或多或少是非汉族名字译音的转写。就是在具有特殊意义的汉译名字上,也是一样,例如匈奴,有"凶恶的奴隶"的意思,而事实上是汉族对一个非汉族的发音近于"匈奴"的名字的译音,用这两个字既简单又令汉人满意。"蛮"(勉)这个部落名字可以在今日中国南部的瑶族

---

① 参见在高本汉古音复原基础上所做的部落名称表,见赫尔曼:《公元前中国的西域诸国》(载赫定:《南部西藏》,第Ⅷ卷,1922年),第134页。上面所引哥罗荷对古名字的复原及解释是慎重的。
② 关于"原始语言"与"原始文化"的讨论很有意思,尽管是以今人的知识来推断。见孟辛:《石器时代世界史》,1931年,第541页及以下。
③ 马伯乐:《古代中国》,1927年,第5页注1。

语言中找到,"勉"的意思是"人""人们"。盘古瑶自称为"优勉",而叫红头瑶为"布龙勉"。① 这种部落的名字是具有地方性的。闽(福建)和缅(缅甸)大概与"蛮"很有些关系。不过这些南方民族的名字与草原民族的名字不属于同一个系统,因为前者的语言与中国语言有联系。我想,南方蛮族的名字很可能与中国的"民"字有关。

在部落语言的问题中,一共牵涉到四个语系:

(1) 中泰语系——由此产生中国及印度支那(泰)的各种语言及方言。

(2) 藏缅语系——羌族大概属于这个系统,或是从上古起,或至少是从公元前2世纪起,他们分布在甘肃与西藏的边境。毕士博认为周朝的汉语也属于这个语系,②而商朝语言则属于中泰语系。这并不是不可能的,中泰语系与藏缅语系多少有点关系,或者是在很早的时期曾互相影响。③

(3) 印欧语系——这个语系包括吐火罗(大食)。关于大食的古代历史及最初的地理分布有很多争论,特别是德国学者们。④ 不过我们可以肯定地说,在公元前2世纪时,他们分布在新疆绿洲之西,今日伊朗地区的边缘。月氏大概属于同一人种及语系。⑤ 月氏在被匈奴赶走之前,居于甘肃南山(祁连山)之麓。这里,山上流下许多溪水,流向草原,供给许多肥沃的绿洲。在后期的历史中,月氏成为绿洲居民而不是草原民族。所有这些说明了古代印欧语系在绿洲地区的分布。

(4) 乌拉尔阿尔泰语系——突厥、蒙古和通古斯语言与方言都包括在这个语系里面。最早它很可能是一种森林地区的语言,后来传播到草

---

① 颜复礼、商承祖:《广西凌云瑶人调查报告》,1929年,第22页,31页(中文)。
② 毕士博:《中国南北方的开端》,1934年,第310页。
③ 马伯乐前引书,第18页。
④ 赫尔曼前引书,第169页;福兰阁前引书,第Ⅲ卷,1937年,第80页;及其有关斯基泰、大夏、吐火罗、月氏的参考文献。
⑤ 福兰阁前引书,第180页;缪勒前引书,第566页及以下。

原、北寒地带以及绿洲地区。①

如果说草原社会与中国社会的语言界限是突然形成的(这一点除去司马迁对匈奴的记载外没有其他材料),那么这种说法的唯一解释是:草原社会的起源与中国草原边境无关,承认匈奴是远方侵略者,而突然进入到中国历史中来。如果我们想到,在中国西北黄土高原、西藏高原、中亚绿洲及草原间有许多不同的语言界域,对这个问题就会比较容易明白。

把假设做得过于完美是危险的。但我想从广义上建立一个具有可能性的工作理论,认识综合文化、语言、地理等方面的分化的历史意义。也许在新石器时代,而且是早期新石器时代,中国有四个原始语言系统的人群:黄土高原居民,平原居民,绿洲居民和西伯利亚、北蒙古、东北森林居民。在这四种语系中,黄土高原的语言与平原的语言也许是从一个更原始的语言所分化出来的。

语言是传达思想的工具,受人类生活及行动方式的影响很大。近代学者斯蒂芬森指出,学习爱斯基摩语言的真正困难,不在于字句及语法,而在需要一个不同的思想方法。② 在讨论新石器时代的中国时,我认为存在着一个落后的新石器社会和一个先进的新石器社会。第一次比较迅速的进化,发生在黄土高原居民与平原居民相遇的地区。较高的文化形式分别传播到主要黄土地区及主要平原地区。其结果,也许形成了一个黄土高原居民及平原居民所共用的语言,而把原来的黄土高原的语言排挤到另外藏缅语系逐渐发展的地

---

① 伯希和(《13 到 14 世纪蒙古语中以"h"开头,而今"h"已不再发音的词》,1925 年)不赞成"en l'etat actuel des etudes"为一个乌拉尔-阿尔泰语系,包括 Finno—Ugrian 及 Samoyed 语言,与土耳其、蒙古、通古斯等。我这里保留老的说法,因为需要考虑的问题不单是语言学本身,而是语言学与文化二者。
② 斯蒂芬森(Stefansson, V.):《友好的北极》,1921 年,第 104—105 页:"这种语言的规则与欧洲语系完全不同,要想讲爱斯基摩话,你必须首先采用一种不同的思想方式。"很明显,这种"不同的思想方式"并不是绝对地由于语言而产生,它应该是一种专门适应环境的文化在发展中产生出来的东西。

方,又把平原语言排挤到中泰语系逐渐发展的丛林地区。

但是,黄土高原的居民又与绿洲居民互相交流。汉族生活方式在甘肃次绿洲地区渐占优势,一步步把印欧语系诸部从他们最东方的地方挤走。① 这里,问题又因为草原方式的出现而变得更复杂。草原生活方式不但发生于中国与绿洲的边缘,而且还存在于西伯利亚及东北森林的边缘。

结果,西藏语言在西藏占优势,并依据各部落不同的孤立程度而形成不同的方言。中国语言通行于整个甘肃及宁夏。乌拉尔阿尔泰语系则先从森林传播至草原,然后又到草原绿洲,最后,在很晚的时候进入沙漠绿洲。旧日绿洲中的印欧语系族群则被迫退回伊朗。

我们有理由说(虽然只是极初步的假定),这种语言区域的重新分布,与文化的进化传播有关系。其大概情形如下:

(1) 乌拉尔阿尔泰语系(早期的):森林狩猎居民。饲养驯鹿,但不驯养其他动物,因为驯养鹿的技术与驯养其他动物不同。② 没有进化到草原游牧制度,因为驯鹿不能在草原上放牧。是一个纯正但有限的畜牧制度。

(2) 印欧语系:中亚绿洲居民。在绿洲边缘驯养马、羊等。不一定能进化到游牧制度,它还需要与其他条件的配合,如文化交流或被从绿洲边缘逼向草原的压力。

(3) 乌拉尔阿尔泰语系(后期的):森林居民。有马、羊等,已经是游牧民族,但还未能在草原上放牧牲畜。由于相互刺激的作用,他们与自

---

① 我并不是要说当一种语言被取代的时候,讲这种语言的族群也必然被赶跑了。很可能没有移民,没有完全的移民,或者——很有可能——是局部的移民。
② 关于劳弗及哈特在放牧驯鹿方面的参考资料,见本书参考文献。最近有学者,如弗洛尔(Flor)(《关于游牧民族迅速迁徙的问题》,1930 年)相信鹿的驯化可能比马早。但问题并不是限于一种或另外一种动物的驯养先后上。在每个历史水平上,一定要考虑文化,生活方式要适应环境。所以在不同文化之间,在一种形式向另一种形式的转变之中,文化"引入"一定要与技术的综合性一同考虑。一种综合技术以相对简单的形式引出,可能后来又被以一种发达的形式引入。

绿洲中分化出来的游牧民同时或差不多同时。但是在所有草原部落中,不论其起源如何,乌拉尔阿尔泰语系的传播较快,显然占优势,因为它与游牧生活的关系建立得最早。

(4)中国语系(包括中泰语系及藏缅语系):草原及绿洲与中国交接的边缘居民。不接受汉族生活方式,而倾向草原,他们多半是汉族中比较落后的部分。但是在西北最远的一部分也许属于另一种族,并讲印欧语。这些人迅速转变为随草原生活发展的乌拉尔阿尔泰语系。不过他们有一种很强的政治影响力,不同于在森林或绿洲兴起的草原游牧民族。因为他们是头一个与主要汉族文化接触,并抵抗其所产生的刺激及影响力的民族。

这些只是初步的原则设想,实际情况并不如写出来这样的确定,因为不夸张一点就无法表述清楚。原始语言的差异是偶然的事,语言及文化的联系也不会很强,什么样的语言首先和什么样的文化联系大概是偶然的事。但当一个文化的差异愈趋明显,文化愈趋发展,则愈趋于形成属于这个文化的民族所特有的传达思想及感情的语言。①

头曼的事业

进一步考虑司马迁记载的政治情况,显然,草原社会及生活虽然更加独立于中国之外(而且是一种新的方式),但亚洲内陆的政治还是受到中国所发生事件的影响,这也是一种新的方式。从边缘进到草原的发展,特别是从中国边境产生的发展,造成了一个新式的游牧社会。只经过几十年的时间,汉族就要应付其活动中心可以从一片广大地区的一点转移到另一遥远地点的游牧民族,而不是从前边疆的地方部落。相应

---

① 引自孟辛前引书,格里亚兹诺夫及戈洛姆什托克前引书,这是近来非常重要的俄文文献,特别是后来的 N. Y. Marr 的语言文化的"贾菲斯(Japhetic)"理论。很遗憾,我未能利用这些文献。

地,游牧民族虽然能够以新的效率相互联合,却也要在应付长城边疆各地的首领外,还要应付整个的中国。

当汉族社会与游牧民族社会如此显著地分离时,它们之间也持续地相互影响着。其相互影响的力度,也随着其差异的程度按比例地增加。行动与反行动,碰撞与反弹,关系十分紧密。如果想把历史发展的主要动力仅归于一方,或是中国内地,或是草原,或是草原边境,都是要出错的。我们应该重视草原社会对亚洲内陆边疆的直接的、有力的影响。也要注意到,当其活动中心自分散的草原边缘转移至草原本身后,游牧民族从完全非中国的中亚及西伯利亚汲取了新的活力。但是,即使在这种条件下,中国亚洲内陆边疆上的主要影响力量,还是汉族的势力。

就长城的起源来说,亚洲内陆边疆的形成,并不完全是由于游牧民族的"压力",而也是由于汉族的发展。这个发展发生于沿长城以外草原边缘的主要游牧制度兴起之前。甚至,当草原民族推广其活动范围,到达中国势力所不能直接影响的区域后,在东北、蒙古及土耳其斯坦东部的草原游牧社会的政治史,仍然受到与中国接触的影响。

显然,匈奴的第一位单于——草原的皇帝——头曼的事业,还有冒顿——头曼的儿子,他杀父自立,建立了一个更大的国家——的事业,都受到秦始皇修造长城的影响。草原上面虽然有广泛而自由的活动空间,但在草原历史中,帝国阶段的发展,却迟迟至中国建立帝国,其影响达到长城以外的游牧民族之后才完成。"游牧民族的压力"对秦朝的崩溃及汉朝的建立,都没有特别的重要意义。

头曼是与中国那位伟大的征服者同时的。我们没有证据可以说他曾经乘秦始皇征服列国之机,进攻边境。当蒙恬将秦、赵两国的长城连接起来,包有整个鄂尔多斯草原时,头曼自鄂尔多斯草原"北徙",这是最早的有关他的记载。① 这也许并不是说整个边疆游牧民族移出了中国的

---

① 《史记》卷一一〇。

范围,而只是承认中国对若干边疆边缘地区及其居民的统治,并引发那些从中国强行确定的边境退出的游牧首领的新的政治分离倾向。因此,头曼自己也许是一位边疆的少数民族首领,当蒙恬收鄂尔多斯草原于中国直接统治之下时,他丧失了一些土地及部属。因此,在退入草原深处时,头曼及其部下不得不开始推进草原游牧社会加速的政治发展,

这个时期总的历史发展,要比缺乏详细记载的头曼的个人事业重要得多。直到这个时期,秦朝用以征服中国的军队,包含有一部分少数民族的骑兵。这些容易利用的边疆少数民族,很可能是与边疆汉族有接触的人。据司马迁的记载,头曼就是这种人的首领之一。他那个部落的牧场在鄂尔多斯草原。所以,他"不胜秦"的原因大概是:在完成对中国的征服之后,秦国要决定有哪些地方应该包括在帝国之内,又有哪些不该包括在帝国内。只有适宜于新帝国的标准,可用来作基地的精耕农业地区,才可以作为中国的土地来统治。鄂尔多斯草原——大草原的突出部分,向南伸入中国的内地,它却是一个例外。汉族占领它是出于军事战略的考虑,也是要保护宁夏绿洲。

这意味着,中国不再需要边疆的游牧民族首领。在汉族认为应当收复少数民族部落及其首领的边疆地区时,他们就要接受汉族的统治,除非他们退到草原去。像头曼这类的首领,因此退出中国,而损失一部分土地和部属。"事业"及首领的职权都转移到草原上来,结果,促成了游牧民族的一种适合于辽阔草原,而不适合于农牧中间地带的社会权力与组织的形成。

冒顿的事业与草原新社会的兴起

头曼的儿子冒顿,在大约10年后,又重新出现在中国历史舞台上,他是另一种领袖。司马迁关于冒顿的记载很有意思。对中国边疆地区的国王及将领(如赵国的赵武灵王和李牧)的首次记载,是几

个世纪以前的事。冒顿是亚洲内陆边疆第一位非汉族而受到认真对待的人。并且,我们也有理由相信,司马迁所有关于冒顿的记载,是根据匈奴自己的史诗或英雄故事。对于这个故事,值得作一个简单介绍。

冒顿曾被他父亲送到月氏去做人质,头曼喜欢另一个儿子,想把冒顿除掉。头曼突然袭击月氏,希望他们把冒顿杀掉。但冒顿取了月氏一匹最好的马,逃回匈奴。头曼于是承认他是个英雄,命他统率一万名骑兵。冒顿训练部下要听从鸣镝的指挥,不向他的鸣镝所指的目标射箭者,即处死刑。这样训练之后,他在出猎的时候,以鸣镝射向自己的爱马,没有服从这个信号的人被杀。然后他又用同样的方法试验部下,他向自己的一个宠姬射箭,没有服从这个信号的人又被杀。后来,在打猎的时候,他向父亲的一匹良马发射鸣镝,他所有的部下都服从了这个信号。冒顿认为他对部下的训练已经成功,便同父亲一同出猎。在打猎的时候,他向父亲射出鸣镝,他的部下跟着射箭。就这样,他吓倒所有的人,轻易夺得部落大权。①

之后,产生了部落争霸的战争。东胡向冒顿索要匈奴在头曼时的一匹名马。冒顿不听群臣的劝告,把马送给东胡。东胡以为冒顿惧怕他们,于是又要他的一个爱姬,冒顿还是不听群臣的劝告,将爱姬送去。最后,东胡要东胡与匈奴之间的一片土地。冒顿与群臣商议,许多人认为割不割土地没有什么关系。冒顿大怒,说"地者,国之本也,奈何予之?"他杀掉所有劝他割让土地的人。并抢在东胡之前,出兵进攻东胡。东胡没有准备,一战而被征服。其后,冒顿回兵西向,逐走月氏,独占草原,遂侵燕、代及鄂尔多斯草原。这样,他占据了整个长城边疆,并夺回蒙恬所收匈奴故地。②

----

① 《史记》卷一一〇。
② 同上。

这个记载和中国历史的一般写法不同。不但是内容不同(这是想象得到的),而且形式也不同。虽然因为翻译及中国文学的简洁用字而会有些改变,但还是表现出原来在匈奴中流传的史诗或英雄故事的形式。就是在中文记载中,它也很像《蒙古秘史》中早期材料(成吉思汗以前的)那种传说形式,而不像传统的中国历史叙述。①

也许冒顿事迹的细节在这里被扭曲,被混入已存在的传说中去,游牧民族有个传颂他们首领伟大事业的习惯。即便如此,细节的缺乏并不是那么重要,更重要的是这个历史故事所保存的史诗片段。因为它对研究公元前2世纪整个匈奴民族的性质、他们的社会形式、部落兴亡的过程及匈奴单于掌权的经过——简言之,头曼和冒顿这种人物活动的历史背景,有极大的价值。

如果我的分析是正确的,这个重述的匈奴故事,证明了一个新的跨越整个草原及边缘各方的社会的建立,而这个新社会突然成为一个活跃的历史动力。也许,马在中亚绿洲边缘的驯养比在中国早,②也许骑兵对战车的优势是在草原边缘上证明的。而草原骑士最大的优点是在马上弯弓。中国在商朝就有这种弓,但那时的马上弓箭手还不能与战车对抗。这种兵器也许在新石器时代,即战车使用之前就有了。③

中国的弓矢与中亚的骑术结合,使草原战士在战争中极为坚强。但是这种结合还不至于形成一个草原民族,因为马并不是草原生活方式的游牧经济的主要特征。游牧生活的关键是羊与牛,特别是羊,它们不再

---

① 帕拉基的俄文译本《蒙古秘史》,其部分已译为德文,见海涅士(Haenisch, E.):《元朝秘史(蒙古秘史)研究》(1931);另见《东亚地区关于成吉思汗最后远征与死亡的传说》,1932年。
② 参考本书第六章。
③ 顾立雅:《中国早期文化研究》,1937年,第195—196页。马镫的发明很晚,它对这种联系具有重要的功能作用,精准的骑射技术没有它是不可能的。见阿恩德(Arendt):《论马镫在斯基泰王国的出现》,1939年。据格里亚兹诺夫和戈洛姆什托克(前引书,第37页),巴泽雷克的"驯鹿型"马鞍,大概出现于在公元前1世纪,那时还没有马镫。真正的蒙古马鞍,前鞍与鞍尾之间很短,所以骑者只能歪斜着坐在鞍上,这才是一个射手的马鞍,可以发展向侧面及背后的射箭技术。

依赖固定的居住地点,不需有遮顶的围栏和贮存的饲料。① 半游牧的畜牧一定在公元前 5—前 4 世纪时就在中国内地与草原间的过渡地区发展了。它也许在更早的时期发展于沿西藏高原边缘分布的中亚绿洲的边地。② 在西伯利亚及东北森林有另一种半游牧的畜牧发展,那里的猎人和采集食物的居民,在驯养鹿之后,又学着在草原上放牧山羊及绵羊。受到所有这些经济活动、迁徙、战争的综合发展的推动,原来迟缓地向游牧制度的进化,突然迅速覆盖具有整个草原规模的草原社会。

关于中国的亚洲内陆边疆,我们更要注意到,草原游牧制度的迅速成熟,并没有立即发起游牧民族征服中国的企图。司马迁虽然以匈奴为大患,但没有让他们承担秦朝覆亡的责任。他很明白地说,因为秦朝灭亡,汉族自相残杀,匈奴才能进犯边境。③ 他形容冒顿是草原上不可轻视的征服者,但在中国边境上他只是个劫掠者,他不求侵入太深,也没有企图征服中国。

冒顿的重要性不在于他能夺取并占领中国内地的重要土地,而在于一些中国边疆将军,当他们受中央势力过分的压迫时,可以投降匈奴。这便是司马迁要介绍匈奴,介绍他们的历史背景的原因。汉朝的建立者在掌握了中国的战略地区后,被迫于公元前 201 年开始对匈奴作战,④关于这些战争,司马迁一连串地都记载在《匈奴列传》中(《汉书·匈奴传》中也有),而《汉书》皇帝《本纪》中对汉匈战争的记载,往往要间以其他事情。⑤

汉朝统一中国的军人及政治家没有征服匈奴的野心,这并不奇怪。

---

① 因此,即使是将衰落的草原游牧转变为现代的"牧场经营",也会带来扭曲的社会影响。见拉铁摩尔:《内蒙古民族主义的衰落》,1936 年。
② 顾立雅前引书,第 188 页,引安特生《黄土的子孙》,1934 年,第 243 页。
③ 《史记》卷一一○。
④ 同上
⑤ 参考德效骞前引书,第 115—117、128—129 页。

相反,他们要和冒顿讲和,①与他和亲,还要贴给他丝绸、酒、谷类和食物,这些东西很容易被认为是一种贡赋。很显然,中国最稳固的政权如果企图深入游牧地区,也会超过其本身的能力。问题还不是中国征服草原,或是草原征服中国并建立帝国,而是控制匈奴与汉族的关系的问题。在中国中央朝廷能够控制其边疆官员的情况下,游牧民族团结的条件是与汉族官员必须打好交道,不论是贸易或是战争,他们都是命令的代理人。中国官员在中央朝廷的管辖过严的时候,会投降匈奴,这样,贸易和战争就会结合而成为掠劫与敲诈。

从这种不能完全稳定的平衡中,亚洲内陆边疆之中终于生长出一个处于中间的边境世界来!一个渗透着中国及草原的影响而不能被任何一方永远统治的世界。② 因此,边疆就成了草原部落团结与分裂循环的一个因素,也是中国朝代兴亡循环的一个因素。草原民族不能完全征服中国,因为长期侵入中国后,终将变成汉族,留在后面的才继续保持草原生活。同样地,汉族侵入草原太远时,也会脱离中国,加入草原社会,而留在中国的则继续发展中国的生活。只有在他们中间,在两种生活都能存在而不完全丧失其本来性质的过渡地区,这两个势力才能接触融合。所以,只有边境的混合文化,才能较远地伸入中国及草原。③

---

① 《史记》卷一一〇;《汉书》卷九四的第一部分。
② 参考拉铁摩尔:《中国边境的蒙古人》,1938年。
③ 参考本书第十六章。

第十五章 空间范围的意义——绿洲历史与长城历史

汉族向南发展与向亚洲内陆边疆发展的比较

在汉朝,①中国历史的地理范围已经确定。整个中国社会及文化的最后成熟期是在唐朝或宋朝,②③这些成熟的特征很受中国历史早期地理范围影响的。但汉族能够活动的地理范围,又是在更早的时期由中国农业的特征所决定的。这些特征在新石器时代即见开始,其发展也多半是对黄河流域比较有限的环境的适应。

从黄河流域向外发展,汉族发现长江流域的环境,有利于继续发展在黄河流域建立起来的那种精耕农业及专门化的社会。这样,导致了汉族向南发展的范围,但准确的界线还远没有确定。广西、贵州、云南诸省

---

① 公元前 206—8 年为前汉或西汉;公元 9—22 年为王莽时期,汉代中断;后汉朝或东汉是公元 23—220 年。
② 公元 618—906 年,是汉人向亚洲内部扩展的又一重要时期。
③ 分两个时期,公元 960—1126 年,1127—1278 年。第一个时期是北宋时期,这期间,中原北部第一次被契丹人占领了一部分,他们建立了辽朝(907—1119),其后女真人又建立了金朝(1115—1234)。第二个时期是南宋,在这一时期,整个中国逐渐被蒙古人征服占领,建立了元朝(1206—1367)。

并没有完全被汉族占领。汉族在向南发展时,重点是解决疆域规模扩展所带来的问题——运输的规模、行政的范围、帝国的中央机构与地方机构的调整。

而在另一方面,当他们向北发展,达到草原时,他们面对的是另外一种问题。这里,要想适应环境,就必须转变已有的战略。向南发展并没有造成中国与过渡地区的冲突,而向北发展则造成冲突。如果发展过甚,就会在边境地区形成一个不同的社会。国家本身是纯粹汉族式的发展过程的产物,会坚持一种持久性(当然也有松动的时候)的政策:限制它的边民,不准他们深入草原。①

在草原环境与中国环境之间,有一个存在问题的过渡地带。这个地带的内侧可以由汉族占领并统治,汉族在这里的发展,其他东西也是一样,结果是增长。而过渡地带的另一侧,却脱离中国而倾向草原。这样,就产生一个边疆,它的稳定性要取决于文化、经济、社会及军事条件的复杂平衡。汉族个人或团体一旦超越了这个边疆,就脱离了中国的势力,而受到草原势力的影响。② 因此,长城可以说是国家要稳定边疆的一种努力,用以限制汉族的活动范围,并隔绝草原民族。

沿着长城,汉族必须应付那些有害于他们已经建立的文化与社会发展的环境,因此,也限制了他们所能占领的土地范围。从他们环绕城池的农村社会机制中产生的发展力,动作缓慢。走在前面的,只有一些力

---

① 公元前68年,匈奴单于(汗)去世,几年里,匈奴被汉人和其他草原部落一次次打败。丁零与乘弱(译注:"乘弱"是"乘匈奴之弱"的意思,拉铁摩尔误作族名)攻其北,乌桓攻其东,乌孙攻其西。据说,匈奴损失了30%的人口及50%的牲畜。而汉人并没有利用这一机会来扩大他们的统治,相反,他们"罢外城(在长城以北),以休百姓(轻赋税和减兵役)"(《汉书》卷九四上)。

② 公元前33年,匈奴分裂,南匈奴单于企图自己掌管长城西部。汉朝大臣以为不可,列出许多理由:长城以外边地有木材,游牧民族用以制作弓矢,而北方草地却少草木多大沙。边地的降汉匈奴人,随时会叛汉而复归匈奴。在西藏边境,汉人侵犯和虐待当地牧民(汉向中亚扩张时期),汉人撤退会引发战争。边人子孙贫困,时有亡出塞者。边人奴婢愁苦,闻匈奴中乐,会亡入匈奴。盗贼也会逃入匈奴以获庇护。汉朝大臣的这一段话,揭示了倾向中原的地区和人民与倾向草原的地区和人民之间的许多差异(《汉书》卷九四下)。

量单薄的冒险家、商人和其他先锋。与北部不易进入的草原及南部能够逐渐进入并迁移的地区相比较,汉族的这些向外发展,都不如有利于他们固有生活方式的故土的发展重要。在故土旧地,中国文化根深叶茂,果实繁盛。

这里,我们必须区别两种情况,一种是一个社会向新的地区的发展,另一种是政治力量对并未实际占领的地区的深入。在南方,随着汉族的扩张,山野及半热带的森林都转变成中国式的景观:聚居的河谷,灌溉的稻田,以及有墙的城市。汉族自己在繁衍,与之接触的少数民族在汉化。少数民族汉化,其历史意义,要大于少数民族因抵抗而被杀或后退到更偏远的地区。因为土地成了中国土地,社会仍然是中国社会,在这个发展面前的政治退缩是无意义的。

在草原边疆上,发展与退缩的情况则完全不同。这里的汉族主体并不能原封不动地发展。土地与气候,使过分远离主体发展的人变为另外一种民族。在社会与地理之间产生一种政治冲突。环境的本身只利于汉族生活方式及草原生活方式的混合,但在草原社会主体及中国社会主体各自发展其固有的特征及专门的政治体制后,它们便随着这种发展,而互相对立了。每一种政治势力都会要求它所立足的社会的统一和团结,因此,草原社会主体及中国社会主体都拒绝,并企图压服在它们中间所产生的折中的社会形式。

固定边疆之不可能

由此就产生了没完没了的斗争。中国的国家利益需要一个固定的边疆,包括一切真正适宜中国的东西,隔绝一切不能适合中国的事物。长城就是这种信念的表现。但是,过渡地区及其以外的草原对整个中国意义不大,而且与中国内地的发展绝对无关,这些事实并不能阻拦在过渡地区形成过渡社会的内在趋势。而且,靠近边境的汉人对这种过渡社会有着贸易的利益,过渡社会也以进一步贸易接触的方式,把这种利益推广到草原上去。因此,虽然草原不适宜于传统中国社会的发展,但并没有阻止一部分剩余人口要去适应草原生活,而置国家政策于不顾。

因为这些原因,长城式的绝对固定的边疆,在事实上永远不能完全实现。既然不能完全阻止过渡团体的形成,对这些团体就必须加以统治,交流既然不能完全切断,就必须使它们尽可能地有利于中国,而不是从中国吸走财富及实力。这样,扩张的力量,在南方只是逐渐的土地扩充,在北方则变成帝国的征服、统治及操纵。在草原上,中国的影响成了一个范围程度的问题——中国所能动员的剩余力量的数量与种类,它侵入非汉族地区所能达到的深度,以及它对不能按照汉族标准同化的社会的征服、统治或间接控制的程度。①

在任何时期,无论汉族有多么强大,在对付草原民族时,都不能以寻常的汉族方式来使用他们的力量。结果,国家政策在推行者和被推行者之中,都发生了变化。换句话说,中国可以向外发射力量,也正是这个力量对中国形成反射。第一,在边疆为帝国工作的汉族官员,在使用国家交付给他们的权力时,也在中国内地获得地位和影响。第二,草原边境的部落,有时是中国的政治及军事的附庸,有时又是草原势力的附庸,可以交替地把汉族的压力发射出去,把草原的压力传送进来。第三,外面的草原部落,有时被中国打败,但有时却可以战败中国军队,它们本身就可以形成一种"帝国"的剩余力量,不时侵入中国。

当汉族完全发展到草原边缘,长城也连成一体时,就出现了草原边疆历史发展的框架。在汉族发展的阶段完成的时候,大草原本身被原来在它边缘的居民所侵入。这些人现在成了真正的游牧民族,可以自由地向任何方向作长距离的移动,并建立了一个与中国地理范围一样,只是人口比较稀少的辽阔草原世界。真正草原生活的技术、经济及社会结构

---

① 拉铁摩尔:《中国长城的起源》,1937年。

的起源是多源的,也有草原那一边的边缘绿洲及森林地区的影响,如同早期汉族文化边缘上的少数民族的影响一样。但是,汉族文化达到某种成熟的水平,却是建立整个草原政治生活的必要先决条件。当汉族确实占领了长城边疆,搅乱了过渡地区的散漫部落之后,草原上的游动才具有政治的意义。从此,对于汉族是边缘的长城地带,对整个的亚洲内陆却是一个中心。

因此,从这个时期起,关于中国亚洲内陆边疆的问题,一定要从亚洲内陆及中国这两方面来看。两种基本的势力在影响着这个边疆。汉族本身的经济、社会、文化的影响,像他们的政治力量一样,越过长城而发散到草原上去。在那一边,已经发展其本身独立潜力的草原,也开始发挥其影响力,对抗汉族的势力。在这两个基本势力的冲突的基础上,又产生次级势力,对基本势力的活动产生影响,并使其更复杂化。

中国与草原的政治成熟

汉朝建立于公元前206年,延续到公元220年,中间有一个王莽统治的间隔,即公元9—20年。王莽以前称西汉或前汉,以后称东汉或后汉。在前汉时期,长城历史的主要特征已经成熟,使我们可以依据它们来研究其后的整个中国及亚洲内陆的历史,一直到19世纪。在19世纪,欧美工业制度兴起,造成一种新的帝国主义,扩展到世界各地,使远东的历史出现新的发展。研究前汉时期所发生的变化,十分重要。这个时期汉族历史的范围,已经包括了整个中国,或者说差不多是整个中国。此后长江以南地区也属于汉族了。

从汉族列国的历史转变到汉族帝国历史的一个影响,是草原历史的成熟,它不仅关系到依存汉族边缘的小部落命运,也关系到整个草原。从这个时期起,中国可以说是人类的另一种秩序,草原居民也是这样。中国历史有一个共同的规范,中国的各部分都与它相似,每一个重要的变化或进化,都可以传布到整个中国。草原历史也有一个同样足以影响一切草原民族的规范,甚至在他们政治上没有广泛联合的时候。由此,又产生一种影响:虽然中国在某种情况下是一个独立的世界,但是能够影响整个中国的因素也控制着中国与草原的关系。同样,影响整个亚洲内陆草原的因素,也控制着长城内、外两个世界的关系。

建立汉朝的刘邦于公元前195年去世。① 匈奴草原帝国的单于冒顿于公元前174年去世。② 在这个时期,匈奴曾对内压迫中国。公元前140年开始了前汉最伟大的皇帝武帝的统治。他于公元前87年去世。在武帝的统治下,中国的政治力量有了巨大的发展。一个中亚的帝国殖民地被建立起来,一些匈奴部落成为中国的同盟或附庸,匈奴的大部分则被赶到外蒙古地区。同时,外蒙古以西的中亚西部草原部落,和一部分在外蒙古、一部分在满洲东部的草原部落,渐渐显得重要。③ 他们要分别应付匈奴及汉族。但是并没有在草原上出现一个永久、稳定的中国"帝国殖民地"。有时,这些部落与匈奴战争,有时则完全是部落冲突,有时则又与汉族同盟,有时也和汉族战争。虽然在武帝时期,汉族在东北的南部及高丽也建立了比较强大的帝国殖民地,④但是,与他们对中亚的统治的情况一样,这并不能帮助他们对草原进行有力的控制。

西汉政策:防止边将变节

在表面上,汉族对中亚侵入的深浅,以及游牧民族对长城边疆压力的大小,完全取决于汉族及少数民族是否出现了雄才大略的皇帝、将军或单于。这是一种误解。因为在中国的历史记载中,有足够的材料表明,在中国及亚洲内陆一直存在重要的变化。新的权力出现并经受检

---

① 关于其在位期间的历史,见德效骞:《前汉史》,1938年。
② 其生平见《史记》卷一一○;《汉书》卷九四上。
③ 《史记》卷一二三;《汉书》卷九六上下。
④ 《史记》卷一一五;《汉书》卷九五。

验。帝国的形成,也不是完全由中国及亚洲内陆社会的分别发展决定的,而是二者的相互影响。只有检讨亚洲内陆及汉族生活的各种秩序及其相互影响,我们才能了解他们发展的路径,以及为什么他们不能把中国及亚洲内陆的历史合而为一的原因。

在冒顿的领导下,匈奴攻击长城边疆各部,并占领了秦始皇企图置于中国永久统治下的鄂尔多斯草原。①② 很显然,这种胜利更增加了这位伟大匈奴单于的集权式的军事统治。不很明显却同样重要的是,这些入侵的影响并不限于当地。虽然汉朝刚刚建立不久,中国及草原之间的制衡问题便已提到日程。问题已经不再是部落民族或汉人占领了长城过渡地带的某一部分,而是当地的"要人",或附近与他们有关系的"要人",向草原或中国内地寻求他们的地位与权力。这时已经有了草原生活特征的规范,及中国生活特征的规范。但是草原游牧制度与中国农业制度,都不能完全阻止草原边缘上的过渡地带从这个规范退化下去。在这种地区,游牧与农业都不是绝对的,而是有选择的。

以这种观点去检讨冒顿时代的匈奴帝国与汉族帝国的冲突,显然,早期汉族边疆的战争并不完全是对匈奴的战争,而有不少是对边将的战争,这些边将是过去北部汉族封建列国的边疆将士的子孙。汉朝的成败并不在于匈奴多占或少占一些土地。汉朝在中国内地是中央集权,是统一的。一个边将可以不尊奉皇帝的命令,并且在压力过大时投降匈奴,这就引起了一个极危险的问题。这种叛变的举动会导致整个帝国的分裂。刘邦最主要的目的,是在中国内地建立帝国的最高主权,他没有扩大中国疆土或保卫如鄂尔多斯草原那类过渡地区的紧迫要求。刘邦很可以让匈奴再多拿一点,如果他们的目的只是一点土地的话。

这个时期整个中国的情势可以证明上述看法是正确的。那么,使刘

---

① 《史记》卷一一〇;《汉书》卷九四上。
② 《史记》卷八八《蒙恬列传》,及卷一一〇。

邦在帝国还没有稳固的时候,就从中国内地转到边疆,从事大规模战役的理由,一定是要防止汉族边将拒绝接受皇权而投向匈奴。这一看法可以由刘邦边疆战役的事实来证明。在公元前201年,匈奴在今日山西西北部包围了一位汉将。这位将军是刘邦当日开国时的部将,但他投降了匈奴,刘邦立即亲自统兵来战,他"亡走匈奴"。①

很显然,匈奴自己并没有来占据什么土地。使这一个地区变得重要的原因是汉族边将的叛变。而且,这个边将和他的同伴并不想要脱离暂时的对匈奴的屈服。他们募集军队,建立符合他们意愿的"王国",树立一个傀儡国王,并与匈奴联盟,抗拒汉朝皇帝及其军队。

这个时代真正的政治问题,是对皇帝及其军队的抗拒,而不是匈奴侵略的问题。这一点可以由公元前200年的一个事件证明。匈奴攻击山西北部的代郡,这个地区的守将弃地而逃回京城。但回到皇帝身边后却没有被问罪,而被封了一个侯爵。② 这里再清楚不过的是,从王朝的利益上来看,北部边将最要紧的事情是个人对皇帝的忠诚,辅佐皇帝在中国境内维持不可动摇的统治,不脱离中国皇帝而去做匈奴的附属。总之,边将们最重要的事情,并不在于能否成功地阻止匈奴侵入长城边疆的什么地段。

边疆管理的目标:保持边疆人口的中国规范

这种政策对于正在建立的汉朝是至为重要的,在弄清这些政策的基础上,我们可以考察这种政策进一步所产生的影响。对于汉朝及其以后各朝,帝国机构的运转必须保持向心的平衡。在邻近草原的地方丧失一小片土地,不会卡住整个帝国机构的运转,取得一小片土地,也

---

① 德效骞前引书,第116页;《汉书》卷一下;《史记》卷九三《韩王信列传》;《汉书》卷三三《韩王信传》、卷九四上。汉朝另一开国元勋卢绾曾为管理边地的燕王,亦亡入匈奴,见《汉书》卷三四。但韩王信和卢绾后代复忠于汉朝。
② 德效骞前引书,第117页。

第十五章 空间范围的意义——绿洲历史与长城历史

不会增加国家的威望。重要的问题是边疆行政长官不能从事离心活动,或者是投降匈奴,或者是自己建立边疆小国。脱离帝国统治的意义是,他们会动摇皇朝权力的原则,在不想服从皇帝的时候去和匈奴妥协。

如果草原边缘是一个"无限发展的边疆",像长江以南地区一样,它就可以真正实行中国农业经济及社会的原则,这些原则是成熟的,明确的。但困难的是,既不能与长城之外非中国式的生活完全隔绝,又不能像同化长江流域少数民族那样地同化草原少数民族。草原边缘并不是断然清晰的,它是一个模糊地带。在不同的程度上,既有草原部落趋向中国规范的趋势,也有汉族边民脱离中国规范的趋势。

过渡地区的居民是受他们自己的利益支配的。在两者都有利可图的情况下,他们同时利用汉族的农耕技术与草原的畜牧技术。但是,在这样做时,他们必须修改农耕方式,不要太精深,不要太中国式。他们也要修改畜牧方式,不要太粗放,不要太游动。对草原游牧社会来说,有一个半游牧的边境,就像黄河流域的中国社会有一个半农业的边境那样,反常而有悖于规范,并破坏社会秩序。在贸易和文化交流上,过渡地区居民可以在中国内地与草原之间获得利益,但是他们永远不能成为一种具有独立生活秩序的独立民族。部分原因是他们所占有的土地不够大,另一部分原因是中国内地及草原的秩序都已经高度发展,过渡社会被夹在中间。因此,没有一个真正的过渡混合文化可以成熟起来,那里的人们的利益所在,也是一个世纪跟着一个世纪地徘徊于草原与中国内地之间。

既然如此,中国边疆政治的主要目标,就是使草原边疆的人们在不能完全符合汉族规范时,至少应该不出中国规范的范围。在长城沿线的那种社会、那种财富、那种权力,对中国的福祉来说都是不重要的。但是,又一定要叫他们倾向于中国的重心,至少要防止他们形成离心的团体。要造成这种情势,就要在经济上,使边疆的人感到财富流入内地时,要比流入草原有利。在政治上,使边疆统治者感到依靠中国,要比投靠草原首领及联合草原部落更有利。

由此可以得出若干重要结论。一个确定而稳固的边疆的想法,即长城边疆观念,在中国整个结构中是内在的。不能包括在内的东西就排除在外。事实上,这种想法是不能实现的。长城也只是一个大略的边疆。边疆的每个部分既然都存在混合生活方式,它就会相应地建立当地财富与权力的规范,并且要逐渐发展,扩大范围。为了防止边疆强人背叛中国并侵略中国内地,或脱离中国投向草原发展——这两种情况都差不多——从而破坏财富及权力的向心性,就必须使边疆的发展成为中国内地产生的向外发展的工具。事实上,汉族向草原边疆的发展,自然是由中国的中心产生出来的。但是,侵入草原本身的企图,却是由于边境新的不规则发展的刺激,而非中国本身的正常要求。整个中国的持续发展,自然要产生剩余力量而推动对外扩张,但当这种力量转向亚洲内陆的时候,其通道,却是由已经在边疆本身活动着的力量所打开的。这是汉族在亚洲内陆的殖民活动不同于其在江南的殖民活动的一个极重要的原因。

汉朝与匈奴

这里所说的观念,必要要和真正的历史记载作一个比较。汉朝在中国稳定之后,匈奴的压力——指的是汉族边将之投降匈奴——没有构成直接的危险,但并没有停止。在全部边疆历史中,在汉朝及以后各代,最奇怪的是边将们反复无常的现象。汉族边将即使在汉族战胜时也会投降匈奴,而游牧民族也会在草原势力占优势时投降中国。

公元前140年,汉武帝的伟大时代开始。在这个时期,汉族迅速而深远地进入中亚的绿洲地区。同时,一部分汉朝将领胜利地在草原上与匈奴作战。他们的军队在机动性及攻击力上可以和游牧民族相比。这

第十五章 空间范围的意义——绿洲历史与长城历史

些将领有许多就生长在边疆及其附近地区,①这并不是令人惊奇的事。我们可以相信,在边疆,一部分汉族已经习染了某些草原的生活方式。从小牧羊放马的人,②长大了就会精于骑射,也许还了解匈奴的语言,这些自然都是优势。他们知道如何与匈奴作战,也熟悉统率军队离开根据地进入草原的必要战术,使他们能够在征战中成功。有些汉将有少数民族的血统,或者就是为汉族服务的少数民族,③这也不足为奇,无论他们为汉族服务还是加入游牧民族,完全依当时的情形而定。④

更重要的事实是,征战军士的数量如此之多。很显然,遣派军队征伐匈奴,并不是因为偶然找到了一位有能力的将领。当时作战的是一个整体的阶级。这就是说,边疆与草原的战争是那个时代的特殊表现。征伐匈奴不只是中国内地产生的向外扩张的结果,边疆的内在本质所包含的力量会使边境倾向草原,这种情况强迫整个中国要以全力来维护这个边境。

---

① 李广为出身陕西—甘肃交界的汉人,箭术闻名,并比其他汉人更善用游牧人的方式统率军队。其孙李陵,曾将来自长江流域的步卒5000人,以巧妙战术退敌,但终被匈奴俘虏,匈奴给他很高的荣誉。见《史记》卷一〇九、《汉书》卷五四。因为给李陵辩护,撰写《史记》的伟大历史学家司马迁被施以宫刑。见《汉书》卷五四、卷六二。其他将领还有:陕西—宁夏交界的公孙敖、甘肃边界的赵食其、晋北的郭昌、甘肃的路博德、陕北的李息、晋北的李沮。见《史记》卷一一一、《汉书》卷五五。
② 卫青,大军团杰出将领,少时曾为人牧羊。其外甥霍去病,也是极出色的将领。见《史记》卷一一一、《汉书》卷五五。
③ 公孙贺,义渠后代。义渠首见于史书正当真正的草原游牧兴起的时期,其活动于秦国草原边界。赵信是一个"投降"汉朝(或说是进入汉朝行政机构)的匈奴人,后来战败被匈奴俘获,遂侍奉匈奴。见《史记》卷一一一、《汉书》卷五五。
④ 赵破奴(他的名字的意思是"征服匈奴的人"),陕西人,曾"逃亡"到匈奴,后回到中原加入汉朝军队。他曾率军远征绿洲和草原,后战败被俘。在匈奴生活了十年,又返回汉朝。见《史记》卷一一一、《汉书》卷五五。李广利(《汉书》卷六一),也是一位出色汉人将领,曾横穿整个绿洲地区直至大宛(俄属土耳其斯坦的费尔干纳地区)。他最后一次作战是在广阔的草原,被匈奴俘虏。匈奴起初很欣喜,并给他很高的官级。这激怒了卫律,一个一直对匈奴有影响力的大臣,他用计将李广利作为人质杀掉。卫律本人,作为一个有着游牧人血统的人,起初为汉朝做事,后降匈奴。(《汉书》卷五四,于李广传末)。这里所列名字只是其中一部分。关于匈奴战争,见《史记》卷一一〇、《汉书》卷九四。还有很多《史记》《汉书》的人物传记,我在这里未及引用。

除少数民族及半少数民族为汉族服务之外①,汉人也有投降匈奴的。② 在他们之中也有善战的将军。③ 中国史书在记载这类投降时,多半说他们怕战败而受惩处,或怕被朝中的对手陷害,或其他诸如此类的原因。但是,如果当时的情势不是使一位统帅很容易地成为一个谋财之人,为承诺的报酬(不是贿赂而是职业)服务,则朝中的忌妒、对手的影响也可能是另一个样子。

这些情况并不是说明汉朝是"帝国主义的"。相反,它们与西汉时代整个中国发展的趋势相符合。例如土地主权、家庭制度、赋税、国家行政方式等,随着封建制度崩溃而来的变化仍然在继续发展。④ 毫无疑义,这些变化在中国造成了过剩的力量,也许还有过剩的人口。但是在适合于中国发展规范的地区中,有足够的新事情可做,没有必要到不适合中国规范的草原地区去发展。只就中国本身而言,发展的趋势一定会产生绝对、固定的长城边疆的观念。简言之,比较中国的内地与边疆,可以证明,虽然在边疆以外的帝国权威的维护是依赖中国本身的实力,但对外扩张却不是中国内部的发展所促成,而是边疆势力活动的结果。

有一个人们熟知的事实,只是其重要性还没有人指出过。草原的发展也有一个规范。汉孝文帝时(前179—前157),一位中国公主嫁给了匈奴的单于。护送她去的有一个太监,是旧日燕国地区的人。⑤ 因为他被派赴匈奴是违反他自己意愿的事,所以他发誓做"为汉患者",于是处

---

① 金日䃅是甘肃草原边境部落一亲王或首领的儿子,曾摇摆于汉人和匈奴之间。他在汉朝的事务中表现得很突出,最后成为摄政王。见《汉书》卷六八。关于其他匈奴人,包括一些高级贵族,与汉人沟通,或事实上变成汉人的事情,见《史记》卷一一〇及《汉书》卷九四。
② 参考前注。
③ 关于一般的战争和出使,见哥罗荷去世后出版的《公元前中国的西域诸国》,福兰阁编,1926年。另见维格:《历史文献》,卷Ⅰ,1929年,第390—417页,487—490页,510—526页;及帕凯尔《鞑靼千年史》,1895年,1926年第2版。可惜的是,所有这些作者都没有从一种发展变革的历史观出发,在他们的各自工作中,将连续的事件仅视为单纯的轶事。
④ 福兰阁:《中华帝国史》,卷Ⅰ,1930年,第269页及以下。最近一部重要的中文著作是万国鼎的《中国耕地史》,卷Ⅰ,1933年,见C. M.张的评论,1935年。
⑤ 《史记》卷一一〇;《汉书》卷九四上。

处为匈奴打算。中国史书上所记载的他向匈奴的进言或与汉使的辩论，必定反映了当时传统的知识和观念。但是，这些材料清楚地说明，部落特征占优势的草原生活，与容许有野心的强人在依附匈奴和依附中国之间选择的边疆生活，还有相当的差异。

这个太监指责匈奴单于之贪求中国的丝和粮食。他说，匈奴的人口，不如中国一郡，但是他们很强大，因为他们的衣食及其他都不仰赖中国。如果单于要改变匈奴的习惯，使他们依赖于中国的货物，中国只要派五分之一的人来，就可以使匈奴臣服中国，就是说使匈奴人脱离自己的统治者。另外，穿着中国丝绸做的衣服在草原灌木丛中乘马疾驰，丝绸很容易损坏，不如皮衣。中国的食物也不如乳及乳制品方便满意。在和汉使辩论时，这个太监也坚持说，匈奴的野蛮习惯及社会组织极适于游牧生活，而这种生活自有它的好处，不能以中国眼光来看，说它野蛮或者不如中国的生活。

这个记载所说明的不但是草原"规范"的特点，在这个规范中，草原生活也有基本的衣、食、住的形式。① 流动性与经济独立性的结合，使草原社会在战争中极其坚强，匈奴因此可以和中国为敌，虽然他们的人数很少（这也可以反证一般人所认为的游牧部队一定是不可抵抗的大军），却随意攻击中国。这些记载也说明，基于草原规范所建立的权威，同中国的权威情况一样，如果对边境过渡地带的社会、经济、贸易、赋贡等妥协让步，就会产生危险。

所以，像中国社会一样，草原社会内也有若干典型的过程，令其自给自足，并隔绝中国内地及草原。但是，如中国那边的情况一样，草原社会也产生边境活动，使比较不显著的草原边境与不显著的中国边境相汇合，造成一个不确定的地区。这里面的人不能确定自己的利益是在草原还是在中国。这个过渡地区的不确定性，也受到草原内部的草原秩序与

---

① 拉铁摩尔：《内蒙古民族主义的衰落》，1936年。

中国内地的中国秩序稳定性的影响。

汉族向中亚渗透的开始

比较草原规范、中国规范,以及每一种规范都要解体的长城边疆,就可以得到许多有价值的东西,用以衡量当时汉族对中亚的渗透发展。根据中国的历史记载,这个发展始于汉武帝的使者张骞的重要出使。这次出使在公元前 140 年之后不久,它的目的是联络月氏。① 月氏这个部落在匈奴之西,被匈奴的伟大首领冒顿击败,一部分迁徙到西方。张骞的任务是与他们结盟,由月氏攻击匈奴的侧翼,以减轻其对中国的威胁。

一般认为,这是中国"征服"中亚之始,但必须弄清楚的是,这里并没有"征服"。张骞也绝不会到一个并不了解的世界去,他有一个出身游牧民族的人陪同前往。汉族从匈奴那里知道月氏是中亚最主要民族之一。他们也一定知道还有其他可以接触到的,而且不受匈奴统治的部落、民族及地区。简言之,我们很难说张骞的出使是一个突发的主张。很可能,当时已经存在这种趋势,使中国的影响,特别是贸易伸展到今日新疆的绿洲去。此时所做的努力,是要看能否将这些潜在的关系联合起来,以对付匈奴。

张骞在出使行程之始,便被匈奴捉住。他在匈奴那里住了十年,娶了一个妻子,从而完全熟悉了草原的情势。匈奴对他的监视渐松,他终于从匈奴逃脱,继续他的行程。他访问过今俄国境内的一些王国,也到过新疆各国,但没有能缔结任何联盟。在他回中国的路上,又被匈奴捉住,不久,再次逃脱。张骞西行历十三年。他出去的时候带了

---

① 《史记》卷一一一《张骞列传》,《汉书》卷六一。关于西部地区,见《史记》卷一二三;《汉书》卷九六;哥罗荷前引书,第 9 页及以下。有一个明显的趋势,即仅仅将张骞个人看作伟大传奇人物,而他的蛮族同伴却被忽略了。从关于他的极少的记载来判断,他似乎是位个性鲜明的人物。

一百多个随从,但只有妻子和陪他去的游牧民族的同伴与他一同回到中国。他带回来的情报说,有一条商路从四川通到印度,再通到中亚。不过汉族还不能利用这条通道与那些地方直接联系。张骞后来经历包括到内蒙古东部作战,以及第二次出使中亚,到达今日新疆北部的乌孙。

汉族向中亚发展的根本原因

张骞通西域之后,汉族的势力就开始向今日新疆的绿洲伸展。这种对外发展很容易被假定为:由于获得了新知识,为了新的市场,于是中国的贸易由丝路而穿行中亚;中国活力渐增,而需要一个帝国殖民地,于是派遣军队去征服新的土地。这样的假定是不可靠的。

首先,尽管汉族的势力相当深入中亚,但这些活动与同一时期在草原上的活动不一样。① 在草原上,汉族军队要脱离中国的根据地,在其机动性上要能与游牧民族对抗。远征中亚的部队要经过许多贫瘠、干旱的地区,那里很难取得给养,必须要在运输方面做极大的努力。但是他们仍然可以从一个绿洲打到另一个绿洲,他们可以在绿洲中找到农业和定居的人口,可以像在中国作战一样地补充给养。草原战争需要真正的技术,而中亚绿洲的战争中,不必做累赘的长途行军,只需有足够的力量去压倒绿洲居民。②

第二,当时并没有发展出一种对整个中国的经济有重大关系的贸易。在新疆诸绿洲中,人口大概没有一个超过 100 万的。在社会结构方

---

① 对这些战争的用兵方法还没有研究著述。从《史记》《汉书》关于战役的记载以及术语(军阶及兵种)的使用上可以看出,汉人用的是有大量辎重的大军,轻骑部队移动便捷,但要与大军结合使用。还有辅助性军队(可能由汉人和雇佣牧人组成),以相当游动的方式作战。另外在边疆还有卫戍常规军和边郡兵。
② 罪犯充军,是去参加绿洲战役及卫戍任务,而不是(或极少)到草原作战。这暗示着对人员素质的要求。

面,每一个绿洲就是一个中国的缩影。① 生活的基础是农业——灌溉的精耕农业。考古发现告诉我们,在这个时期及以后的绿洲中有奢侈的富人,而大多数农民却很穷,购买力也很低,不过他们的经济仍给地方统治者提供不少赋税。

这些农业绿洲的基本产品及商品和中国的一样,所以,除了可以承受高价运输的奢侈品,它们没有和中国贸易的必要。虽然运输比较安全,有钱的消费者也不少,但对奢侈品的需要量并不大。像丝绸这类货物的贸易,不能以中亚市场,或经由中亚到近东及罗马帝国的市场的销售量在中国丝绸产量中的比重来估算,而只能把它看作礼物或变相的补贴,送给中亚小国的君王或贵族。或者把它看作是供少数中间商人牟取高额利润的东西。这就是说,中国与中亚关系中的经济因素,一定由于边疆商队商人及中间商人的拉拢,而不是中国丝绸生产地区丝绸生产发展的压力。

西方的学者都以为,中国要维持"丝路"的交通,虽然汉族对于中亚辽远地区的知识很少,但他们一定要维持丝绸的输出。一般也都相信,虽然不能从中国记载中找到证据,中国对养蚕制丝的技术是严守秘密的,以保持这种专利。这种想法大概是由于丝绸贸易商并不是中国人的缘故。中国以外的地区需要丝绸,但国内并没有增加出口的必要。因此,贸易多半是在中亚商队商人及中间商人的手里。也许丝绸的输出是由赏赐及补贴开始的,丝绸成了奢侈价值的标准,小国君主接受的这种赏赐、补贴太多,便把它们卖到更远的地方去。当丝绸到了不知其原料和生产方法的中间人手中时,就产生了中国专利秘密的传说。

事实上这种秘密是无法保持的,也许养蚕的技术出现得很早,但很晚才传到中亚。斯坦因在敦煌发现过萨珊风格的丝织品。他提出

---

① 参考本书第六章。

三个可能的解释:1.把丝运到波斯,织成丝织品,再运回中国边疆地区;2.中国人按照外国的样子织的(就像后来为欧洲市场特制的瓷器一样);3.早期输入养蚕技术的和阗,是一个与阿姆河地区及伊朗地区联系密切的手工业中心,所以能织出近于萨珊型风格的丝织品来。① 这最后一种解释的可能性最大,而前两个解释则可能建立在一种潜在的假定上:认为汉朝,至少是唐朝,中国的经济机制可以在中国内部产生开辟对外贸易通道的要求。但这是不可能的。即使到了19世纪,中国对外贸易的要求仍然很少,国家政策是不提倡,有时干脆禁止对外贸易。

第三,国家和皇朝都不需要帝国殖民地。宫廷对于玉一类的奢侈品和名马很有兴趣,②就像中亚及其以外各地的统治者及商人对中国丝绸发生兴趣一样。但是由于上面所说的经济困难,朝廷不可能大规模地在中亚榨取殖民地利益。虽然中国历史记载中的数字不能够用来计算中亚战役的消费,虽然"可见的"军事支出可以由就地征收及以囚徒充军来减少一些消费,但是没有必需品及大宗消费品的贸易,殖民地利益一定远不能补偿军事征服的费用。

最后,我们有直接的证据,证明汉族不是为征服而征服。史籍所记载的征伐理由中,贸易及奢侈品的索取都是次要的,我也不相信会提到赋税的问题。在政策问题上只有两个,这两个其实是一个政策的两个基本方面:或者是控制中亚的绿洲及部落,以建立对抗草原游牧民族的同盟;或是对绿洲进行防御性占领,以免游牧民族利用它们作根据地。这个政策的两方面都不是一般意义上的"征服"。中国政治家们真正需要的,即其真正的目的,是造成一种情势,使绿洲小国王们认为依附中国要比做游牧民族的附庸更有利。

---

① 斯坦因:《中国沙漠中的遗址》卷Ⅱ,1912年,第208—210页。
② 例如费尔干纳的"汗血"马(《汉书》卷六一)。参考瓦尔纳(Warner, L.):《中国的漫长古道》,1926年。关于汗血现象,大概是一种寄生虫引起的。

汉族在草原边缘地位的困难

从上述情况来看,汉族似乎不是自己要进入中亚,而是被拉进绿洲地带,正如他们在同一时期被拉进草原作战一样。在绿洲中,和在草原上一样,地区的过渡性及人口打乱了中国式的平衡发展。汉族在中亚活动最盛的时期,也正是他们侵入草原最深的时期。其原因也是一样:中国的核心利益是需要一个闭关的经济,一个自给自足的社会,和一个绝对的边疆。但是,边疆上的局部利益破坏了这个理想模型的边缘,使其无法将中国的世界与亚洲内陆的世界截然分开。

根据这种情况,中国历史上的亚洲内陆部分,可以分为绿洲部分和草原部分。认识两者的区别是很有意义的。

沿着面对蒙古草原的边疆,有一个逐渐的,在许多地方又是不确定的变化地带,变化首先是出现一种有利于混合经济,但又融有较多的汉族特征的过渡地区。这里,人们大体上倾向于中国。但有时,中国出现政治混乱,而草原却走向联合,在这个时候,一些汉族边民会脱离中国而投到游牧民族的势力中去。在这个地带的外面,还有另一种过渡地带,这里也有利于混合经济,但融有较多的游牧特征。在这里,人们倾向于草原。但在整个中国力量胜过草原时,他们会乘地方势力低落时脱离草原,投向中国。这两类地区本身,又可以被分成更小的地区,根据不同的土壤特征可以分成不同的地区。土壤的性质在同等情况下又取决于雨量、植被及其他气候条件。在长城主线之北,还可以找出一些外城和边堡,它们与土壤区域的界线非常符合。①

在这些转变地带中,汉族企图以不同的方法,建立一个确定的政治界限,以分隔中国的农业与草原的游牧。在后代的长城边疆历史中所用

---

① 特罗普:《中国西北与内蒙古的殖民的可能性》,1935 年,第 452 页;《中国土壤地理》,1938 年,第 118 页。

过的各种方法,汉朝似乎都曾试过。

组织中国农民直接移民的方法,是极端不经济的办法。① 这个办法的代价之高以及成果之少,表明其目的是要把农业人口迁移到平常汉族不会到达、不会居住的地方。因为环境的贫乏及运输的困难,正常的中国社会不可能在那里存在,那里也不可能与中国内地保持一体的关系。因此,殖民的目标一定是政治的,对可能会被游牧民族占领的地区作防守性占领,并维持那里的完全汉族式的社会。因为一个混合的生活方式,若没有中国方面的干涉和支持,一定会成为游牧民族的附庸,助长他们日后对中国边境的侵犯。直接移民的办法是屡试屡败。其失败是必然的,因为一种使国家投资及维持经费超过收入的农业经济,是违反中国国家及社会的整体秩序的。

因此,汉族的政策是走向妥协,虽然那些主张妥协的人也承认,真正的问题虽然暂时躲过了,却不是永久性的解决。② 其办法是,或者允许边疆的汉族自求生存,政府只给以必要的支持;或者把野蛮民族置于汉族"保护"之下,鼓励他们积极汉化。在国家支持逐渐减弱时,边疆汉族会极力适应环境,设法自存,结果他们自己在性质及权益上成为半少数民族。到了一定程度时,就很难说这个人是汉人或是少数民族人,他到游牧社会去和留在汉族社会中是一样地容易。他的态度可以随中国及草

---

① 主父偃,武帝时大夫,他反对汉人在鄂尔多斯驻军。他说,秦始皇曾被劝阻派蒙恬占领鄂尔多斯。匈奴没有城邑,不可能以汉法制之。即使深轻骑也很难深入其腹地,他们的土地没有用处。当年蒙恬到了那里,其土地多沼泽盐碱,不宜耕种。中国损失巨大。粮食自山东沿黄河转运,所至无几。边人满足不了衣食,结果不满导致叛秦。现在,汉朝统治,对匈奴的战争已耗空国库。边郡的百姓和士兵很容易反叛。不过,同是这位大夫,后来又完全转变了立场,劝谏占领"肥沃的"鄂尔多斯,以为解决匈奴问题的办法,尽管他遭到其他大臣的反对。维格(前引书,第393页)蔑视这位大夫,视其为一肤浅的政客。但他忽视了一点,就是这些政策也关系到汉朝内部大地主们所有土地的大小与他们的权限。真正的解释应该是:中国封建制度存还很多,而它的不断瓦解则产生了过剩的人力,草原战争和殖民尽管代价很高,但有助于解决剩余人力问题,而且比起朝廷不"强"导致边将叛变的情况,还是上算得多。见《史记》卷一一二《平津侯主父列传》,及《汉书》卷五八、卷六四上。
② 一个反复争论的问题是:攻打匈奴还是与其和议(主要是联姻和"赏赐"财物)。典型的例子见《史记》卷一〇八《韩长孺列传》,及《汉书》卷五二。

原间平衡的轻微变化而转移。至于那些放弃了一部分游牧特性,而加入过渡地带的汉族边缘的少数民族人,也可以很容易地返回草原,除非他对汉族的忠诚仍有利可图。从接受汉族补贴转变到向汉族勒索是太容易了。

在绝对的中国秩序与绝对的草原秩序之间,有许多转变地区及人口,其转变的程度和混杂的方式各有不同,但很显然都不是征服的结果。在过渡地区,在草原上,甚至在草原以远,没有一个地方可以让汉族稳固地发展。而且,汉族力量的侵入越深,依赖这些力量维持中国权益的可能越小。作长距离的远征并战胜草原民族,汉族的军队必须学会如何在草原上生存。他们因此会养成若干游牧生活所必需的特征,他们的将领也会像草原首领们那样去指挥。这不但在战争期间是如此,即使在战争间隙对边疆地区进行控制管理时——包括补充给养以及监督中国军队及部落友军的关系——也是这样。

在汉族军队中,长期战争造成了军队及其将领的双重地位——他们意识到,是他们自己的力量在维持中国与草原间的平衡。如果他们愿意而且有利可图的话,他们可以选择,或是与过渡地区的草原一方联合,或是与长城一方的汉族联合,从而改变这个均势。相反,和平局面只能出现在战争间隙,那要在直接由汉族占领并统治的土地之外,容许游牧附庸及其首领的存在。对他们必须要有贸易、补贴、爵位,否则那些首领及其部下还是行抢掠之事更为有利。如果能够把他们安排妥当,远方的部落便会来依附,要求同样的待遇,从而深化这个边缘地带。这样,汉族守军及游牧附庸的缓和,便会发展成一个有力的混合社会,并以投入草原独立部落为要挟,要求更多的权益与补贴。

汉族在绿洲的地位

绿洲不同于草原的地方是,它的位置是确定的,可以被战胜和占领,而没有深浅的问题。新疆的绿洲在这个时期,已经是繁荣的灌溉精耕农业的中心。因此,那里的人们虽然在体态及语言方面与汉族不同,但其经济与社会组织却完全同于汉族,这一点更为重要。为了到达远方的绿洲,这里的汉族军队必须比内地的军队有较大的机动性及独立作战的能力。但是到达一个绿洲之后,他们会发现,在陌生世界的荒野中,竟有一小块熟习的中国式的现成的基地。因此,汉族向中亚的发展,并不像向草原发展那样的徒劳无功。它占得若干固定的据点基地,尽管它们只是距离中国内地很远的前哨阵地,却能维持中国的特征。戍军不需要改变他们的战争方式与生活方式,像在草原作战的军队那样。所以,只要其他条件允许,就可以对绿洲进行稳定的占领。

对这些"其他条件",我们必须加以检讨。首先,面临蒙古草原的长城过渡地带与面临中亚绿洲的地区,差异很大。在中国内地及蒙古中间,长城把传统中国生活方式比草原游牧方式更占优势的地区都划给了中国。在这些地区中,有些东西会削弱中国农业的特征,但是最成问题的地区都在长城以北。而在中亚地区,长城却包进了大块的很成问题的过渡地区。在那里,在今日宁夏和甘肃范围内有一些半绿洲,①大体是可以灌溉精耕的土地,间以一些可容粗耕,但更有利于畜牧的土地,在这类地方会存在脱离汉族规范的趋势。内蒙古地区,即外蒙古大草原的门户,在长城以外,而"内中亚"却在长城以内。② 长城外面是沙漠,沙漠中间是孤立的绿洲。

可以想象,正是甘肃和宁夏那些可灌溉的类似绿洲的土地造成了这种差异。这些地区自然是与中国内地一致的。它们与中国内地的关系,不在于中国经济及文化的质的提高,而依赖于中国规模的扩展。只要中国成为一个庞大而且统一的整体,这些边境地区就自然倾向于中国。由

---

① 参考本书第六章。
② 拉铁摩尔:《中国新疆》,1933 年。

于在半绿洲之间分布有贫瘠的"非汉族"式的土地,交通、交流、贸易都很困难,这固然使西北地区的分裂主义更甚于中国内地的地方主义,但这并不足以摧毁与中国的联系性。由此也就形成了后来甘肃与宁夏的特征,即同中国的一致性与非一致性的矛盾。① 在那里,回教没有像印度佛教那样汉化,回教的分裂主义不断转变为政治组织及军事行动,但这种分裂主义又被一种坚持汉化的生活所抵消,其中最要紧的是汉族语言的优势。只有几个偏远地方的回教社区还讲突厥语。大多数说汉话的回教徒,虽然还保持一点回教的分裂主义思想,但他们的思想已经汉化了。

绿洲中的汉族及少数民族势力

长城以内的甘肃、宁夏与长城外的新疆的分别,可以用距离及规模大小来说明。在较近的地区,中国可以分别控制每一个类似绿洲的地区,尽管它们都比较孤立。在新疆,中国的力量因为距离太远而减弱。结果是,中国影响对任何一个绿洲来说,其历史意义,还不如各绿洲间相互分离的问题重要。所以,绿洲世界的历史模式取决于绿洲内部的发展与绿洲之间的关系。

我们还要区别两类绿洲,即被沙漠隔绝的绿洲和被草原隔绝(其实应该说是联系)的绿洲。② 在草原联系的绿洲之间,畜牧及游牧民族的迁徙是可能的。这种绿洲会受游牧部落势力的影响和渗透。在被沙漠隔绝的绿洲之间,旅行是可能的,但迁移不行。游牧民族在征服这种绿洲时,也和汉族一样要进行远征。少数民族和汉族都不能以自己的生活方式将绿洲围绕起来。

新疆北部的准噶尔盆地中由草原联系的绿洲,很容易从蒙古、俄属土耳其斯坦及西伯利亚草原的方面进入。近旁广大的草原及草原社会

---

① 拉铁摩尔:《和服与头巾》,1938 年。
② 参考本书第六章。

对其影响很大,就像甘肃及宁夏地区受近旁汉族的影响一样。由沙漠分隔的绿洲,散布在新疆南部大戈壁的周围,呈一个椭圆形,对于它们,最好是从其与草原及中国的隔绝性来理解。要占领它们,不会是沿草原社会或中国社会的边缘向其推进,而必须派遣军队长途跋涉,然后设兵驻守。

但是,有一点,进入这些沙漠分隔绿洲的汉族势力,比游牧民族势力要占优势。汉族势力必须远离本土,作为独立的前哨,但仍然可以维持驻军的中国特点。除了土地大小、人口多少以及孤立的情况,每一个绿洲像是中国的一个行政单位或据点。驻军对居民的职业很熟悉,绿洲中的城池与周围农业地区的关系也是一样。这种生产及习俗的相同,比语言及服装的不相同更重要。即使当地驻军及其首领与本地居民联合,形成小朝廷,不大服从远方中国帝国的指令,建立本地利益,并取得相当程度的自治,但其结果亦不过相当于中国自身地方主义的极端表现而已。当地的经济性质还是照旧。当地社会的价值与法令,虽然有政治统属上的变化,但并无实质内容的改变。

另一方面,先进入草原绿洲,然后又发展到沙漠绿洲的游牧民族,却要经历一个逐渐"非游牧化"的转变。在草原边境北部绿洲中,游牧民族的迁移与征服当然会常常压倒绿洲的农业及社会,也许或早或迟将它们推翻。① 但是,农业在适宜地区内的恢复,却是不可抗拒的趋势。② 游牧民族的统治者,从游牧社会的某些方面(特别是机动性上)获得力量。他们凭借这种力量自立为绿洲的统治者,绿洲给他们带来更多的财富。但这样会限制他们的机动性,破坏其力量所依赖的机制。于是,游牧社会

---

① 拉铁摩尔:《中国新疆》,1933年。
② 这在13世纪蒙古统治(元朝)时期确实是事实。长春真人在1221年提到内蒙古靠近达来淖尔的农业(布雷特施奈德 Bretschneider, E.:《中世纪研究》卷Ⅰ,1888年,第48页,注114);常德在1259年提到汉人在阿尔泰地区从事农业(前引书,第124页,注311)。马可·波罗描写过内蒙古归化地区的放牧和农业的混合经济(玉尔:《马可·波罗游记》卷Ⅰ,1921年)。草原各处的"保护式"农业可能在14世纪达到其最高峰。

内部就出现了一个摆脱不掉的矛盾。①

当游牧民族自草原绿洲推进到沙漠绿洲时,这种矛盾更形尖锐。因为这超越了有利于他们的那种社会的环境,少数民族自己造成了和汉族深入草原过远时所遇到的同样的问题。前面的少数民族被迫在生活方式上(如最基本的食物与获取食物的方法等),脱离游牧制度的规范。他们的首领受的影响尤其大。在草原绿洲,首领们可以用新的方法来保有因充分的移动性所带来的力量。但到了沙漠绿洲,会很快完全脱离草原,而不得不依赖另一种力量。

对整个草原游牧社会来说,在草原绿洲与沙漠绿洲之间的某个地方,有一个回报减弱的界线或者区域。在这个区域的这一面的边缘,存在一个有所改变的草原生活方式;在那一面,由于回报减弱,使这个社会向与草原生活不同的方向转变,最后完全与之断绝。它形成一个范围,在它以外,游牧社会就无法永久维持。

绿洲社会的本身是一种"原子"社会,绿洲环境的性质造成了比较狭小地区内的大量人口,而周围或者是毫无人烟的沙漠,或者是只有少数游牧民的草原。同一区域内的绿洲居民倾向于雷同,但不可能合并起来。一部分原因是他们自给自足的特性,另一部分原因是他们发展的范围不容许他们向外伸展。在他们的同一性上很难建立起一个金字塔式的政治统一体。②

因此,新疆绿洲总的历史,要受到外来势力侵入整个绿洲地区深浅程度的左右,受到统治势力联合各个绿洲程度以及将各个绿洲之间进行联合的程度的支配。由于草原绿洲与沙漠绿洲孤立的程度不同,每一个绿洲自有其本身的历史。但总的说来,它们徘徊于草原特性与中国特性之间。它也受到由印度、伊朗和西藏经艰苦山地侵入的次要势力

---

① 在蒙古统治时期,古老的中亚绿洲却到处保留着农业以及未被转化为游牧经济的痕迹,那一时期所有游记中的描写都是很清楚的。
② 拉铁摩尔:《中国新疆》,1933年;另见本书第六章。

的影响①。

边疆均势的消长

在政治上,汉朝的中国人认为,他们第一次进入中亚(后来的后汉、唐朝、清朝都做过),是要"断匈奴之右臂"②。一方面是怕大草原的游牧民族经宁夏、甘肃而与西藏高原的游牧民族联络,另一方面也是希望争取与草原绿洲有关系的游牧民族,让他们对抗大草原的游牧民族。

除去这些当时的理由之外,通过对中国、草原及绿洲社会的研究,我们还可以补充其他理由。在某种程度上,汉族及游牧民族的边境部落,都倾向于绿洲地区及草原地区。在某种程度上,一个时期的积极发展,又会使中国或草原社会的主体企图侵入靠近边疆某处的绿洲地区,或是侵入大草原及边疆其余部分之间的过渡地区。在这个时期,从本部向外发展的力量加强了原有的边境外倾趋势,但是在其他时期,边境与本部是互相保持均衡的。

侵入的深浅,由社会本部与边疆是对立还是合作的情况来决定。但是在这两种情况下,发展或侵入的事实会造成其自身的后果。主要的后果是脱离发展的社会规范,这对汉族或草原民族都是一样的。每一个社会迟早要遇见一个回报减弱的地区。如果这两种社会的回报减弱界线是一样的,就会出现稳定局面,一些边境地区稳定在草原范围内,其他则在中国势力范围内。但是这条界线的情况却要依时间及地点而变化,因此,我们不说"界线"而说"地区",这样更加清楚,并且能够表现其历史意义。即使在绝对有利于游牧民族或汉族的地区,其占据的前沿位置及进

---

① 杜曼:《清朝在新疆的土地政策》,1936 年(俄文),很详细地记录了一个三方对峙的情况:绿洲地方势力、走向"草原"的西蒙古势力、引入"农业(和官僚体制)"的满洲和汉人势力。在这个时期土地权及政权不断易手。
② 关于张骞第二次出使至乌孙(大约在天山北麓伊犁地区)的记载,见《汉书》卷六十一。游牧人南面对长城,所以其"右臂"在西。

退的范围也都有区别。一个时期的优势,可以使一个社会的前哨进入平时对它没有利益的地区中。一个时期的劣势,也可以使它们从原来容易统治的地区退却。而且,这种消长是与边疆社会的构成及局势的变化——游牧民族依附汉族或汉族依附游牧民族的程度的变化——同时的。这种变化可以在前,造成侵入深浅的差异;也可以在后,作为前进或后退的结果。最后,均势的变化,可以开始于边境对内地力量吸收,或内地实力的增进,使它能够加强并推进它的前哨。

因此,研究长城或亚洲内陆边疆历史的任何时期,都必须先检讨其结构的不同成分的比例及意义。第一,是中国及草原社会发展的指标及阶段。第二,是每个主要社会的中心与边缘间平衡或不平衡的程度。第三,是中国及草原社会所附属的混合社会的复杂构造——地区间的比例差异及其倾向于任何一方的程度。其重点分配在正面或侧翼的问题包括在第三项中。所谓正面是草原与农业中国之间的内蒙古地区,侧翼是新疆的草原绿洲与沙漠绿洲。中国对抗游牧民族的有效行动范围,或是游牧民族对抗中国的有效行动范围,在历史上的任何时期,都是这些条件间的均势的结果。

在汉代,匈奴游牧民族深入中国内地,汉族也更远地深入草原。这些都可以叫作正面战争或长城战争。有时与它们同时,有时与之交替发生的,是新疆绿洲地区的侧翼战争。这里,优势徘徊于游牧民族容易接近的草原绿洲与汉族易于接近的沙漠绿洲之间。当汉族占得优势,将影响施之于那些部分依附于草原绿洲、部分依附于大草原的部落时,会造成这些部落间关系的混乱及战争。在公元1世纪的一个类似期间,有一部分匈奴部落脱离了匈奴本部,向西迁徙。一般都认为,这件事说明了中国历史上的匈奴与后期罗马历史上的匈奴间的联系性。这种看法虽然不能证实,却可以有一个更明确而且更重要的推论:大草原上的迁徙与征服,可以起因于部落均衡的改变,而这些部落不属于规范草原部落,却属于边缘部落。

第十五章 空间范围的意义——绿洲历史与长城历史

相反,汉族进入中亚,切断西藏高原部落与蒙古草原部落间的交通后,又为自己造出一个西藏边疆的问题。也许这种情势促成了西藏边境部落的形成,因为柴达木和青海高原没有一个足够富庶的牧场来支持一个大型独立的游牧社会。这些边境西藏人,一方面可以进入甘肃边疆的类似绿洲的地区,另一方面可以到达新疆南部的沙漠绿洲。对这些边境西藏人的管理极其困难。他们可以成为附庸,也可以劫掠中国与中亚交通的走廊,也有与蒙古地区的匈奴建立联盟的危险。要征服他们很困难,因为西藏高原的山地险峻。另外代价也太高,因为那一片土地不值得汉族去占领。

简言之,征服和扩张都是一种想象。游牧民族和汉族所取得的成功,没有一个不产生对自己的反动。当一个宽阔的边缘地带的混合社会受汉族统治时,长城边疆的严格性并没有更显明确。相反,因此而得到的非汉族人口,却在边疆汉族间产生不良影响。同时,游牧民族的"问题"也没有解决,因为住在最典型的草原上的最典型的游牧人,都被驱赶到游牧生活的根本地带,压缩成较小却更有力量的核心团体,占据着最容易抗拒汉族势力的土地。游牧民族在过于深入中国或中亚绿洲时,会使他们的社会"非游牧化",于是发生相似的问题。因此,不停的势力消长说明,在最典型的草原与标准的中国农业的城池及水田之间,隐藏着亚洲内陆边疆上迁徙及征服的秘密。

第十六章　边缘社会：征服与迁徙

中国社会与草原社会融合的失败

亚洲内陆边疆在秦朝及汉朝的战争中划定之后，便成为一个恒定的因素，它不但是中国历史中的恒定因素，也是草原及其可耕地区、沙漠、绿洲及森林边缘的历史的恒定因素，是从确定的长城到广泛的西藏、中亚及西伯利亚的历史的恒定因素。中国和草原社会各有其特殊的模式，它们的依附者都很清楚。但是每种模式的价值及力量，则被妥协的边境及脱离社会中心秩序的趋势所削弱。就连长城本身，这个分隔两种模式的象征，一个世纪、一个世纪地牺牲血肉及财富来维持的长城，也只是一个参考性的指标。草原的游牧社会及中国的农业社会，都不可能在中国及亚洲内陆间建立一个清楚确定的界限。事实上，在这两个主要社会秩序接触的正面，以及它们中间许多小的外围社会，常常会扩展成一个接触与退缩、征服与反征服、坚持与妥协的过渡地带。

中国社会的内在条件及草原社会的特质使它们不可能混合成一个在经济上既有精耕也有粗放，在政治上既有集权又有分散的社会。两种社会既不能分离，也不能吸纳或永远控制任何一方。因此，两千年来，从前汉到19世纪中叶,亚洲内陆与中国的相关历史,可以用两个循环来说明,这两个循环形式互有差异,在历史过程中却相互影响,这就是草原部落的分裂及统一的循环,和中国朝代的建立与衰亡的循环。

欧美工业社会秩序侵入整个亚洲后,使新的整合成为可能(或必然),才结束了这长期潮起潮落的历史。但这种过程被延误了。部分原因在于惰性,部分原因在于旧秩序的反抗,还有一个原因是从背面侵入亚洲内陆的苏联集体工业制度与从沿海侵入中国的资本主义国家私有制工业制度的冲突。虽然它被延误了,但它是不可避免的。

因此,未能发展工业化,是中国亚洲内陆边疆消长起伏的历史关键。这一缺陷是分别存在于中国生活秩序及草原生活秩序之中呢?还是由于它们的相互影响?如能正确回答这个问题,就不仅能明白中国与亚洲内陆的过去历史,还能明白今天的问题。这是从反面来看问题,我们也可以改成从正面看问题,来检讨中国与草原社会之间的分异,并联系前面讨论过的中国本身及东北、蒙古、新疆、西藏等地区的历史特点。①

游牧社会的变异:机动性与战争

我们很容易设想,在草原游牧社会历史中,有一个单独的决定性角色,即"真正的"游牧者。他们过着毫无变化的游牧生活,很少,或者干脆就不受贸易的影响,也不想统治定居人口。我们也会认为,迁徙与战争是他们那种生活方式的补充。游牧首领要为争夺牧场的使用权而战,在这种战争中,有时涌现出一位优秀的人物,统一所有的游牧民族。这就是说,游牧民族的统一依赖于领袖。游牧民族对定居民族的攻击,也完全是由于领袖的野心,除非"气候变化"迫令少数民族自草原向外侵略。这种对游牧民族历史的看法中,存在一个假定,即每一次统一之后,跟着

---

① 参考本书与这些地区有关的章节,特别是关于蒙古的章节。

就是游牧民族被他们所征服的居民同化,或者是在伟大的领袖把他统治的部落及土地传给儿子时,统一便告分裂。

这些看法过于简单了。事实上,如前面已清楚地指出的,纯粹的游牧形式并不是游牧社会的基点,相反,它代表的是一种极端,一种在宽泛的多样化变动过程中产生的极端现象。"原始"的游牧民族,是一个混合经济及混合文化的民族。他们不是一个单纯的民族。有些人是从农业中国的边缘进入草原的,有些人则来自中亚绿洲的边缘及西伯利亚与东北森林的边境。

中国是巩固、辽阔、统一的,它发展到北方并建立了长城边疆,给整个亚洲内陆历史以特殊并有力的影响。但在亚洲内陆的另一面,还有西伯利亚、俄国及中东。我们虽然不能详细地讨论那些地方,但不能忽视它们的重要性。亚洲内陆居民之间的突厥语—蒙古语—通古斯语之通行,就是一个很重要的证据,说明脱离长城边疆而进入草原的人们,因为草原生活环境的影响,终于完全脱离中国——仅政治关系除外。任何旧的汉族方言,从中国带到草原时,都不能在自外面传入游牧民族的非汉族的乌拉尔阿尔泰语系的包围中保存下来。

游牧民族的游牧制度不是他们发展的基点,而是在他们历史过程中所出现的极端形式。真正的基点是在草原不同边缘地区的许多混合部落之中,所以,我们必须首先考察草原社会的迁移性。在进行这种考察时,首先遇到的问题是,把迁移当作利用草原资源的生活手段,还是将机动性用于征服。征服不是为了日常的生活目的,而是政治性质的,要向草原居民和草原以外居民征取劳役与贡赋。这个问题也可以用另一种方式提出:变革的要求与推动力,是产生在典型草原环境中的草原生活中,还是由于草原边境游动民族遇到定居民族时所产生的摩擦?

正确地把握游牧制度的特征,便可以知道,在战争是不是游牧民族"必要"的伴随现象的问题上,与农业社会并没有什么区别。每一种生存在和平之中的社会都要保持和平,因为它承认一种规则。每一种规则在战争中崩溃时,都会使旧规则不再发生作用,崩溃的原因是社会的发展和变革,其爆发也许迟缓,也许突然。在这样的社会中,各个集团对应该接受并建立的新规则,各持己见。这种设想导致一种推论:战争多半爆发在一个社会的边缘地带,由最不典型及最不规范的阶级引起。而典型及规范的阶级,多半是那个社会的特权阶级,他们随旧秩序而诞生,并被认为是旧秩序的一部分。因此,社会秩序的极端混乱,例如战争,就多半产生在各种不同的社会互相汇合的边境地带。

当这个逻辑应用到游牧民族历史中去时,很显然,还要考虑时间的条件。如果真正的草原游牧制度是产生在草原边境上不典型的半游牧社会,那么,第一批采取严格草原生活方式的那一部分人,就代表了一种新的秩序而不是旧的秩序,他们也会相当强烈地反对代表旧秩序的原有的那种混合经济。只有当他们的游牧生活方式完全脱离农业而独立,并在其最适宜的地理环境中确立起来之后,它便随即转变为一个"旧秩序"。这就是我所说的极端的表现。在这以后,沿草原边缘的部落朝着绿洲农业或中国农业的反向发展,就是自极端的退化,并且是对草原主体旧秩序的一种对抗。

推论是很明白的:造成广大地区的战争、入侵与征服的迁移运动,也许并不发生在游牧制度已经完全确立,如此生活已久,并已经建立起游牧生活规范的游牧部落活动的非农业地区。可能的情况是,它们要么发生在从混合文化脱离而建立真正游牧制度的人群中,要么发生在从严格游牧制度中脱离而返回混合生活方式的人群中。

考虑到草原社会的规范,游牧民族的牧场分配也不一定就是战争的原因,这和农业社会中土地所有权的转移是一样的。但是,战争与游牧生活方式是并存的。这是一种过程的间隔表现,一位有力的首领集中许多家族及部落,将他们置于他的统治或保护之下,然后又分配给他的许多继承人。在这些战争的过程中,一定有许多牧场的转移,以及政治关系的改变。除此之外,还需要别的解释来说明社会迁移与战争及征服造成的政治变动的相互关系。

事实上,像"真正的""绝对的""规范的"游牧制度,这些名称也还都是泛称。整个游牧制度是建立在粗放经济及人口分散的原则上,是对农业民族的精深经济和人口集中的一个极端的反向发展,尤其是对灌溉精耕农业的民族来说。但是,在游牧制度的极端状态中,也还有若干差异。在一个完全与农业隔绝,贸易——特别是游牧民族与非游牧民族间的贸易——活动最少的畜牧经济中,其粗放的程度也有区别。

骆驼、牛、马、羊,需要不同的管理。它们在不同的牧场上生长。各类牲畜的所有权与畜产品使用的组合,形成多种多样的优势。每一种不同的组合,都需要重新调整那个部落所需要的牧场及可供多年游动的范围。利用狩猎作辅助经济的程度,造成另一种差异。这又要区分草原狩猎与森林狩猎两种情况,还要区分为食物和衣着而狩猎与为贸易及贡赋所用的奢侈品而狩猎这两种目的。(昂贵的皮毛多半来自森林,而不是草原。森林部落的马比较少,他们的战斗力较弱。又因为其生活方式的关系,比草原民族还要分散,所以他们时常臣服于草原民族。)①

最后,对于草原民族的统治者来说,还有一个复杂的赋税财富与战争利益的平衡问题。羊是最有用的食物、衣着、住所(毡)和燃料(粪)的供给者。②骆驼可担任运输,特别适用于跨越贫瘠地区的长距离运输。马在战争中很有威力,在经济上却不甚重要。要既有力又有利地管理牧

---

① 关于向狩猎牧人强索毛皮贡品的事,参考科兹忞、卡博、巴德利的著作(见本书附参考文献)。随着毛皮的商品化,导致了一种奇怪的现象:每件毛皮都是一种象征物,经常超出它的"市场"价值,它是狩猎者付出劳动量的符号。上等毛皮常被负责毛皮贡品的官员私下占有,次等毛皮则被运到中原。这样,上等的毛皮被无偿占有,而引起对次等毛皮的非正常需求。于是狩猎者被迫捕杀未成年的动物,这样就减少供应的稳定性,他们也必须跑到更远的地方寻找猎物。狩猎变得更加艰难。
② 拉铁摩尔:《内蒙古民族主义的衰落》,1936年。

羊人和牧马人(且不谈那许多猎户和放牧骆驼、牛、牦牛[阿尔泰地区]的人),草原首领们就得一年又一年、一次又一次不断地调整他们的方法,而想找到固定或永久性的方法是不可能的。

因此,可以不过分地说,我们所知道的任何时期的"纯粹"或"绝对"的草原游牧制度,都是理论上的而非事实上的。游牧制度达到"极端"的说法,也只是大体言之。只有成为草原上广泛使用的生存技术,能够不依赖于农业及贸易时,游牧方式才能成为和谐一致的制度。经过仔细的研究和验证,可以肯定,草原游牧制度中包含着多种彼此有关并相当一致,但绝不相同的技术。在整个草原游牧制度中,存在着固有的多样性与不稳定性,经常地把它从极端的状态拉回来,回到原始的草原边境及混合文化状态。

在地理上,草原并没有分成明显的不同部分,每个部分适宜某一种游牧,如牧马的部分、牧羊的部分等。从大范围来看,这些不同的环境是互相交错而无法分割的。因此,草原上没有一个重要政治强国是不包括若干种游牧种类的结合体。而达到了这种程度的和谐以后,也还是要继续发展。一个部落或一群部落的势力,只要继续发展,迟早要达到边缘,那里不再是完全的游牧,而只是半游牧。

这个边缘也不是因为征服草原边境而造成的。草原统治阶级经常吸引外面的贸易到草原上来,①甚至在草原上建立永久的城池,招进农夫,安置他们到能够或有利于发展农耕的类绿洲地区。② 这些只是对各种游牧活动进行联合统治的逻辑性推断。

---

① 参考鲁布鲁克、柏朗嘉宾(Carpine)及马可·波罗等旅行家的传记,他们视商业活动为很自然的事情。布雷特施奈德:《中世纪研究》,卷Ⅰ,1910年,第269页;巴托尔德:《土耳其斯坦》,1928年,第414页;弗拉基米尔佐夫:《蒙古社会结构》,1934年,第35页。这些作者都提到一个穆斯林商人,哈桑,带着1000只绵羊和一只白骆驼到蒙古东北,去交换紫貂和松鼠皮。他遇到了成吉思汗,并投靠了成吉思汗。这是1203年,在成吉思汗伟大征服之前的事。这些作者都是参考了《蒙古秘史》,见帕拉基,1910年再版,第46页,(俄文)。
② 参见科兹忞:《突厥蒙古的封建制问题》,1934年,第38—44页(俄文),特别是关于西伯利亚的米努辛斯克地区及唐努乌梁海的有趣记载。另见拉铁摩尔:《亚洲内陆的商路》,1928年;《内蒙古的一座景教城市遗址》,1934年;《中国边境的蒙古人》,1938年。

游牧民族统治的循环

由此,我们可以看出游牧政治力量构成的几种特征。首先,对游牧人的统治,可获得剩余的羊、马、羊毛,及其他可以直接用作贸易的产品(尽管贸易并非绝对必要)。同样,统领大量军士并不能避免战争,但战争也可以带来利益,这是常见的事情。第二,在各个不同的游牧民族间,贸易很容易管制。但是,在整个游牧民族与土耳其斯坦或中国绿洲内的非游牧社会间的贸易中,却存在一个问题,即由谁来管理贸易及支配利润。① 这常常导致游牧民族动用其军事力量,首先控制对非游牧民族的贸易利润,继而又向他们征收贡赋。

在这个过程中又产生游牧统治的第二阶段——利用游牧战士维持一个混合国家,统治从事农业、商业及手工艺的非游牧人民。受统治的居民通常有两种:居住在被游牧民族征服的非游牧地区的人,以及被带入草原为游牧民族服役的人。与这两类人相对应,游牧人自己也分为两类:在草原之外负责守卫附属领土的人,以及留在草原之中被授予财物和特权的人。

因此,即使在单纯的游牧民族中也存在一种内在的需要协调的关系,其不稳定因素也格外显著。由此产生第三个阶段。这个阶段的特殊现象是统治者各种利益间的冲突。② 对他的权力来说最重要的是什么,是赋税还是战争?还有,在他的游牧部下中,谁最重要,是在草原外面保护其财产的人,还是留在草原上的人?保持草原生活的游牧民是重要的,因为他们是军事后备军,但他们自己的生产收入很少。而任何转发给他们的收入,又会影响上层人物的奢侈生活,也会减少付给那些管理属地并从中获取税收的官员的俸金。另一方面,负责守护属地的游牧

---

① 最初由游牧民族首领进贡的商品在贸易中尤其重要。见科兹忞:《图瓦的经济》,1934 年,第 52 页(俄文)。
② 参考本书第四章。

人,在第三代甚至第二代就会"非游牧化"。至少,他们逐渐丧失了使他们成为战士的机动性以及其他游牧生活的习惯。但是他们占据的地区是税收来源最多的地区。所以,他们可以比留在草原上的人获得和消费更多的收入,尽管他们与那些没有变化的草原居民比起来,在军事上很快变得没有价值。

这种情况又导致最后的第四个阶段。有些统治者的祖父或曾祖父曾亲自统率军队,但现在,他们自己虽有传统的权力,却不能实际地指挥军队。他手下的许多贵族,有一部分仍是部落的首领,但在王廷上并没有势力。另有些人名义上虽属于部落,实际上却已成为城市居民或地主。换句话说,原来建立帝国的人,现在成了他们自己帝国的牺牲者,而另一些变得很像被征服者的人们,却享受最大的利益。当占有实际财富而没有实权的一方与虽然贫乏却掌有实权的一方之间的差异无法忍受时,这个混合的国家即告分裂,边地游牧人就要在政治上"回到游牧制度去"。

一般说来,这种情况似乎只发生于社会结构的上层,而不在底层,虽然其真正的原因多半是底层收入来源的枯竭。争端——也许是关于支配日渐减少的收入的争端——发生于各派别之间。各派别于是分别向社会寻求支持,而组成国家的各个群体间的差异矛盾因此更加尖锐。社会结构的基础开始分裂,国家解体为不同的部分。

这里,又表现出游牧制度的显著特征。在战争持续的时期,特别是在长期战争中,游牧人开始利用他们的移动能力——至少有一部分人会离群而去。在夏季牧场与冬季牧场之间的移动,变为向新牧场的迁徙。游牧社会的一部分,可以完全抛弃贸易或其他不必要的东西,到草原的深处,避开与社会政治结合有关的战争。这种人证明了游牧民族的移动性有两种:正常的有限制的移动,与可能的无限制的移动。① 他们也证

---

① "(对于牧人来说)问题的实质不在于他们'是否'移动,而是他们'能够'移动"。(拉铁摩尔:《亚洲内陆的商路》,1928年,第519页)

明,贫穷的游牧人才是真正的游牧民族,①他们抛弃游牧制所取得的一切奢侈品,重新恢复在纯粹草原环境中——即使在草原最贫乏的地区中——生存的可能性,因此,就又形成远离草原边境的极端形式。显然,这又回到了草原历史新循环的起点。

在这种时期,在草原边缘居民之间,也出现其他重要的现象。最农业化,最依存于固定土地的人,也最不能逃避不同经济与社会秩序间的边疆战争。已属于混合文化的人,即虽有部分游牧经济而非真正的游牧人,可以转变为游牧民族。如果战争延长下去,他们很可能会这样。而他们如果迁徙到了草原上,则又重复草原游牧制度形成的历史,而使草原游牧社会进一步强化。

匈奴历史:一个完整的游牧社会循环史的例证

我们说,草原游牧制度的严格或极端的情况,虽然对于草原历史来说是决定性的,但在迁移与征服的事情上,草原边境的生活也许是更为活跃的因素。在各种不同游牧人的大的群体之间,即使他们都是"真正的"游牧民族,也需要不断地协调他们的关系。但是,当关系协调扩展到了草原边境,包括了半游牧或非游牧民时,那种不稳定性就会引起战争以及紧迫的迁徙。事实上,草原边境所发生的事件,最能产生草原上大的移动以及纯粹的草原游牧制度。但同时,草原生活的极端状况又是一种决定性因素,因为它避开草原边缘上的混乱性,保持一种与混合生活不同的方式。

当然,我这里仅就一般的情况而言。整个中国亚洲内陆边疆的历史中,存在着这些特征的各种变异。在这里,我可以引证司马迁所记载的公元前2世纪的匈奴,它最能代表汉族早期关于真正的游牧民族

---

① 拉铁摩尔:《蒙古历史中的地理因素》,1938年,第15页。

第十六章 边缘社会:征服与迁徙

与半游牧民族的差别的认识。① 司马迁很确定地说,"逐水草迁徙……然亦各有分地(在分地内迁徙)"。匈奴冒顿单于曾建立一个"王庭",大概在山西北部。注释者说,"王庭"不一定是一个城。但是,游牧民族统一的结果显然产生了建立永久国都的趋势。其后的匈奴单于确实有一个环以城池的首都,虽然它是建造在草原上,和中国的伟大城市比起来,也许是个不怎么样的城。

在记述草原统一之前的部落战争时,司马迁说,冒顿单于曰:"地者,国之本也。"虽然所说的土地是没有居民的,而冒顿却因这片土地与东胡开战。司马迁的这一记载大概直接取自匈奴的传说。传说讲到,在这片土地的两边,匈奴及东胡"各居其边为瓯脱"。"瓯脱"一词显然是匈奴语的谐音,而这个字又很可能是保留在后来蒙古语中的"otog"。

弗拉基米尔佐夫认为,②这个字与古代粟特语中的"otak"有关,它的意思是"土地、领土"。粟特语属伊朗语族,与乌拉尔阿尔泰语系没有关系。但"瓯脱"一词的变体却存在于突厥、蒙古及通古斯方言中,意思是"地方、领土"等,还包含"房屋""站"的意思。从其分布之广可以证明其起源之早。注释史记的人也说,"瓯脱"不但是地名,也是"作土室以伺汉人""土穴"和"界上屯守处"。③ 我们虽然不宜以一个字的解释来做太多的推论,但至少可以认为,这个部落战争不仅是争夺一片牧场(史书中说是没有人的弃地),也是争夺一个设防边疆的控制权。

匈奴战胜东胡之后,紧接着开始对西方月氏的攻击,对远方草原游牧民族的攻击(其中丁零也许在新疆及俄属土耳其斯坦的边境上),并侵入中国的亚洲内陆边疆。基于对许多真正的游牧部落及半游牧部落的统治,匈奴建立了一个由游牧民族统治的国家,被统治者中还包括有混合文化甚至非游牧文化的民族。

---

① 《史记》卷一一〇;参考《汉书》卷九四。
② 弗拉基米尔佐夫前引书,第 133 页及注 2、3。
③ 《史记》卷一一〇。

几乎在他们以游牧强国的姿态在历史中出现的同时,匈奴开始侵犯中国。这里,我们必须考虑一下他们突然兴起的现象。这种突然兴起的现象,我在前面章节中已经说明,是因为半游牧民族从草原边缘进入草原深处,令真正游牧民族产生,他们再次出现时就显得突然。如果这个假定是正确的(它有中国自古以来就把匈奴和古代戎狄及其他非真正草原游牧民族的部落联系起来的传统的支持),那么,匈奴历史在公元前 2 世纪就表现出了一个完整的游牧社会的循环。这个假定的循环的开始,是半游牧民族离开边疆到草原去——也许是逃避周朝末年的混乱及燕、赵、秦的边疆战争。在那里,一个真正的游牧制度建立起来,它不但吞并了草原与中国交会地带的部落,而且还吞并了草原与中亚、西伯利亚及东北交会地带的部落。即使在这个最原始的游牧制度中,各个游牧部落之间也存在差异,这也许与他们畜养牲畜的不同品种及其经济的差异有关。虽然所有的游牧民族在其为游牧人上是一体的,但他们却因各种不同的游牧方式而彼此区别。这些差异,使之很容易地将一些半游牧及非游牧的被统治民族结合起来,成为其外围。

后来的循环

匈奴的循环结束了,另一个循环却随着公元 3 世纪初汉朝的灭亡而开始。在这个时期,有一部分边境的匈奴人进入中国,并建立了若干小的"汉族"朝代,包括一个假的汉朝;另外一部分匈奴人则返回草原,恢复他们的游牧制度及游牧特性。由此可以解释,当第二次"真正"的游牧民族聚集在中国亚洲内陆边疆以外——鲜卑在蒙古以东,柔然和突厥在外蒙古及中亚——的时候,他们已经不是匈奴,但仍然是游牧民族。

匈奴人的"汉"朝是刘渊建立的。刘渊是东汉光武帝(25—55)的附庸南单于的后裔。① 三国魏国(220—265)时,这一支匈奴分作五部,住在山西太原一带(因此他们必然会汉化)。西晋时(265—316),刘渊以自己为嫁给冒顿的汉朝公主之后,改姓刘氏。他称汉与匈奴如兄弟,故应兄死弟立。公元304年,他建国称"汉"。后来改称"赵"。虽然有另一家族取其后而代之,但这一部分依然由匈奴首领统治,直到386年北魏即拓跋魏——也是一个少数民族——立国方告结束。②

鲜卑,和乌桓一样,在匈奴时代是与东胡有联系的。其事见于后汉(25—220),③以及三国的魏国(220—265)。④ 那个时期,他们有一位杰出首领,"中国人多亡叛归之"。也许这是一个动荡和变化的时期,有些游牧民族回到草原,有的却投向中国。不管怎样,在晋朝,⑤一位鲜卑领袖建立了一个半汉族的国家"燕",其名是仿照古时北京地区的燕国。⑥ 有一部分鲜卑离开了草原,而有的则又回到草原去,例如吐谷浑。⑦ 从有关他们领袖传说的记载来看,似乎中国编年史家完全是根据游牧民族的传说写下的。⑧ 北魏或拓跋魏(386—534)王朝,也是鲜卑的一支。⑨

柔然的领袖是一位游牧民族的逃奴,后来成为自由的战士,建立了部落。他的传说可以追溯到公元345—361年在位的东晋皇帝时期。其后,因为被判死刑,他逃到草原上,在那儿招收逃亡之人。因此,这个"部落"的核心大概是逃到草原上去的边疆居民。他们因受拓跋魏的攻击(公元5世纪初年),逐渐迁移,后称雄于蒙古北部及西部。⑩

----

① 《后汉书》卷一一九。
② 《晋书》卷一〇一——〇七。
③ 《后汉书》卷一二〇。
④ 《三国志》卷三〇。
⑤ 西晋,公元265—316年;东晋,公元317—419年,根据山西古代的晋国命名。
⑥ 《晋书》卷一〇七——一一。
⑦ 翟理思:《中国人名词典》,编号12100。
⑧ 《晋书》卷九七;《魏书》卷一〇一。
⑨ 《北史》卷一;《魏书》卷一、二。
⑩ 《北史》卷九八;《魏书》卷九一。

中国史籍中所记载的突厥是狼的后裔的传说,在中亚很盛行。但他们也被确切地指为甘肃平凉地区的"杂胡",他们从魏朝逃奔柔然。这又是一个进入草原而建立游牧制度的例子。他们为柔然"铁工",这大概是他们非游牧民族出身的又一证据,在游牧民族中工匠是占有很高地位的。在公元6世纪,突厥反抗柔然的统治,与魏结盟,取代柔然而为北部草原之主。① 其后,到了隋朝(581—618),天下又乱,老的过程再次重复:一部分汉族跑了过去。突厥人数大增,"其族强盛,东自契丹、室韦,西尽吐谷浑、高昌诸国,皆臣属焉"。② 因此,他们成了一个混合国家,当时的契丹比他们更游牧化,而吐鲁番则成为最重要的绿洲。

由此,可以看出草原历史的周期性的波动,在中国历史上也有一个显著的循环变化。如能证明这两种消长起伏存在着重要的相关性,而不是偶然的事件,便可以了解整个中国亚洲内陆边疆的历史"规律"了。

对本书 313—317 页的补注:一些关于中国人进入中亚并开展丝绸贸易的观点,与我对贸易因素的估计很不一样。参见泰格特(Frederick J. Teggart):《中国与罗马》,伯克利,1939 年。

---

① 《北史》卷九九;《隋书》卷八四。
② 《旧唐书》卷一九四上;《新唐书》卷二一五。

第十六章 边缘社会:征服与迁徙

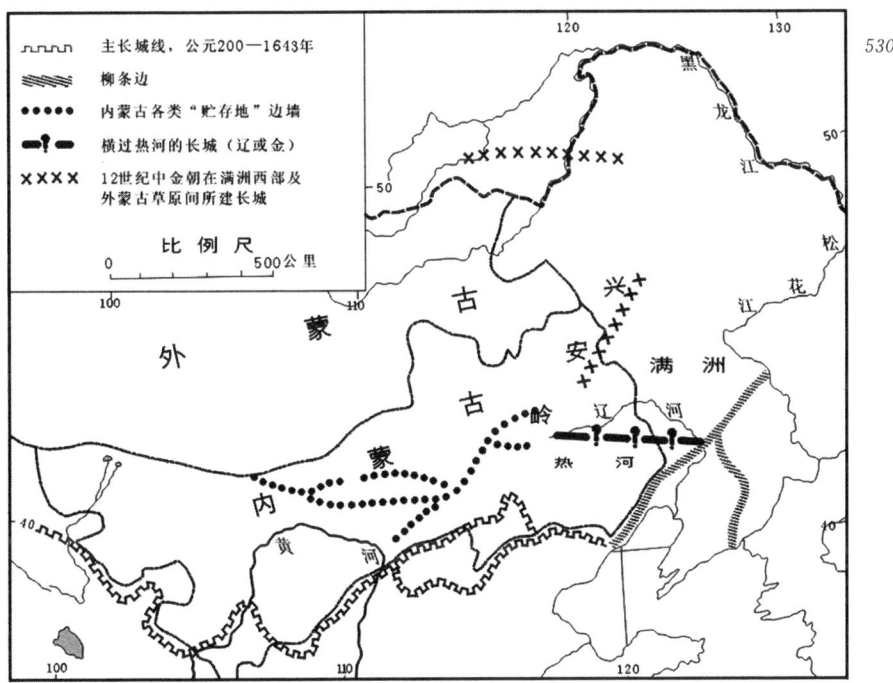

图十一　长城及北方边墙

第十七章　朝代及部落历史的循环

中国历史的周期性

　　许多学者讨论过中国历史的周期性,其循环似乎有一个固定的模式。虽然中国人一般的社会观对战争并不重视,虽然他们的社会体制也不给军人崇高的地位,但每一个中国朝代却都是从战争中产生的,而且战争的时间也相当长。农民暴动和少数民族入侵同样周期性地爆发,有时这两种战争同时发生,随之而来的是饥馑和破坏,只有在极残酷的镇压下才得以恢复太平。一个中国朝代的简史可概括为:一位中国将军或少数民族的征服者恢复了和平——多半是精疲力竭的和平,然后出现一个逐渐繁荣的时期,土地重行耕种,形成一个稳定的时期。但是,逐渐地,软弱的行政能力及贪污阻滞了贸易及赋税,怨恨及贫困随之蔓延。这个朝代的最后一位皇帝是残暴而无能的。有权势的人争权夺利,无权势的人则反抗政府。于是这个朝代灭亡了。一个短暂时期之后,新的王朝又开始,像旧王朝的开始一样,其所经历的过程也是一样。

　　问题是,中国历史的整个现象就是这样吗?或许它只是一个更广、更深、更复杂事物的表面现象?我们所有的难道只是一个利润增加与减少的交替——一部中国历史可以用这种简单的经济原理来解释吗？或是我们再找一个同样简单的社会解释——说一位伟大人物的后裔,经过几代就变成了白痴？

面对历史上表现出的明显的周期性,面对这许多世纪的历史事件的详细记载,我们可以看到即使是最明显的循环也还是有许多差异,对其解释也就有所不同。事实上,关于中国历史的循环性的解释,可以有好几种方法。

李(J. S. Lee)曾把整个中国历史分作若干八百年的循环。第一是周朝的循环,其后又有三个循环,从公元前221年秦朝统一中国至今日,最后的一个循环还没有结束。他所提出的这种严整模式,是将若干朝代合并研究,而不是对一个个朝代的单独研究的结果。他认为,一个在战争中很强盛而立国不久的朝代,做的是奠定基础的工作。一个短的朝代之后有两个长的朝代。这两个朝代之间似乎是一个过渡循环,但是这两个朝代却整个地代表着两个和平与繁荣的高峰。在八百年循环的末期,有许多战争及小朝代的循环,中国南北呈明显对立。此后,又是一个奠定基础的朝代来引出第二个八百年的循环。①

冀朝鼎的朝代循环论

这种严整划分模式的最大弱点,是主观地划分结束旧循环的短暴朝代与开启新循环的短暴朝代。冀朝鼎虽然也研究这些循环现象,但认为应深入考察中国历史后面的根源。他认为由秦始皇缔造,由汉朝所巩固的帝国制度,在公元前221年至公元220年,有一个首次统一与和平的时期。其后是三国、两晋、南北朝——公元221年至589年——的首次分裂与争战时期。然后,是隋、唐两朝(581—907)的第二次统一与和平

---

① J.S.李:《中国内战的周期性》,1931年;林语堂:《吾国与吾民》,1935年,有大段引用。

时期。五代、宋、辽、金是第二次分裂与争战时期。第三次统一与和平时期是元、明、清时期(1206—1912)。①

冀氏的解释没有什么主观的独断。他把秦汉间及元明之间的血战时期也列入"统一与和平"的时期,而非"分裂与争战"的时期,他之所以这样做,是不想纯粹按照年代排列的形式,而是以数字以外的指标来估计中国的发展。他所用的指标是水利工作,不但有防洪和灌溉,而且还有运河运输。这不是一个僵化的标准,而是一个活的,因为它对于中国农业非常重要,也是整个中国文化的重要因素。

冀氏的"首次统一与和平时期"的参照指标是陕西的泾水和渭水、山西的汾河,以及整个黄河下游的农业地区。这是中国的核心,即冀氏所谓的"重要经济区域"。在这个范围之内,因历史的形成过程非常集中,其他一切都是附带的和次要的。"首次分裂与争战时期"也是以同样的标准来确定的。当时情势的变化,是最先进、最有效率、利益最大的农业重心区的动摇。旧中心的绝对重要性并没有减退,但相对来说,新的中心已兴起于群山包围而极肥沃的四川及长江下游。

在"第二个统一及和平的时期"中,社会结构恢复稳定,新的中心在长江流域已然确立。不过,因为有技术的进步,可以用运河来联系整个长江流域与黄河流域。这时候的"中国",范围扩大,差不多成为一个全新的样子:政治重心可以保留在北方旧的"经济中心区域"内,但它要从相当远的新的富裕的农业集中地区获取经济利益,那些地区已成为主要的收入来源。但是,到了某个时期,这种结构又告瓦解,于是出现"第二次分裂与争战时期"。其部分原因是,这些新的农业集中区域,虽然可以用来作为某个朝代的富足的根据地,但还没有发展成为一个结合紧密的整体。"山岭把这个区域分割为六个地区,在当时的经济发展水平上,还

---

① 冀朝鼎:《中国历史上的基本经济区和水利事业的发展》,1936 年,第 9—10 页。

很难统一起来。"①最后,虽然到了"第三个统一与和平期",但出现了另一种利润减少的现象:南方主要经济区支持北方政治中心时,费用甚高,其运输价格要高过其本身价格若干倍。② 19世纪太平天国之役后,清朝的中落,大半是因为这个体制在经济上不健全,对政治动荡的承受力极弱。

虽然研究大体上限于经济及技术的范围,冀氏仍然指出,一个看来强盛的朝代,当它的官吏利用地位与权力谋取私利时,即已开始衰落。"政府无能为力的原因,在于违法者其实就是政府中最有权力的人。"③

王毓铨曾经详细讨论过这个问题。他以清朝为例,说明这种循环:

> 清朝的历史记载,始于重新分配土地及减轻捐税,止于统治阶级的腐化,土地之集中于私人,集中于逃避捐税的特权地主,贫农要负担苛捐杂税,以及对外来侵略之无法应付。这就是中国经济及社会史的一个缩影。……腐化的过程可以简略看作是中央政府丧失了它的真正财富及权力,这些财富及权力转移到了统治阶级中某些把持政府权力的人的手里。国家对他们无法控制。他们虽然是负责保护国家利益的官员,在私人方面却是贪污的受益者。他们当中有一部分人,以其国家职官的地位,知道问题何在,却只是以加重平民的赋税来补足他们所逃避的赋税,由以维护政府及他们自己的阶级利益。④

这就终于使农民精疲力竭,被逼叛变。王氏所说的私人利益与国家利益冲突之根源,在于政府人员差不多都是来自地主士大夫阶级。维持一个作为收入基础的集中农业所需的防洪及灌溉工作,需要许多受过教育的人。这种教育成本很高,而且需时很长,只有富有之家才能办得到。能够参加公开并且平等考试的人,多半来自富有家庭,在中国也就是地

---

① 冀朝鼎:《中国历史上的基本经济区和水利事业的发展》,1936年,第131页。
② 同上,第145页。
③ 同上,第137页。
④ 王毓铨:《中国历史中地税的上升与王朝的覆灭》,1937年,第202页。

主家庭。国家的主要收入是田赋,而士大夫阶级的主要收入是田租。一个官吏的家族和他服务的国家在竞争同一财富来源,这就必然出现两类时期的交替:一种是"强盛"的政府时期,强迫士大夫阶级多收田赋,少收田租。另一是"衰弱"政府时期,官员们自己以及社会地位相仿的人所缴付的捐税,还没有他们所收的田租多。①

朝代循环的重复

关于正常的循环就讨论到这。但是,为什么循环会重复呢?王氏说明了一个典型的朝代如何在农民起义中建立。冀氏并指出这种起义多半发生在若干分散的地区。由于中国"自给自足的地方经济",我所说的城市与乡村的社会单位细胞组织,要"团结这些分散的农民势力是很难的"。② 因此斗争的时间会很长,也会具有双重性质,它既包括对旧王朝的反抗,也包括各地方集团为建立新王朝的斗争。最终,统治当时主要经济地区的集团多半可以占得持久的优势。

每逢这种"乱世",中国就趋向于出现依据其组成地区而分裂的局面,这种情况可以用来解答循环重复的问题。统一固然可以由草原侵略者来恢复,但现在我们可以暂且不考虑这一点。乱世时的中国是什么情势呢?第一,国家没有统治权,它已经崩溃了,因为它最重要官员所出身的家庭,窃取了国家的大部分财源。第二,这些家庭深惧他们所造成的灾祸,他们富比王侯,但是为要保卫这些财富,他们要仰仗政府的公共机构,其权力的膨胀与权力本来的范围不成比例。在政府崩溃时,他们本能的反应就是收买若干反叛者,尽可能地保证他们的财富,争取在建立新王朝的过程中,不妨害其整个利益。果然,没有一个这种家庭显露自己,因为朝代一告崩溃,那一朝中占优势的家族及产业,是最引人注意的

---

① 参考本书第三章。
② 冀朝鼎前引书,第ⅩⅣ页。

攻击目标。这些大家庭虽然就整个阶级来说,可以散漫而无组织地团结起来自卫,但他们没有一位能够挺身而出做这个阶级的代表。

第三,实际反叛的农民只能一个地区一个地区地组织起来,而不能以全国为单位。在任何地区,即令在反叛时把士大夫阶级消灭,农民也还是没有办法。他们没有能力建立一个新的国家,遏止旧帝国秩序的恢复,并代之以其他方式的政权。如果这个地区低于灌溉农业发展的平均水准,它会回到"前汉族"那种野蛮制度,而不会创建一个新的、较高的文化。如果它是一个灌溉制度高度发达、人口大量集中的地区,则叛乱期间的运河及堤岸的坏损,多半会造成饥馑,从而出现修缮这些公共工程的需要,这就要"恢复秩序",直到能够从事公共工程的程度。

这种情况极有利于一类人——依附于旧秩序的人。他的社会地位一定要低,使他能够说出农民的痛苦,尽管他不一定代表农民。他也要知道那些大家族的制度、观念与组织,以便能够利用他们,而不是被他们所利用。他要知道如何威制他们,使他们容忍甚至支持他,尽管最后他还是会背弃他们。而最重要的是,他必须有足够的经验和知识,能够掌握残留的公共工程和社会管理,以恢复农耕。他完成这些工作之后,便可以抚慰农民,分配无主土地,供给农作用水,减轻赋税徭役。同时,他可以用农民反叛卷土重来的危险来威胁余留下来的富人,阻止他们以田租的方式夺取政府的田赋收入,并强迫他们参与组织、监督并实施维修或兴建公共工程,参与统计和回收利润。此人可以建立一个新的组织,因为新,就不像旧组织之易于崩溃。同时,他的军队还是农民军,他可以使旧残余们将他的利益放在他们的利益之先。

当然,在任何大混乱时期,都会产生许多这种人,他们可能获得很大的利益,却没有什么损失。因此,冀氏所说的主要经济地区就十分重要了。在许多同样能力的竞争者中,占据能够更迅速获取财富及繁荣的地区的人,就可以控制大量集中的人口,建立一个可以统治整个中国,或依照他活动根据地的资源而定的区域的朝代。建立汉朝的刘邦是这种人,他不是士绅,而是依附于士绅阶级的人。① 建立明朝的朱元璋,②还有一些建立其他次要朝代的人,也是一样。恢复汉朝,建立东汉的刘秀有皇家血统,③但他之前有一个篡汉时期(王莽时代),使整个皇族感到灭顶的威胁,④这令他不得不冒险起事。其他朝代则建立于它们前面较短的朝代所准备好的基础上。宋朝是继后周而起。在这种情况下,问题已不是农民暴动,而是政治争夺,如果说有"革命"的话,那都像是一些宫廷革命。

起源于长城以外的王朝

长城以外的王朝的起源与中国王朝非常相似。冒顿单于可以与中兴汉朝的刘秀相比。他也是单于血统,他知道父亲要杀他,所以铤而走险。⑤ 柔然的创立者是一个逃卒,⑥在关于他的记载中可以看出,他从前在宫廷中似乎还是宠臣,所以了解并知道如何领导手下的人。成吉思汗出身贵族,但幼时很穷而且被人迫害。⑦ 清朝始祖努尔哈赤也是一个贵族,却曾衰落到依附别家贵族以自存的地步。⑧

现代中国学者对自草原兴起而统治中国的王朝,很少讨论。他们对于中国的经济与社会的性质及中国历史发展阶段的兴趣,使他们不能详细检讨长城边境以外的同样问题。但是魏特夫认为,少数民族进入中国

---

① "他原是个亭长,因为官府的压迫和命运不佳,而成了强盗"(德效骞:《前汉史》,1938年,第5页)。
② 《明史》卷一。朱元璋当过和尚,后成为蒙古(元朝)的反叛,成为他第一个投靠的叛乱头目的心腹兼保镖。
③ 《后汉书》卷一上。刘秀的亲属见他投入危险的争权斗争十分恐惧,怕因此而被株连。
④ 刘秀曾在王莽时期做官,但一定是个很不稳定的官位。
⑤ 《史记》卷一一〇。
⑥ 《北史》卷九八;《魏书》卷九一。
⑦ 帕拉基翻译的俄文版《蒙古秘史》,1910年,第18页及以下;萨囊彻辰的蒙古文版,第66—68页;施密特的翻译版,第67、69页。
⑧ 参考本书第五章。

并不是偶然的事。他认为,虽然中国常有战争,但中国的经济及社会却不是为战争而组织的。相反,它们在战争中极为脆弱,特别是灌溉工程,只要短期间内不管理修浚,就会毁坏。至于游牧社会,却可以很容易地从和平转为战争。而且,掠夺中国对少数民族是一种诱惑,而征服草原却不能同样诱惑一位中国皇帝。因此,少数民族一定注意到每一个侵略中国的机会,最好的机会总是发生在中国内乱的时期。① 魏特夫进一步指出,王朝循环虽然在表面上看是政治的,但私人地租利益与国家田赋利益的冲突也会造成周期性危机。②

少数民族侵入中国的深浅,不完全取决于当时中国的衰弱和部落侵入者的强盛的程度。我相信还没有人指出游牧民族之征服中国,并不是起源于大草原,而是来自草原边境。换句话说,侵略者并不是纯粹的典型的少数民族,而是邻近亚洲内陆边疆的混合文化民族。匈奴在雄踞大草原时,并没有征服中国。辽不是突然出现在大草原,而是在长城外面逐渐兴起的。金也是在辽的边境逐渐兴起的。就连伟大的成吉思汗也不是兴起于蒙古草原的深处,他的家族曾在东北边境依附金朝,并且受金的册封。最后,努尔哈赤起先组织并率领的也不是东北远处的通古斯族,而是邻近东北南部"汉边"的通古斯族。

草原边缘地带在朝代更替中的作用

适用于草原及中国的理论,也可以适用于二者之联合,典型的草原社会与典型的中国社会代表的是两个极端。掌握中国政权的人最不希望与草原发生关系,而权力建立于边疆以外的人,却垂涎于从中国取得财富和在中国建立政权,不过,他们也同样力求防止他们的部落下

---

① 魏特夫:《中国经济史问题》,1927 年,第 325 页;《中国经济史的基础与舞台》,1935 年,第 53 页。冀朝鼎、王毓铨(见前引书)均受到魏特夫的影响。
② 魏特夫:《东方社会的力量》,1938 年,第 109—114 页。

属——有特殊军事价值的人——沾染中国习俗。①

但是,这两种社会不能截然地分开,它们的接触线无可避免地扩展成一个过渡地区,其中居住着一些在不同程度上受中国影响的草原部落,和受有不同程度草原影响的汉人。在极为混乱的时期,这个地区会变得狭窄,因为一部分边境草原居民退回草原,一部分汉人退回中国内地。反之,经过长期稳定,这个过渡地区会扩大。它越扩大,就越加具有独立社会秩序的地位,也就越重要。这个地带又决不会完全分裂,因为那里总有一些不适合定居生活的草原,以及其中国特性不会受草原影响的精作农业区。不过,它可能对草原及中国内地产生影响,削弱这两种典型社会的结构的牢固性。

当长时期的稳定开始被破坏——不是因突发的大范围战争,而是因逐渐加剧的战争——边疆混合社会不可能迅速归属"严格"的草原社会或"严格"的汉族社会。这个时期,不仅要站在两个阶级之间,而且要站在两个社会之间的人才能把握。边境上的人们,了解草原及中国的权力结构,可以在这个时期灵活地运用他们的知识。但是,如果是边疆上较大的首领,则不会充分利用这些机会,因为在这种时期,大首领们都要极力保护他们既有的权利,不敢冒险。敢于冒险的人,其家庭联系使他们认识并渴望权力,而在地位上的衰落使他们非冒险则不能获得权力。②

这种人,也许只有这种人,才能建立同时统治草原及中国内地的"游牧人"朝代。真正的汉族也许想把他们的势力伸展到亚洲内陆边疆来,但并不愿超越这个范围。而真正的游牧民族也许会侵入并掠夺中国内地,但他们不知道如何占领并统治。这类边境征服者力量的基础是边境还是草原,或是中国,这完全取决于边境的深浅和当时混合人口的数量,取决于真正中国与真正草原之间的均势状态。

---

① 拉铁摩尔:《评格勒纳尔〈成吉思汗〉》,1937年。
② 参考本书第四、五章。

由此起源而兴起的王朝的最后形式,以及它与边境保持联系的程度,是部分脱离边境而伸入草原或中国,还是伸入这两方面,都要由若干条件来决定。例如唐朝就是由一对敢冒险的具有突厥血统的父子所建立的。① 突厥骑兵支持他们以攻击力量,遂迅速击败隋朝,接收隋朝伟大的灌溉及运河制度,使它们免于在长期战争中被破坏。此后,唐朝势力深入草原及中亚,但是,其朝代中心仍明确地留在亚洲内陆边疆以内的农业的汉族一方。

唐朝从边疆的边缘迅速伸入中国内地,而成吉思汗却从边疆伸入草原,然后再回师中国内地。蒙古人征服中国不是突然的。成吉思汗不是大草原的人,而是草原边缘的人。他统一了草原各部,却没有像冒顿单于那样做草原皇帝。在他的时代,世界很混乱,两个世纪以来的战争和部分的占领已经破坏了中国的边疆,中国及俄属中亚的绿洲暴露出来,而波斯同中国一样软弱。在这种松弛局面中,从小就被逐到草原的成吉思汗,比其他贵族有更好的机动性及战争技术的训练。他所率领的草原民族具有很多绿洲的影响,当他返回到草原边缘时,有许多混合文化的下属,可以引导他从事新的征服,并在征服后立即进行组建工作。其中包括回鹘人,而最重要的是耶律楚材。② 耶律楚材是契丹皇室之后,深知中国边疆及中国各事。此外,我们不要忘了,蒙古民族征服中国是在成吉思汗的孙子忽必烈汗的时代,那时征服中国的已不是一个部落,而是一个已经长成并十分强大的王朝。辽、金两朝的建立过程比较缓慢,战争的时间比较长。在它们则另有一种情形:中国内部的长期战争,在一个人以武力征服一切对手之前,其破坏的程度极深,几乎达到精疲力竭的地步。但是草原边境的长期战争,虽然破坏了混合社会中的农业部分,却可以团结游牧的部分。定居居民虽然在长期战争的初期尚可以自

---

① 尽管李氏的基地在山西北部,但其宗族来源可追溯到甘肃氐道地区短暂的匈奴"王朝"。见《唐书》卷一;《新唐书》卷一。
② 《元史》卷一四六;《新元史》卷一二七。

保,但是农业本身却逐渐破产,土地无人耕种。另一方面,对于偏向于游牧的人,战争可以促进游牧制度中军事特征的发展:游动生活的技术、迅速集中攻击或防御的能力、以及从敌人经过的地区迅速撤退居民及牲畜的能力。

所以,长期战争不但增加游牧民族的力量,而且还增进游牧民族统治及开发定居经济的能力,而不再单纯地掠夺定居居民。大草原中真正的游牧民族也许只知道掠夺与入贡,而边境游牧民族却知道如何统治各种人。在长期战争之后建立的边境王朝因此具有两重性质。它知道怎样利用中国的经济,并知道在被破坏后如何恢复。同时,在若干年的战争中,它的游牧部属也随之增加。这种游牧部属已不是附庸——像唐朝的突厥骑兵一样,忽然被召到中国,又迅速回到边疆。这些部属在长期服役之后,已成为新王朝势力本身的一部分。

对这种势力必须很巧妙的管制。不能在王朝建立于中国之后,拿一些钱将他们来遣散,因为他们也许会背弃其领袖而叛变。也不能将他们整体迁入中国,因为会消耗太多必须谨慎管理并增加的收入。在这种时候,"贮存地"的现象才变得最为重要。① 这个王朝必须在它所占领的土地及统治的民众间,建立起等级来。

边疆之内汉族经济是最有利的方式,因此,即使是受游牧者统治的政权,其性质也必然是汉族的。这就是说,进入这个政权服务的汉人,依旧保持汉人特点。而游牧人,则不能保持其游牧人或边境人的特性,而要变为汉人。游牧部落的军队也可以到中国驻防,特别是在立朝之初。他们也会很快汉化。

邻近边疆,在我所说的"贮存地"中,却有另一种驻防军队。他们不驻在一个固定地点,而是一些担负随时作战责任的游牧部落。他们享有特别津贴。这种"贮存地"内的驻防军队及津贴制度的存在,有两种考

---

① 参考本书第十三章。

虑：这种部落由被封有世袭爵位的首领的率领，可以随时调入中国。另外，他们也要在边疆上阻止那些没有参加战争却想分肥的草原外面部落的侵入。因此，给他们的津贴一定要多，否则这些部落就会加入草原外面的部落，而不去防御他们。

因此，在边境王朝统治下，对于长城线以外的边墙建设，比纯粹的中国王朝还积极。这些边墙也可以叫作"贮存地围墙"，它们大约是东西向，可以在整个内蒙古地区找到。也许其中最重要的是兴安城，在东北西部草原边境上，为沿兴安岭由南到北的一条城墙，这是金朝建筑的，但之前的辽代已开始动工。外蒙古东北部的"成吉思汗边墙"大概就是它的一部分。

虽然"贮存地"的起源和目的是为了游牧民族，但是住在那里的部落却不会保持真正游牧的性质。它的战士既然是为在中国有固定首都的王朝服役，它就必须有固定的集中地点，以及在每个集中地的固定的人数。因此，即使在和平时期，牧场的分配也不能单纯地根据游牧经济的需要来决定，而必须考虑保证一个农业国家的固定边疆的需要。

破坏这种"贮存地"的游牧性质的更重要的条件，是各部落首领的利益。他们是随着新王朝进入中国的贵族首领，不但要有同样的爵位和荣誉，还要有同样的享受。① 没有方法可以阻止他们招请汉族商人、工匠、甚至农夫到他们部落的土地上，去建立一些粗略的、仿制的中国宫廷和"城池"，去尽量地花费他们的收入。这样，边境的混合文化，在长期战争中虽然倾向于游牧制度，但在长期的和平之后却倾向于定居社会。于是草原边境又与大草原分离。这也许造成了桑普所提到的一件重要事实：

---

① 诺维斯基（Novitskii, V. F.）:《蒙古穿行记》(1911年，俄文)说，与外蒙古王公作比较，内蒙古的王公"更为自主和傲慢"。他认为原因之一是他们与北京朝廷频繁的私人联系。这是在1906年，即1911年中国和蒙古革命前不久的情景。"内""外"蒙古王公的不同，源自"满洲"同盟部落与在"贮存地"以外的部落之间的差别。这些差别已经很久了。同书中还有对于内蒙古王公有更多"汉人"习俗的评论。

内蒙古的"贮存地围墙"在大体上是与土壤界线相吻合的。① "贮存地"的文化在成为混合文化后,就自限于可以容忍混合文化的环境范围中,不再深入草原。

中国与草原之缺乏统一

这种混合文化并不是一个整合的新生活。一方面它太依赖于王公的兴趣和利益,他们对草原生活方式的作用是人为的、政治的,而不是有机的。另一方面,它不会发展成可以在比较典型的草原中生存的方式,而是与草原脱离,让草原的大部分地方持久地保有旧式的生活技术。事实上,草原本身成了游牧制度的"贮存地"。混合文化是草原与中国之间的桥梁,两方由此相互影响。但是这两个世界的联系,似乎只是在桥的中间,而在两个桥头上,它们依然还是两个不同的世界。

唯一可以真正整合以农业为主和以畜牧为主的社会的桥梁是工业化。我这里所讨论的中国历史循环及草原历史循环,并没有充分解释为什么工业化不能在亚洲内陆边疆的任何一方发展起来。不过我想这里也说明了一部分。在中国灌溉农业中,偏重于人工,而大量的后备劳力使人工十分低贱,这造成一种抵制机器化的既定的社会利益。(这自然不是一个完整的解释,而只是复杂问题的一方面。)② 在草原社会中,其主要的既得利益是移动性。③ 不管哪一个社会,如果是封闭的世界,历史的循环也许可以

---

① 桑普:《中国土壤地理》,1936 年,第 118 页。长城以外的外城只有部分被标在地图上。东部外城,参见各盟、旗及其他部落地区地图,见拉铁摩尔:《满洲的蒙古人》,大多根据南满铁路版的日本军用地图编绘。西部外城,最好的地图见赫定《中亚与西藏的科学考察收获》(1927—1935),1935;亦伯格曼:《考古调查》的有关部分;伯格曼的早期文章:《蒙古的过去与现在》,第 110—113 页。特别值得注意的是有关唐古特(西夏)王朝北部边界的城墙。
② 参考魏特夫:《东方社会的力量》,1938 年。
③ 在蒙古人禁例中——可能起源于社会禁例——不准贮存过冬干草,不准挖很多水井,不准捉鱼,等等。所有这些都会增强繁荣,但这更意味着对地点的附属,传统来看,这会削弱游牧民族首领的权利。偏见仍有保留,即使因王公与清的密切关系而改变了游牧习性以后。清要人们严格遵守边疆条例。参考本书第四章。

在某种情况下彻底地打破旧秩序,使它不能再恢复起来,但又留下其中一部分,将其合并到新的不同的秩序中。

这种现象之所以没有发生,也许是因为没有一个循环只是在本社会的内部活动,它们都是互相影响的。因为这种相互影响,破坏就不可能彻底。中国永远会保存其环境中的决定性部分,这些部分有利于旧式的精耕灌溉农业。由此,旧秩序也能够恢复它的力量。在草原上也有一个决定性部分,在这里,混合游牧状态必定要返回并保留最严格的游牧制度。

这里还有一点需要考虑:这两个互相影响的循环,每一个都有其独立的阶段,其起源也许是独立的,也许不是。中国农业和社会的进化,对草原边境民族产生压力,促成真正草原社会的形成。① 所以游牧循环至少有一部分是中国循环的结果。②

一经形成之后,游牧循环所造成的力量使它能够以独立的形式,影响中国的历史循环。进一步研究游牧民族间的战争,以及游牧民族侵入中国的战争,更重要的是,研究中国与草原间过渡社会的详细兴亡史,无疑会增进我们对草原游牧制度及草原历史活动性质的知识。通过这些研究,也许可以更清楚地了解中国亚洲内陆边疆的游牧制度在多大程度上是产生于其他生活方式,以及中国促成草原游牧制度所产生的影响与其后中国对已经独立的草原游牧制度的影响的区别。

我们大致已经明了:在史前的亚洲,中国与中亚的原始人类并没有多少差别。伟大文明——中国、印度、美索不达米亚等等——的开始,所创造

---

① 参考本书第十二章。
② 魏特夫(前引书,第111页,注4)对我关于游牧历史问题的早期研究作的评论,他对于游牧民族的周期性源自汉人的周期性的论述,比我的更加清晰。

的并不限于这几个文明本身。每一文明最初发展于能够在它软弱幼稚的时期获得充分保证并能促进其发展的环境中。在它成熟强盛之后,则趋向于最优惠的环境。在它的发展中,就像中国文明那样,发展并改进那些最有利的东西,放弃其他东西,并且排斥不符合规范的东西。

在边缘环境中形成的边缘团体,不但能够保存某些不合规范的东西,而且还能将其发展成一个新规范。就这样,在中原人进化成汉族的过程中,也推动了草原生活方式的形成,就如同促成了汉族生活方式一样。因此,草原生活可以说是一种次秩序,虽然它不是附属性的秩序,而是一种间接起源并作独立发展,而占有基本地位的秩序。

起源是如此,将来的发展也是如此。中国是今日远东主要的历史活动地点,今日中国所发生的事件,已经影响到亚洲内陆边疆的外面。为抵抗日本侵略而产生的中国生活的改变,比日本入侵本身还要重要。中国内部这种变革的浪潮,已经波及亚洲内陆边疆的外面。这并不是说亚洲内陆要出现一个新的规范来接近或附属于中国的新规范。这个新规范可以整合中国与它的亚洲内陆,但因为各民族的历史差异,变革并不一定相同。又因为工业化及其他新因素无法平均分配,变革的程度也不一样。研究历史上亚洲内陆边疆及各种不同社会对各种环境的影响,使我们获得了解每一个新阶级的形成的可能,并使我们能够积极参与促成我们这个时代的各种发展,而不只是消极地等待它们。

参考文献

ADAMS,HENRY. (亚当斯) The Education of Henry Adams. (《亨利·亚当斯的教育》) Boston and New York, 1918.

ANDERSSON, J. G. (安特生) The Cave Deposit at Sha Kuo T'un in Fengtien. (《奉天沙锅屯洞穴堆积》) *Palaeontologia Sinica*, Geol. Surv. of China, Peking, Ser. D, Vol. I, No. I, 1923.

――. Children of the Yellow Earth: Studies in Prehistoric China. (《黄土的子孙》) London, 1934.

――. Der Weg uber die Steppen. (《草原之路》) *Bull. Mus. Far Eastern Antiquities*, Stockholm, No. I, 1929.

――. Preliminary Report on Archaeological Research in Kansu. (《甘肃考古记》) *Memoirs Geol. Surv. China*, Peking, Ser. A, No. 5, 1925. [Includes "A Note on the Physical Characters of the Prehistoric Kansu Race" by Davidson Black.

ANDREW, G. FINDLAY. (安德鲁) The Crescent in North-West China. (《中国西北的伊斯兰》) London, 1921.

ANONYMOUS. (佚名) Article on Mongol population in Manchuria(《论满洲的蒙古人》), in *The People's Tribune*, Shanghai, August I, 1935.

ANOUYMOUS. (佚名) Tribal Problems of Today. (《今日部落问题》) *Journ. Central Asian Soc.*, London, Vol. XVII, April, 1930.

ARENDT,W. W. (阿恩德) Sur l'apparition de l'atrier chez les Scythes. (《论马镫在斯基泰王国的出现》) *Eurasia Septentrionalis Antiqua*(《古代北欧》), Helsinki, Vol. IX (Minns Volume), 1934.

ARENS, M. (阿仁斯) Yaponskaya agressiya vo Vnutrennei Mongolii (Japanese Aggression in Inner Mongolia).(《日本对内蒙古的侵略》) *Tikhii Okean（Pacific Ocean）*,Moscow, No. 4(10), 1936.

ASAKAWA,K.(朝川) Article on "Feudalism, Japanese,"(《论日本的封建主义》)in *Encyclopaedia of the Social Sciences*, Vol. VI. New York, 1931.

BADDELEY,J. F.(巴德利)Russia, Mongolia, China：Being Some Record of the Relations Between Them From the Beginning of the XVIIth Century to the Death of Tsar Alexei Mikhailovich A. D. 1602－1676(《俄国、蒙古、中国：17世纪初至米哈伊洛维奇沙皇(1602－1676)逝世前有关三国之间关系的记录》)2 vols. London, 1919.

BALES,W.(贝勒思) L. Tso Tsungt'ang：Soldier and Statesman of Old China.(《左宗棠：旧中国的士兵与政治家》) Shanghai, 1937.

BARBOUR,G. B.(巴伯) Recent Observations on the Loess of North China.(《中国北方黄土的新近考察》) *Geogr. Journ.*,London, Vol. LXXXVI, January, 1935.

BARTHOLD,W.(巴托尔德) Turkestan Down to the Mongol Invasion.(《蒙古入侵前的土耳其斯坦》) Translated by H. A. R. Gibb. 2nd edit. London, 1928.

BARTON,SIR WILLIAM.(巴顿) The Problems of Law and Order under a Responsible Government in the North－West Frontier Province.(《一个西北边疆责任政府之下的法律与秩序问题》)*Journ. Royal Central Asian Soc.*, London, Vol. XIX, January,1932.

BELL,SIR CHARLES.(贝尔) The North－Eastern Frontier of India.(《印度东北边疆》)*Journ. Central Asian Soc.*,London, Vol. XVII, April, 1930.

BERGMAN,FOLKE.(伯格曼) Archaeological Researches in Sinkiang(《新疆考古学研究》),*constituting* Reports from the Scientific Expedition to the North－Western Provinces of China under the Leadership of Dr. Sven Hedin, Vol. VII. Stockholm, 1939.

____. Nagot om Mongoliet i forntid och nutid.(《蒙古的过去与现在》)*Ymer*, Stockolm, Vol. LV, No. 2, 1935.

____. Newly Discovered Graves in the Lop－Nor Desert(《罗布淖尔沙漠新发现的墓葬》). *Geografiska Annaler*, Stockholm, Vol. XVII, 1935 (Hedin Seventieth Birthday Volume).

____. *See also* Hedin, Sven. De vetenskapliga resultaten(《中亚与西藏的科学考察收获》)…

BERTHELOR,ANDRE.(贝洛特) L'Asie ancienne centrale et sud－orientale d'apres Ptolemee.(《托勒密时代后的古代中亚和东南亚》) Paris,1930.

BERTRAM,JAMES.(贝特兰) First Act in China：The Story of the Sian Mutiny.(《中国第一行动：西安兵变》) New York, 1938.

———. Unconquered: Journal of a Year's Adventures among the Fighting Peasants of North China. (《未被征服者：一年来华北农民的抗战历程》) New York, 1939.

BISHOP, CARL WHITING. (毕士博) The Beginnings of North and South in China. (《中国南北的开端》) *Pacific Affairs*, New York, Vol. VII, September, 1934.

———. The Chronology of Ancient China. (《古代中国年谱》) *Journ. American Oriental Soc.*, Baltimore, Vol. LII, 1932.

———. Long－Houses and Dragon－Boats. (《长屋与龙船》) *Antiquity*, Gloucester, Vol. XII, December, 1938.

———. The Neolithic Age in Northern China. (《华北新石器时代》) *Antiquity*, Gloucester, Vol. VII, December, 1933.

———. Origin and Early Diffusion of the Traction－Plow. (《拉犁的起源与早期传播》) *Antiquity*, Gloucester, Vol. X, September, 1936.

———. The Rise of Civilization in China with Reference to Its Geographical Aspects. (《中国文明的兴起及其地理因素》) *Geogr. Rev.*, New York, Vol. XXII, October, 1932.

BALCK, DAVIDSON, and others. (布莱克等) Fossil Man in China: The Choukoutien Cave Deposits with a Synopsis of Our Present Knowledge of the Late Cenozoic in China. (《中国人类化石》) *Geological Memoirs*, Geol. Surv. of China, Peiping, Ser. A, No. n, 1933.

———. The Human Skeletal Remains from the Sha Kuo T'un Cave Deposit, in Comparison with Those from Yang Shao Tsun and with Recent North China Skeletal Material. (《沙锅屯洞穴中的人骨遗存：与仰韶村及最近华北发现的人骨材料的比较》) *Palaeontologia Sinica*, Geol. Surv. of China, Peking, Ser. D, Vol. I, No. 3, 1925.

———. See also Andersson, J. G. (安特生) Preliminary Report. (《甘肃考古记》)

BLOCH, MARC. (布洛赫) Article on "Feudalism, European,"("欧洲的封建主义"条) in Encyclopaedia of the Social Sciences, Vol. VI, New York, 1931.

BOEKE, J. H. (伯克) The Recoil of Westernization in the East. (《西化在东方的退缩》) *Pacific Affairs*, New York, Vol. IX, September, 1936.

BONVALOT, GABRIEL. (邦瓦洛特) Across Tibet. (《穿越西藏》) New York, 1892. [Chapter IV, "An Excursion to Lob Nor," by Prince Henry of Orleans.]

BREASTED, JAMES H. (布雷斯特德) A History of Egypt. (《埃及史》) 2nd edit. New York, 1912.

BRETSCHENIDER, E. (布雷特施奈德) Mediaeval Researches from Eastern Asiatic Sources: Fragments Towards the Knowledge of the Geography and History of

Central and Western Asia from the l3th to the l7th Century. (《中世纪研究》) 2 vols. London, 1888 (reprinted 1910).

BROCK, H. LEM. (布洛克) Air Operations on the N. W. F. (《西北边疆的空中行动》) [North-West Frontier], 1930. *Journ. Royal Central Asian Soc.*, London, Vol. XIX, January, 1932.

BROOMHALL, MARSHALL. (海恩波) Islam in China. (《中国的回教》) London, 1910.

BRUCE, C E. (布鲁斯) The Sandeman Policy as Applied to the Tribal Problems of Today. (《用于今日部落问题的桑德曼政策》) *Journ. Royal Central Asian Soc.*, London, Vol. XIX, January, 1932.

BRYCE, JAMES. (布赖斯) The Holy Roman Empire. (《神圣罗马帝国》) New York—London, 1904.

CABLE, MILDRED. (盖群英) The New "New Dominion." (《新"新统治"》) *Journ. Royal Central Asian Soc.*, London, Vol. XXV, January, 1938.

CAHUN, LEON. (迦恩) Introduction a l'histoire de l'Asie: Turcs et Mongols, des origines a 1405. (《亚洲史入门:回教徒与蒙古人,从原始社会到 1405 年》) Paris, 1896.

CARPINI, PIAN DE. (迦儿宾) *See* Rockhill, w. w. (见柔克义) *The Journey of William of Rubruck*. (《鲁布鲁克"东游记"》)

CARRUTHERS, DOUGLAS. (贾鲁瑟) Unknown Mongolia. (《未知的蒙古》) 2 vols. London, 1913.

CHANG, C, M. (C. M. 张) Review of Wan Kuo-ting, "Agrarian History of China." (评万国鼎《中国耕地史》*Nankai Social and Economic Quarterly*, Tientsin, Vol. VIII, July, 1935. *See also* Wan, Kuo-ting.

CH'ANG CH'UN. (长春真人) *See* Palladius. (见帕拉基)

CH'AO-TING CHI. (冀朝鼎) *See* Chi, Ch'ao-ting. (见冀朝鼎)

CHAVANNES, E. (沙畹) Les deux plus anciens specimens de la cartographic chinoise. (《中国地图绘制的两个古代样本》) *Bull, de l'École frangaise d'Extreme-Orient*, Hanoi, Vol. III, 1903.

——. Inscriptions et pieces de chancellerie chinoises de l'epoque mongole. (《蒙古时代中国大臣的碑铭与诗文》) *T'oung Pao*, (《通报》) Leyden, Ser. II, Vol. V, 1904, and Vol. VI, 1905.

——. Memoires historiques de Se-Ma Ts'ien. (司马迁《史记》) 5 vols. Paris, 1895—1905. [A translation of the first 47 *chuan* of the Shih Chi, or "Historical Memoirs," of Ssu-ma Ch'ien.]

CHEN, HAN-SENG. (陈翰笙) A Critical Survey of Chinese Policy in Inner Mongolia.(《中国在内蒙古实施政策的重点调查》) *Pacific Affairs*, New York, Vol. IX, December, 1936.

    See also Lattimore, O.(见拉铁摩尔)

———. The Good Earth of China's Model Province.(《中国样板省的优质土壤》) *Pacific Affairs*, New York, Vol. IX, September, 1936.

———. Landlord and Peasant in China: Agrarian Problems in Southernmost China. (《中国的地主和农民:中国最南部的耕地问题》) New York, 1937.

———. The Present Agrarian Problem in China.(《当前中国耕地问题》) Shanghai, 1933.

CHEN, PARKER T.(P. T. 陈) *See* HORNER, NILS G.(见奥尔纳)

CHEN, WARREN H.(W. H. 陈) An Estimate of the Population of China.(《中国人口估计》) *XIX' Session de I'lnstitut international de Statistique*, Tokio, 1930. Shanghai, 1930.

CHI, CH'AO—TING.(冀朝鼎) The Economic Basis of Unity and Division in Chinese History.(《中国历史统一与分裂的经济基础》) *Pacific Affairs*, New York, Vol. VII, December, 1934.

———. Key Economic Areas in Chinese History, as Revealed in the Development of Public Works for Water—Control.(《中国历史上的基本经济区与水利事业的发展》) London, 1936.

CHI LI.(李济) *See* Li, Chi.(李济)

CH'ien—Han Shu. [The history of the earlier or Western Han dynasty, B. C. 206 to A. D. 24.(《汉书》)The chief compiler was Pan Ku.] *See also* K'ai Ming.

CH'IEN, MU.(钱穆) Hsi Chou Jung Huo K'ao (The Jung Disasters of the Western Chou).(《西周戎祸考》) *Yu Kung* (Tribute of Yu), *The Chinese Historical Geography Semi—Monthly Magazine*, Peiping, Vol. II, Nos. 4 and 12, 1934 and 1935.

Chilin T'ungchih.(《吉林通志》) In 6 vols. (Coo). Preface dated 1891. [Gazetteer of Kirin Province].

Chin Shu. [The history of the Chin dynasty, 265—419.(《晋书》) The chief compiler was Fang Chiao.] *See also* K'ai Ming.

China Year Book.(《中国年鉴》) H. G. W. Woodhead, ed. Shanghai. 1934 and 1935.

Chinese Eastern Railway.(中国东部铁路) North Manchuria and the Chinese Eastern Railway.(《中国东部和满洲北部铁路》) I. A. Mihailoff, ed. Harbin, 1924.

Chinese Year Book.(《中国年鉴》) Council of International Affairs, Chungking, 1938—39. [Shanghai?], 1939. [The large folded map attached to this Year

Book has also been used for reference.〕

CHU,COCHING(竺可桢) The Aridity of North China. (《华北的干旱》) *Pacific Affairs*, New York, Vol. VIII, June, 1935.

COATMAN,J.(科特曼) The North－West Frontier Province and Trans－Bor－der Country under the New Constitution. (《西北边疆省份》) *Journ. Royal Central Asian Soc.*, London, Vol. XVIII, July, 1931.

Commercial Press.(商务印书馆) Ta－Ch'ing Tikuo Ch'uant'u (Atlas of the Ta－Ch'ing〔Manchu〕Empire). (《大清帝国全图》) Shanghai, 1905.

CONRADY,A.(康拉迪) Article on "China" ("中国"条) in *Weltgeschichte*, J. von Pflugk－Harttung, ed. Vol. "Orient." Berlin, 1910.

COULING,S.(库陵) *See* Encyclopaedia Sinica. (见《中国百科全书》)

COURANT,M.(库尔唐) L'Asie centrale aux XVII e et XVIIIe siecles：Empire kalmouk ou Empire mantchou? (《十七到十八世纪的中亚：卡尔梅克帝国还是满洲帝国?》) Lyon－Paris, 1912.

CREEL,HERRLEE GLESSNER.(顾立雅) The Birth of China. (《中国的诞生》) London, 1936.

——. On the Origins of the Manufacture and Decoration of Bronze in the Shang Period. (《商代青铜器制作与装饰的起源》) *Monumenta Serica*, Peiping, Vol. I, No. i, 1935.

——. Studies in Early Chinese Culture. (《中国早期文化研究》) First Sen, Baltimore, 1937.

CRESSEY,GEORGE B.(葛德石) China's Geographic Foundations. (《中国的地理基础》) New York, 1934.

CUNNINGHAM,SIR GEROGE.(坎宁安) Reforms in the North－West Frontier Province of India. (《印度西北边疆的改造》) *Journ. Royal Central Asian Soc.*, London, Vol. XXIV, January, 1937.

DE GROOT,J. J. M.(哥罗荷) Die Hunnen der vorchristlichen Zeit. (《公元前的匈奴》) Berlin－Leipzig, 1921.〔Part I *of* Chinesische Urkunden zur Geschichte Asiens.〕

——. Die Westlande Chinas in der vorchristlichen Zeit. (《公元前中国的西域诸国》) O. Franke, ed. Berlin－Leipzig, 1926.〔Part II *of* Chinesische Urkunden zur Geschichte Asiens.〕

DE HARLEZ, CH.(德·阿尔莱) La Religion nationale des Tartares Orientaux：Mandchous et Mongols. (《东方鞑靼人的民族宗教：满族与蒙古族》)…Paris, 1887.

DE MAILLA,JOSEPH.(德·迈拉) Histoire generate de la China. (《中国通史》)

13 vols. Paris, 1779. [Translated from the T'ung—chien Kang—mu, and other sources.]

DIXON, ROLAND B. (狄克逊) The Racial History of Man. (《人类种族史》) New York—London, 1923.

DMITRENKO, V. V. (德米特伦科) When Horns Were in the Velvet. (《鹿角与鹿茸》) *Asia*, New York, Vol. XXXIII, December, 1933.

DOKSOM. (杜克索姆) Istoricheskie uroki 15 let revolyutsii (Historical Lessons of 15 Years of Revolution). (《十五年革命的历史教训》) *Tikhii Okean* (Pacific Ocean), Moscow, No. 3(9), 1936. [Report by Doksom, President of the Little Khural, to the Jubilee 21st Session of the Mongol People's Republic, together with resume of the Report of Amor.]

DUBS, HOMER H. (杜伯斯) ed. and transl. The History of the Former Han Dynasty by Pan Ku. (班固《汉书》) Vol. I. Baltimore, 1938.

DUERST, J. U. (杜额斯特) Animal Remains from the Excavations at Anau. (《安诺遗址出土动物遗存》) *in* pumpelly, Explorations in Turkestan, Vol. II, Part VI. *For complete reference see* pumpelly.

DUMAN, L. I. (杜曼) Agrarnaya politika tsinskogo pravitel'stva v Sin'tszy—ane v kontse XVIII veka (Agrarian Policy of the Ch'ing [Manchu] Government in Sinkiang at the End of the XVIII Century). (《十八纪末清政府在新疆的土地政策》) Moscow—Leningrad, 1936. *See also* Lattimore, O.

DUYVENDAK, J. J. L. (戴闻达) The Book of Lord Shang. (《商君书》) London, 1928.

EBERHARD, WOLFRAM. (埃伯哈德) Early Chinese Cultures and Their Development: A New Working Hypothesis. (《早期中国文化及其发展：一个新的工作假设》) *Smithsonian Report for* 1937, Washington, D. C, 1937. [Translated by C. W. Bishop from *Tagungsbericht der Gesellschaft fur Volkerkunde*, 2nd session, Leipzig, 1936.]

ELIAS, NEY. (爱莲斯) Narrative of a Journey through Western Mongolia. (《西蒙古旅行记》) *Journ. Royal Geogr. Soc.*, London, Vol. XLIII, 1873.

Encyclopaedia Sinica. (《中国百科全书》) S. Couling, ed. Shanghai, 1917.

FANG, T'ING. (方庭) Lun Ti On the Ti. (《论狄》) *Yu Kung* [Tribute of Yu], *The Chinese Historical Geography Semi—Monthly Magazine*, Peiping, Vol. II, No. 6, 1934.

FENG, CHIA—SHENG. (冯家升) Yuanshih Shihtai chih Tungpei (The Northeast in Extreme Antiquity). (《原史时代之东北》) *Yu Kung* [Tribute of Yu], *The Chinese Historical Geography Semi—Monthly Magazine*, Peiping, Vol. VI, Nos.

3 and 4, 1936.

Fifth Report on Progress in Manchuria.(《满洲发展报告第五》) *See* South Manchuria Railway.

FLOR, FRITZ. (弗洛尔) Zur Frage des Renntiernomadismus. (《关于游牧民族迅速迁徙的问题》) *Mitt. Anthropologischen Gesellsch. in Wien*, Vienna, Vol. LX, 1930. (Festgabe dem sechsten Deutschen Orientalistentag.)

Fourth Report on Progress in Manchuria. (《满洲发展报告第四》) *See* South Manchuria Railway.

FOX, RALPH. (福克斯) Genghis Khan. (《成吉思汗》) New York, 1936.

FRANCKE, A. H. (弗兰克) The Kingdom of gNya khri btsanpo, the First King of Tibet. (《聂赤赞普的王国:西藏的第一个王》) *Journ. and Proc. Asiatic Soc. Bengal*, Vol. VI, 1910.

FRANKE, OTTO. (福兰阁) Beschreibung des Jehol-Gebietes in der Provinz Chihli. (《直隶省热河地区状况》) Leipzig, 1902.

――. Article on "Feudalism, Chinese," ("中国的封建主义"条) *in* Encyclopaedia of the Social Sciences, Vol. VI, New York, 1931.

――. Geschichte des chinesischen Reiches. (《中华帝国史》) Berlin-Leipzig, Vol. I, 1930; Vol. II, 1936; Vol. III, 1937.

――. See also De Groot. (见哥罗荷)

FRITERS, GERARD M. (佛雷特斯) The Development of Inner Mongolian Independence. (《内蒙古独立的发展》) *Pacific Affairs*, New York, Vol. X, September, 1937.

――. The Prelude to Outer Mongolian Independence. (《外蒙古独立的序幕》) *Pacific Affairs*, New York, Vol. X, June, 1937.

FU, SSU-NIEN. (傅斯年) I-Hsia Tung-Hsi Shuo (East-West Theory of the I and Hsia). (《夷夏东西说》) Ch'ing chu Ts'ai Yuan-p'ei Liushihwu Sui Liin-wen Chi (Studies Presented to Ts'ai Yuan-p'ei in Honor of His Sixty-fifth Year). Academia Sinica, Peiping, Vol. II, 1936.

FUCHS, WALTER. (富克斯) Beitrage zur mandjurischen Bibliographic und Literatur. (《满洲目录学与文献学论文集》) Tokyo, 1936.

――. The Personal Chronicle of the First Manchu Emperor. (《满洲首位皇帝年表》) *Pacific Affairs*, New York, Vol. IX, March, 1936.

――. Das Turfangebiet, seine ausseren Geschicke bis in die T'angz eit. (《吐鲁番地区唐和唐以前的对外关系史》) *Ostasiatische Zeitschrift*, Berlin, N. S. Ill, 3/4, 1926.

GIBERT, LUCIEN. (吉贝尔特) Dictionnaire historique et geographique de la Mandchourie. (《满洲历史与地理辞典》) Hongkong, 1934. *See also* Lattimore, O.

GILES, HERBERT A. (翟理思) China and the Manchus. (《中国与满人》) Cambridge, 1912.

———. A Chinese Biographical Dictionary. (《中国传记辞典》) London — Shanghai, 1898.

———. A Chinese—English Dictionary. (《汉英词典》)2nd edit. Shanghai, 1912.

GILMOUR, JAMES. (吉尔摩) Among the Mongols. (《在蒙古人之中》) New York, [1884]?

GOLDMAN, BOSWORTH. (戈德曼) Red Road Through Asia. (《穿越亚洲的红色道路》) London, 1934.

GRAHAM, STEPHEN. (格雷姆) Through Russian Central Asia. (《穿越俄属中亚》) London—New York, 1916.

GORSKI, V. O. (戈尔斯基) proiskhozhdenii rodonachalnika nyne tsarstvuyush—chei v Kitae dinastii Tsin i imeni naroda Man'chzhu (On the Origin of the Founder of the Present Ruling Dynasty of Ch'ing in China, and the Name of the Manchu Tribe), (《统治中国的清朝的开创者及满洲部落的名称》) *in* Trudy Chlenov Rosiiskoi Dukhovnoi Missii (Works of the Members of the Russian Religious Mission), Vol. L Peking, 1852; reprinted 1909.

GREGORY. J. W. and C. J. (J. W. 格里高利和 C. J. 格里高利) To the Alps of Chinese Tibet. (《中国西藏的阿尔卑斯山》) London, 1923.

GRENARD, FERNAND. (格勒纳尔) Haute Asie. (《亚洲内陆》) *Geographie universelle*, Vol. VIII. Paris, 1929.

———. Genghis—Khan. (《成吉思汗》) Paris, 1935. *See also* Lattimore (拉铁摩尔), O.

GRIAZNOV, M. P., and E. A. GOLOMSHTOK, ed. (格里亚兹诺夫、戈洛姆什托克编) The Pazirik Burial of Altai. (《阿尔泰巴泽雷克黄金冢》 *Amer. Journ. of Archaeology*, Vol. XXXVII, January—March, 1933.

GROUSSET, RENE. (格鲁塞特) L'Empire des Steppes: Attila, Gengis—Khan, Tamerlan. (《草原帝国：阿提拉、成吉思汗、帖木儿》) Paris, 1938.

HAENISCH, E. (海涅士) Die letzten Feldzuge Cinggis Han's und sein Tod nach der ostasiatischen Ueberlieferung. (《东亚地区关于成吉思汗最后远征与死亡的传说》) *Asia Major*, Leipzig, Vol. IX, 1932.

———. Untersuchungenuber das Yuan—Ch'ao Pi—Shi, die geheime Geschichte der Mongolen. (《元朝秘史（蒙古秘史）研究》) *Abhandl. der philologisch—historischen Klasse der Sachsischen Akad. der Wissensch.*, Leipzig, Vol. XLI, No. 4, 1931.

HAHN, E. (罕) Die Haustiere und ihre Beziehungen zur Wirtschaft des Menschen. (《家畜与人的家务活动的关系》) Leipzig, 1896.

HANWELL, NORMAN D. (罕威尔) The Dragnet of Local Government in China. (《中国的地方政府网络》) *Pacific Affairs*, New York, Vol. X, March, 1937.

HASLUND, HENNING. (哈斯隆德) Men and Gods in Mongolia. (《蒙古的人与神》) New York, 1935.

HATT, GUDMUND. (哈特) Notes on Reindeer Nomadism. (《驯鹿游牧制度研究》) *Memoirs Amer. Anthropological Assn.*, Washington, D. C., Vol. VI, 1919.

Hauer, Erich. (郝爱礼) General Wu San-kuei. (《吴三桂将军》) *Asia Major*, Leipzig, Vol. IV, October, 1927.

────. Huang-Ts'ing K'ai-kuo Fang-liieh, die Griindung des mandschurischen Kaiserreiches. (《皇清开国方略》) Berlin-Leipzig, 1926.

HEDIN, SVEN, and others (斯文·赫定等) De vetenskapliga resultaten av vara expeditioner i Centralasien och Tibet 1927-1935. (《1927-1935年中亚与西藏的科学考察收获》) *Ymer*, Stockholm, Vol. LV, No. 4, 1935. [Includes report by Folke Bergman, "Arkeologiska undersokningar"]

HEDIN, SVEN. (斯文·赫定) The Flight of "Big Horse." (《巨马飞腾》) New York, 1936.

────. Southern Tibet. (《南部西藏》) 9 vols. and atlas. Stockholm, 1922. [Vol. VIII, Part II, "Die Westlander in der chinesischen Kartographie," by Albert Herrmann.]

────. Trans-Himalaya: Discoveries and Adventures in Tibet. (《外喜马拉雅山》) 3 vols. New York, 1909.

HERRMANN, ALBERT. (赫尔曼) Die Gobi im Zeitalter der Hunnenherrschaft. (《匈奴时代的戈壁沙漠》) *Geografiska Annaler*, Stockholm, Vol. XVII, 1935 (Hedin Seventieth Birthday Volume).

────. Historical and Commercial Atlas of China. (《中国历史与商业地图集》) Cambridge, Mass., 1935.

────. *See also* Hedin, Sven. (见斯文·赫定) Southern Tibet. (《南部西藏》)

HILARION, O. (希拉里恩) Ocherk istorii snoshenii Kitaya s Tibetom (A Sketch of the History of the Relations of China with Tibet), (《中国与西藏关系史概要》) *in* Trudy' Chlenov Rossiiskoi Dukhovnoi Missii (Works of the Members of the Russian Religious Mission), Vol. II, Peking, 2nd edit. 1910.

HORNER, NILS G. and PARKER T. CHEN. (奥尔纳、P. T. 陈) Alternating Lakes: Some River Changes and Lake Displacements in Central Asia. (《变化的湖泊：中亚河湖的变迁》) *Geografiska Annaler*, Stockholm, Vol. XVII, 1935 (Hedin

Seventieth Birthday Volume).

Hou—Han Shu. (《后汉书》)[The history of the later or Eastern Han Dynasty, A. D. 25 to 220. Compiled by Fan Yeh.] See also K'ai Ming.

HOWORTH, H. H. (豪沃斯) History of the Mongols. (《蒙古史》) 4 vols. London, 1876—1888.

HROZNY, FRIEDERICH. (赫罗兹尼) Article on "Hittites" ("赫梯族"条) in Encyclopaedia Bri-tannica, 14th edit. New York—London, 1930.

Hsin T'ang Shu. (《新唐书》)[The history of the T'ang dynasty of 618—906. The chief compilers were Ou—yang Hsiu and Sung Chi.] See also T'ang Shu, another compilation for the same period; and K'ai Ming.

Hsin Yuan Shih. (《新元史》)[The "new" history of the Mongol dynasty in China, 1280—1367. Compiled by K'o Shao—ming.] See also Yuan Shih, a similar compilation but containing also earlier material; also K'ai Ming.

HSU, CHU—CH'ING(许琚清) Pei Pien Ch'angch'eng K'ao (A Study of the Northern Frontier Great Walls). (《北边长城考》) Shih—hsueh Nienpao (Historical Annual) of the Historical Society of Yenching University, Peiping, No. i, 1929.

HSU, CHUNG—SHU. (徐中舒) Lei Ssu K'ao (On the Lei and Ssu): On some Agricultural Implements of the Ancient Chinese. (《耒耜考》) Bull. National Research Inst. of History and Philology, Academia Sinica, Peiping, Vol. II, Part I, 1930.

____. See also under Li Chi, ed., Anyang Fachiieh Paokao. (又见李济编《安阳发掘报告》)

HUC, R. E., and J. GABET. (古伯察、加贝) Travels in Tartary, Thibet and China (《鞑靼、西藏、中国旅行记》), edit. Paul Pelliot, London, 1928.

HUMMEL, A. W., transl. (恒慕义译)Ku Chieh—kang: The Autobiography of a Chinese Historian. (顾颉刚《古史辨自序》)Leyden, 1931.

HUNTINGTON, ELLSWORTH. (亨廷顿) The Pulse of Asia. (《亚洲的脉动》) Boston—New York, 1907.

KABO, R. (卡博) Ocherki istorii i ekonomiki Tuvy: Chast' pervaya, dorevolyutsionnaya Tuva (Studies in the History and Economy of Tuva: Part I, Pre—revolutionary Tuva). (《图瓦历史经济研究》) Moscow—Leningrad, 1934. See also Lattimore, O.

K'ai Ming. The K'ai Ming edition, Shanghai, of the "Twenty—five Dynastic Histories." [The separate histories referred to in the footnotes have all been consulted in this edition.] (上海开明版《二十五史》)

KARLGREN, BERNHARD. (高本汉) The Authenticity of Ancient Chinese Texts. (《中国古代文献的真实性》) *Bull. Mus. of Far Eastern Antiquities*, Stockholm, No. 1, 1929.

———. On the Authenticity and Nature of the Tso Chuan. (《〈左传〉一书与其真实性》)*Goteborgs Hogskolas Arsskrift*, Goteborg, Vol. XXXII, No. 3, 1926

KOZ'MIN, N. N. K. (科兹忞) voprosu o turetsko－mongol'skom feodalizme (On the Question of Turco－Mongol Feudalism). (《突厥蒙古的封建制问题》) Moscow Irkutsk, 1934.

———. Khakasi: Istoricheskii, etnograficheskii i khozyaistvennyi ocherk Minusinskogo kraya (The Khakas: Historical, Ethnographical and Economic Sketch of the Minusinsk Region). (《米努辛斯克地区的历史、人种、经济概要》) Irkutsk, 1925.

KU, CHIEN－KANG. (顾颉刚) Ku Shih Pien (Notes on Ancient History). (《古史辨》) Vol. I, Peiping, 1926.

LATTIMORE, OWEN. (欧文·拉铁摩尔) Articles on Mongolia and Chinese Turkistan(Sinkiang) ("蒙古""新疆"条) in *China Year Book*, 1935.

———. Caravan Routes of Inner Asia. (《亚洲内陆的商路》) *Geogr. Journ.*, London, Vol. LXXII, December, 1928.

———. China and the Barbarians, (《中国与蛮族》) in Empire in the East, Joseph Barnes, ed. New York, 1934.

———. Chinese Colonization in Inner Mongolia: Its history and Present Development, in Pioneer Settlement, (《内蒙古的汉族殖民》:) *Amer. Geogr. Soc. Spec, Publ.* No. 14. New York, 1932.

———. Chinese Turkistan. (《中国新疆》) *The Open Court*, Chicago, Vol. XLVII, March, 1933.

———. The Desert Road to Turkestan. (《通往土耳其斯坦的沙漠之路》) London, 1928.

———. The Eclipse of Inner Mongolian Nationalism. (《内蒙古民族主义的衰落》) *Journ. Royal Central Asian Soc.*, London, Vol. XXIII, July, 1936.

———. The Geographical Factor in Mongol History. (《蒙古历史中的地理因素》) *Geogr. Journ.*, London, Vol. XCI, January, 1938.

———. The Gold Tribe, "Fishskin Tatars" of the Sungari. (《黄金部落》) *Memoirs Amer. Anthropological Soc.*, No. 40, 1933.

———. High Tartary. (《鞑靼高原》) Boston, 1930.

———. The Historical Setting of Inner Mongolian Nationalism (《内蒙古民族主义的历史背景》) *Pacific Affairs*, New York, Vol. IX, September, 1936.

———. Inner Mongolia—Chinese, Japanese, or Mongol? (《内蒙古:中国、日本还是蒙古?》)*Pacific Affairs*, New York, Vol. X, March, 1937. See also Chen, Han-Seng.

———. The Kimono and the Turban. (《和服与头巾》) *Asia*, New York, Vol. xxxVIII", May, 1938.

———. Land and Sea in the Destiny of Japan. (《陆地与海洋对日本的影响》)*Pacific Affairs*, New York, Vol. IX, December, 1936.

———. The Land Power of the Japanese Navy. (《日本海军的陆权》) *Pacific Affairs*, New York, Vol. VII, December, 1934.

———. The Lines of Cleavage in Inner Mongolia. (《内蒙古的分割线》) *Pacific Affairs*, New York, Vol. X, June, 1937. See also Arens, M.

———. Manchuria: Cradle of Conflict. (《满洲:冲突的摇篮》) New York, 1932. 2nd edit., revised, 1935.

———. Mongols of the Chinese Border. (《中国边境的蒙古人》) *Geogr. Mag.*, London, Vol. VI, March, 1938.

———. The Mongols of Manchuria. (《满洲的蒙古人》) New York, 1934.

———. On the Wickedness of Being Nomads. (《游牧人的道德缺陷》) *T'ien Hsia*, Shanghai, Vol. I, August, 1935.

———. Open Door or Great Wall? (《门户开放还是长城拒防?》)*Atlantic Monthly*, Boston, July, 1934.

———. Origins of the Great Wall of China: A Frontier Concept in Theory and Practice. (《中国长城的起源》) *Geogr. Rev.*, New York, Vol. XXVII, October, 1937.

———. Prince, Priest and Herdsman in Mongolia. (《蒙古的王公、教士和牧人》) *Pacific Affairs*, New York, Vol. VIII, March, 1935.

———. Review of L. I. Duman, "Agrarian Policy of the Manchu Government in Sinkiang at the End of XVIII Century"(评杜曼《十八世纪末清政府在新疆的土地政策》) *Pacific Affairs*, New York, Vol. XII, September, 1939. See also Duman, L. I.

———. Review of L. Gibert, "Dictionnaire historique et géographique de la Mandchourie."(评吉贝尔〈满洲历史地理辞典〉》)*Pacific Affairs*, New York, Vol. VIII, December, 1935. See also Gibert, L.

———. Review of Fernand Grenard, "Genghis-Khan."(《评格勒纳尔〈成吉思汗〉》) *Pacific Affairs*, New York, Vol. X, December, 1937. See also Grenard, F.

———. Review of R. Kabo, "Studies in the History and Economy of Tuva."(《评卡博〈图瓦历史与经济研究〉》)*Ibid*. See also Kabo, R.

———. Review of F. Tada, "Geography of Jehol."(《评书绪九〈热河地理〉》)*Pacific*

Affairs, New York, Vol. XII, September, 1939. *See also* Tada, F.

____. Rising Sun—Falling Profits.(《升起的太阳——下降的利益》)*Atlantic Monthly*, Boston, July, 1938.

____. A Ruined Nestorian City in Inner Mongolia.(《内蒙古的一座景教城市遗址》)*Geogr. Journ.*, London, Vol. LXXXV, December, 1934.

____. Russo—Japanese Relations.(《日俄关系》)*International Affairs*, London, Vol. XV, July—August, 1936.

____. Where Outer and Inner Mongolia Meet.(《内蒙古与外蒙古的交会处》)*Amerasia*, New York, Vol. II, March, 1938.

LAUFER, B. (劳弗) Ocherk Mongol'skoi literatury (A Sketch of Mongol Literature).(《蒙古文献要略》) Leningrad, 1927. [Translation by V. A. Kazakevich of "Skizze der Mongolischen Literatur," *Revue Orientale*, 1907, with an introduction and additional material by B. Ya. Vladi—mirtsov.]

____. The Reindeer and Its Domestication.(《驯鹿及其驯养》)*Memoirs Amer. Anthropological Assn.*, Vol. IV, 1917.

LAWRENCE, T. E. (劳伦斯) Seven Pillars of Wisdom.(《智慧七柱》) London, 1935.

LECOQ, ALBERT VON. (冯·勒科克) Auf Hellas Spuren in Ostturkistan.(《新疆的希腊式遗迹》) Leipzig, 1926.

LEE, J. S. (李四光) The Periodic Recurrence of Internecine Wars in China.(《中国内战的周期性》)*China Journ. of Science and Art*, Shanghai, March and April, 1931.

LEGGE, JAMES. (理雅各) The Chinese Classics.(《中国经典》) 5 vols. in 8. Hongkong—London, 1861—72.

LI, CHI, ed. (李济编) Anyang Fachiieh Paokao (Reports on Excavations at Anyang).(《安阳发掘报告》) Academia Sinica, Peiping, Vols. I—II, 1929; Vol. Ill, 1931; Shanghai, Vol. IV, 1931. [Contains an article by Hsu Chung—shu on the Hsia, cited by Creel as being on pp. 533 *et sqq.*]

LI, CHI. (李济) Manchuria in History.(《历史上的满洲》)*Chinese Social and Polit. Sci. Rev.*, Peiping, Vol. XVI, 1932—33.

LIN, T. C. (林同济) Manchuria in the Ming Empire.(《明代的满洲》)*Nankai Social and Econ. Quart.*, Tientsin, Vol. VIII, No. 1, 1935.

____. Mahchurian Trade and Tribute in the Ming Dynasty.(《明代满洲的贸易与朝贡》)*Nankai Social and Econ. Quart.*, Tientsin, Vol. IX, No. 4, 1937.

LIN, YUTANG. (林语堂) My Country and My People.(《吾国与吾民》) New York, 1935.

LINDGREN, E. J. (林德格伦) North—Western Manchuria and the Reindeer Tungus.

(《西北满洲与通古斯驯鹿人》) *Geogr. Journ.*, London, Vol. LXXV, June, 1930.

LOWDERMILK, W. C. (洛德米尔科) Man－Made Deserts. (《人造沙漠》) *Pacific Affairs*, New York, Vol. VIII, December, 1935.

Manchou Shihlu (**Manchu Chronicles**). (《满洲实录》) Northeastern University, Liaoning (Mukden), 1930. *See also* Fuchs.

MASPERO, HL (马伯乐) Chine et Asie centrale, (《中国与中亚》) *in* Histoire et historians depuis cinquante ans. 2 vols. Paris, 1927.

——. La Chine antique. (《古代中国》) Paris, 1927.

——. Les Origines de la civilisation chinoise. (《中国文明的起源》) *Annales de geographic*, Paris, Vol. XXXV, March, 1926.

MENG, WEN－T'UNG. (蒙文通) Ch'ih Ti Po Ti Tung Ch'in K'ao (Eastward Invasions of the Red Ti and White Ti). (《赤狄白狄东侵考》) * *Yü Kung* [Tribute of Yti], *The Chinese Historical Geography Semi－Monthly Magazine*, Peiping, Vol. VII, Nos. 1－3, 1937.

——. Ch'in wei Jung Tsu K'ao (The Ch'in as a Jung Tribe). (《秦为戎族考》) *Ibid.*, Vol. VI, No. 7, 1936.

——. Ch'uan Jung Tung Ch'in K'ao (Eastward Invasions of the Ch'uan－jung). (《犬戎东侵考》) *Ibid.*

MENGHIN, OSWALD. (孟辛) Weltgeschichte der Steinzeit. (《石器时代世界史》) Vienna, 1931.

Mengku Yumu Chi (**Records of the Mongol Pastures**). (《蒙古游牧记》) Preface dated 1859.

MERZBACHER, G. (默茨巴赫) The Central Tian－Shan Mountains. (《中部天山》) London, 1905.

Ming Shih. [The history of the Ming dynasty of 1368－1643. (《明史》) The chief compiler was Chang Ting－yu.] *See also* K'ai Ming.

MONTECORVINO, JOHN OF. (蒙泰科尔维纳的约翰) *See* Yule, Cathay and the Way Thither. (见玉尔《中国与外域》)

MOORE, HARRIET. (摩尔) Review of Vladimirtsov, "Social Structure of the Mongols," (《评伏拉基米尔佐夫〈蒙古社会结构〉》) *Pacific Affairs*, New York, Vol. IX, March, 1936.

MUCKE, J. R. (米克) Urgeschichte des Ackerbaues und der Viehzucht. (《早期农业与畜牧业史》) Greifswald, 1898.

MORSE, H. B., and H. F. MCNAIR. (莫尔塞、麦克奈尔) Far Eastern International Relations. (《远东国际关系》) Boston and New York, 1931.

MULLER, F. W. K. (缪勒) *Toxri* und Kuisan (Kusan). (托克斯里与贵霜＊) *Sitzungsber. K. Preuss. Akad. der Wiss.*, Berlin, 1918 (pp. 566—586).

North Manchuria and the Chinese Eastern Railway. (《北满与华东铁路》), *See* Chinese Eastern Railway.

NOVITSKII, V. F. (诺维斯基) Puteshestvie po Mongolii v predelakh Tushetu—khanskago i Tsetsen—khanskago aimakov Khalkhy, Shilin—gol'skago chigulgana i zemel' Chakharov Vnutrennei Mongolii, sovershennoe v 1906 gody (Journey through Mongolia, in the Territories of the Tushetu Khan and Tsetsen Khan Aimaks of Khalkha, the Silingol Chigulgan and the Lands of the Chahars of Inner Mongolia, Accomplished in 1906).(《蒙古穿行记》) St. Petersburg, 1911.

ORLEANS, PRINCE HENRY OF. (《奥尔良亨利王子》) *See* BONVALOT, GABRIEL.

OU—YANG, YING. (欧阳缨) Chungkuo Litai Chiangyu Chancheng Hot'u (Chinese Historical Atlas of Regions and Wars). (《中国历代疆域战争合图》) Wuchang, 1933.

PALLADIUS, ARCHIMANDRITE. (帕拉基) Hsi—yii Chi, ili opisanie puteshestviya na Zapad, *in* Trudy Chlenov Rosiiskoi Dukhovnoi Missii (Works of the Members of the Russian Religious Mission),《俄国宗教使团成员著作》Vol. IV. Peking, 1866; reprinted 1910. [Translation from the account of the journey of the Taoist priest Ch'ang Ch'un to visit Chingghis Khan.]

———. Starinoe Mongol'skoe skazanie o Chingiskhane (An Ancient Mongol Chronicle of Chingghis Khan).(《元朝秘史》) *Ibid.* [Translation of the Yuan Ch'ao Mi Shih, the "Secret History" of the Yuan (Mongol) dynasty.]

PARKER, E. H. (帕凯尔) A Thousand Years of the Tartars. (《鞑靼千年史》) London, 1895; 2nd edit., New York, 1926.

PEGOLOTTI. (佩戈雷蒂) *See* Yule, Cathay and the Way Thither. (见玉尔《中国与外域》)

Pei Shih. [The history of the northern kingdoms of 386—581.(《北史》) Compiled by Li Yen—shou.] *See also* K'ai Ming.

PELLIOT, PAUL. (伯希和) L'Edition collective des oeuvres de Wang Kouo—wei. (王国维作品集的编订) *T'oung Pao*, Paris, Vol. XXVI, 1929.

———. Les Mots a *H* initiale, aujourd'hui amuie, dans le mongole des XIII" et XIV siecles.(13 到 14 世纪蒙古语中以"h"开头,而今"h"已不再发音的词) *Journal Asiatique*, Paris, April—June, 1925.

People's Tribune, The. (《人民论坛》) Shanghai. See anonymous article (佚名文章)in No. 24, August I, 1935.

PIAN DE CARPINE. See ROCKHILL, Journey of William of Rubruck. (见柔克义

《鲁布鲁克"东游记"》）

Polo, Marco. (《马可·波罗游记》) *See* Yule(玉尔), Marco Polo.

POMUS, M. I. (波穆斯) Buryat Mongol'skaya ASSR (The Buriat—Mongol Autonomous Soviet Socialist Republic),(《苏联布里亚特蒙古人》) Moscow, 1937.

PRINCE HENRY OF ORLEANS. (《奥尔良亨利王子》) *See* BONVALOT.

PUMPELLY, RAPHAEL, ed. (庞佩利) Explorations in Turkestan. (《土耳其斯坦探险记》) Expedition of 1904. Prehistoric Civilizations of Anau. *Carnegie Inst. of Washington Publ*. No. 73. 2 vols. Washington, D. C, 1908.

RASHIDEDDIN. (拉施特) *See* Yule, Cathay and the Way Thither. (见玉尔《中国与外域》)

RADLOV, V. V. (拉德洛夫) Die alttürkischen Inschriften der Mongolei. (《蒙古的突厥文石碑》) Die Denkmaler von Koscho—Zaidam. Part I, Text, Transscription und Uebersetzung. Part II, Glossar, Index und die chinesischen Inschriften, iibersetzt von V. P. Vassilev. St. Petersburg, 1894.

Report on Progress in Manchuria to 1932. (《1932年满洲发展报告》) *See* South Manchuria Railway. (见《南满铁路》)

RIASANOVSKY, V. A. (雷撒洛夫斯基) Fundamental Principles of Mongol Law. Tientsin,(《蒙古法律的基本原则》) 1937.

RICHTHOFEN, FERDINAND FREIHERR VON. (李希霍芬) China: Ergebnisse eigener Reisen und darauf gegriindeter Studien. (《中国》) Vol. I. Berlin, 1877.

RISH, A. (里什) Mongoliya na strazhe svoei nezavisimosti (Mongolia Guards Its Independence). (《捍卫独立的蒙古人》) *Tikhii Okean* (Pacific Ocean), Moscow, No. 4(6), 1934.

ROCKHILL, W. W. (柔克义) The Journey of William of Rubruck... (《鲁布鲁克"东游记"》) With Two Acounts of the Earlier Journey of John of Pian de Carpine. London, 1900.

———. The Land of the Lamas. (《喇嘛的土地》) London, 1891.

ROERICH, GEORGEN. (勒里希) Trails to Inmost Asia. (《亚洲腹地》) New Haven, 1931.

RUBRUCK, WILLIAM OF. (鲁布鲁克) *See* ROCKHILL(柔克义)

SANANG SETSEN. (萨囊彻辰) *See* SCHMIDT, I. J. (施密特)

San—Kuo Chih. [Records of the Three Kingdoms, third century a, d. (《三国志》) Compiled by Chen Shou.] *See also* K'ai Ming.

SAUER, CARL O. (索尔) American Agricultural Origins: A Consideration of Nature and Culture,(《美国农业的起源:自然与文化》)*in* Essays in Anthropology Presented to A. L. Kroeber in Celebration of His Sixtieth Birthday.

Berkeley, 1936.

SCHLAGINTWEIT, EMIL. (施拉京特魏特) Die Lebensbeschreibung von Padma Samb—hava, dem Begriinder des Lamaismus.(《喇嘛教创始人印度僧莲花生传记》) Part I in *Abhandl. Des koniglich—bayerischen Akad. der Wissensch*,, Munich, Vol. XXI, No. 2, 1899; Part II, *ibid.*, Vol. XXII, No. 3, 1903.

SCHMIDT, HUBERT. (施密特) The Archeological Excavations in Anau and Old Merv,(《安诺及古默夫的考古发掘》) *in* pumpelly, Explorations in Turkestan, Vol. I, Part II. *See* Pumpelly.

SCHMIDT, I. J. (施密特) Geschichte der Ost—Mongolen und ihres Fiirsten—hauses verfasst von Ssanang Ssetsen Chungtaidschi der Ordus. (萨囊彻辰《蒙古源流》) St. Petersburg, 1829. [German translation with notes, and Mongol text.]

SCHRAM, L. (施拉姆) Le Mariage chez les T'ou—jen du Kan—sou (Chine).(《甘肃头人的婚姻》) *Varietes Sinologiques*, No. 58, Shanghai, 1932.

SCHUYLER, EUGENE. (斯凯勒) Turkistan: Notes of a Journey in Russian Turkistan, Khokand, Bukhara and Kuldja.(《土耳其斯坦旅行记》) 2 vols. New York, 1877.

"**Secret History.**"(《秘史》)*See* Palladius.

SHAKHMATOV, V. (沙赫马托夫) Ocherki po istorii Uiguro—Dunganskogo nat—sional'no—osvoboditel'nogo dvizheniya v XIX veke (Studies in the History of the Uighur—T'ungkan National—Liberation Movement in the XIX century). (《十九世纪维吾尔-汉回民民族解放运动史研究》) *Transactions Kazak Set. Research Inst. of National Culture*, Alma Ata—Moscow, Vol. I, 1935.

SHANG, CH'ENG—TSU (商承祖) *See*. Yen, Fu—Li. (见颜复礼)

SHAW, ROBERT. (沙敖) Visits to High Tartary, Yarkand, and Kashghar.(《南疆游记》) London, 1871.

Shih Chi.(《史记》)*See* Ssu—Ma Ch'ien; *also* chavannes, Memoires historiques.

SHIROKOGOROV, S. M. (史禄国) Social Organization of the Manchus.(《满族社会组织》) Shanghai, 1924.

SIMUKOV, A. (西穆科夫·A.) Mongol Migrations.(《蒙古移民》) *Sovremennaya Mongoliya* (Contemporary Mongolia), Ulan Bator, No. 4(7), 1934. [Cited in Ralph Fox, "Genghis Khan."]

SKRINE, C. P. (斯克林) Chinese Central Asia.(《中国的中亚》) Boston, 1926.

SNOW, EDGAR. (斯诺) Red Star Over China.(《西行漫记》) New York, 1938.

South Manchuria Railway. (南满铁路) Fifth Report on Progress in Manchuria.(《满洲发展报告第五》) Dairen, 1936.

____. Fourth Report on Progress in Manchuria.(《满洲发展报告第四》) Dairen, 1934.

——. Third Report on Progress in Manchuria to 1932. (《1932 年满洲发展报告第三》) Dairen, 1932.

SSU－MA CH'IEN. (司马迁) Shih Chi (Historical Memoirs) [A compendious history of China from the most ancient times to the second century B. C.](《史记》)

STANFORD, EDWARD. (斯坦福) Atlas of the Chinese Empire. (《中华帝国地图集》). . Specially Prepared for the China Inland Mission. London, 1908.

STEFANSSON, VILHJALMUR. (斯蒂芬森) The Friendly Arctic. (《友好的北极》) New York, 1921.

STEIN, SIR AUREL. (斯坦因) Innermost Asia: Its Geography as a Factor in History. (《亚洲腹地:历史中的地理因素》) *Geogr. Journ.*, London, Vol. LXV, May and June, 1925.

——. Ruins of Desert Cathay. (《中国沙漠废墟记》) 2 vols. London, 1912.

——. Serindia: Detailed Report of Explorations in Central Asia and Westernmost China (《中亚及中国西端调查报告》) 5 vols. Oxford, 1921.

STEVENSON, PAUL H. (史蒂文森) Notes on the Human Geography of the Chinese －Tibetan Borderland. (《汉藏边境人文地理研究》) *Geogr. Rev.*, New York, Vol. XXII, October, 1932.

——. The Chinese－Tibetan Borderland and Its Peoples. (《汉藏边境及其人民》) *Bull. Peking Soc. of Nat. Hist.*, Peiping, Vol. II, Part II, 1927－28.

Sui Shu. [History of the Sui dynasty of 581－617. (《隋书》) The chief compiler was Wei Cheng.]

SUN, YAT SEN. (孙逸仙) San Min Chu I. (《三民主义》) F. W. Price, transl. Shanghai, 1929.

SYKES, ELLA, and SIR PERCY. (赛克斯) Through Deserts and Oases of Central Asia. (《穿越中亚的沙漠与绿洲》) London, 1920.

Ta Ch'ing Huitien. (《大清会典》) 60 vols. (*t'ao*). Peking, 1818 edit. ["Institutions" of the Manchu Empire.]

TADA, FUMIO. (书绪九) Geography of Jehol. (《热河地理》) Section III, Report of the First Scientific Expedition to Manchoukuo under the Leadership of Shigeyasu Tokunaga, Tokyo, 1937. [In Japanese; title in English; abstracts in German.] See Lattimore, O.

T'ANG SHU. (《唐书》) [The history of the T'ang dynasty of 618－906. The chief compiler was Liu Hsu.] *See also* Hsin T'ang Shu, (新唐书) another compilation for the same period, *and* K'ai Ming.

THOMSEN, VILHELM. (汤姆森) Inscriptions de l'Orkhon dechiffres. (《鄂尔浑碑文》) *Memoires de la Societe Finno－Ougrienne*, Vol. V, Helsingfors, 1896.

THORP, JAMES. (桑普) Colonization Possibilities of Northwest China and Inner Mongolia.(《中国西北与内蒙古殖民的可能性》) *Pacific Affairs*, New York, Vol. VIII, December, 1935.

―――. Geography of the Soils of China.(《中国土壤地理》) Nanking, 1936.

TING, SHAN. (丁山) K'ai-Kuo Ch'ien Chou Jen Wen-hua yu Hsi-yu Kuan-hsi (Cultural Relations of the Chou People With the Western Regions, Before Their Establishment of Empire).(《开国前周人文化与西域关系》)*Yu Kung* [Tribute of Yu], *The Chinese Historical Geography Semi-Monthly Magazine*, Peiping, Vol. VI, No. 10, 1937.

TING, V. K. (丁文江) How China Acquired Her Civilisation,(《中国如何形成自己的文明》)*in* Symposium on Chinese Culture, Sophia H. Chen Zen, ed. Shanghai, 1931.

―――. Professor Granet's "La Civilisation chinoise,"(《格朗教授的"中国的文明"》)*Chinese Social and Political Science Review*, Peiping, Vol. XV, No. 2, 1931.

TOYNBEE, ARNOLD J. (汤因比) A Study of History.(《历史研究》) 6 vols. London, 1934-1939.

TSEN, SHIH-YING. (曾世英) [Contributor to the section on geography in *China Year Book*, Shanghai, 1935.](《中国年鉴》地理部分的作者)

T'UNG SHIH-HENG. (童世亨) Chunghua Minkuo Hsin Ch'uyu T'u (New Regional Atlas of the Chinese Republic).(《中华民国新区域图》) Shanghai, Commercial Press, 1915; 4th edit., 1917.

UTLEY, FREDA. (厄特利) Japan's Feet of Clay.(《日本的泥足》) London, 1936,

VIKTOROV, S., and I. KHALKHIN. (维克托罗夫、加尔金) Mongol'skaya Narodnaya Respub-lika (The Mongol People's Republic).(《蒙古人民共和国》) Moscow, 1936.

VLADIMIRTSOV, B. YA. (伏拉基米尔佐夫) Obshchestvennyi Stroi Mongolov: Mongol'skii kochevoi Feodalizm (Social Structure of the Mongols: Mongol Nomadic Feudalism).(《蒙古社会结构》) Leningrad, 1934. *See also* Moore, H.

WADDELL, L. A. (沃德尔) The Buddhism of Tibet,(《西藏佛教》)2nd edit. London, 1934.

WANG, KUO-LANG. (王国良) Chungkuo Ch'angch'eng Yenko K'ao (A Study of the Development of the Great Walls of China).(《中国长城沿革考》) Shanghai, n,d. [about 1928].

WAN, KUO-TING. (万国鼎) Chungkuo T'ienchih Shih (Agrarian History of China).(《中国耕地史》). Vol. I. 1933. *See also* Chang, C. M.

WANG, KUO-WEL. (王国维) Kuan T'ang Chi Lin. (《观堂集林》) *See* pelliot, L' Edition collective des oeuvres de Wang Kouo-wei.

WANG, YU-CH'UAN. (王毓铨) Development of Modern Social Science in **China**. (《中国现代社会科学进展》) *Pacific Affairs*, New York, Vol. XI, September, 1938.

———. The Rise of Land Tax and the Fall of Dynasties in Chinese History. (《中国历史中地税的上升与王朝的覆灭》) *Pacific Affairs*, New York, Vol. IX, June, 1936.

WARNER, LANGDON. (瓦尔纳) The Long Old Road in China. (《中国的漫长古道》) New York, 1926.

Wei Shu. (《魏书》) [The history of the Wei dynasty of 386-356. Compiled by Wei Shou.] *See also* K'ai Ming.

Weitsang T'ungchih. (《卫藏通志》) Edit. 1896, I Vol. (*t'ao*). [Gazetteer of Central Tibet.]

WIEGER, LEON. (维格) Textes historiques: Histoire politique de la Chine depuis 1' origine jusqu'en 1912. (《历史文献：从初始形成到1912年的中国政治史》) 2 vols., reissued, Hien-hien, 1929.

WIGRAM, SIR DENNETH. (威格拉姆) Defence in the North-West Frontier Province. (《西北边疆的防卫》) *Journ. Royal Central Asian Soc.*, London, Vol. XXIV, January, 1937.

WITTFOGEL, K. A. (魏特夫) Economic and Social History of China. (《中国经济社会史》) [To be published in 1940.]

———. The Foundations and Stages of Chinese Economic History. (《中国经济史的基础与舞台》) *Zeits. fiir Sozialforschung*, Paris, Vol. IV, No. I, 1935.

———. A Large-Scale Investigation of China's Socio-Economic Structure. (《中国社会经济结构的宏观考查》) *Pacific Affairs*, New York, Vol. XI, March, 1938.

———. Probleme der chinesischen Wirtschaftsgeschichte. (《中国经济史问题》) *Archiv fur Sozialwissenschaft und Sozialpolitik*, Tubingen, Vol. 57, 1927.

———. Die Theorie der orientalischen Gesellschaft. (《东方社会理论》) *Zeits. Fiir Sozialforschung*, Paris, Vol. VII, No. 1/2, 1938.

———. Wirtschaft und Gesellschaft Chinas 《中国经济与社会》, Erster Teil, Prdduktivkrafte, Produktions- und Zirkulationsprozess. Leipzig, 1931.

———. Wirtschaftsgeschichtliche Grundlagen der Entwicklung der Fa- milienautoritat, *in* Studien iiber Autoritat und Familie. (《家庭权威产生的经济史基础》) Paris, 1936.

WU, G. D. (吴金鼎) Prehistoric Pottery in China. (《中国史前陶器》) London, 1938.

YEN, FU－LI, and CH'ENG－TSU SHANG. (颜复礼、商承祖) Kuanghsi Lingyun Yao－jen Tiaoch'a Paokao (Report on an Investigation of the Yao People of Lingyun in Kuanghsi). (《广西凌云瑶人调查报告》) Academia Sinica, Division of Sociology, 1929.

YOUNGHUSBAND, SIR FRANCIS. (荣赫鹏) The Heart of a Continent. (《大陆心脏》) London, 1896.

Yuan Ch'ao Mi Shih. (《元朝秘史》) See Palladius. (见帕拉基)

Yuan Shih. (《元史》) [The history of the Mongol dynasty in China, going back to the time of Chingghis, before the actual establishment of the dynasty in China. The chief compiler was Sung Lien.] See also Hsin Yuan Shih, a similar but modern compilation, without the earlier material; also K'ai Ming.

YULE, SIR HENRY. (玉尔) The Book of Ser Marco Polo. (《马可·波罗游记》) Henri Cordier edit. 2 vols. 3rd edit., reprinted London, 1921.

―――. Cathay and the Way Thither. (《中国与外域》) Henri Cordier edit., revised. 4 vols. London, 1914.

ZAKHAROV, IVAN. (扎哈罗夫) Polnyi Man'chursko－Russkii Slovar' (Complete Manchu－Russian Dictionary). (《满俄词典》) St. Petersburg, 1875.

索 引

(注:所列数字为英文原书页码。不过,因中文注释格式与原文不同,所以中文注释中的名词与下面所标页码并不对应。另外,在转页的句子中,译本与所标原文页码或有出入,亦请注意。)

A

Adams, Henry(亨利·亚当斯), 8.

Agriculture(农业), Chinese(中国), 23, 35, 250, 302, 352, 356, 364, 394, 408, 419, 423, 469; extensive(粗耕), 39, 167, 324, 501; intensive Chinese(汉族精耕), 36, 38—40, 371, 374, 376, 421, 432; intensive Manchuria(满洲精耕), 107, 108, 122, 123; irrigated(灌溉), 312—319, 350, 353; loess region(黄土地区), 298; Neolithic(新石器时代), 30, 257, 262, 270, 271, 297, 302; Neolithic Manchuria(东北新石器时代), 110; oasis(绿洲), 23, 151, 154, 170, 172, 501; Tai(代), 413; Tibet(西藏), 207, 210, 211, 214.

Aisin Gioro(爱新觉罗), tribe(部落), 115.

Akuta(阿骨打), 137.

Altai Army(阿尔泰军), 201.

Altai mountains(阿尔泰山), 153.

Altan(阿勒坦), Khan of the Tumets(土默特汗), 84—86, 88, 126.

Amdo, region(昂多地区), 228.

American Geographical Society(美国地理学会), xvi, xix, xxi.

American Indians, agriculture(美洲印第安人农业), 30.

Amur, river(黑龙江), 112, 139.

Anau, oasis(安诺绿洲), 157.

401

Anda(俺答), see Altan(阿勒坦).

Andersson, J. G. (安特生), 103, 165, 216, 257, 265, 266, 328.

Andrew, G. F. (安德鲁), 182, 183, 186, 212.

Animals, domestication of(动物驯化); and languages(语言), 485; Manchuria(东北), 110, 112; Neolithic(新石器时代), 258, 327; oasis(绿洲), 158-161, 167, See also Dog, Horse, etc.(另见狗、马等).

Anyang, archeological site(安阳考古遗址), 259, 263, 265, 269, 280, 284, 285, 303.

Arab empire, contacts with Tibet(阿拉伯帝国与西藏的接触), 221.

Arash(阿拉西), xxii.

Archery, and firearms(射箭), 138; mounted(骑射), 61, 64, 65, 387.

Ass, wild(野驴), 160.

Atisa(阿底峡), 226.

B

Baddeley, J. F. (巴德利), 88, 125, 139.

Bales, W. L. (贝勒斯), 182, 186.

Banking(金融、银行), 51.

Banners and Bannermen(旗与旗人), Chinese(汉旗), 132, 140; Manchu(满旗), 131-132, 135; Mongol(蒙旗), 132.

"Barbarians"(蛮族), 57, 284, 301, 304, 307, 337, 415, 420, 421; Eastern or I(东夷), 286, 310, 319; Western(西部蛮族) 319, 338.

Barbarian auxiliaries(蛮族附庸), 358, 414, 433, 474, 546.

"Barbarian" invasions(蛮族入侵), Chou period(周代), 340-349.

Barbour, G. B. (巴伯), 31.

Barrett, Mr. And Mrs. R. LeM. (巴瑞特夫妇), xxi.

Barthold, W. (巴托尔德), 519.

Barton, Sir W. (巴顿), 235.

Bell, Sir C. (贝尔), 236.

Bergman, F. (伯格曼), 152, 265, 549.

Berthelot, A. (贝洛特), 162.

Bertram, J. (贝特兰), 194.

Bishop, C. W. (毕士博), xx, 27, 29, 31, 35, 39, 65, 159, 255, 258, 265, 270, 279, 281, 282, 283, 284, 287, 292, 294, 306, 307, 313, 319, 322, 323, 337, 339, 366, 377, 405, 421, 456.

Black, Davidson(布莱克), 103, 257.

Black pottery(黑陶),259－267,299,301,302,315.

Bloch, M.(布洛赫),369.

Boeke, J. H.(伯克),143.

Bonvalot, G.(邦瓦洛特),155.

Border(边境). See Frontier(见边疆).

Border chiefs, nomad,(边境游牧首领),462,474,477,479.

Border commanders, Chinese(边境汉族指挥官),479,480,485.

Boundaries, distinguished from frontiers(边界,与边疆不同),238,242.

Bow, compound reflex(复合弯弓),465. See also Archery(另见射箭).

Bowman, Dr. Isaiah(鲍曼博士),xix.

Breasted, J. H.(布雷斯特德),163.

Bretschneider, E.(布雷特施奈德),82,504,519.

British(英国), interests in Tibet(在西藏的利益),233－237; sea power(海权), 5,6.

Brock, H. LeM.(布洛克),245.

Bronze(铜器), effects of "discovery"("发现"的影响),267; techniques(技术),264, 266,269,272. See also Bronze Age(另见铜器时代).

Bronze Age(铜器时代)55,262－274,302.

Broomhall, M.(海恩波),182.

Bruce, C. E.(布鲁斯),245.

Bryce, J.(布赖斯),379.

Buddhas, Living(活佛),88,89,232.

Buddhism(佛教), Central Asian(中亚),176,177,180; Chinese(汉族),178,378; Mongolian(蒙古族),80,83－89,93,97,215; Tibetan(藏族),217－221, 223,224,229.

Bughegesik(布格吉锡克),xxi.

Buriat－Mongolis(布里亚特蒙古), Neolithic(新石器时代),53.

Butkha Hunting Reserve(布达哈猎区),125.

C

Cable, M.(盖群英),202.

Cahun, L.(迦恩),331.

Camel, wild(野生骆驼),160.

Canals(运河),46,166,374,394; See also Grand Canal(另见大运河).

Canoes(独木舟),112.

Capitalism(资本主义), in China(在中国),393; Western European(西欧),5,6.

403

Carruthers, D.(贾鲁瑟),113,153,160.

Carter, E. C.(卡特),xix.

Cattle(牛),74,330,331.

Cattle herding(放牛),57.

Cavalry, development of(骑兵的发展),63.

Caves in loess cliffs(黄土断壁窑洞), 31.

Central Asia(中亚), 151,204；Chinese penetration(汉族渗透),489,495；Tibetans in (藏族在中亚)222 . See also Chinese Turkistan, Nomads and Nomadism, Oases (另见新疆、游牧业、绿洲).

Centralization, governmental(集权政府),368,373,397,398,405,417,423,424,430, 436,468.

Chahar, region(察哈尔地区),10,11.

Chahars, people(察哈尔人),86,230.

Chang Ch'ien(张骞),489,490.

Chang Tso—lin(张作霖),144.

Ch'angch'un city(长春城),105.

Chao, state of(赵国),249,359,382,383,387,389,400,410,411,413,415-417,430 -432,434.

Chavannes, E.(沙畹)83,289-291,338,348,382,385,387,392,400,402,438,444.

Chekiang, province(浙江省),13.

Chen Han-seng(陈翰笙),48,51.

Chen, W. H. ,(W. H. 陈),11,12,13,152.

Ch'engjo, tribe(乘弱),470.

Ch'engtu, city(成都城),47.

Chi, Ch'ao-ting(冀朝鼎),xxi,40,42,215,317,330,374,415,533,537；theory of dynastic cycles(王朝循环论),533.

Ch'i, Shang ruler(契,商始祖),285.

Ch'i, state of(齐国),344,358,365,367,404；wall(长城)436.

Chia Ch'ing(嘉庆),138.

Ch'iang, or Chiang(＝shepherd)(羌或姜,即牧羊的人),215,455,456.

Chiefs, steppe(草原首领),462,474,477,499,517,521,548.

Chienchou, region(建州),116,117.

Ch'ien-Han Shu, a history(前汉书),76,467,470,471,477,478,479,484,486,489, 491,494,497, 498,506.

Ch'ien Lung(乾隆),87,138.

Ch'ien Mu(钱穆),364.

Chih, Ti(帝挚), 282, 288.

Chilin T'ungchih, a gazetteer(吉林通志), 138.

Chin(金), change to Ch'ing(改为清), 130; dynasty(金朝), 115, 120, 469, 527; Eastern(东晋), 528; state of(晋国), 358－360, 363, 367, 382－384, 387, 415, 416.

Chin Shu, a history(晋书), 527.

Ch'in(秦), conquest(征伐), 445; dynasty(秦朝), 205; early period(早期), 293; expansion(扩张), 383, 385, 419－425; fall(衰落), 444－446; frontier characteristics(边疆特点), 432－435, 440－443; military development(军事发展), 437－440; origins(起源), 338, 356, 357, 358; state of(秦国), 249, 311, 320－323, 338, 358, 360, 363, 365, 377, 382－384, 388, 389, 392, 397, 399, 400－405, 410, 412, 429, 435,; unification of frontier(统一边疆), 440－443.

Ch'in Shih-huang-ti(秦始皇), 25, 103, 286, 441, 444, 448; Great Wall(长城), 440－443.

China(中国), geography(地理), ancient(古代), 309; legendary(传说), 291, 296; modern(现代), area and population(地区与人口), 10－13; neolithic(新石器时代)288.

China Year Book(中国年鉴)11, 12, 13, 141.

Chinese Eastern Railway(中国东部铁路)141, 145, 193,

"Chinese Empire"("中华帝国")140.

Chinese expansion(汉族的扩展)41, 241; against barbarians(向蛮族地区)382, 383, 385, 387, 415, 424; beyond Yangtze(跨越长江)439, 469, 472; in Chou period(周代)344－354; into Central Asia(进入中亚)467, 477, 484, 489－495, 500; to steppes(向草原)470－472; See also Colonization, Frontier Chinese(另见殖民、边疆汉族).

Chinese family(汉人家族)376, 377.

Chinese government(中国政府). See Centralization. "Compartments", Imperialism, Mandarins, Range of action, Scholar-gentry(见集权、帝国、满大人、行为规范、士大夫).

Chinese history(中国历史), character of(特点)14, 19, 38, 39, 45, 475, 476; focal areas(核心区)27; "frontier style"(边疆形态)407－425; traditional(传统)279－281; See also Geographical foci(另见地理核心).

Chinese Pale(汉边)108, 109, 115, 117, 128, 129, 130, 132, 133, 135, 136, 138, 140, 187, 247.

Chinese society, origins(中国社会起源)27－51, 281.

Chinese Turkistan(新疆)10, 11, 18, 151－204, 230, 502, 505, 508, See also Central Asia, Sinkiang(另见中亚新疆).

Chinese writing(汉文)48.

Chinese Year Book(中国年鉴)12,182.

Ching, people(荆人)455.

Ching, river(泾河)419.

Ch'ing dynasty(清朝)116,130,535. See also Manchu dynasty(另见满族王朝).

Chingghis Khan(成吉思汗)72,75,80,81,90,119,227,250,385,519,540,544,545.

"Chingghis Khan wall"(成吉思汗边墙)547.

Ch'inghai, province(青海省)11,183.

Chou(周), bronzes(铜器)274; capital(都)311; connection with Shang(与商的关系)307—308; conquest(征伐)338,391,396; continuity with Hsia(承接夏朝)308,310; culture(文化)286,292,300,312,318,320,321,410; decline of(没落)168,392; dynasty(朝代)282,287; language(语言)456; origins(起源)304,306; period(时期)205,268,279,282,306—308,337—368,369.

Chronology, Chinese(中国纪年)282.

Chu, Coching(竺可桢)23,42.

Chu Fang-pu(朱芳圃)285.

Chu-Fen Yen(主父偃)497.

Chu Yuan-chang(朱元璋)539.

Ch'u(楚), empire(称霸帝国)437; people(楚人)323; state of(楚国)287,311,339,366,367,384,400,404,406,445.

Chuan Hsü(颛顼)282,290.

Chuguchak (T'ach'eng), town(塔城)198.

Chün(俊)285.

Chung Shan, state(中山国)385,404.

Church and state, Tibet(西藏政教)220,225,231,232.

Cities walled(有围墙的城市)39; See also "Compartments"(另见单位、单元).

Climate(气候), China(中国)23,28,370; Chinese Turkistan(新疆)155,156,158; loess region(黄土地区)31; Manchuria(东北)107; Mongolia(蒙古)54; Tibet(西藏)207.

Coatman, J.(科特曼)235,244,246.

Colonization(殖民), Chinese(汉族); Chinese Turkistan(新疆)192,195; Manchuria(东北)17—18,139,141; Mongolia(蒙古)97,98,99,192. See also Chinese expansion(另见汉族扩张).

Columbus, Age of(哥伦布时代)5,8.

Communists, Chinese(中国共产主义者)43.

"Compartments"(单位、单元)(walled cities with adjacent country)(有墙城市与邻近乡村)39,41,44,169,394,403,423,471,537.

Confucius(孔子)397－399.

Conrady, A.(康拉迪)29.

Corvee labor(义务劳役)95.

Cossacks(哥萨克)139.

Courant, M.(库尔唐)87,230.

Creel, H. G.(顾立雅)xxi,53,58,61,64,256,257,259,262,263,265,268,269,274,279,281,299,300,301,308,328,337,407,465,466.

Cressey, G. B.(葛德石)11.

Cultural differentiation(文化分异、文化差异)55,167.

Culture, diffusion of(文化传播)264,307,309,322.

Cunningham, Sir G.(坎宁安)245.

Cycles, historical(历史循环)203,468,512,519－552.

D

Daghor, tribe(达斡尔)114.

Dairen, city(大连)190.

Dalai Lama(达赖喇嘛)88,230,231,232,237.

Darkhan(=Mongol smith)(达尔汉,即蒙古工匠)70.

De Groot, J. J. M.(哥罗荷)344,345,348,358,359,382,384,385,387,388,389,403,404,450,455,486,489.

De Harlez, Ch.,(德·哈尔莱)110.

Desert oases(沙漠绿洲). See Oases, desert type(见绿洲、沙漠形态).

Det Mongols, people,(辉特蒙古),213

Differentiation of people and cultures(人民与文化的分异)38.55,64. See also Cultural differentiation, Economic differentiation, Frontier differentiation, Languages, Social differentiation(另见文化分异、经济分异、边疆分异、语言、社会分异).

Dixon, R. B.(狄克逊)167.

Dmitrenko, V. V.(德米特伦科)160.

Dog, domestication of(狗的驯化)112,258.

Dogsled,(狗拽)112.

Doksom(杜克索姆)95.

Domestication(驯化). See Animals, Domestication of(见动物驯化).

Drainage(排水、排干)34,312,316.

Dubs, H. H.(杜伯斯)443,444,446,447,449,467,476,479,480,539.

Duerst, J. U.(杜额斯特)158,160.
Duman, L. I.(杜曼)87,181,184,230,506.
"Duran Line"(都兰边界)235,239,244.
Durdin, F. T.(德登)240.
Duyvendak, J. J. L(戴闻达)401,402,435.

E

"Eastern Inner Mongolia"(内蒙古东部)10,78.
Eberhard, W.(埃伯哈德)270,281,297,323.
Economic areas, key(重要经济区)40,42,330,534,539.
Economic differentiation(经济分异)55,58.
Economic systems and practices(经济体系与实践), determinant(决定性)326,350, 354,371,395,431,469,550; Manchuria(东北)121; Mongolia(蒙古)67; North China(华北)295,315,316,353,359,367,374; South China(华南)322; steppes and steppe margins(草原与草原边缘)63,328,329,332,387,390,410,412,413, 454,488,510,543.
Education, Central Asia(中亚教育)202.
Egypt(埃及)30.
Eien,(="owner","lord")(所有者、地主)292.
Ekvall, R. B.(爱克威尔)237.
Elias, N.(爱莲斯)186,187.
Emperors, early legendary(早期传说帝王)282－286.
Encyclopaedia Sinica(中国百科全书)178,394.
England, sea power(英国海权)5－6.
Environment, geographical(地理、环境). See Geographical environment(见地理环境).
Eunuchs(太监)377.

F

Fang T'ing(方庭)342,343.
Fen, river and valley(汾河流域)290,310,359.
Feng, Chia-sheng(冯家升)xxi,311,319.
Fengt'ien, region(奉天)10,413,415,416,419.
Feudalism(封建主义), Chinese(中国)369－376,391,393,395,396,403,429,431, 433,435,438－439,446; European(欧洲)369－370,376,379; Manchu(满族)

122; Nomad 66,381.

Fifth Report on Progress in Manchuria to 1936,(满洲发展报告第五,至 1936 年)14.

Filial piety(孝顺)398.

Fishing(捕鱼)112,122,155,314; Neolithic,(新石器时代)257.

Foci, geographical(地理、核心). See Geographical foci(见地理核心).

Forest society and economy(森林社会与经济)54,381; Manchuria,(满洲)114,122.

Fourth Report on Progress in Manchuria to 1934(满洲发展报告第四,至 1934 年)11.

Fox, Ralph(福克斯)73,250.

Francke, A. H. 214,217,221.

Franke, O. (福兰阁). 116,178,281,369,378,397,398,400,401,494,405,406,442, 447,451,486.

Frontier Chinese(汉人边疆)131,144,240,248,250,482. See also Chinese expansion, Colonization.

Frontier differentiation(边疆分异、边疆差异)417,423,431,432,435,454,460, 472,498.

"Frontier style"in Chinese history(中国历史上的边疆形态)409,422.

Frontiers(边疆), auxiliary tribes(附属部落)246; Chinese and Indian compared(中印比较)242; distinguished from boundaries(与边界线的区别)238－242; impossibility of rigid(精确边疆的不可能性)472－475; "inner" and "outer"("内"与"外")235; invasions(入侵)247; neutralization(中立)245; zones(地带)239, 247. See also Great Wall Frontier(另见长城边疆).

Fu Hsi,(伏羲)282,283,284,286,289.

Fu Ssu-nien(傅斯年)35,56,281,309,311,319,320,321,324.

Fuchs, W.(富克斯)118,169,172,223.

Fur tribute(毛皮贡品)125,217.

G

Gabet, J.(加贝)96,213.

Gegen Altan Khan(阿勒坦汗)229.

Gelugpa sect,(格鲁派,黄教)229

Genghiz Khan(成吉思汗). See Chingghis Khan.

Geographical environment(地理环境), influences of and adaptations to(影响与适应) 261,276,318,371,472; Chinese expansion(汉族的扩张)350; Great Wall(长城) 25; steppe society(草原社会)61; Tibet(西藏)209.

Geographical foci of historical developments(历史发展的地理核心)343,352,353, 357,360,362,365,366,367,397,403,412,454,460,518,543.

Germany(德国)7.

Gibert, L.(吉贝尔特)115,116,118,119,124,127,129,132,134,135.

Giles, H. A.(翟理思)414,527.

Gilmour, J.(吉尔摩)96.

Goats,(山羊)74.

Gobi desert(戈壁沙漠)75－77.

Gold tribe(黄金部落)120.

Goldman, B.(戈德曼)201.

Goloks, tribe,(果洛部族)212.

Golomshtok,(戈洛姆什托克)453,459,466.

Gombojab,(贡波札布)xxi.

Gorski, V.,(戈尔斯基)116.

Government(政府). See Chiefs, Chinese government, Church and State, Range of action(见酋长、中国政府、政教、行为规范).

Graham, S.,(格雷姆)160.

Grain(粮)394; use of as revenue(税粮)174,330.

Granaries, value in time of war,(谷仓的战时价值)40.

Grand Canal(大运河)42,47,405,414,534.

Great Plain of North China(华北大平原)28,29,33－35,56,288,296,301,319,320,324,365,367,372; early peoples(早期居民)308,312. See also Yellow River(另见黄河).

Great Wall of China(中国长城)15,25,28,62,389,440－443,471. See also Great Wall Frontier(另见长城边疆).

Great Wall of Ch'in Shih－huang－ti(秦始皇长城)440－443.

Great Wall Frontier(长城边疆)148,149,240,247,255; framework of(地域构成)22－25; maintenance(维持)84. See also Frontiers, Great Wall, Wall building(另见边疆、长城、城墙修建).

"Great Walls, little", of Ch'in, Chao, and Yan(秦、赵、燕的地区长城)440.

Gregory, J. W.,(格里高利)208.

Grenard, F.(格勒纳尔)23,67,127,152,155,157,173,180,207,211,212,213,231.

Griaznov, M. P.,(格里亚兹诺夫)453,459,466.

Grinnell College(格林纳尔学院)xxii.

Guggenheim, John Simon, Memorial Foundation(格根罕姆纪念基金)xviii.

H

Haenisch, E.,(海涅士)465.

索 引

Hami, town(哈密)173, 196.

Han(汉), bronzes(铜器)274; dynasty(王朝)205, 311, 357, 444—449, 467, 469, 475, 483—489, 506, 527; Eastern(东汉)539; Empire(帝国)205, 249, 476, 479, 480; Frontier campaigns(边疆战役)479; policy(策略)477; state of(王国)359, 382, 384, 400, 416.

Han, river and valley(汉水流域)27, 289, 339, 366.

Han Wang Hsin(韩王信)479, 480.

Handicrafts, nomad, (游牧手工业)70, 92.

Hankow, city, (汉口城)339.

Hanwell, N. D. (罕威尔)48.

Harris, Norman Wait, Lectures, (哈里斯讲座)xxii.

Harvard University(哈佛大学)xviii.

Harvard-Yenching Institute(哈佛燕京学社)xviii.

Hasan, (哈桑)519.

Haslund, H. , (哈斯隆德)100, 196.

Hata, people, (哈达)129.

Hatt, G. , (哈特)113, 159, 211, 327.

Hauer, E. , (郝爱礼)132.

Hay, John, (海约翰)8.

Hazrat Atpak, shrine, (哈萨拉阿帕)185.

Heavenly mountains, (天山)151.

Hedin, S. , (斯文·赫定)152, 164, 197, 199, 201.

Heilungchiang, region, (黑龙江地区)10.

Heje, tribe, (赫哲族)120.

Henry of Orleans, Prince, (奥尔良亨利王子)155.

Herrmann, A. , (赫尔曼)34, 163, 164, 342, 348, 349, 389, 403, 455, 456.

Hilarion, O. , (希拉里恩)228.

History(历史), character of(特征)8, 15, 169, 462; dynastic and tribal(王朝与部落), cycles of(循环)531—552. See also Chinese history; Manchus, Mongols, (另见中国历史、满族、蒙古).

Hittites, people, (赫梯)163.

Holland, W. L. , (荷兰德)xix.

Honan, province, (河南省)290, 338.

Hongkong, city, (香港)190.

Hopei, province, (河北省)13, 290.

Horner, N. G. , (奥尔纳)152.

411

Horse,(马)58,63,74,161,167,465,466.

Hou Chi, agricultural deity,(后稷,农神)283.

Hou Chin, tribal name,(后金)116.

Hou-Han Shu, a history(后汉书)526,527,540.

Hou Kang, archaeological site,(后冈遗址)259.

Howorth, H. H.,(豪沃斯)85.

Hrozny, F.,(赫罗兹尼)163.

Hsi, prople,(奚)115.

Hsia(夏), culture(文化)286,300,301; dynasty(朝代)282,284,291; origins(起源)284; period(时期)293,296,298-304,340; predecessors of Chou(周承夏)308,310.

Hsieh,(契)285.

Hsienpi, or Hsienpei, prople,(鲜卑)115,527.

Hsik'ang, province,(西康省)11.

Hsinching, city,(伪满"新京")105.

Hsingan, province,(伪满"兴安"省)10,11.

Hsinking, region,("新京")105.

Hsiungnu(匈奴), empire(帝国)63,478; history or, as an example of nomad cycle(游牧循环史之例证)523-526; language(语言)455; people(人民)342-344,448,450,451,454,457,461,463,467,470,471,476-480,490,497,509,523-526; relations to Han dynasty(匈汉关系)483-489,508,509.

Hsü, "little"(徐树铮)197.

Hsü Chü-ch'ing(徐琚清)404.

Hsü Chung-shu(徐中舒)270,281,286,299,301,302,313,421.

Hsuan Tsung,(玄宗)178.

Hu, people,(胡)387,448,451,454.

Hu Shih,(胡适)280.

Huai, river and region,(淮河地区)27,286,289,296,321,366,446.

Huai I barbarians,(淮夷)286.

Huan, tribe,(猴,即戎)385.

Huang Ti,(黄帝)282,283,287,289.

Huc, R.-E.(古伯察)96,213.

Huifa, tribe,(辉发)129.

Hulun federation,(呼伦部)129.

Hummel, A. W.,(恒慕义)34,279.

Huns, people,(匈)342.

Hunting(狩猎)327,354,517; Central Asia(中亚)155,159; Manchus(满族)110—114,122,123,138; primitive Chinese(原始汉族)30,33,60,257,305,314.

Huntington, E. ,(亨廷顿)191.

Hurka, river and valley(牡丹江流域)111.

Hyksos, Egyptian kings,(希克索斯,埃及王朝)163.

I

I barbarians(夷)286,310,319.

I River(伊水)362.

Iche Manchu, tribal name(新满)135.

Ilan Hala, town,(伊兰哈拉)115.

Imperialism(帝国), Chinese(汉族)170—171; conflicting interests in Tibet(在西藏的利益冲突)234; foreign, in China(外国帝国主义在中国)140,144,187; "Secondary"("亚帝国主义")143,145,149,187,190,193,196,203,233. See also Japan(另见日本).

India(印度), frontiers(边疆)236,238,242—247; relations with Tibet(与西藏的关系)234—236.

Indogermanic languages,(印欧语系)456,458.

Industrialism(工业化), effects of Western, on modern China(西方对现代中国的影响)15,51,475; failure to develop in China(在中国发展的失败)40,393,512,549; in steppes(在草原)70,203.

Inheritance, systems of,(继承制)292.

"Inner"Frontier(内边疆), See also Frontiers(另见边疆).

Inner Mongolia. See Mongolia, Inner,(内蒙古).

Institute of Pacific Relations,(太平洋关系研究所)xix.

Irgen Gioro, clan,(伊尔根觉罗)116.

Iron(铁器), in steppe economy(在草原经济中)69; trade(商贸)42,394.

Iron Age(铁器时代)274.

Irrigation(灌溉)32,35,36,166,325,326,353,354,386,421,431; beginnings of(起源), in China(在中国)34,38,60,297,306,312—319,350; Central Asia(在中亚)156,191; conduits, rivers and canals as(水渠、河流、运河)41; conservancy works(维护管理)39; in relation to feudalism and bureaucracy(与封建体制、官僚政府的关系)371,374—376,394,402; Ladakh(拉达克)214; Mongolia(蒙古)250; South China(华南)322. See also Agriculture, intensive(另见精耕农业).

Islam(伊斯兰), in Chinese Turkistan(新疆)178—181,185,226. See also Moslems(另见穆斯林).

Italy(意大利)7.

J

Jagatai,(察合台)180,184.

Japan(日本)7,51,144,145,146；imperialism(帝国主义)9,101,146－149,194；in Manchuria(在满洲)17－18,146－149；militarism(军国主义)147.

Jebtsundamba,(哲布尊丹巴)88.

Jehol, region(热河)10,107,109,389,418.

Jesuits,(天主教,耶稣会)6.

John of Montecorvino(孟德高维诺的约翰),81.

Juan-juan, tribe,(柔然)528,540.

Juchen, people,(女真)115,137.

Juchen-Chin, dynasty(女真金朝)545.

Jung, tribes,(戎)319,338,342－349,358,362－364,382,384,385,448,453,454.

Jungar Mongols,(蒙古准噶尔部)87,181,184.

Jungaria, region(准噶尔地区)153,165,170,185,503.

Junior right system of inheritance,(少子继承制)292.

Jurchid, people,(女直)115,116,120,137,469.

Jurchid－Juchen Chin, dynasty,(女真金朝)128.

K

Kabo, R.(卡博),11,99,125,139,520.

Kalmuks, people(卡尔梅克),87.

K'ang Hsi(康熙),87.

K'ang Yu－wei(康有为),280.

Kansu Moslem rebellion(甘肃穆斯林暴动),183,186.

Kansu, province(甘肃省),18,154,163,165－167,169,170,179,182,183,185,200,216,226,228,247,257,265,501.

Kaochüli, people(高句丽)115.

Karlgren, B.(高本汉),292,397.

Karluk Turks(葛逻禄突厥),180.

Kashgar, oasis(喀什绿洲),157,179,185,198.

Key economic areas(重要经济区),40,42,330,534,539.

Khalkhas, Mongols(喀尔喀蒙古),78,87,197,199,230.

Khatun Gol(=Yellow River)(黄河),385.

索　引

Khitan, people(契丹),115,469.
Khitan－Liao, dynasty(契丹辽朝). See Liao dynasty(辽朝).
Khobilai Sechin (Kublai Khan)(忽必烈汗),81,84,227,228,545.
Khojas, clan(和卓部),184－186,196.
Khotan, oasis(和阗绿洲),185.
Kiangsu, province(江苏省),13.
Kirin, province(吉林省),10.
Kokonor, province(青海省),11.
Kokuri, people(高句丽),115.
Korea, frontier(朝鲜边疆),117.
Koreans(朝鲜),10.
Koz'min(科兹忞),125,519,520.
K'u(喾). See Ti Ku(帝喾),
Kuangsi, province(广西省),12,47.
Kuangtung, province(广东省),12.
Kublai Khan (Khobilai Sechin)(忽必烈汗),81,84,227,228,545.
Ku Chieh－kang(顾颉刚),34,279,280,283.
Kueichou, province(贵州省),12,47,205.
Kueihua, city(归化城),84,95.
Kuku-khota, city(呼和浩特),85.
Kulja, town(伊宁),198.
K'un Ning Tien, in Peking(北京坤宁宫),110.
Kung-sun Yang(公孙鞅),402.
K'unlun mountains(昆仑山),152,164.
Kuomintang(国民党),193－194.
Kuo Mo－jo(郭沫若),281,285,286,287.

L

Labor(劳动力), forced(强迫的),39；surplus(剩余的),442.
Ladakh, region,(拉达克地区)214.
Lama Buddhism(喇嘛教), See Buddhism.(见佛教).
Land ownership(土地所有权), nomad(游牧),66,90,524.
Landlords(地主), size of holdings and labor(拥有土地与劳动力的规模),40.
Langdharma(朗达玛赞普),225.
Language and languages(语言),24；Chou(周),456；differentiation of(语言分异),455；Frontier(边疆),454－459；Hsiungnu(匈奴),451；written Chinese(书写汉

415

语),48.
Lattimore, David,(D. 拉铁摩尔),xx.
Lattimore, Eleanor,(E. 拉铁摩尔),xx.
Laufer, B. ,(劳弗),83,116.
Lawrence, T. E. ,(劳伦斯),169.
"Leagues", regional,(地区联盟),397.
Lecoq, A. von,(勒科克),176.
Lee, J. S.(J. S. 李), theory of cycles(循环理论),532.
Legends(传说), early(早期), geographical evidence in(地理证据),286; sociological evidence in(社会学证据),292-298.
Legge, J. ,(理雅各),29,289,290,291,294,348,398.
Lhasa, city,(拉萨城),214,217,222,223,231.
Li Chi,(李济)103,124,312,377.
Li family,(李氏家族)414.
Li Kuang,(李广),484.
Li Ling,(李陵),484.
Li Mu,(李牧)387,435.
Liao dynasty,(辽朝)115,128,469,545.
Liao, river and valley,(辽河流域)103,106,107,290.
Liao-Khitan dynasty,(契丹辽朝). See Liao dynasty(见辽朝).
Liaoning, region(辽宁地区),10.
Liaotung (Chinese Pale),(辽东,汉边),109.
Lin, T. C. ,(林同济),109,114,124.
Lindgren, E. J. ,(林德格伦)113.
Liu Hsiu,(刘秀)539.
Liu Pang,(刘邦)446,476,479,539.
Liu Yuan-hai,(刘渊,字元海)526.
Lo Chen-yü,(罗振玉)281.
Lo valley,(洛河流域)290,419.
Lob Nor, lake,(罗布泊)152,155.
Loess,(黄土)30,31.
Loess region,(黄土地区),27-51,55,308,310,314,319,320,365.
Lopliks, people,(罗布泊居民)155.
Lowdermilk, W. C. ,(洛德米尔科)158.
Lu Wan,(卢绾)480.
Luxuries, trade in,(奢侈品贸易),174,190.

M

Man, tribal name, (蛮)455.

Manchu, term, (满, 名词)116.

Manchu Ch'ing dynasty(满清王朝),128; See also Manchus dynasty(另见满族王朝).

Manchukuo(满洲国), 10,106. See also Manchuria(满洲).

Manchuria(满洲),10,13,103－149;"Chinese"(汉族),105; colonization(殖民),17－18; Japan in(日本在满洲),17－18; migration(移民),13－14; railways(铁路),17,18. See also Manchus(另见满族).

Manchus(满族), in Central Asia(在中亚),181－187; conquests(征伐),6,78－80,130－134,181; dynasty(王朝),46,78,87,116,130,133－143,233,535; history, character of(历史特点),115,136; legends(传说),120; migrations(移民),136; Mongolia(蒙古),86－95,230; people(人民),24－25,116－140; Tibet under the(满族统治下的西藏),230－233; See also Manchuria(另见满洲).

Mandarins(清朝官僚),44,48; See also Scholar-gentry(士大夫).

Manichaeism(摩尼教),83,78.

Manjusri(文殊师利,曼殊师利),116.

"Mantze"aborigines("蛮子"),216.

Marco Polo(马可·波罗),6,81,82,182,504.

Margins of steppes(草原边缘). See Societies, Steppes(见草原社会).

Maspero, H.,(马伯乐),28,55,56,298,455,456.

Matriarchy, Tibet,(西藏女族长制,母系)210.

Matrilineal systems,(母系)111,112,293－295,302,303.

Mazdaism in Chinese Turkistan,(新疆的拜火教)178.

McNair, H. F.,(麦克奈尔)6.

Mencius,(孟子)294.

Menghin, O.,(孟辛)53,58,455,459.

Mengku Yumu Chi,(蒙古游牧记)85,90.

Meng T'ien,(蒙恬)449,450,461,497.

Meng Wen-t'ung,(蒙文通)343－345,348,349,357,359,362,363,382,384,385,389.

Merchants(商人),50. See also Trade(见商业、贸易).

Merzbacher, G.,(默茨巴赫),152.

Migration and migrations(移民),162,454; Ancient China(古代中国),309; Central Asia(中亚),164; Chinese and American, compared(中美比较),14－15; cycles

(循环),66; cycles, Mongolian(蒙古循环),73,79; distinguished from nomadism (与游牧的区别),309; Manchu(满族),117,120,121; Manchuria(满洲),13-14; neolithic(新石器时代),258; pastoral(放牧),170; Tibetan(藏族),209.

Millet,(粟,小米)30,36,373.

Ming dynasty(明朝),6,83,103,109,120,124,128,130,133,181,205,228,539.

Ming Shih, a history(明史),539.

Mining,(矿业),40,43,44.

Modun,(冒顿),461,463-367,476,478,524,540.

Moho, people,(靺鞨),115.

Monastic "corporation"(寺庙产业), China(中国),378; Mongolia(蒙古),85,89,91,97.

Mongol People's Republic(蒙古人民共和国),10,68,100,101,199.

Mongolia(蒙古),53-102; inner(内),10,53,78,248; outer(外),10,197,199. See also Mongols(见蒙古).

Mongols(蒙古), conquests(征伐),544; dynasty (See also Yüan dynasty)(王朝,另见元朝),82,228,229; Eastern(东部),86; Empire(帝国),82; history character of(历史特点),91; language(语言),456; Manchuria(满洲),11,134,135; Northern(北部),78; Southern(南部),88; Tibet(西藏),227-230; Western(西部),78,87,88,97,181,230. See also Mongolia(另见蒙古).

Monsoon winds,(季风),42.

Morse, H. B.,(莫尔塞),6.

"Moses"Li Pao-shu,("摩西"李保舒),xii.

Moslem Pale,(回边),27.

Moslems(穆斯林),181-184; Chinese(汉族),11,185; in Mongol empire of Chinghis Khan(在成吉思汗帝国),81; "rebellions"("暴动"),181,186,196. See also Islam(另见伊斯兰).

Mucke, J. R.(米克),160.

Müller, F. W. K.,(缪勒)451.

Mutan, river,(牡丹江)111.

N

National Government(国民政府), establishment of(建立),188.

Neolithic period in China(中国新石器时代),28,255-298; character of culture(文化特点),256-262; connection with historical record(与历史记载的关系),285; cultural differentiation(文化分异),55; primitive and mature cultural levels(原始文化与成熟文化),257,260,266,268,273,275,302,305,306,317,457.

索　引

Neolithic period in Inner Mongolia(内蒙古的新石器时代),53.
Nestorian Christianity(基督教聂斯脱利派,景教), 81.83,178.
"New Manchus"("新满族"),135.
Nikan Wailan,(尼堪外兰)127.
Ninghsia, region,(宁夏地区) 10,11,18,154,163,165,170,185,226,228,247, 389,501.
Ninguta, region,(宁古塔地区) 117,120.
Niru (＝arrow),(弩,箭)131.
Nomads and nomadism(游牧、游牧业),53,54,361,381,416,453－454,511－529; accumulation of wealth(财富积累),331; agricultural origins(农业起源),328; change from marginal to full nomadism(从边缘游牧到完全游牧的转变),452－454; Chinese Turkistan(新疆),158,329; concentration and dispersal(集中与分散),331; "denomadization"("去游牧化"),504,505,521; distinguished from migration(与移民的区别),309; landownership(土地所有权),464; mobility(机动性、移动性),66,71,73,76,77,91,95,99,158,329,332,484,504,513－514,517, 522,526,550; origins(起源),158－163,326－328,355,362,364,386,387,408, 412,418,448,451,453,461,466,514,551; pre-nomad barbarians(前游牧蛮族), 342,344,379,408; relations to settled populations(与定居居民的关系),328－334; Tibet(西藏),211－216; vassals(封臣,附属),79,84,90,122,135. See also Societies, Steppes(另见草原社会).
Nonni, river,(嫩江)113.
Norms, social(社会准则). See Social norms(见社会准则).
North Manchuria and the Chinese Eastern Railway,(北满及华东铁路),141.
North Road(北方道路). See Road North. (见北方道路).
Northwest Frontier of India,(印度西北边疆),242－247.
Northwestern University,(西北大学)xxii.
Novitskii, V. F.,(诺维斯基),548.
Nurhachi(努尔哈赤),115,116,117,118,119,124,127,129,130,131,540.

O

Oases(绿洲),208,213,223; agriculture(农业),23,151,154; Chinese versus nomadic influences in(汉族与游牧族的影响),500－502; desert type(沙漠类型),155, 156,159,165,170,172,174,179,223,491,492,504; geography(地理),154; society(社会),505; steppe type(草原类型),156,157,159,170,175,504,509. See also Sub-oases(另见半绿洲)
Oberg, Torgny,(乌本),xxii,160.

Olts, people,(厄鲁特),78,87,181.
"Open Door",("门户开放")8,143,144.
Oracle-bones,(卜骨)280,285,286.
Ordos, region,(鄂尔多斯地区)462.
Ordos, tribes,(鄂尔多斯部)84.
Ordos-Tumet, tribes,(鄂尔多斯－土默特部),230.
Orkhon Turks,(鄂尔浑突厥)250.
"Outer"frontier("外"边疆),87. See also Frontiers(另见边疆).
Outer Mongolia(外蒙古). See Mongolia, Outer.(见外蒙古).

P

Pacific Affairs,(太平洋评论)xix.
Padma Sambhava,(莲花生)223.
Painted pottery,(彩陶)259－267,299,301,302,315.
Palladius, A.(帕拉基)76,83,465,519,540.
Pamire, region,(帕米尔地区)152,186.
P'an Ku,(盘古)282,283,286.
P'an Ku Yao, tribe,(盘古瑶,盘瓠瑶)455.
Panchan Lama,(班禅喇嘛)229,231,232,237.
Pankratov, B.,(潘克拉托夫)135.
Parker, E. H.,(帕凯尔)414,486.
Pastoral nomadism(放牧业). See Nomads and nomadism.(见游牧、游牧业)
Patrilineal clans,(父系,父权)302,303.
Pazyryk, burial finds,(巴泽雷克墓葬)453,466.
Peasants, Chinese,(汉族农民)49.
Pegolotti,(佩戈雷蒂)6.
Pei Shih,(北史)528,540.
Peiping (=Peking),(北平、北京)86,289.
Peiping-Hankow Railway,(京汉铁路)285.
Peiping-Mukden Railway,(北宁铁路)144.
Peiping-Suiyüan Railway,(京绥铁路)99.
Peking (=Peiping),(北京、北平)86,289.
Peking Man,(北京人)257.
Pelliot, P.,(伯希和)456.
Period of the Contending States,(战国时代)361.
Perpendicular and Horizontal Period,(纵横时代)405,437.

Perry, M. C., opening of Japan,(培理)146.

Philip, John,(约翰菲利普)xxi

Pig, domestication of,(家猪)110,111,112,258.

Plough, ox-drawn,(牛耕)306,421.

Pohai, states of,(渤海国)115.

Polyandry, Tibet,(一妻多夫制)210.

Pomus, M. I.,(波姆斯)53.

Population pressure,(人口压力)15.

Population statistics,(人口统计)10,11.

Portuguese,(葡萄牙)6.

Pottery, Neolithic,(新石器时代陶器)259—267,299,301,302,315.

Prjevalski,(普尔热瓦尔斯基)152.

Pumpelly, R.,(庞佩利)157,158.

Q

Qomul, oasis,(哈密绿洲)173,181,196.

R

Races(种族),55—56；Chinese Turkistan(中国新疆),167.

Radlov, V. V.,(拉德洛夫)250.

Railways(铁路), China(中国),37,141；effects on Mongolia(对蒙古的影响),99,187,198；Manchuria(满洲),17—18,99,141,144,192；political effects(政治影响),144.

Range of action, governmental,(政府行为范围)397,418,473,499,505,508.

Rashideddin,(瑞施德丁)82.

Rebellions, peasant,(农民起义)538.

Reindeer,54,113,114,122,159,453,458,466；domestication of,(驯化鹿)112,327.

"Reservoir"garrison,(贮存地)547.

"Reservoir of tribal invasions",(部落入侵贮存地)247—251.

"Reservoir walls",(贮存地边墙)547.

Revolution of 1927,(1927年革命)188.

Riasanovsky, V. A.,(雷撒洛夫斯基)90.

Rice,(稻米)29,30,35,36,322—323,373,445,472.

Richthofen, F.,(李希霍芬)29,31,34.

Rish, A.,(里什)11.

Road building,(道路修建)441,442.
Road North of the T'ien Shan,(天山北路)175,179,187,192,195.
Road South of the T'ien Shan,(天山南路)175,184,185,187,195.
Rock, J.,(洛克)280,380.
Rockhill, W. W.,(柔克义)71,82,280.
Roerich, G. N.,(勒里希)212.
Roman Empire(罗马帝国), frontiers(边疆),238.
Rosenfeld, Rose F., Lectures,(罗斯菲尔德讲座)xxii.
Routes(通道), See Trade routes.(商道).
Royal Geographical Society,(皇家地理学会)xviii.
Russia(俄国), Soviet(苏维埃),7,9,101,144,145；policy in Central Asia(中亚政策),193－204.
Russia(俄国), Tsarist(沙皇),7,8,101,139－140,144,188.
Russian Revolution,(俄国革命)144.
Russian Turkistan,(俄属土耳其斯坦)179,188.

S

Sakya sect,(萨迦派)227.
Salar Moslems,(撒拉回)212.
Salt(盐),42,43,329,394；in steppe economy(在草原经济中),69；transport of(运输),98.
Sanang Setsen,(萨囊彻辰)88,230,385.
Sangkan, river,(桑干河)413.
Sanhsing, town,(三姓)115.
San-Kou Chih, a history,(三国志)527.
Schlagintweit, E.,(施拉京特魏特)223.
Schmidt, H.,(施密特)158.
Scholar－gentry,(士大夫)44,45,48,49,125,143,177,178,189,375,376,378,393,395,399,402,535,536.
Schram, L.,(施拉姆)212.
Schuyler, E.,(斯凯勒)192.
Sea route to Manchuria,(到东北的海路)109.
"Secondary"imperialism("次"、"亚"帝国主义). See Imperialism(见帝国主义).
"Secret history of the Mongols",(蒙古秘史)76,465.
Shakhmatov, V.,(沙赫马托夫)184,186.
Shaman rituals at the K'un Ning Tien(坤宁宫萨蛮礼), Forbidden City in Peking(北

索 引

京紫禁城)110.

Shang(商), connection with Chou(商周关系),307－308；continuity with Hsia(承夏),303；culture(文化),263－267,268－270,274,280,288,318,328,337；cline of,338,367；dynasty(朝代),282,284,285,287,290,367；language(语言),456；legends(传说),286；Lord of(商君),402；people(人民),310,365；period(时期), 298－306,338,340,351,352.

Shang-Yin, people,(殷商)338.

Shanhaikuan, town,(山海关城)132.

Shanhaikuan, corridor,(山海关走廊)107.

Shansi, province,(山西省)13.

Shantung, province,(山东省)109,262,289,290.

Shao Hao,(少昊)282,290.

Shaw, R.,(沙敖)156,167,185.

Sheep,(绵羊)74,75,159.

Shen Nung,(神农)282,283,287,289.

Sheng Shih-ts'ai,(盛世才)201.

Shensi, province,(陕西省)185,283,289.

Shih Chi, a history(史记),292,338,356,357,384,385,387,389,392,400,402,418,435,438,441,444,449－451,461,464,467,477－479,484,486,489,491,497,498,523,524,540. See also Ssu－ma Ch'ien(另见司马迁).

Shirokogorov,S.M.,(史禄国)110,111.

Shun,(舜)282,284,285,287,290,293,294.

Sian, town,(西安城)47,179.

Silk,(丝绸)43,394,492,493,494.

"Silk Road",("丝绸之路")172,173,491－493.

Silk trade,(丝绸贸易)173,174.

Simukov, A.,(西穆科夫)73.

Sinic languages,(中国语系)459.

Sinkiang, region(新疆地区),10,18,171,187,188,189,192,194,199. See also Central Asia, Chinese Turkistan(另见中亚、中国新疆).

Sino-T'ai, languages,(汉泰语系)456,459.

Skis,(雪橇)112.

Skrine, C. P.,(斯克林)171.

Smiths(铁匠,工匠), nomad(游牧),70,528；Mongol(蒙古),69－70,92.

Snow, E.,(斯诺)43,194.

Social Science Research Council,(社会科学研究会)xviii.

423

Social differentiation(社会分异),32,38,161,257,273,275,276,293,295,298,301, 304,306,318,327,333,356,361,366,367,407,408,412,431,516; Chinese and Barbarians(华夷),255－278; "old"and "new"societies("新""旧"社会),351, 357,371,380,382,386,448,453.

Social evolution(社会进化), acceleration of(加速),297,304,320,350,365,408.

Social norms(社会规范), Chinese(汉族),508,511; devolution from(脱离规范), 507; steppes(草原),508,510,511,513,514,516.

Societies, groups on margins of steppes,(草原边缘族群社会)59,62,72,98,131,249, 308,325,326,328,352,411,431,435,452,471,473,481,483,497,498,507,508, 509,511,522,546,551.

Sderbom, Georg,(苏得奔)xxii.

South Manchuria Railway,(南满铁路)141.

South road(南路), See Road South.(见南路).

Southern "Barbarians"(南"蛮"),339,380.

Spring and Autumn Period,(春秋时期)361,362.

Srongtsan Gampo,(松赞干布)217.

Ssuch'uan, province,(四川省)12,35,290,339,405.

Ssu－ma Ch'ien(司马迁),441,448,454,459,463,467,523. See also Shi Chi(另见史记).

Stefansson, V.,(斯蒂芬森)457.

Stein, Sir A.,(斯坦因)156,167,176,191,221,224,493,494.

Steppe oases(草原绿洲). See Oases, steppe type.(见绿洲,草原类型).

Steppes(草原), cultivability of(农耕化),57; difficulties of Chinese position in margins of(汉族在草原边缘立足的困难),277,495; early resistance of steppe society to Chinese penetration(草原社会对汉族渗透的早期抵制),277; environment(环境),386; margins(边缘),37,109,110,124,128,170,174,192,209,324,352, 353,354,390,411,412,415,418,420,423,431,461,462,468,470,473,481,495, 496,501; Mongolian(蒙古人),53－102; political figures on margins of(边缘的政治角色),538,539,540,543; society(社会),53－102; tribalism(部落制), 381,448. See also Nomads and Nomadism, Social norms, Societies.(另见游牧、游牧业;社会规范、社会).

Stevenson, P. H.,(史蒂文森)208,352.

Stirrup,(马镫)465.

Sub-oases, or semi-oases(半绿洲),165,182,223,347,360,389,420,432,501; geography of(地理),163－168. See also Oases(另见绿洲).

Sui dynasty,(隋朝)414.

Suiyüan, province,(绥远省)10,11.
Sun Yat-sen,(孙逸仙,孙中山)193－194.
Sung dynasties(宋朝)205,469.
Sungari, river,(松花江)111,112,136.
Sushen, people,(肃慎)214.
Sykes, E. and Sir P. ,(赛克斯)187.

T

Ta Ch'ing Huitien, a publication,(大清会典)71,232.
Tada, F. ,(书绪九)418.
T'ai Hang Shan, mountains,(太行山)343,344.
T'ai Hao,(太昊)284.
T'ai(泰,傣), peoples(人民),208,216,360; language(语言),456.
Tai, region,(代) 413,414.
Taijigat, people,(台吉噶特)117.
T'aiping Rebellion,(太平军起义)46,50,182,186.
Taklamakan, desert,(塔克拉玛干沙漠)152,154－157,164,165,170,171,173,176,179.
T'ang dynasty,(唐朝)205,414,469,544.
T'ang Shu, a history,(唐书)528,544.
Tanggot, kingdom,(唐古特,西夏)76,224,227,385.
Tangut(唐古特), 224. See also Tanggot.(唐古特).
Tannu-Tuva, region,(唐努乌梁海)10,113,327.
T'ao His-sheng,(陶希圣)281,287.
Tao Kuang,(道光)138.
Tarim, river,(塔里木河)152,153,164.
Tea,(茶)43,394.
Teggart, F. J. ,(泰格特)529.
"Tenantry"(租佃), nomad(游牧), Mongolia(蒙古),96.
Third Report on Progress in Manchuria,(满洲发展报告第三)141.
Thomsen, V. ,(汤姆森)250.
Thorp, J. ,(桑普)394,496,548.
Three Chin(三晋)(＝states of Han, Wei and Chao 韩、赵、魏) 382.
Ti Chih(帝挚),282,285. See also Chih(挚).
Ti, people,(狄)342－345,348,349,358,364,384,415,448,453,454,525.
Tibet,(西藏)10,11,18,88,205－237,509.

425

Tibeto-Burmans,216,456; languages(语言),459.

T'ien hsia,(天下)130,238.

T'ien Shan, mountains,(天山)151-153,179,186.

Tientsin, city,(天津城)107.

Ti K'u,(帝喾)282,285,287,290,292.

Ting Shan,(丁山)281,286,337.

Ting, V. K.,(丁文江)29,205,264,265,274,282,286,421.

Tingling, people,(丁零)470.

Toba Wei, dynasty,(拓跋魏)528.

Toynbee, A. J.,(汤因比)329.

Trade(贸易), long range Chinese(汉族长期贸易),46-47,51; with Central Asia(与中亚),174,175,179,189,198,492,494,520; with Mongolia(与蒙古),92,198; with Tibet(与西藏),231; short range(短期),395.

Trade routes(商道), Central Asia(中亚),172,173,179. See also Road North, Road South, "Silk Road"(另见北路、南路、丝绸之路).

Traditions(传统), Chinese historical(中国历史),279-281.

Transhumance,(迁移放牧)309.

Transport(运输), from steppe into China(从草原到中国),98; of grain(谷物),134,174; water(水),41,107,108,373,405,414,534.

Treaty of Nanking, 1842(1842年南京条约)140.

Treat Port era,(口岸时代)140,146,190.

Tribute(进贡), as form of trade(一种贸易形式),175.

Tsaidam, region,(柴达木)213.

Tsangpo, river,(雅鲁藏布江)207.

Tsen Shih-ying,(曾世英)11.

Tseng Chien,(曾謇)286.

Tso Chuan, a history,(左传)292.

Tso Tsung-t'ang,(左宗棠)186.

Tsongkapa,(宗喀巴)229.

Tukuhun people,(吐谷浑)527.

T'u-man(=Tumen),(头曼)450.

Tumen,(头曼)450,451,461-464.

Tumet Mongols,(土默特蒙古)84,86,119.

T'ung Kuei-t'ing,(董贵庭[音])342.

Tung Tso-pin,(董作宾)281,285.

Tunghu, people,(东胡)114,451,464,524,525.

索 引

T'ungkans(汉回,东干),185；rebellion,(叛乱、起义)183.
Tungt'ing Lake,(洞庭湖)366.
Tungus(通古斯),people(人民),113,135,136,137,138；language(语言),456.
Turfan(吐鲁番),oasis(绿洲),179,181.
Turkistan(土耳其斯坦). See Chinese Turkistan(新疆),Russian Turkistan(俄属土耳其斯坦).
Turks(突厥,土耳其),11,528. See also Uighur Turks(回鹘突厥).
Turksib Railway(突厥西伯利亚铁路、土西铁路),198.

U

Uighur Turks(回鹘突厥),81,180,224.
Ungern－Sternberg,"Mad Baron",("疯子男爵"斯登堡),197.
Ural－Altaic languages,(乌拉尔－阿尔泰语),456,458,459.
"Urga Living Buddha",(库伦活佛),88.
Urianghai, region,(乌梁海地区)113,327,418.
U.S.S.R(苏维埃社会主义共和国联盟). See Russia, Soviet.(见俄国、苏维埃)
Ussuri, river,(乌苏里江)112.
Utley, F.,(厄特利)51,147.

V

Viktorov and Khalkhin,(维克托罗夫、加尔金)11,68,93,97.
Vladimirtsov, B. Ya.,(弗拉基米尔佐夫)75,292,355,452,519,524.

W

Waddell, L. A.,(沃德尔)215,217,225,228,229,231.
Wall building(城墙修建),388－390,403,404,414,429,432,434,437,441,450,547. See also Great Wall(另见长城).
Wan Kuo-ting,(万国鼎)486.
Wang Kuo-lang,(王国良)404.
Wang Kuo-wei,(王国维)280,284,285,287,342.
Wang Mang,(王莽)475.
Wang Yü-ch'üan(王毓铨),48,126,279,369；theory of dynasty cycles(王朝循环理论),535,536.
Wapiti(野鹿),captive(捕获),160.
War, Wars(战争)；ancient China(古代中国),304,305；"barbarian"("蛮族"),60,386－

427

388;"barbarian", Chou period(周代蛮族),341,343,356,361;boats(战船),437;chariots(战车),348;dynastic(王朝),443,444;feudal(封建),373,382,391,400,401,421,435,438,444;Frontier(边疆),508,545;frontier campaigns of Han dynasty(汉朝边疆战役),491;granaries in time of(战时军粮),40;Neolithicsociety(新石器时代社会),267;nomad(游牧),65,77,79,97,99,333,388,410,421,422,464,499,515,519,541,546;oasis campaigns(绿洲战役),503,506;primitive society(原始社会),317;regional(地区的),357,358,359,361,382.

Ward, Mabel H.,(沃德)xxi.

Warner, L.,(瓦尔纳)494.

Warring States, period of,(战国时期)313.

Water benefits,(水利)316.

Wei, dynasty(魏朝),176;Northern(北魏),29,528;state of(魏国),359,382,384,385,400,403,404,416;wall(长城),436.

Wei, valley,(渭河流域)29,289.

Wei—Tsang T'ungchih, a gazetteer,(卫藏通志)232.

Wells(井), nomad(游牧), 68.

Wheat,(小麦)30,35,36,373.

"White"Russians,(白俄)196,197,201.

Wieger, L.(维格)289,290,291,348,384,486,497.

William of Rubruck,(鲁布鲁克)71,82.

Willow Palisade,(柳条边)108,247.

Wittfogel, K. A.,(魏特夫)xx,12,29,30,31,34,36,39,42,47,48,49,56,61,83,110,261,263,271,279,281,284,286,287,293,294,312,313,315,355,370,377,395,398,436,442,541,550.

Women. Status of,(妇女地位)294—296,302.

World War,(世界大战)7.

Wright, John K.,(赖特)xxi.

Wu, state of,(吴国)400,405.

Wu, G. D.,(吴金鼎)259,260,263.

Wu Ling,(武灵王)387,389.

Wu San-kuei,(吴三桂)132,133.

Wu, state of,(吴国)339,366.

Wu Ti,(武帝)476,477,484,489.

Wu Tsung,(武宗)178.

Wuhuan, people,(乌桓)470.

Wula, people,(乌拉)129.

Wusun, people,(乌孙)470.

Wut'aishan, mountain,(五台山)414.

Y

Yak,(牦牛)74.

Yakub Beg,(阿古柏伯克)185,186.

Yakuts, people,(雅库特)113.

Yangtze valley(长江流域), Chinese expansion beyond(汉族向江南扩张),469－470, 472; Chu conquests in(楚征伐),400,445; density of population 人口密度,13; early Chinese in(早期汉族),311; early states in(早期王国),366,367; rice culture(稻作文化),28,29,35,321,322,324; secondary focal area of Chinese history(中国历史的次级核心区),27,257,283.

Yao,(尧)282,284,285,290,293,294.

Yehe, state of,(叶赫邦)124,129.

Yeh-lüChu-ts'ai,(耶律楚材)545.

Yellow Emperor (Huang Ti),(黄帝)282,287,289.

Yellow River(黄河), control of lower course of(下游河道的控制),34,262,316; great bend of(河曲、黄河弯),29,56,165,166,169,259,261,266,278,288,291, 296,297,315,360; Mongol name(蒙古名字),385; plain of(平原),296; primary focal area of Chinese history(中国历史的早期核心区),28,283; Tarim identified with source(以塔里木河为上源),164. See also Great Plain(另见大平原).

Yen, state of,(燕国)388,389,417,419,434.

Yin (＝Shang),(殷商)300.

Younghusband, Sir F.,(荣赫鹏)188,236.

Yü,(禹)33,34,282,284,288,291,293,296.

Yüan dynasty,(元朝)83,121,228,229,469.

Yüan Shih, a history,(元史)250,545.

Yüeh, state of,(越国)339,366,400,405.

Yüehchih, people,(月氏)451,456,463,489,490,525.

Yule, Sir H.,(玉尔)6,81,82,182,504.

Yunkang, cave sculptures,(云冈石窟)176.

Yünnan,(云南)12,47,182,205.

Z

Zakharov, Ivan,(扎哈罗夫)123.

429

译后记

欧文·拉铁摩尔(有的中文书作赖德懋)是美国著名的东方学家。生于1900年,不到一岁就随父亲到了中国。其幼年、青年时居中国(间有去欧洲求学),曾到我国北方及蒙古、中亚地区考察,对中国内陆边疆地区的历史、社会有独到研究。1935年侯仁之先生曾翻译过拉铁摩尔《满洲的蒙古人》一书的两章,在《禹贡半月刊》(第三卷)上发表。这大约是拉铁摩尔著作最早的中译。拉铁摩尔到过延安(1937年),1941年受罗斯福总统派遣作过蒋介石的顾问。20世纪50年代初,因麦卡锡主义盛行,拉铁摩尔在美国被打成"苏联间谍"、"共产分子"。1951年,某美国参议员说"拉铁摩尔自称生在华盛顿,其实他生在俄国,是(美国)父母收养了他。"但调查者在华盛顿附近的 Sibley 医院看到一张登记号为105986 的出生卡,注明 Owen Lattimore 生于1900年7月29日,父母是 David and Margaret Lattimore。看来美国政界整人的时候也行捏造。60年代以后拉铁摩尔常居欧洲。拉铁摩尔于1972年应邀(通过埃德加·斯诺)重访中国,受周恩来总理宴请。1989年5月在美国逝世。

拉铁摩尔生前为美国地理学会、英国皇家地理学会、美国哲学学会会员,曾为美国约翰·霍普金斯(John Hopkins)大学教授、英国利兹

(Leeds)大学教授,是蒙古人民共和国科学院第一位外国院士。关于拉铁摩尔生平的研究介绍,英文书主要有 James Cotton: *Asian Frontier Nationalism: Owen Lattimore and the American Foreign Policy Debate*. Manchester, Eng.: Manchester University Press, 1989; Robert P. Newman: *Owen Lattimore and the "Loss" of China*, Berkeley: University of California Press, 1992。另有拉铁摩尔晚年助手矶野富士子(Fujiko Isono)编写的《蒋介石的美国顾问:欧文·拉铁摩尔回忆录》(吴心伯译),已由复旦大学出版社出版(1996年)。均可参考。

拉铁摩尔著述颇丰,专著十余部,《中国的亚洲内陆边疆》(Inner Asian Frontiers of China)是其代表作,在西方汉学界颇有影响。此书初版于1940年,50年代、60年代再版,1988年英国牛津大学出版社附加前言又行再版,足见其经典价值。2001年,刘东先生找我商量,要把20世纪40年代赵敏求翻译的拉铁摩尔《中国的边疆》一书做些文字顺理,放在《海外中国研究丛书》中出版。但后来感到赵译本无论在文字上,还是在内容的完整性、准确性上,都存在不少问题,所以改为重译。此次江苏人民出版社向美国地理学会(The American Geographical Society)购买了中文版权,遂得以正式出版。

本书的翻译过程中,北京大学考古文博学院的晁华山教授、林梅村教授,美国加州洛杉矶大学的罗泰(Lothar von Falkenhausen)教授,北京大学历史系程龙博士以及在日本学习的刘正爱博士等帮助解决了不少原文中非英语的译名问题;研究生黄义军、杨雷在校对、查证资料方面提供了不小的帮助;中国测绘研究院的叶泰琪先生帮助清绘了书中全部地图。江苏人民出版社的周文彬、孙立先生对本书的出版付出了劳动。在此一并表示感谢。

唐晓峰
2005年7月20日

"海外中国研究丛书"书目

1. 中国的现代化　[美]吉尔伯特·罗兹曼 主编　国家社会科学基金"比较现代化"课题组 译　沈宗美 校
2. 寻求富强:严复与西方　[美]本杰明·史华兹 著　叶凤美 译
3. 中国现代思想中的唯科学主义(1900—1950)　[美]郭颖颐 著　雷颐 译
4. 台湾:走向工业化社会　[美]吴元黎 著
5. 中国思想传统的现代诠释　余英时 著
6. 胡适与中国的文艺复兴:中国革命中的自由主义,1917—1937　[美]格里德 著　鲁奇 译
7. 德国思想家论中国　[德]夏瑞春 编　陈爱政 等译
8. 摆脱困境:新儒学与中国政治文化的演进　[美]墨子刻 著　颜世安 高华 黄东兰 译
9. 儒家思想新论:创造性转换的自我　[美]杜维明 著　曹幼华 单丁 译　周文彰 等校
10. 洪业:清朝开国史　[美]魏斐德 著　陈苏镇 薄小莹　包伟民 陈晓燕 牛朴 谭天星 译　阎步克 等校
11. 走向21世纪:中国经济的现状、问题和前景　[美]D.H.帕金斯 著　陈志标 编译
12. 中国:传统与变革　[美]费正清 赖肖尔 主编　陈仲丹 潘兴明 庞朝阳 译　吴世民 张子清 洪邮生 校
13. 中华帝国的法律　[美]D.布朗 C.莫里斯 著　朱勇 译　梁治平 校
14. 梁启超与中国思想的过渡(1890—1907)　[美]张灏 著　崔志海 葛夫平 译
15. 儒教与道教　[德]马克斯·韦伯 著　洪天富 译
16. 中国政治　[美]詹姆斯·R.汤森 布兰特利·沃马克 著　顾速 董方 译
17. 文化、权力与国家:1900—1942年的华北农村　[美]杜赞奇 著　王福明 译
18. 义和团运动的起源　[美]周锡瑞 著　张俊义 王栋 译
19. 在传统与现代性之间:王韬与晚清革命　[美]柯文 著　雷颐 罗检秋 译
20. 最后的儒家:梁漱溟与中国现代化的两难　[美]艾恺 著　王宗昱 冀建中 译
21. 蒙元入侵前夜的中国日常生活　[法]谢和耐 著　刘东 译
22. 东亚之锋　[美]小R.霍夫亨兹 K.E.柯德尔 著　黎鸣 译
23. 中国社会史　[法]谢和耐 著　黄建华 黄迅余 译
24. 从理学到朴学:中华帝国晚期思想与社会变化面面观　[美]艾尔曼 著　赵刚 译
25. 孔子哲学思微　[美]郝大维 安乐哲 著　蒋弋为 李志林 译
26. 北美中国古典文学研究名家十年文选　乐黛云 陈珏 编选
27. 东亚文明:五个阶段的对话　[美]狄百瑞 著　何兆武 何冰 译
28. 五四运动:现代中国的思想革命　[美]周策纵 著　周子平 等译
29. 近代中国与新世界:康有为变法与大同思想研究　[美]萧公权 著　汪荣祖 译
30. 功利主义儒家:陈亮对朱熹的挑战　[美]田浩 著　姜长苏 译
31. 莱布尼兹和儒学　[美]孟德卫 著　张学智 译
32. 佛教征服中国:佛教在中国中古早期的传播与适应　[荷兰]许理和 著　李四龙 裴勇 等译
33. 新政革命与日本:中国,1898—1912　[美]任达 著　李仲贤 译
34. 经学、政治和宗族:中华帝国晚期常州今文学派研究　[美]艾尔曼 著　赵刚 译
35. 中国制度史研究　[美]杨联陞 著　彭刚 程钢 译

36. 汉代农业:早期中国农业经济的形成　[美]许倬云 著　程农 张鸣 译　邓正来 校
37. 转变的中国:历史变迁与欧洲经验的局限　[美]王国斌 著　李伯重 连玲玲 译
38. 欧洲中国古典文学研究名家十年文选　乐黛云 陈珏 龚刚 编选
39. 中国农民经济:河北和山东的农民发展,1890—1949　[美]马若孟 著　史建云 译
40. 汉哲学思维的文化探源　[美]郝大维 安乐哲 著　施忠连 译
41. 近代中国之种族观念　[英]冯客 著　杨立华 译
42. 血路:革命中国中的沈定一(玄庐)传奇　[美]萧邦奇 著　周武彪 译
43. 历史三调:作为事件、经历和神话的义和团　[美]柯文 著　杜继东 译
44. 斯文:唐宋思想的转型　[美]包弼德 著　刘宁 译
45. 宋代江南经济史研究　[日]斯波义信 著　方健 何忠礼 译
46. 一个中国村庄:山东台头　杨懋春 著　张雄 沈炜 秦美珠 译
47. 现实主义的限制:革命时代的中国小说　[美]安敏成 著　姜涛 译
48. 上海罢工:中国工人政治研究　[美]裴宜理 著　刘平 译
49. 中国转向内在:两宋之际的文化转向　[美]刘子健 著　赵冬梅 译
50. 孔子:即凡而圣　[美]赫伯特·芬格莱特 著　彭国翔 张华 译
51. 18世纪中国的官僚制度与荒政　[法]魏丕信 著　徐建青 译
52. 他山的石头记:宇文所安自选集　[美]宇文所安 著　田晓菲 编译
53. 危险的愉悦:20世纪上海的娼妓问题与现代性　[美]贺萧 著　韩敏中 盛宁 译
54. 中国食物　[美]尤金·N. 安德森 著　马孆 刘东 译　刘东 审校
55. 大分流:欧洲、中国及现代世界经济的发展　[美]彭慕兰 著　史建云 译
56. 古代中国的思想世界　[美]本杰明·史华兹 著　程钢 译　刘东 校
57. 内闱:宋代的婚姻和妇女生活　[美]伊沛霞 著　胡志宏 译
58. 中国北方村落的社会性别与权力　[加]朱爱岚 著　胡玉坤 译
59. 先贤的民主:杜威、孔子与中国民主之希望　[美]郝大维 安乐哲 著　何刚强 译
60. 向往心灵转化的庄子:内篇分析　[美]爱莲心 著　周炽成 译
61. 中国人的幸福观　[德]鲍吾刚 著　严蓓雯 韩雪临 吴德祖 译
62. 闺塾师:明末清初江南的才女文化　[美]高彦颐 著　李志生 译
63. 缀珍录:十八世纪及其前后的中国妇女　[美]曼素恩 著　定宜庄 颜宜葳 译
64. 革命与历史:中国马克思主义历史学的起源,1919—1937　[美]德里克 著　翁贺凯 译
65. 竞争的话语:明清小说中的正统性、本真性及所生成之意义　[美]艾梅兰 著　罗琳 译
66. 中国妇女与农村发展:云南禄村六十年的变迁　[加]宝森 著　胡玉坤 译
67. 中国近代思维的挫折　[日]岛田虔次 著　甘万萍 译
68. 中国的亚洲内陆边疆　[美]拉铁摩尔 著　唐晓峰 译
69. 为权力祈祷:佛教与晚明中国士绅社会的形成　[加]卜正民 著　张华 译
70. 天潢贵胄:宋代宗室史　[美]贾志扬 著　赵冬梅 译
71. 儒家之道:中国哲学之探讨　[美]倪德卫 著　[美]万白安 编　周炽成 译
72. 都市里的农家女:性别、流动与社会变迁　[澳]杰华 著　吴小英 译
73. 另类的现代性:改革开放时代中国性别化的渴望　[美]罗丽莎 著　黄新 译
74. 近代中国的知识分子与文明　[日]佐藤慎一 著　刘岳兵 译
75. 繁盛之阴:中国医学史中的性(960—1665)　[美]费侠莉 著　甄橙 主译　吴朝霞 主校
76. 中国大众宗教　[美]韦思谛 编　陈仲丹 译
77. 中国诗画语言研究　[法]程抱一 著　涂卫群 译
78. 中国的思维世界　[日]沟口雄三 小岛毅 著　孙歌 等译

79. 德国与中华民国　[美]柯伟林 著　陈谦平 陈红民 武菁 申晓云 译　钱乘旦 校
80. 中国近代经济史研究:清末海关财政与通商口岸市场圈　[日]滨下武志 著　高淑娟 孙彬 译
81. 回应革命与改革:皖北李村的社会变迁与延续　韩敏 著　陆益龙 徐新玉 译
82. 中国现代文学与电影中的城市:空间、时间与性别构形　[美]张英进 著　秦立彦 译
83. 现代的诱惑:书写半殖民地中国的现代主义(1917—1937)　[美]史书美 著　何恬 译
84. 开放的帝国:1600年前的中国历史　[美]芮乐伟·韩森 著　梁侃 邹劲风 译
85. 改良与革命:辛亥革命在两湖　[美]周锡瑞 著　杨慎之 译
86. 章学诚的生平与思想　[美]倪德卫 著　杨立华 译
87. 卫生的现代性:中国通商口岸健康与疾病的意义　[美]罗芙芸 著　向磊 译
88. 道与庶道:宋代以来的道教、民间信仰和神灵模式　[美]韩明士 著　皮庆生 译
89. 间谍王:戴笠与中国特工　[美]魏斐德 著　梁禾 译
90. 中国的女性与性相:1949年以来的性别话语　[英]艾华 著　施施 译
91. 近代中国的犯罪、惩罚与监狱　[荷]冯客 著　徐有威 等译　潘兴明 校
92. 帝国的隐喻:中国民间宗教　[英]王斯福 著　赵旭东 译
93. 王弼《老子注》研究　[德]瓦格纳 著　杨立华 译
94. 寻求正义:1905—1906年的抵制美货运动　[美]王冠华 著　刘甜甜 译
95. 传统中国日常生活中的协商:中古契约研究　[美]韩森 著　鲁西奇 译
96. 从民族国家拯救历史:民族主义话语与中国现代史研究　[美]杜赞奇 著　王宪明 高继美 李海燕 李点 译
97. 欧几里得在中国:汉译《几何原本》的源流与影响　[荷]安国风 著　纪志刚 郑诚 郑方磊 译
98. 十八世纪中国社会　[美]韩书瑞 罗友枝 著　陈仲丹 译
99. 中国与达尔文　[美]浦嘉珉 著　钟永强 译
100. 私人领域的变形:唐宋诗词中的园林与玩好　[美]杨晓山 著　文韬 译
101. 理解农民中国:社会科学哲学的案例研究　[美]李丹 著　张天虹 张洪云 张胜波 译
102. 山东叛乱:1774年的王伦起义　[美]韩书瑞 著　刘平 唐雁超 译
103. 毁灭的种子:战争与革命中的国民党中国(1937—1949)　[美]易劳逸 著　王建朗 王贤知 贾维 译
104. 缠足:"金莲崇拜"盛极而衰的演变　[美]高彦颐 著　苗延威 译
105. 饕餮之欲:当代中国的食与色　[美]冯珠娣 著　郭乙瑶 马磊 江素侠 译
106. 翻译的传说:中国新女性的形成(1898—1918)　胡缨 著　龙瑜宬 彭珊珊 译
107. 中国的经济革命:20世纪的乡村工业　[日]顾琳 著　王玉茹 张玮 李进霞 译
108. 礼物、关系学与国家:中国人际关系与主体性建构　杨美惠 著　赵旭东 孙珉 译　张跃宏 译校
109. 朱熹的思维世界　[美]田浩 著
110. 皇帝和祖宗:华南的国家与宗族　[英]科大卫 著　卜永坚 译
111. 明清时代东亚海域的文化交流　[日]松浦章 著　郑洁西 等译
112. 中国美学问题　[美]苏源熙 著　卞东波 译　张强强 朱霞欢 校
113. 清代内河水运史研究　[日]松浦章 著　董科 译
114. 大萧条时期的中国:市场、国家与世界经济　[日]城山智子 著　孟凡礼 尚国敏 译　唐磊 校
115. 美国的中国形象(1931—1949)　[美]T.克里斯托弗·杰斯普森 著　姜智芹 译
116. 技术与性别:晚期帝制中国的权力经纬　[英]白馥兰 著　江湄 邓京力 译

117. 中国善书研究 [日]酒井忠夫 著 刘岳兵 何英莺 孙雪梅 译
118. 千年末世之乱:1813年八卦教起义 [美]韩书瑞 著 陈仲丹 译
119. 西学东渐与中国事情 [日]增田涉 著 由其民 周启乾 译
120. 六朝精神史研究 [日]吉川忠夫 著 王启发 译
121. 矢志不渝:明清时期的贞女现象 [美]卢苇菁著 秦立彦 译
122. 明代乡村纠纷与秩序:以徽州文书为中心 [日]中岛乐章著 郭万平 高飞 译
123. 中华帝国晚期的欲望与小说叙述 [美]黄卫总 著 张蕴爽 译
124. 虎、米、丝、泥:帝制晚期华南的环境与经济 [美]马立博 著 王玉茹 关永强 译
125. 一江黑水:中国未来的环境挑战 [美]易明 著 姜智芹 译
126. 《诗经》原意研究 [日]家井真 著 陆越 译
127. 施剑翘复仇案:民国时期公众同情的兴起与影响 [美]林郁沁 著 陈湘静 译
128. 义和团运动前夕华北的地方动乱与社会冲突(修订译本) [德]狄德满 著 崔华杰 译
129. 铁泪图:19世纪中国对于饥馑的文化反应 [美]艾志端 著 曹曦 译
130. 饶家驹安全区:战时上海的难民 [美]阮玛霞 著 白华山 译
131. 危险的边疆:游牧帝国与中国 [美]巴菲尔德 著 袁剑 译
132. 工程国家:民国时期(1927—1937)的淮河治理及国家建设 [美]戴维·艾伦·佩兹 著 姜智芹 译
133. 历史宝筏:过去、西方与中国妇女问题 [美]季家珍 著 杨可 译
134. 姐妹们与陌生人:上海棉纱厂女工,1919—1949 [美]韩起澜 著 韩慈 译
135. 银线:19世纪的世界与中国 林满红 著 詹庆华 林满红 译
136. 寻求中国民主 [澳]冯兆基 著 刘悦斌 徐硙 译
137. 墨梅 [美]毕嘉珍 著 陆敏珍 译
138. 清代上海沙船航运业史研究 [日]松浦章 著 杨蕾 王亦铮 董科 译
139. 男性特质论:中国的社会与性别 [澳]雷金庆 著 [澳]刘婷 译
140. 重读中国女性生命故事 游鉴明 胡缨 季家珍 主编
141. 跨太平洋位移:20世纪美国文学中的民族志、翻译和文本间旅行 黄运特 著 陈倩 译
142. 认知诸形式:反思人类精神的统一性与多样性 [英]G.E.R.劳埃德 著 池志培 译
143. 中国乡村的基督教:1860—1900江西省的冲突与适应 [美]史维东 著 吴薇 译
144. 假想的"满大人":同情、现代性与中国疼痛 [美]韩瑞 著 袁剑 译
145. 中国的捐纳制度与社会 伍跃 著
146. 文书行政的汉帝国 [日]富谷至 著 刘恒武 孔李波 译
147. 城市里的陌生人:中国流动人口的空间、权力与社会网络的重构 [美]张骊 著 袁长庚 译
148. 性别、政治与民主:近代中国的妇女参政 [澳]李木兰 著 方小平 译
149. 近代日本的中国认识 [日]野村浩一 著 张学锋 译
150. 狮龙共舞:一个英国人笔下的威海卫与中国传统文化 [英]庄士敦 著 刘本森 译 威海市博物馆 郭大松 校
151. 人物、角色与心灵:《牡丹亭》与《桃花扇》中的身份认同 [美]吕立亭 著 白华山 译
152. 中国社会中的宗教与仪式 [美]武雅士 著 彭泽安 邵铁峰 译 郭潇威 校
153. 自贡商人:近代早期中国的企业家 [美]曾小萍 著 董建中 译
154. 大象的退却:一部中国环境史 [英]伊懋可 著 梅雪芹 毛利霞 王玉山 译
155. 明代江南土地制度研究 [日]森正夫 著 伍跃 张学锋 等译 范金民 夏维中 审校
156. 儒学与女性 [美]罗莎莉 著 丁佳伟 曹秀娟 译

157. 行善的艺术:晚明中国的慈善事业(新译本)　［美］韩德玲 著　曹晔 译
158. 近代中国的渔业战争和环境变化　［美］穆盛博 著　胡文亮 译
159. 权力关系:宋代中国的家族、地位与国家　［美］柏文莉 著　刘云军 译
160. 权力源自地位:北京大学、知识分子与中国政治文化,1898—1929　［美］魏定熙 著　张蒙 译
161. 工开万物:17世纪中国的知识与技术　［德］薛凤 著　吴秀杰 白岚玲 译
162. 忠贞不贰:辽代的越境之举　［英］史怀梅 著　曹流 译
163. 内藤湖南:政治与汉学(1866—1934)　［美］傅佛果 著　陶德民 何英莺 译
164. 他者中的华人:中国近现代移民史　［美］孔飞力 著　李明欢 译　黄鸣奋 校
165. 古代中国的动物与灵异　［英］胡司德 著　蓝旭 译
166. 两访中国茶乡　［英］罗伯特·福琼 著　敖雪岗 译
167. 缔造选本:《花间集》的文化语境与诗学实践　［美］田安 著　马强才 译
168. 扬州评话探讨　［丹麦］易德波 著　米锋 易德波 译　李今芸 校译
169. 《左传》的书写与解读　李惠仪 著　文韬 许明德 译
170. 以竹为生:一个四川手工造纸村的20世纪社会史　［德］艾约博 著　韩巍 译　吴秀杰 校
171. 东方之旅:1579—1724耶稣会传教团在中国　［美］柏理安 著　毛瑞方 译
172. "地域社会"视野下的明清史研究:以江南和福建为中心　［日］森正夫 著　于志嘉 马一虹 黄东兰 阿风 等译
173. 技术、性别、历史:重新审视帝制中国的大转型　［英］白馥兰 著　吴秀杰 白岚玲 译
174. 中国小说戏曲史　［日］狩野直喜 张真 译
175. 历史上的黑暗一页:英国外交文件与英美海军档案中的南京大屠杀　［美］陆束屏 编著/翻译
176. 罗马与中国:比较视野下的古代世界帝国　［奥］沃尔特·施德尔 主编　李平 译
177. 矛与盾的共存:明清时期江西社会研究　［韩］吴金成 著　崔荣根 译　薛戈 校译
178. 唯一的希望:在中国独生子女政策下成年　［美］冯文 著　常姝 译
179. 国之枭雄:曹操传　［澳］张磊夫 著　方笑天 译
180. 汉帝国的日常生活　［英］鲁惟一 著　刘洁 余霄 译
181. 大分流之外:中国和欧洲经济变迁的政治　［美］王国斌 罗森塔尔 著　周琳 译　王国斌 张萌 审校
182. 中正之笔:颜真卿书法与宋代文人政治　［美］倪雅梅 著　杨简茹 译　祝帅 校译
183. 江南三角洲市镇研究　［日］森正夫 编　丁韵 胡婧 等译　范金民 审校
184. 忍辱负重的使命:美国外交官记载的南京大屠杀与劫后的社会状况　［美］陆束屏 编著/翻译
185. 修仙:古代中国的修行与社会记忆　［美］康儒博 著　顾漩 译
186. 烧钱:中国人生活世界中的物质精神　［美］柏桦 著　袁剑 刘玺鸿 译
187. 话语的长城:文化中国历险记　［美］苏源熙 著　盛珂 译
188. 诸葛武侯　［日］内藤湖南 著　张真 译
189. 盟友背信:一战中的中国　［英］吴芳思 克里斯托弗·阿南德尔 著　张宇扬 译
190. 亚里士多德在中国:语言、范畴和翻译　［英］罗伯特·沃迪 著　韩小强 译
191. 马背上的朝廷:巡幸与清朝统治的建构,1680—1785　［美］张勉治 著　董建中 译
192. 申不害:公元前四世纪中国的政治哲学家　［美］顾立雅 著　马腾 译
193. 晋武帝司马炎　［日］福原启郎 著　陆帅 译
194. 唐人如何吟诗:带你走进汉语音韵学　［日］大岛正二 著　柳悦 译

195. 古代中国的宇宙论　[日]浅野裕一 著　吴昊阳 译
196. 中国思想的道家之论:一种哲学解释　[美]陈汉生 著　周景松 谢尔逊 等译　张丰乾 校译
197. 诗歌之力:袁枚女弟子屈秉筠(1767—1810)　[加]孟留喜 著　吴夏平 译
198. 中国逻辑的发现　[德]顾有信 著　陈志伟 译
199. 高丽时代宋商往来研究　[韩]李镇汉 著　李廷青 戴琳剑译　楼正豪 校
200. 中国近世财政史研究　[日]岩井茂树著　付勇 译　范金民 审校
201. 魏晋政治社会史研究　[日]福原启郎 著　陆帅 刘萃峰 张紫毫 译
202. 宋帝国的危机与维系:信息、领土与人际网络　[比利时]魏希德 著　刘云军 译
203. 中国精英与政治变迁:20世纪初的浙江　[美]萧邦奇 著　徐立望 杨涛羽 译　李齐 校
204. 北京的人力车夫:1920年代的市民与政治　[美]史谦德 著　周书垚 袁剑 译　周育民 校
205. 1901—1909年的门户开放政策:西奥多·罗斯福与中国　[美]格雷戈里·摩尔 著　赵嘉玉 译
206. 清帝国之乱:义和团运动与八国联军之役　[美]明恩溥 著　郭大松 刘本森 译
207. 宋代文人的精神生活(960—1279)　[美]何复平 著　叶树勋 单虹泽 译
208. 梅兰芳与20世纪国际舞台:中国戏剧的定位与置换　[美]田民 著　何恬 译
209. 郭店楚简《老子》新研究　[日]池田知久 著　曹峰 孙佩霞 译
210. 德与礼——亚洲人对领导能力与公众利益的理想　[美]狄培理 著　闵锐武 闵月 译
211. 棘闱:宋代科举与社会　[美]贾志扬 著
212. 通过儒家现代性而思　[法]毕游塞 著　白欲晓 译
213. 阳明学的位相　[日]荒木见悟 著　焦堃 陈晓杰 廖明飞 申绪璐 译
214. 明清的戏曲——江南宗族社会的表象　[日]田仲一成 著　云贵彬 王文勋 译
215. 日本近代中国学的形成:汉学革新与文化交涉　陶德民 著　辜承尧 译
216. 声色:永明时代的宫廷文学与文化　[新加坡]吴妙慧 著　朱梦雯 译